高等院校材料类创新型应用人才培养规划教材

纳米材料基础与应用

主　编　林志东

副主编　杨汉民　石和彬

参　编　王学华　付　萍　付秋明　李　亮
　　　　陈　喆　张占辉　唐定国　瞿　阳

U0246796

北京大学出版社
PEKING UNIVERSITY PRESS

内 容 简 介

本书系统地介绍了纳米材料的基本效应和相关基础理论、纳米微粒的物理化学特性、纳米材料的研究分析方法、各类纳米材料特性与功能应用及其典型的制备技术,侧重介绍了纳米粉体的制备技术。所涉及的纳米材料的类型包括零维纳米粉体、一维纳米管(纳米棒、纳米丝和纳米带)、二维纳米薄膜、三维纳米块体及其纳米结构和纳米复合材料。

本书内容丰富,条理清晰,采用典型纳米材料的实例来阐述纳米材料的特性、应用与制备,适合不同专业的学生进行学习。每章配有习题便于学生对重点内容进行回顾与把握,也为学生拓展知识面、锻炼综合运用能力提供帮助。

本书可作为高等院校材料类、应用化学类专业的本科教材,也可作为纳米材料生产、检测与应用开发的工程技术人员和研究人员的参考用书。

图书在版编目(CIP)数据

纳米材料基础与应用/林志东主编. —北京:北京大学出版社,2010.8
高等院校材料类创新型应用人才培养规划教材
ISBN 978 - 7 - 301 - 17580 - 4

Ⅰ. ①纳⋯ Ⅱ. ①林⋯ Ⅲ. ①纳米材料—高等学校—教材 Ⅳ. ①TB383

中国版本图书馆 CIP 数据核字(2010)第 146842 号

书　　　　名:纳米材料基础与应用
著作责任者:林志东　主编
策 划 编 辑:童君鑫
责 任 编 辑:周　瑞
标 准 书 号:ISBN 978 - 7 - 301 - 17580 - 4/TG · 0007
出 　版 　者:北京大学出版社
地　　　　址:北京市海淀区成府路 205 号　100871
网　　　　址:http://www.pup.cn
电　　　　话:邮购部 010 - 62752015　发行部 010 - 62750672　编辑部 010 - 62750667
编辑部邮箱:pup6@pup.cn
总编室邮箱:zpup@pup.cn
印 　刷 　者:北京虎彩文化传播有限公司
发 　行 　者:北京大学出版社
经 　销 　者:新华书店
787 毫米×1092 毫米　16 开本　19.25 印张　444 千字
2010 年 8 月第 1 版　2023 年 8 月第 8 次印刷
定　　　　价:48.00 元

前　言

　　本书是为满足我国高等院校材料类和应用化学类专业本科生的专业学习，以及为从事新材料生产、检测与应用开发的科技人员快速了解纳米材料相关知识而编写出版的。

　　纳米科技是 20 世纪末诞生，将在 21 世纪快速发展并将深刻改变人类社会生活的新科技。纳米材料作为纳米科技的物质基础，对纳米科技发展起着巨大的推动作用，也是新材料的重要组成部分。让尽量多的科技人员了解和掌握纳米材料的物理、化学特性和制备技术及其功能应用，将会促进我国新材料产业的蓬勃发展，进而带动传统产业的升级换代。

　　自 2000 年以来，国内许多高校的材料类、应用化学类等本科专业相继开设了纳米材料的相关课程。但由于该课程内容涉及物理、化学、材料、电子等多学科的知识，学科交叉性强，而传统的本科专业知识体系构建时未考虑纳米材料课程教学的特殊性，所以一直难以找到真正适合于本科生教学用的教材。本书从物理、化学等多种角度阐述纳米材料的相关知识点，对前期知识点要求低，系统介绍纳米材料的基础知识和功能应用，既便于不同专业方向、不同层次的读者进行理解，也便于本科教学。

　　随着高等教育的普及，大学教育更注重工程能力和应用型人才的培养。本书在编写过程中，始终坚持以应用实例说明问题，在实例分析中学习知识点，通过对本书的学习，读者不仅能在纳米材料方面具备较系统的专业知识，而且能成为新材料研发、生产和检测的工程技术人员。

　　本书尽量按照对新材料的认知过程与教学规律进行编写，力求实现：

　　(1) 通过引入纳米新材料激起读者的求知欲，功能应用贴近生活实际。

　　(2) 系统而简明地介绍了纳米材料的基本概念、基本特性和基本理论，整个教材内容完整、重点突出，强调纳米材料的实际制备与应用。

　　(3) 章节内容循序渐进，不断回答引起读者思索的问题，同时也不断激发读者进一步的思考。

　　(4) 通过章首的教学要点以及章末的习题，帮助读者把握重点，并培养综合运用知识的能力。

　　(5) 各章均引用国内外最新的研究成果报道，力争紧跟新材料的世界发展趋势。

　　(6) 在各类纳米材料的制备和应用部分，以实例来说明各种纳米材料的制备特点与特性功能，强调工程实践。

　　本书共分 9 章。第 1 章主要介绍纳米科技、纳米材料的概念与发展历程，以及纳米材料研究对象、纳米材料对社会影响和纳米材料发展方向；第 2 章主要介绍纳米材料的基本理论和纳米微粒的物理、化学特性；第 3 章主要介绍纳米微粒的制备及其表面改性；第 4 章主要介绍纳米微粒的分析检测方法；第 5、6、7 章分别介绍一维纳米材料、纳米薄膜以及纳米固体的特性、应用与制备技术；第 8、9 章主要介绍纳米结构、纳米复合材料的特性、应用与制备。本书全面系统地介绍了各类纳米材料的相关知识点，实例丰富，实践性和应用性较强。

本书由林志东负责设计全书结构、草拟写作提纲、组织编写工作和最后统稿定稿。各章的具体分工如下：第1章由石和彬（武汉工程大学）编写；第2章由付萍（武汉工程大学）编写；第3章由杨汉民、唐定国（中南民族大学）编写；第4章由瞿阳（华中农业大学）编写；第5章由李亮（武汉工程大学）编写；第6章由付秋明（武汉工程大学）编写；第7章由张占辉（武汉工程大学）编写；第8章由王学华（武汉工程大学）编写；第9章由陈喆（武汉工程大学）编写。

本书在编写过程中参考了有关书籍和资料，在此向其作者表示衷心的感谢。本书在出版过程中得到了北京大学出版社大力支持，在此也表示衷心的感谢！

由于编者水平所限，书中难免存在疏漏之处，敬请读者批评指正。

编　者
2010 年 7 月

目　录

第1章
纳米科技及纳米材料绪论

 教学要点

知识要点	掌握程度	相关知识
纳米科技简史	掌握纳米的概念，了解纳米科技的形成过程	扫描隧道显微镜、富勒烯、巨磁阻效应
纳米科技在世界各国的发展概况	了解世界主要经济体的纳米科技发展规划	美国NNI计划、中国《纳米科技发展纲要》
纳米科技的范畴	掌握纳米尺度、纳米科技的基本概念	纳米尺度、宏观领域、微观领域、纳米科技
纳米科技的研究内容	理解纳米科技主要分支学科的基本特征	纳米科学、纳米技术、纳米工程、纳米物理学、纳米化学、纳米材料学、纳米生物学、纳米医学、纳米力学、纳米制造
纳米科技的发展前景	了解纳米科技主要应用领域的发展前景	纳米科技对生物医学、信息技术、国防、能源环境、食品等领域的影响
纳米材料的定义	掌握纳米材料的基本概念	纳米结构单元、纳米材料
纳米材料的发展历史	了解纳米材料科学与工程的发展概况	纳米材料学、纳米材料工程、纳米材料发展的三个阶段
纳米材料的分类	掌握纳米材料按维度分类的方法	零维、一维、二维、三维纳米材料
纳米材料的研究现状	了解现在纳米材料的研究重点	—
纳米材料的特性与应用	了解纳米尺度对材料性质产生的影响及其应用	纳米尺度的基本物理、化学效应
纳米材料的安全性	了解纳米材料的潜在生物毒性及应对方法	纳米毒理学、世界主要国家的纳米安全研究计划

图 1.1　费曼

理查德·菲利普·费曼(Richard Phillips Feynman，1918 年 5 月 11 日—1988 年 2 月 15 日)，美国物理学家，1965 年诺贝尔物理学奖得主，世界上首位提出纳米科技构想的科学家

导入案例

1959 年 12 月 29 日，著名物理学家费曼(见图 1.1)在美国加州理工学院召开的美国物理学会年会上作了一次极富想象力的的演讲"There's plenty of room at the bottom"，其中有一些堪称经典的片段：

——Why cannot we write the entire 24 volumes of the Encyclopedia Britannica on the head of a pin?

——What would happen if we could arrange the atoms one by one the way we want them?

——The principles of physics, as far as I can see, do not speak against the possibility of maneuvering things atom by atom.

这个演讲在当年颇有些惊世骇俗的意味，被当时的科技界视为科学幻想。但到了 1993 年，为了纪念费曼的远见卓识，由德雷克斯勒创建的前景研究所(The Foresight Institute)设立了纳米科技费曼奖(Feynman Prize in Nanotechnology)，每年各奖励一位分别在纳米科技理论与实验方面做出突出成就的科学家，成为纳米科技领域的一项国际大奖。

　　人们普遍认为纳米科技源自费曼于 1959 年的一次演讲，而"小就是与众不同(small is different)"在现在几乎成了纳米科技界的一句口头禅。纳米科技近年来发展之迅猛，从国际上如雨后春笋般冒出来的数十种纳米科技类杂志就可见一斑，其中英国物理学会率先出版了 *Nanotechnology*，美国化学学会继成功出版 *Nano Letters* 之后又推出了 *ACS Nano*，国际著名科技出版商 Elsevier 出版了 *Nano Today*，Wiley-Blackwell 则发行了 *Small*，而顶级科技期刊《自然》也出版了子刊 *Nature Nanotechnology*。那么，纳米科技到底有什么魔力让人们如此着迷呢？

1.1　纳米科技的兴起

1.1.1　纳米科技的提出

　　纳米(nanometer，nm)是计量长度的单位之一，前缀 nano 是希腊语中"侏儒"的意思，在计量中表示 10^{-9}，纳米即为 10^{-9}m，而纳秒(nanosecond)则为 10^{-9}s。我国过去一般用毫微米来表示 10^{-9}m，很直观地反映了其长度单位的本质特征，即千分之一微米(意译)，但现在普遍采用的是更加简洁的纳米(音译)，在我国台湾则被译为奈米。简单地讲，纳米科技就是研究、控制与利用尺度约为 1～100nm 的物质。随着纳米科技的研究日益广泛，现在英文文献中常常直接用 nano 来表示纳米。1nm 大约是 2～3 个金属原子或 10 个氢原子排列在一起的"宽度"。一般病毒的直径为 60～250nm，红血球的直径为 6000～8000nm，头发丝的直径则为 30000～50000nm。

当物质的尺度小于 100nm 时，其在较大尺度上所表现出来的许多性质将会发生改变，自然界中就有许多由纳米尺度物质所表现出来的奇特现象。例如，荷花能出淤泥而不染，奥妙就在于荷叶以及荷花表面具有特殊的纳米结构。从肉眼来看，荷叶表面是很平滑的，但是放大几万倍以后却是凹凸有致，由微米级的凸起与纳米级的毛刺构成，宏观上表现为极度疏水，即水滴落到荷叶表面时不会铺展开，而是形成接近于圆球状的结构。尽管水滴与荷叶的实际接触很少，但是水滴滑落时仍然有一定的摩擦作用，带走了叶子上的尘土以及细菌，会起到"自清洁"的功能。另外，像蜜蜂、海龟的体内都存在纳米级的磁性颗粒，这些磁性颗粒就像罗盘一样，是蜜蜂、海龟的导航系统，能引导蜜蜂、海龟判别前进的方向。试想一下，如果人类也能加工制造出类似的精细产品，将会给我们的生活带来怎样的变化？而这正是纳米科技所要努力研究、解决的问题。

纳米科技的兴起可追溯到 20 世纪中期。在 1959 年 12 月召开的美国物理学会年会上，著名物理学家、诺贝尔物理学奖得主理查德·费曼教授做了一个著名的演讲——"底部还有很大的空间（There's plenty of room at the bottom）"，首次提出可以在分子与原子的尺度上加工与制造产品，甚至能够按照人们的意愿逐个地排列原子与分子。费曼在演讲中首次阐述了自下而上（bottom-up）制备材料的思想，即通过操纵原子、分子来构筑材料，这是人类关于纳米科技最早的梦想。

到了 20 世纪 70 年代，科学家开始从不同角度提出有关纳米科技的构想，1974 年，东京理科大学教授谷口纪男（Norio Taniguchi）率先提出了纳米技术（nanotechnology）一词，用来描述原子或分子级别的精密机械加工。

1981 年，IBM 公司苏黎士实验室的科学家宾尼（Gerd Karl Binnig）博士和罗雷尔（Heinrich Rohrer）博士共同发明了扫描隧道显微镜（Scanning Tunneling Microscope，STM），使人类首次直接观察到了原子，为测量与操控原子、分子等技术奠定了基础，成为纳米科技史上划时代的里程碑，对促进纳米科技的发展产生了非常积极的作用，两人因此与电子显微镜的发明者鲁斯卡（E. A. F. Ruska）共同分享了 1986 年诺贝尔物理学奖。在 1985 年，宾尼和罗雷尔还与斯坦福大学的奎特（C. F. Quate）教授合作推出了原子力显微镜（Atomic Force Microscopy，AFM），弥补了 STM 只能测试导电材料的不足之处。以 STM、AFM 为代表的扫描探针显微镜（Scanning Probe Microscopy，SPM）已成为微区分析领域的主流设备之一，成为纳米尺度物质检测的重要手段。

1985 年，英国萨塞克斯大学（University of Sussex）的克罗托教授（Harold Walter Kroto）与美国莱斯大学（Rice University）的斯莫利教授（Richard Errett Smalley）和科尔教授（Robert Floyd Curl）合作，发现了金刚石和石墨之外的第三种稳定碳单质——由 60 个碳原子构成的足球状富勒烯（fullerene）分子 C_{60}，也被称为"足球烯"（footballene）或"巴基球"（bucky-ball），三人因此荣获 1996 年诺贝尔化学奖。在得到足球状 C_{60} 的同时，还可以得到橄榄球状的 C_{70}，后来又相继发现了 C_{76}、C_{84}、C_{90}、C_{94} 等多种有限纯碳分子，在自然科学界引起了强烈的反响。

1986 年，美国人德雷克斯勒（K. Eric Drexler）受费曼演讲的启发，对纳米科技的概念进行了深入的探究与广泛的引申，首次系统地阐述了纳米科技的重大意义与美好前景，出版了第一部有关纳米科技的书籍《创造的发动机：纳米科技时代的到来》（*Engines of Creation：The Coming Era of Nanotechnology*）。

1988 年，法国科学家费尔（Albert Fert）和德国科学家格林贝格（Peter Grünberg）分别独立发现了纳米结构多层膜的巨磁电阻效应，为大容量磁盘存储器等现代信息技术的发展奠定了基础，两人因此分享了 2007 年诺贝尔物理学奖。

随着纳米科技领域的重大研究成果不断涌现，纳米科技的影响日益扩大。到了 1990 年 7 月，在美国巴尔的摩举办了第一届国际纳米科技会议，同年英国物理学会开始出版发行第一种专门的纳米科技类杂志——《纳米技术》（*Nanotechnology*）。从此，纳米科技引起了全球学术界与产业界的广泛兴趣与高度重视，形成了全球性的纳米科技研究热潮，标志着纳米科技正式诞生。

1.1.2　世界各国的发展情况

自 20 世纪 90 年代以来，纳米科技步入了快速发展的轨道，不断涌现出令人兴奋的创新成果。1990 年，美国 IBM 公司的科学家首次实现了对原子的操纵，用 STM 移动 35 个氙原子拼成了 "IBM" 三个字母，如图 1.2(a)所示；而美国贝尔实验室则推出了一个只有跳蚤大小但"五脏俱全"的纳米机器人。

(a) 35个氙原子组成的"IBM"

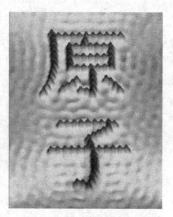

(b) 48个铁原子围成的栅栏，电子栅栏里面形成的驻波清晰可见

(c) 101个铁原子组成的汉字"原子"

图 1.2　STM 操纵原子构成的纳米图案

1991 年，日本 NEC 公司的科学家饭岛澄男（Sumio Iijima）发现了碳纳米管，单壁碳纳米管的密度只有钢的 1/6，强度却是钢的 10 倍；IBM 公司则成功操纵 CO 分子排列出了一个卡通人的图形，实现了对分子的操纵。

1992 年，美国科学家发现纳米钴粒子镶嵌在铜膜中构成的颗粒膜具有巨磁电阻效应；中国科学院真空物理实验室采用 STM 在硅单晶表面搬迁原子，形成了"中国"的汉字图案；日本日立制作所研制成功了可在室温下工作的单电子存储器，可在极微小的晶粒中封入一个电子用来存储信息。

1993 年，IBM 公司用 STM 操纵铁原子，用 48 个铁原子在铜表面组装成了一座"铁原子栅栏"，栅栏的半径仅 7nm 左右，铜表面的电子就像关在栅栏里的羊群一样逃不出去，形成一种电子驻波，如图 1.2(b)所示。一些由 STM 操纵原子构成的纳米图案如图 1.2 所示。

1994 年，美国开始着手研制"麻雀卫星"、"蚊子导弹"、"苍蝇飞机"以及"蚂蚁士兵"等新式武器,纳米技术在国防领域逐渐显现其威力。

1997 年,美国科学家首次成功地用单电子移动单电子,利用这种技术可望在 20 年后研制出速度和存储容量比现在提高成千上万倍的量子计算机。

1999 年,巴西和美国科学家在进行碳纳米管实验时发明了世界上最小的"秤",它能够称量十亿分之一克的物体,相当于一个病毒的质量;此后不久,德国科学家研制出能称量单个原子质量的秤,打破了美国和巴西科学家联合创造的纪录。

进入 21 世纪以来,全球形成了世界性的纳米科技热潮,纳米科技领域的新发现、新成果与新产品层出不穷。纳米科技大大拓展和深化了人们对客观世界的认识,使人们能够在原子、分子水平上制造材料及器件。发达国家普遍认为纳米科技将成为 21 世纪经济发展的主要增长点,并将在信息、材料、能源、环境、医疗、卫生、生物与农业等诸多领域带来新的产业革命,对经济社会的发展以及国防安全等均具有重要的意义。

在 20 世纪末,美国总统科学顾问委员会对日本、欧洲等世界主要经济体的纳米科技发展状况进行了为期三年的调查研究,最后认为纳米科技是自二战以来美国将要经历的第一场不具备绝对领先优势的、具有重要经济意义的科技革命,为了在 21 世纪继续保持美国在经济上的领导地位并保障美国的国家安全,必须在未来的 10~20 年中显著地、稳定地增加对纳米科技研究与开发的投入。2000 年 1 月 21 日,时任美国总统克林顿在加州理工学院正式发布"美国国家纳米科技计划(National Nanotechnology Initiative,简称 NNI)",将纳米科技视为下一次工业革命的核心,认为纳米科技将对 21 世纪早期的经济和社会产生深刻的影响,就像信息技术、细胞、基因和分子生物学一样。该计划整合了美国各相关机构的力量,加强对纳米尺度的科学、工程和技术研发工作的协调,并于 2000 年 11 月得到美国国会的批准。美国政府在 2001 财政年度对纳米科技的投资比上年猛增了近 1 倍,达到 4.97 亿美元。

美国 NNI 计划的出台,推动纳米科技在全球范围内的竞争上升到了国家战略的高度,纳米科技因此成为国际高科技领域的竞争热点之一。世界主要经济体纷纷推出了相关的发展战略或计划,投入巨资推动纳米科技的发展,抢占 21 世纪科技战略制高点。不仅日本、德国、法国、英国等主要发达国家分别出台了各自的纳米计划,而且新兴经济体与科技实力较强的发展中国家和地区也对纳米科技进行了部署和安排。韩国政府于 2001~2003 年间相继制定了《促进纳米科技 10 年计划》、《促进纳米技术开发法》与《纳米技术开发实施规则》;我国台湾地区自 1999 年开始也相继制定了《纳米材料尖端研究计划》与《纳米科技研究计划》;俄罗斯、加拿大、澳大利亚、以色列、印度、瑞士、墨西哥、泰国、埃及、土耳其等国家也对纳米科技发展进行了部署,全球总计已有 50 多个国家或地区制定了战略性的纳米科技计划。

我国先后成立了国家纳米科技指导协调委员会和纳米技术专门委员会,建立了国家纳米科学中心(北京)、国家纳米技术与工程研究院(天津)、纳米技术及应用国家工程研究中心(上海)与国家纳米技术国际创新园(苏州)。继 2001 年 7 月发布《国家纳米科技发展纲要(2001~2010)》之后,于 2012 年又推出了《纳米研究国家重大科学研究计划"十二五"专项规划》。遵循"有所为、有所不为、总体跟进、重点突破"的构想,近期目标以纳米材料及其应用为主,中、长期目标瞄准纳米生物和医疗技术、纳米电子学和纳米器件,希望在纳米科学前沿取得重大进展,在纳米技术开发及其应用方面取得重大突破,并逐步形成精干的、具有交叉综合和持续创新能力的纳米科技骨干队伍。在纳米科技基础建设方面,要建立具有国际先进水平的国家纳米科学技术发展公用平台和重点实验室系统、纳米科技信息网络和科研开发网络，形成若干各具特色的、具有国际一流水平的纳米科技创新基地，构筑国家纳米科技研究与开发创新体系。同时要注重自主知识产权、市场需求，讲究多学科交叉融合以及科技创新与体制创新相结合，以期大幅度提高纳米科技创新能力，促进纳米科技成果实用化或产业化，造就一批具有市场竞争力的纳米高科技骨干企业，推动经济跨越式发展，使我国在纳米科技领域的整体水平进入国际先进行列，并在若干方面具有竞争优势。

近年来，全球在纳米科技研究、开发和商业化方面的投资一直呈持续、高速增长的态势，2007 年全球投入纳米科技领域的资金已达到了 139 亿美元，其中美国、欧洲、日本的份额大致相同。美国 NNI 计划在 2009 财政年度的投入已达到 16.576 亿美元，日本作为开展纳米科技研究最早的国家之一，其政府将纳米科技视为"日本经济复兴"的关键，在资金投入上仅次于美国。欧盟坚信纳米科技作为一个新兴的研究领域，对于促进其经济增长、创造更多的就业机会，尤其是提升欧盟的国际科技竞争力、实现欧盟里斯本首脑峰会提出的可持续发展战略目标将发挥越来越重要的作用。欧盟将纳米科技列入其科研框架计划的优先主题领域，并不断追加经费预算，在第六科研框架计划中对纳米科技的投入为13 亿欧元，而在第七框架计划(2007～2013 年)中增加到 34.75 亿欧元。除此之外，德国、法国、英国等欧盟成员国家各自对纳米科技也投入了大量资金，其投入总和已超过了欧盟。从世界各国对纳米科技的投入来看，在公共投入方面，美国与欧洲的基本相当，日本第三，而在企业投入方面，美国第一，日本次之，欧洲第三。俄罗斯凭借其强大的基础研究实力，出台了雄心勃勃的纳米科技计划，计划在 2007—2010 年拨款 80 亿美元发展纳米科技，并且成立了俄罗斯国家纳米科技公司(Rusnano)，计划到 2015 年将向其累计投入约110 亿美元的巨额资金。

"纳米"现在已成为一个很常见的词汇，用百度搜索纳米，可以得到约 1 亿条结果，而用谷歌搜索英文纳米相关网页，可以得到 3 亿 8 千多万条结果。目前已基本形成了美国、欧盟与日本引领国际纳米科技的发展，中国、韩国、俄罗斯、印度等新兴国家紧随其后的格局。大体上来看，美国在纳米科技领域处于整体领先地位，但是美、日、欧在不同的领域各有千秋。在基础研究及生物、医学领域、纳米级分散体和涂料等方面，美、欧领先，日本次之；在合成与组装、高表面材料等方面，美国领先，其次是欧洲，然后是日本；而在纳米器件与结构纳米材料领域，日本则独占鳌头，美国和欧洲居后。现在计算机的运算速度越来越快、存储容量越来越大，无不受益于纳米科技的进步。各种纳米科技产品正以日新月异的姿态出现在我们的面前，人类社会正在逐步进入纳米时代。

1.2　纳米科技的内涵

1.2.1　纳米科技的范畴

如果以尺度来衡量人类对物质世界的探索，那么人们过去长期关注的是以下两个领域：①宏观领域，其下限一般为肉眼通过普通光学显微镜可以直接观察到的最小尺度，即亚微米级，向上则延伸到天体、星系直到浩瀚无垠的宇宙，从尺度上看是有下限而没有上限，遵循牛顿力学定律是宏观领域的基本特征；②微观领域，其上限为单个的分子、原子，向下则为各种基本粒子，有上限而没有下限，在微观领域起主要作用的是量子力学规律。而在宏观领域与微观领域之间，则属于纳米领域，就是费曼所预言的还有很大空间的"底部"。

纳米科技（Nanotechnology）的基本特点是具有比较明确的尺度特征，美国 NNI 计划中对 Nanotechnology 的定义是"纳米尺度上的科学、工程与技术"，所以 Nanotechnology 应该有两种含义，一种是广义的，指纳米科技，另一种是狭义的，即纳米技术。纳米科技可以看作是对纳米科学（nanoscience）、纳米技术（狭义的 nanotechnology）以及纳米工程（nanoengineering）的统称，是研究、开发、利用纳米尺度物质的一门新型的应用型学科，具有多学科交叉的特征。

按照对尺度范围的一般认定，纳米尺度范围应包含亚纳米，即介于 0.1～100nm 之间。然而，亚纳米尺度与微观领域有明显的重叠，而且有专门用来描述微观领域分子、原子大小的尺度单位埃（1Å=0.1nm），因此，现在一般认为纳米科技的合理尺度范围是 1～100nm。需要指出的是，现在已发现了一些尺度小于 1nm 的纳米材料，如 C_{60} 的直径为 0.7nm、最细的单壁碳纳米管的直径仅为 0.33nm，所以也有一些学者建议将纳米科技的尺度范围定义为 0.1～100nm。研究纳米科技，不仅要探索物质在纳米尺度上所表现出来的各种现象及其内在规律，更重要的是要能够制取、表征与利用纳米尺度的物质。

1.2.2 纳米科技的研究内容

纳米科技关注的是物质在纳米尺度上表现出来的新现象与新规律，如果作为一个学科，可以把纳米科技概述为纳米尺度上的新概念、新理论、新原理、新方法与新用途的一门新型的、多学科交叉的应用型学科。因此，从纳米尺度的角度来看，可以将纳米科技的研究内容概括为以下三个方面：

（1）纳米科学：探索与发现物质在纳米尺度上所表现出来的各种物理、化学与生物学现象及其内在规律，尤其是原子、分子以及电子在纳米尺度范围的运动规律，为纳米科技产品的研发提供理论指导。

（2）纳米技术：主要包括纳米尺度物质的制备、复合、加工、组装以及测试与表征，实现纳米材料、纳米器件与纳米系统在原子、分子尺度上的可控制备，为纳米科技的应用奠定基础。

（3）纳米工程：包括纳米材料、纳米器件、纳米系统以及纳米技术设备等纳米科技产品的设计、工艺、制造、装配、修饰、控制、操纵与应用，推动纳米科技产品走向市场、有效地服务于经济社会。

纳米科技作为一门应用型学科，这三者之间是相互密切联系的，只是在具体的研究中在侧重点上有所不同。随着纳米科技产品的应用日益广泛，纳米尺度物质的安全性研究受到了广泛的重视，其内容包括纳米尺度物质对人类健康与环境的影响，乃至纳米科技、纳米产品对社会道德与伦理的影响等。目前，为了抢占市场先机，纳米科技产品标准的制定已成为国际上一个竞争十分激烈的领域。一方面纳米科技产品需要标准来加以规范，有利于规范产品的生产，提高产品的质量和生产效率，另一方面标准也是国际贸易以及国际技术合作的纽带，产品标准化的程度直接影响贸易中技术壁垒的形成和消除。目前，国际标准化组织已成立了专门的委员会来协调、制定相关的标准，促进纳米科技产业的有序发展。

随着纳米科技的不断进步，纳米科技的研究内容不断丰富，研究范围也不断扩展。通过近 20 年的快速发展，纳米科技领域已形成了一些各具特色、相对独立又相互渗透的分支学科，主要包括纳米物理学、纳米化学、纳米材料学、纳米生物学、纳米医学、纳米力学以及纳米制造等。这些分支学科均处于快速发展的进程中，并不断衍生出新的次一级的分支学科，尚难以对它们作出完整准确的界定。

纳米物理学(Nanophysics)主要研究物质在纳米尺度上的物理现象及其表征，主要内容包括纳米固体的独特结构、电学性质、磁学性质、光学性质，以及电磁、光电、磁光等性能之间的转换特征。目前纳米物理学已派生出了纳米电子学(Nanoelectronics)、纳米光电子学(Nanooptoelectronics)、纳米磁学(Nanomagnetics)、纳米光子学(Nanophotonics)或纳米光学(Nanooptics) 以及纳米电磁学(Nanoelectromagnetics)等分支学科。纳米物理学注重发掘纳米科技在计算机、太阳能电池等领域的应用潜力，将对信息技术以及能源技术等产生深远的影响。

纳米化学(Nanochemistry)主要研究纳米尺度范围的化学过程及相关效应，重点是纳米材料、纳米结构以及纳米体系的化学合成与修饰。基于原子、分子的自下而上的合成方法是纳米化学关注的焦点，以分子自组装为代表的纳米组装体系的设计与应用已成为研究的热点。过去人们主要通过改变物质的化学成分与化学结构来使其具有设计所需的特性，现在注重研究由数十到几千个原子或分子组成的基本单元(building block)及其组装特征，关注其与具有同样组成的块体材料在化学习性方面的差异。

纳米材料学(Nanomaterials)是研究最早、应用最广、最具活力的纳米科技分支学科，许多纳米材料产品已经商用。其研究内容包括纳米材料的成分/结构、合成/加工、性能以及使用效能等四个方面。在纳米尺度下，材料的性能明显受其尺寸大小的影响。对于纳米结构材料而言，在不改变材料化学成分的前提下，通过调控其特征结构尺寸而获得一些独特的材料性能一直是令人感兴趣的课题。

纳米生物学(Nanobiology)属生物学与物理学、材料学、有机合成化学以及工程学交叉形成的新兴学科，主要利用纳米科技的思想、工具以及材料等来研究、解决生物学问题，在分子水平上深入揭示细胞内部各种纳米尺度单元的结构和功能，以及细胞内部、细胞内外之间直到整个生物体的物质、能量和信息交换机制。纳米结构是生命现象中的基本单元之一。比如，牙釉质是一种纳米陶瓷；骨骼是典型的无机/有机纳米复合材料；神经系统的信息传递与反馈等过程属于纳米尺度范围的控制与操纵；遗传基因序列原子级精确的自我复制属于分子自组装范畴；核糖体可视为按照基因密码的指令来排列氨基酸顺序制造蛋白质分子的纳米机器。纳米科技与生物学的结合有望达到逼真的纳米仿生，实现组织再生、人造蛋白等人工控制的"生物制造"，以及形成基于生物大分子的纳米机器与纳米系统。

纳米医学(Nanomedicine)是利用纳米科技解决医学问题的边缘交叉学科，与纳米生物学有许多重叠的领域，其研究内容十分广泛，涉及纳米药物、纳米医用材料、药物(基因、蛋白质及多肽)的传递与靶向释放、纳米生物传感器、芯片实验室(lab-on-a-chip)、医用纳米机器人、医学成像以及纳米毒理学等诸多领域，将给疾病的诊断、监测、治疗及防治带来革命性的变化，并有望实现细胞修复、计算机与神经的对接等。

纳米力学(Nanomechanics)主要研究纳米尺度物体的力学性质，是由经典力学、统计力学、固体物理学、材料科学与量子化学相互交叉形成的应用型学科，已形成了纳米摩擦学(Nanotribology)、纳米流体学(Nanofluidics)与纳米机电系统(NEMS, nanoelectrome-chanical systems)等分支，将为纳米器件与纳米系统的设计和制造提供基础支持。

纳米制造(Nanomanufacturing, Nanofabrication)就是要实现纳米科技产品的工业化生产，是纳米技术取得商业成功的关键环节。其研究内容包括纳米产品及生产工艺的数学建模、计算机模拟与设计，从纳米到宏观等不同尺度的分级制造，多尺度的整合及工具的开发等多个方面，尤其重视生产过程的可靠性与稳定性。纳米制造(Nanomanufacturing)是美国 NNI 计划中优先资助的五大领域之一，美国已建立了国家纳米制造网络(NNN, National Nanomanufacturing Network)。而 Nanofabrication 是一个使用频率更高的术语，在 NNI 计划中被描述为功能性纳米结构或纳米部件的制作，属于典型的纳米尺度范围的制造与加工，是多尺度纳米制造中的"纳米环节"。过去国内常把 Nanofabrication 译为纳米加工，但是与纳米制造并没有明确的界定，从国家自然科学基金委员会重大研究计划"纳米制造的基础研究"2009 年重点支持的五个领域来看，趋向于把二者统称为"纳米制造"。

1.2.3　纳米科技的发展前景

纳米科技正处于快速发展的阶段，很难对其前景作出准确、完整的描述。但是，纳米科技给人们的生活带来的变革已经开始。以人们熟知的计算机为例，纳米材料与纳米加工技术的应用促进了硬件产品的不断升级换代，现在线宽为 22nm 的中央处理器(CPU)已经商用，线宽为 14nm 的新一代 Broadwell 处理器也已由英特尔公司推出；硬盘记录介质磁性纳米微粒的粒度已控制在 10nm 以下，与基于巨磁电阻效应的磁头搭配，使硬盘的容量已达到 T 级(1T＝1024G)；而基于宏观量子隧道效应与纳米浮门技术的闪存容量也已达到 256G。纳米材料、纳米器件以及纳米系统在 21 世纪将得到日益广泛的应用，对以下一些重要领域将产生深远的影响。

在医学领域，药物制备、药物传递、疾病诊断以及器官替换与再生等将发生根本性的改进。通常纳米微粒可以穿越细胞壁，纳米药物进入细胞后便于生物降解或吸收，将显著提高治疗效果，同时可以减少药物用量、降低药物的毒副作用。例如，纳米胶囊是一种直径小于 100nm、长度数百纳米、看上去比细胞还小的药物载体，在治疗癌症方面颇具前景。一般的化疗或放疗在杀死癌细胞的同时会损害很多健康细胞，而纳米胶囊则可以直接针对细胞用药，可以在深入病灶内部后再释放其内部的药物杀死癌细胞或修复遭到部分损伤的细胞，或除掉无法复原的病变细胞。除此之外，还可在纳米胶囊中植入荧光装置，借助荧光在不同阶段的颜色转换对纳米胶囊进行追踪。纳米药物巨大的表面积可以携带多种功能基团，实现药物治疗与疗效跟踪的同步进行。利用纳米微粒的多孔、中空、多层等结构特性，可作为药物载体实现药物的缓释控制。通过纳米微粒可以实现细胞分离、细胞内部染色、靶向给药与靶向治疗等，纳米微粒还可以作为"搬运工"把编码某种癌细胞毒素的 DNA 植入体内，抑制癌细胞的生长。纳米尺度的生物活性物质可以用来修复或替换生物组织，纳米生物传感器可实现癌细胞等重症病变的早期原位诊断、监测与治疗，纳米机电系统则可快速识别病区，清除心脑血管中的血栓、脂肪沉积物，还可以吞噬病毒、杀死癌细胞等。对 DNA 螺旋束上的碱基对进行改性，可以制成具有三维结构的纳米级"元件"，进而组装成可用于体内传递药物、修复组织的纳米器件。

在信息技术领域，信息存储量、处理速度以及通信容量等将得到大幅度提高。由于纳米材料的宏观量子隧道效应决定了电子器件的微型化存在极限，纳米信息技术将基于纳米微粒的量子效应来设计、制造纳米量子器件，包括纳米阵列体系、纳米微粒与微孔固体组装体系、纳米超结构组装体系等。将采用"自下而上"的方法来构筑新颖的纳米电子系统，突破硅基半导体的尺寸限制，使集成电路的集成度进一步提高，并最终实现由单原子或单分子构成的可在常温下使用的各种纳米电子器件，使信息采集和信息处理功能产生革命性的变化。新型的纳米材料与器件，如蛋白质二极管、单电子碳纳米管晶体管、石墨烯等，将有望接替红火了将近半个世纪的硅基半导体，使计算机的运行速度与存储容量再上一个台阶，不仅使掌上电脑成为现实，而且将产生计算速度与存储容量提高上万倍的超级计算机。网络带宽将通过纳米技术显著提高，出现集传感、数据处理与通信为一体化的智能系统。

在国防领域，将出现各种光、机、电、磁等系统高度集成的微型化、智能化的武器装备，诸如用一枚小型运载火箭就可以发射上千颗的质量不足 0.1kg 的纳米卫星、可以悄无声息地潜入敌人内部的如蚊子般的微型导弹、功能齐全如苍蝇般大小的间谍飞机、可以承担侦查及作战任务、破坏力惊人的"蚂蚁士兵"、可以单兵携带的电子战系统、以及对生物、化学、核武器及炸药等高度敏感的便携式探测系统等。基于纳米微粒的武器装备隐身技术得到广泛的应用，常规武器在纳米材料的帮助下的打击与防护能力得到显著提高，虚拟训练与虚拟战争系统的仿真程度得到极大的提高，有望彻底变革未来战争的面貌和形态。

在能源与环境领域，能源的生产效率与使用效率得到显著提高而能源的消耗将逐渐减少，同时新能源的成本不断降低，太阳能、生物质能、风能等非矿物质可再生能源将得到广泛应用，有效降低温室气体的排放，缓解全球气候危机，光电转化效率成倍提高而成本更低的纳米结构薄膜太阳能电池正在逐渐取代多晶硅电池。用纳米材料处理废气、废水以及固体废弃物的绿色环境技术将得到广泛应用。含纳米材料的汽车尾气净化催化剂、气缸内催化净化剂、石油脱硫催化剂以及煤炭助燃催化剂的使用将大大降低有害气体的排放；纳米过滤技术以及纳米吸附材料可显著提高废水处理的效率，而纳米光催化技术在空气净化、自净化、废水处理等领域都有重要的作用。纳米技术将有助于促进环境污染的有效控制，同时环境监测装置的灵敏度也会大大提高，被污染的环境也将可以得到有效的修复。而在水资源开发利用方面，纳米结构过滤膜和分子筛等环境友好型纳米净水材料将广泛用于水处理和海水淡化，为人类提供足够的洁净水，有效缓解全球性的水资源危机。

在食品领域，通过纳米包覆、纳米加工等方法处理，使食品的质地、味道与加工性得到改善，食品的储存期更长，营养成分在体内的传递及吸收可以得到有效控制，在保持食物美味的同时大幅降低脂肪、胆固醇等成分的摄入量，可消除肥胖，降低心血管疾病发病率，并将出现交互式的、营养丰富的智能食品。农业生产技术将呈现精细化与高效率的特征，单位生产力的农作物产量可谓得到显著提高。制造业将以产品的微型化与功能的高度集成为发展方向，制造成本将不断降低，而生产效率则不断提高。

纳米科技不仅推动了以计算机为代表的信息技术的进步，以纳米材料、纳米生物医药、纳米电子与光电子器件、纳米机械为代表的主要纳米科技产品也已大量涌现在市场上，其中包括纺织品、食品及包装、化妆品、家居装饰、体育用品、新型药物、环保产品及汽车零部件等，国际市场上与纳米科技相关的产品几乎以每年翻番的速度在发展。据预测，到2015年，纳米科技产品的全球市场规模将突破3万亿美元，成为市场上的主流产品。现在的发展趋势已清楚地表明，纳米科技将成为21世纪全球经济发展的引擎，给人类社会的各个方面带来巨大的变化。

1.3 纳 米 材 料

纳米科技领域是多元的，而其核心来自"纳米"，在$1nm^3$空间，大约可容纳100个原子，符合费曼教授所预测的信息位构成原子数，此空间尺度也恰是DNA基因片段的大小，可视为构筑生命的单位空间。因此纳米科技并非仅是指缩小空间尺度的科技，更意味着在追寻生命的脚步，学习大自然的技术。因此纳米科技虽源起于操控原子、分子的能力，但其内容包括了物理、化学、材料、机械、电子、生物与医学等领域，终极目标在掌握创造新物质的能力，设计与制造理想的应用产品甚至人工的生命物质。

人造万物源自对材料的掌握，在众多的纳米科技领域中，纳米材料始终贯穿其间，是整合这众多领域的基础；因此纳米材料成为全球纳米热的首要目标，其内容涵盖材料之结构与特性、合成与制备、相关应用与检测技术等。

1.3.1 纳米材料的定义

由于新型纳米材料层出不穷，给纳米材料下一个简单的定义并不容易。我国在国际上率先制定了(GB/T 19619—2004)《纳米材料术语》标准，从纳米尺度、纳米结构单元与纳米材料等三个层面对纳米材料进行了定义。

（1）纳米尺度：1～100nm范围的几何尺度。

（2）纳米结构单元：具有纳米尺度结构特征的物质单元，包括稳定的团簇或人造原子团簇、纳米晶、纳米微粒、纳米管、纳米棒、纳米线、纳米单层膜及纳米孔等。

（3）纳米材料：物质结构在三维空间至少有一维处于纳米尺度，或由纳米结构单元组成的且具有特殊性质的材料。

上述国家标准对纳米材料的定义是比较充分的，但仍然需要指出的是"结构"在材料科学中是多尺度的，涉及从原子结构、分子结构、晶体结构到宏观结构等多个层次。例如，晶胞是构成晶体材料的"物质单元"，而一些复杂晶体的晶胞"具有纳米尺度结构特征"，但是，晶胞显然不是纳米结构单元，由晶胞堆砌而成的宏观单晶体也不是纳米材料。纳米材料反映的是材料外观尺度的特征，因此可以将纳米材料简单定义为"三维外观尺度中至少有一维处于纳米级(约1～100nm)的物质以及以这些物质为主要结构单元所组成的材料"。

根据上述定义，纳米材料可以分为两种主要类型，一类是具有纳米尺度外形的材料，即狭义的"纳米材料"，它包括原子团簇、纳米微粒、纳米线、纳米管、纳米薄膜等；一类是以纳米结构单元作为主要结构组分所构成的材料，即具有纳米结构的材料(nanostructured materials)，常被简称为纳米结构材料，它包括纳米固体、纳米复合材料、纳米介孔材料、纳米阵列等。但是有一点要注意区别，结构材料(structural materials)在材料分类中有特定的含义，指的是一类主要利用其力学性能的工程材料，而纳米结构材料的性能并不限于力学领域，不仅有结构材料，还包括各种功能材料。在《纳米材料术语》标准中，把力学性能得到显著改善的纳米材料称为结构纳米材料(nanostructural materials)。

需要指出的是，纳米是一个尺度单位，没有必要对纳米进行神化。纳米材料正在开启一个新的技术时代，但是纳米材料并不是万能的。对于纳米材料来讲，人们更注重的应该是探索、发现与利用材料在纳米尺度上所表现出来的优异性能。因此，也有人从材料性能的角度出发，认为具有小尺寸效应、量子尺寸效应、高表面效应或者量子隧道效应的材料，就可以称为纳米材料，而对具体的尺寸并不加以界定。如美国加州大学伯克利分校的杨培东教授等人发现，当硅纳米线的直径介于电子和声子的平均自由程之内时，即使超过100nm，硅纳米线的热电性能也出现了显著提高。

1.3.2　纳米材料的发展历史

纳米材料的概念只出现了二十几年，但是人类使用纳米材料的历史可追溯到两千年以前。我国古代收集蜡烛的烟灰作为墨的原料，所作字画可以历经千年而不褪色，原因就在于所使用的原料实际上为纳米级的炭黑；我国古代制造的铜镜之所以不生锈，则是因为表面有一层纳米氧化锡薄膜起到了防锈层的作用。制造于公元4世纪古罗马的莱格拉斯雕花玻璃酒杯(Lycurgus Cup)，在反射光下呈绿色、在透射光下呈红色，这种奇妙的颜色变化就源于在玻璃杯的内层形成了微量的金、银纳米微粒。最近的研究表明，在两千多年前的希腊-罗马时期，古埃及人掌握了一种把头发染黑的技术，其机理是通过原位反应的方式，在头发的皮质层及表层形成了平均粒径约5nm的方铅矿纳米微粒。古人利用纳米材料的类似例子还有很多。当然，古人对纳米材料的制备与应用都属于"无意之作"。这些古代的纳米材料作品如图1.3所示。

(a) 王羲之的"丧乱帖"，
1300多年前流传到日本

(b) 莱格拉斯杯

图1.3　古代的纳米材料作品

到了19世纪中叶，人们开始有意识地制备超细粒子。1857年，法拉第成功地制备出了红色的纳米金溶胶，1861年胶体化学建立，人们开始通过各种不同方法制备纳米级的胶体粒子，但是对纳米微粒所具备的独特性能仍然缺乏足够的认识。这种状况一直延伸到20世纪中期，人们先后开发了辉光放电、气相蒸发等方法，制备出多种金属及氧化物超细粒子。

1962年，日本东京大学的久保亮五(R. Kubo)教授为了解释超细金属粒子的能阶不连续性，提出了超细粒子的量子限域理论。虽然久保理论刚提出时并未引起广泛的注意，但是对于纳米材料科学来说是一个重要的里程碑，人们开始关注材料的尺寸对其结构与性能的影响，显著地推动了对纳米微粒的研究。

1963 年，日本的上田良二(Ryozi Uyeda)在纯净惰性气体中通过蒸发冷凝法制备了直径为几纳米到几百纳米的金属颗粒，并用透射电镜对其形貌和晶体结构进行了研究。

20 世纪 70 年代末到 80 年代初，美国的 W. R. Cannon 等人利用激光辅助制备了可烧结的 Si_3N_4、SiC 等非氧化物纳米陶瓷粉体。

1984 年，德国的 H. Gleiter 等人通过气体蒸发冷凝获得了纳米铁粒子，在真空下原位压制成纳米块体材料，并首次提出了"纳米材料"的概念。

1987 年，美国阿贡国家实验室的 Siegel 等人制备出了纳米 TiO_2 粉体及陶瓷，一系列的研究表明，以纳米粉体为原料制备陶瓷，不仅烧结温度大大降低，而且陶瓷的韧性得到了明显的改善。以纳米粉体为原料可以提高块体材料的性能，是纳米材料研究史上的一个突破性进展，使纳米材料研究成为材料科学中的一个备受关注的热点领域。

20 世纪 80 年代末，对单一的纳米晶或纳米相材料进行了大量的研究，不仅探索了制备各种不同类型纳米微粒、纳米块体与纳米薄膜的方法，而且纳米材料的结构、性能及表征方法等也得到了广泛的研究，纳米材料逐渐成为材料科学与工程领域的一个重要组成部分。

1990 年，在首次召开的国际纳米科技会议上，正式把纳米材料学定为材料科学的一个分支。纳米材料学科的正式诞生，引导人们更加注意从材料科学的角度探索纳米材料的结构与性能之间的关系，促使纳米复合材料得到了很快的发展。人们开发了大量纳米微粒与纳米微粒复合、纳米微粒与常规块体复合的方法，充分利用纳米材料的各种独特的物理与化学性能，促进传统材料性能升级。纳米复合材料的设计、开发及性能研究一度成为纳米材料研究的主导方向。

1994 年，在波士顿召开的美国材料研究学会(MRS)秋季会议上正式提出了纳米材料工程的概念，标志着纳米材料正式进入应用研究领域。至此，纳米材料科学与工程成为材料科学与工程学科的一个完整的分支学科，属于纳米科技与材料科学以及工程的交叉学科，而纳米材料则成为一种新型的先进材料。作为纳米科技的物质基础，纳米材料因其结构独特、性能优异而受到了学术界与产业界的追捧，从 20 世纪末以来一直处于快速发展的状态，成为材料学科中最为活跃的研究领域。现在，纳米材料不仅渗透到了金属、陶瓷、半导体、高分子等各种材料家族之中，而且还滋生了许多全新的材料成员，纳米结构复合材料受到了广泛的重视，已经商业化的产品层出不穷。对纳米材料的研究不仅深化了人们对材料本质结构与性能的认识，推动了材料科学的不断发展，而且纳米材料的优异性能还大大拓宽了凝聚态物理的研究与应用范围。

目前，一般把纳米材料的研究大致划分为以下三个发展阶段：

第一阶段是在 1990 年以前，主要是研究纳米微粒、薄膜和纳米块体材料的制备、表征，探索纳米材料不同于常规材料的特殊性能。研究的对象一般局限在单一材料和单相材料，国际上通常把这类纳米材料称为纳米晶或纳米相(nanocrystalline or nanophase)材料。

第二阶段是在 1990～1994 年，这一阶段主要是探索纳米复合材料的合成及物性。人们关注的热点是如何利用纳米材料已挖掘出来的奇特物理、化学和力学性能，设计纳米复合材料(nanocomposite materails)，通常采用纳米微粒与纳米微粒复合、纳米微粒与常规块体复合以及发展纳米复合薄膜等。

第三阶段是从 1994 年至今，主要是研究纳米组装体系(nanostructured assembling system)、人工组装合成纳米结构材料体系，这一阶段研究的特点是强调按人们的意愿设计、组装、创造新的纳米体系，实现人们所希望的特性。其基本特点是以纳米微粒、纳米线、纳米管等为基本单元在一维、二维和三维空间组装、排列成纳米结构体系，包括纳米阵列体系、介孔组装体系、薄膜嵌镶体系等，这类材料也称为纳米尺度的图案材料（patterning materials on the nanoscale），以 DNA 为代表的分子纳米材料及其组装体系已成为近期的研究热点。

1.3.3 纳米材料的分类

纳米材料的种类非常丰富，从材料的成分与性能来看，纳米材料涵盖了所有已知的材料类型。按照材料的成分分类方法，纳米材料可分为纳米金属材料、纳米陶瓷材料、纳米半导体材料、纳米高分子材料与纳米复合材料；按材料的性能分类，纳米材料可分为结构纳米材料、纳米磁性材料、纳米压电材料、纳米铁电材料、纳米光子学材料、纳米发光材料、纳米催化材料等；而按材料的用途分类，纳米材料可分为纳米电子材料、纳米生物材料、纳米建筑材料、纳米隐形材料等。

纳米材料的主要特征在于其外观尺度，从三维外观尺度上对纳米材料进行分类是目前流行的纳米材料分类方法，可分为零维纳米材料、一维纳米材料、二维纳米材料和三维纳米材料（见表 1-1）。其中，零维纳米材料、一维纳米材料和二维纳米材料可作为纳米结构单元组成纳米固体材料、纳米复合材料以及纳米有序结构。

表 1-1 纳米材料的分类

基本类型	尺度、形貌与结构特征	实　例
零维纳米材料	三维尺度均为纳米级，没有明显的取向性，近等轴状	原子团簇（atom cluster），量子点（quantum dot），纳米微粒（nanoparticle）
一维纳米材料	单向延伸，二维尺度为纳米级，第三维尺度不限	纳米棒（nanorod），纳米线（nanowire），纳米管（nanotube），纳米晶须（nano whisker），纳米纤维（nanofiber），纳米卷轴（nanoscroll），纳米带（nanobelt）
	单向延伸，直径大于 100nm，具有纳米结构	纳米结构纤维（nanostructured fiber）
二维纳米材料	一维尺度为纳米级，面状分布	纳米片（nanoflake），纳米板（nanoplate），纳米薄膜（nanofilm），纳米涂层（nanocoating），单层膜（monolayer），纳米多层膜（nano multilayer）
	面状分布，厚度大于 100nm，具有纳米结构	纳米结构薄膜（nanostructured film），纳米结构涂层（nanostructured coating）
三维纳米材料	包含纳米结构单元、三维尺寸均超过纳米尺度的固体	纳米陶瓷（nanoceramics），纳米金属（nanometals），纳米孔材料（nanoporous materials），气凝胶（aerogel），纳米结构阵列（nanostructured arrays）
	由不同类型低维纳米结构单元或其与常规材料复合形成的固体	纳米复合材料（nanocomposite materials）

原子团簇（atomic cluster）是在 20 世纪 80 年代才发现的一类化学新物种，一般指包含几个至几百个原子的粒子（粒径通常小于 1nm），如 Fe_n、Cu_nS_m（n 和 m 都是整数）等。原子团簇既不同于具有特定大小和形状的分子，也不同于以弱的分子间力结合的松散分子团

簇和周期性很强的晶体。原子团簇未形成规整的晶体，形状可以多种多样，除了惰性气体外，它们都是以化学键紧密结合的聚集体。原子团簇具有很多独特的性质，如具有庞大的表面积比而呈现出表面或界面效应；具有幻数效应，只有特定的原子个数的团簇才能稳定存在；原子团尺寸小于临界值时的"库仑爆炸"特性；原子团逸出功的振荡行为等。原子团簇可分为一元原子团簇、二元原子团簇、多元原子团簇和原子簇化合物。一元原子团簇包括金属团簇（如 Na_n、Ni_n 等）和非金属团簇，非金属团簇可分为碳簇（如 C_{60}、C_{70} 等）和非碳簇（如 B_n、P_n、S_n、Si_n 簇等），二元原子团簇包括 In_nP_m、Ag_nS_m 等，多元原子团簇有 $V_n(C_6H_6)_m$ 等。

中文中纳米颗粒、纳米微粒、纳米粒子是几个常见的用语，常常互相通用，本教材中建议把纳米粒子专门用来描述零维的纳米固体，纳米颗粒则与纳米微粒通用，泛指除了纳米单层膜与纳米孔之外的所有纳米结构单元粒子。纳米微粒的尺度大于原子团簇、小于通常的微粉，用肉眼和普通光学显微镜无法分辨，只能用电子显微镜进行观察与测量，最初日本名古屋大学的上田良二把纳米微粒定义为用透射电镜才能观察到的微粒，量子点则指的是一类半导体纳米微粒。纳米微粒常常具有量子尺寸效应、小尺寸效应、表面效应以及宏观量子隧道效应，因而表现出许多独特的性质，在催化、滤光、光吸收、医药、磁介质及新材料等方面有着广阔的应用前景。

1.3.4 纳米材料研究现状

纳米材料是纳米科技应用的物质基础，近二十年来，纳米材料的研究不断深入，在纳米材料的成分与结构，纳米材料的合成、制备与加工，纳米材料的性能及应用等领域都已经取得了长足的进展。纳米材料研究深化了人们对固体材料的结构与性能的认识，已成为材料科学领域最活跃的分支学科，推动了材料科学不断向前发展。

国际著名出版商爱思唯尔（Elsevier）集团主办的《今日材料》（*Materials Today*）杂志曾于 2008 年评选出了过去 50 年间材料科学领域的 10 大进展，令人瞩目的是这 10 大进展均与纳米材料相关，突显了纳米材料的重要性与先进性。其中扫描探针显微镜（2）（括弧内为排名，下同）、巨磁电阻效应（3）、美国国家纳米科技计划（5）与碳纳米管（8）均为与纳米材料直接相关的重大发明、发现或者事件，在其他几项进展中，如国际半导体技术路线图（1）、半导体激光器和发光二极管（4）、碳纤维强化塑料（6）、锂离子电池材料（7）以及软刻蚀（9）等，与之相对应的材料现在都已发展到了纳米尺度，而一些特殊的纳米结构也是超材料（10）的重要组成部分。现在，纳米材料已经从实验室进入了人们的日常生活，纳米材料产业不断壮大，各种纳米材料制品在不断增加，相应地，国际上纳米材料研发的重点也由制备技术转向了应用技术。

长期以来，研究人员一直在探索各种结构新颖、性能独特的纳米材料。以碳材料为例，继富勒烯与碳纳米管之后，2004 年曼彻斯特大学 A. Geim 与 K. Novoselov 等发现了由单层碳原子构成的石墨烯（Graphene），并因这个开创性的实验荣获 2010 年诺贝尔物理学奖。石墨烯的厚度仅相当于一个碳原子，具有非凡的电子、热学和力学性能，不仅是迄今为止最薄的一种材料，而且是最为牢固、室温下电子传递速度最快的材料，有可能代替硅用于未来的超级计算机。最近 IBM 公司的科学家研发了一种用石墨烯制作的场效应晶体管，其栅极长度为 240nm，截止频率达 100GHz，已超过了栅极长度相同的最先进硅晶体管的截止频率（40GHz）。三种典型碳纳米材料的结构如图 1.4 所示。

 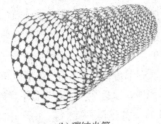 

(a) 富勒烯(C_{60})　　　　　(b) 碳纳米管　　　　　(c) 石墨烯

图 1.4　三种典型碳纳米材料的结构示意图

　　几乎所有用来制备材料的物理、化学方法都发展出制备纳米材料的工艺，气相法、液相法得到了长足的发展，由于机械化学法、非晶晶化法等工艺的发展，固相法也占据了一席之地。激光、微波、等离子体、电子束、离子束、超声波、磁场、电场、超重力场等多种物理手段被广泛地应用于辅助制备各种纳米材料与纳米结构。纳米材料的可控制备与应用是当前纳米材料领域研究的重点，其基本特征是通过采用合理的工艺，精确控制纳米材料的成分、显微结构、粒度与形貌等特征，从而使纳米材料具有人们所需要的性能。纳米材料的微观结构、结构与性能的关系、结构稳定性以及化学稳定性等特征是纳米材料走向实际应用的基础，因而一直受到研究人员的关注。

　　在零维纳米材料中，金属纳米微粒、半导体纳米微粒、陶瓷纳米微粒以及量子点的可控制备取得了充分的进展。为了控制纳米微粒在制备与加工过程中长大及团聚，人们对纳米微粒的表面进行有机或无机包覆改性，一方面可以消除微粒表面的电荷效应、有效防止团聚，另一方面在通过烧结等高温过程制备纳米结构块体或薄膜材料时也可以抑制微粒的长大，有利于纳米微粒与高分子材料复合。过渡金属纳米微粒与贵金属纳米微粒由于在电子信息、生物医学等诸多领域有广泛的应用前景，是近来研究的热点。

　　纳米管与纳米线是一维纳米材料研究的重点，其中又以对碳纳米管的研究最多，碳纳米管大批量制备与高效分离、纯化仍然是亟待解决的难题。最近的进展包括一步合成碳纳米管、把单层碳纳米管加工成所需要的任意形状、微波辅助纯化单壁碳纳米管、利用DNA 序列分拣出特殊碳纳米管等。氮化硼纳米管、二氧化钛纳米管以及各种纳米线的制备与应用研究方面也取得了显著的进步，一维纳米材料在复合材料中的应用一直是研究的热点，纳米管、纳米线、纳米纤维等增强复合材料的研究进展很快，已进入了商业领域。最近，浙江大学与美国加州大学戴维斯分校合作，成功合成了世界上最小的具有碳纳米管结构的富勒烯 C_{90}，其直径为 0.7nm，长度为 1.1nm，具 D_{5h} 高度对称，结构完美，能在空气中稳定存在。C_{90} 兼具富勒烯和单壁碳纳米管的某些双重性质，将在太阳能利用以及纳米计算机等领域具有广阔的应用前景。

　　二维纳米结构单元的研究重点是纳米片，其中的明星是石墨烯，石墨烯也被看作一种超材料，当前的研究热点包括大规模、低成本制备高质量的石墨烯，以及石墨烯内部结构特征及其性能。除石墨烯以外，对于其他纳米片材料的研究成果较少，其中具有马赛克结构的氧化锰、氢氧化钴纳米片为构筑具有有序结构的材料提供了新的途径。二维纳米结构材料近年来的研究主要集中在功能型纳米结构薄膜与涂层上，一般是在传统材料表面涂覆一层具有光电转换、吸波、光催化等功能的纳米微粒或者纳米纤维，已在太阳能电池、武器隐身以及环境保护等诸多领域得到了应用。

三维纳米材料的应用领域不断扩大，对纳米块体材料而言，研究重点是利用纳米尺寸效应大幅度提高材料的力学性能。纳米结构金属及合金主要是利用纳米微粒小尺寸效应所造成的无位错或低位错密度区域来提高其硬度与强度，如纳米结构块体铜材的硬度比常规材料高 50 倍，屈服强度高 12 倍。对纳米陶瓷材料，则着重提高断裂韧性、降低脆性，如纳米结构碳化硅的断裂韧性比常规材料提高 100 倍。功能型三维纳米材料在传感器、燃料电池电极、催化剂载体、信息存储等很多领域都有着重要的作用，目前的制备方法主要有胶体自组装、高分子相分离以及控制化学刻蚀等，但这些方法的适用领域狭窄、实验装置复杂，制造三维纳米结构的全面解决方案还有待开发，而纳米模版法等则提供了新的途径。

从原子、分子以及纳米结构单元出发，采用自下而上的方式构筑纳米材料及器件是纳米科技发展的关键。利用扫描探针显微技术研究单个原子及分子操纵的机理、单个原子及分子与基底的相互作用、单个分子层面上的物理或化学过程以及纳米结构与性质的表征等方面取得了大量的成果，为利用扫描探针显微镜按人们的意愿操纵原子或分子制造纳米器件奠定了基础。基于纳米结构单元的各种纳米组装体系的发展十分迅速，如纳米阵列体系、纳米嵌镶体系、纳米颗粒膜和纳米微粒-介孔组装体系等，在高亮度固体显示器、节能光源、环境光催化、信息记录等领域得到了广泛的应用。利用自组装技术制备超分子以及各种取向性好、有序性高、性能择优定向的纳米结构是近年研究的热点，已开发出了丰富的无机、有机以及无机/有机复合自组装体系。纳米组装体系当前的研究着重于设计新的纳米结构体系，进一步开发或改善纳米结构与纳米材料的性能，为纳米器件的制备奠定基础。目前，分子纳米材料和器件已经成为国际上纳米科技前沿研究的热点之一，其基本思路是从分子设计出发，以化学的方式构筑分子纳米材料，实现分子纳米材料的可控组装与性能调控，进而推动其在纳米器件中的应用。分子纳米材料的研究内容主要包括具有光、电、磁等特性的分子的设计、分子纳米材料的合成与组装、表征与性能、基础理论与计算机模拟，并延伸到纳米电子与光电子器件以及纳米生物与医学等应用领域。

现在，纳米材料研究的基本特征是以实际应用为导向，以纳米材料与相关学科的交叉融合为手段，重点解决纳米材料应用的关键技术问题。纳米材料属于上游产品，一方面用于传统产品的升级，另一方面用于纳米科技新产品的开发，而要在下游产品中体现纳米材料的优越性能就必须以纳米制造技术作为支撑。纳米制造主要包括纳米精度制造、纳米尺度制造和跨尺度制造，是纳米科技产品进入市场的通行证，也是实现纳米材料优越性能的核心。我国十分重视纳米制造的研究，已设立重大科技专项进行支持。在注重开发利用纳米材料正面效应的同时，纳米材料给环境和人类健康带来的不利影响也日益受到重视，尤其是纳米粉体、纳米纤维等对人体造成的潜在伤害。因此，在发展纳米制造技术的过程中要讲究趋利避害，开发绿色工艺，实现产品性能优良与环境友好的双赢局面。

1.3.5　纳米材料特性与应用

纳米结构单元的尺度与电子的德布罗意波长、超导态的相干长度以及激子玻尔半径等物理特征尺寸相当，电子被局限在极小的纳米空间内，平均自由程变短、局域性和相干性增强，宏观固定的准连续能带消失，能级分裂转变为离散能级，量子尺寸效应显著，使纳米体系的光、电、热、磁等物理性质表现出了许多与常规材料不同的新特性。例如，纳米金属的电阻随尺寸的下降而增大，电阻温度系数下降甚至变成负值；而本是绝缘体的氧化物达到纳米尺度时，电阻反而下降；10～25nm的铁磁金属微粒矫顽力比相同的宏观材料大1000倍，而当微粒尺寸小于10nm时矫顽力变为零，表现为超顺磁性；纳米氧化物和氮化物在低频下，介电常数增大几倍，甚至增大一个数量级，表现为极大的增强效应；纳米氧化物材料对红外、微波有良好的吸收特性，可作为吸波材料用于飞机的隐身涂层；常规的半导体硅，由于导带底和价带顶的垂直跃迁是禁阻的，通常没有发光现象，但当硅的尺寸达到纳米级（6nm）时，在靠近可见光范围内，就有较强的光致发光现象；多孔硅的发光现象也与纳米尺度有关；在纳米氧化铝、氧化钛、氧化硅、氧化锆中，也观察到常规材料根本看不到的发光现象。

随着粒径减小到纳米尺度，晶体的周期性边界条件被严重破坏，纳米体系的化学性质与化学平衡体系也出现很大的差别。纳米微粒表面原子所占比例显著增加，表面层附近的原子密度减小，键态严重失配，表面出现非化学平衡、非整数配位的化学价，表面台阶和粗糙度增加，出现许多活性中心，可作为高活性的吸附剂和催化剂，在氢气储存、有机合成和环境保护等领域有着重要的应用前景。铁、钴、镍、钯、铂等金属催化剂加工成纳米微粒后催化效果得到了极大的改善。例如，粒径为30nm的镍可把有机化学加氢和脱氢反应速度提高15倍，在环二烯的加氢反应中，用纳米微粒做催化剂比一般催化剂的反应速度提高10～15倍。

纳米材料在朝着"更轻、更高、更强"的方向发展，其中"更轻"是指利用纳米材料制备体积更小而性能不变甚至更好的器件，使器件更为轻巧。例如，借助于微米级的半导体制造技术实现了计算机的小型化，并使计算机得以普及，而纳米级的半导体制造技术则正在使掌上电脑成为现实。无论从节约资源还是从降低能源消耗来看，这种"小型化"的效益都是十分惊人的。"更高"是指纳米材料有更高的光、电、磁、热等性能，而"更强"是指纳米材料有着更强的力学性能（如强度和韧性等），对于陶瓷而言，纳米化是增强陶瓷韧性的有效途径。

纳米材料的应用领域十分广阔，包括电子元器件、光电子器件、生物医学、航空航天、资源环境以及能源动力等诸多领域（见表1-2）。需要注意的是，进入21世纪以来，有些商家把"纳米"作为吸引顾客的卖点，提出了诸如"纳米冰箱"、"纳米洗衣机"的一些概念，这些产品中确实用到了一些"纳米粉体"，并赋予了产品新的功能，但产品的核心技术并没有变化，因此，这类产品并不是真正意义上的"纳米产品"，挂上"纳米"标签只能看作是商家的促销手段。目前，应用技术的研究已经成为纳米材料领域的重点，通过广大科技工作者的努力，将会逐步攻克纳米材料应用过程中的各种难关，使纳米材料成为主流产品，极大地造福于人类。

表1-2　纳米材料的一些特性及其应用

分类	纳米材料的特性	应用
力学	高强度、高硬度、高塑性、高韧性、低密度、低弹性模量	纳米金属陶瓷高性能刀具，用于高压、真空、腐蚀等极端环境的纳米陶瓷
热学	高比热、高热膨胀系数、低熔点	高效光热转换、低温烧结
光学	反射率低、吸收率大、吸收光谱蓝移	红外传感器件，红外隐身技术，高效光热、光电转换，吸波，光通信，光存储，光开关，光过滤，光致发光，非线性光学元件，光折变材料

（续）

分类	纳米材料的特性	应用
电学	高电阻、量子隧道效应、库仑堵塞效应	纳米电子器件、导电浆料、电极、超导体、量子器件、压敏和非线性电阻
磁学	强软磁性、高矫顽力、超顺磁性、巨磁电阻效应	磁记录、磁光记录、磁流体、永磁材料、吸波材料、磁光元件、磁存储、磁探测器、磁致冷材料
化学	高活性、高扩散性、高吸附性、光催化活性	催化剂、催化剂载体、抗菌、空气净化、汽车尾气净化、废水处理、自清洁
生物	高渗透性、高表面积、高度仿生	药物载体、靶向给药、药物筛选、抗癌、人工骨、纳米孔基因测序、芯片实验室

1.3.6 纳米材料的安全性

随着纳米科技的飞速发展，越来越多的纳米材料产品开始进入人们的日常生活，人类的衣食住行等各个方面无不受其影响。作为纳米材料的基本结构单元，纳米微粒具有极高的化学活性，其环境释放量和进入人体的可能性将随着纳米材料的广泛应用而显著增加，纳米微粒对人类健康与环境会带来什么样的影响？人们又该如何应对呢？

早在几十年前人们就已经认识到吸入粒子会损害肺部、动脉内壁和心血管系统，一项长达20多年的与大气颗粒物有关的长期流行病学研究结果表明，人的发病率和死亡率与生活环境中大气颗粒物的浓度及尺寸密切相关，小于 $2.5\mu m$ 的颗粒的增加导致死亡率显著增加。著名的伦敦大雾过后两周内有 4000 多人突然死亡，研究结果显示其主要是由于空气中细小的纳米微粒大量增加造成的。在自然界，尘埃等生物体系以外的纳米物质大多以污染物、有害物的形式出现。显然，纳米材料对环境及人类健康的潜在危害也是不容小视的。

纳米材料安全性问题的研究最早可以追溯到 1997 年，英国牛津大学和蒙特利尔大学的科学家发现防晒霜中的二氧化钛/氧化锌纳米微粒能引发皮肤细胞中的自由基，从而破坏 DNA。此后，纳米微粒对于动物及人体的毒副作用相继被发现与报导。例如，巴基球可以在土壤中毫无阻碍地穿越，很容易被蚯蚓吸收，并通过食物链进入鱼的体内，巴基球会导致幼鱼的脑部损伤以及基因功能的改变；碳纳米微粒(35nm)可经嗅觉神经直接进入脑部；金纳米微粒可通过胎盘屏障由母体进入到胎儿体内；硒化镉纳米微粒(量子点)可在人体中分解，由此可能导致镉中毒；磁性纳米微粒物在小鼠的血管内会逐渐变大，并将血管堵塞，最后导致小鼠死亡；碳纳米管进入大鼠和小鼠肺部后，会以一定的方式进入肺泡，并长期停留，在低浓度下都可导致肺部肉芽肿的形成，但是并没有伴随在通常情况下由石棉和无机粉尘形成的肉芽肿所特有的炎性症状；在含有 20nm 聚四氟乙烯微粒的空气中生活 15min，就导致大多数大鼠在 4h 内死亡；对氧化锆、二氧化钛和二氧化铈等极难溶解的纳米微粒以及氧化锌、氧化铁和磷酸三钙盐等可适度溶解的纳米微粒与已知部分有毒和无毒物质进行比较研究也表明，氧化锌、氧化铁等纳米微粒具有特殊的生物毒性反应，对人体和啮齿动物细胞具有类似于石棉的毒性。

东京大学、日本电气公司等机构的实验表明，在使用量正常的情况下，不含金属等杂质的纯净碳纳米管对人体细胞基本无害。它们制成了不含杂质且直径统一为 100nm 的"标准物质"，把碳纳米管放进人体细胞培养液中使其溶解，观察其是否妨碍细胞分裂。结果显示，当 1L 培养液混有 0.1g 碳纳米管时，细胞分裂不受影响；当培养液中的碳纳米管含量达到 1g/L 的极高质量浓度时，仍有 75% 的细胞正常分裂。美国莱斯大学发现富勒烯表面羟基化后，其细胞毒性可降低至一百万分之一，这对探讨如何降低纳米毒性，寻找纳米安全性的解决方案提供了不错的思路。

纳米材料安全性的问题在国际上已受到了广泛的关注，国际著名杂志《科学》（Science）和《自然》（Nature）分别在 2003 年 4 月和 7 月发表编者署名文章，指出纳米尺度物质的生物效应及其对环境和健康的影响问题。2004 年 11 月 30 日～12 月 2 日，我国召开了以"纳米尺度物质的生物效应"为主题的第 243 次香山科学会议，中国科学院副院长、国家纳米科技指导协调委员会首席科学家白春礼院士在大会上做了题为"纳米科技：发展趋势与安全性"的主题评述报告。2006 年 8 月，"人造纳米材料的生物安全性研究及解决方案探索"获得我国科技部"国家重点基础研究发展计划"（973 计划）立项支持，表明纳米安全性问题在我国已受到了从学术界到政府层面的高度重视。

国际上，欧盟在 2004 年 12 月迅速启动了庞大的"纳米安全综合研究计划"（Nano safety Integrating Research Projects），研究内容包括纳米微粒与生物体系相互作用过程中的基础科学问题，纳米微粒对心血管系统、呼吸系统、脑神经系统以及免疫系统等的影响，纳米微粒的防护设施、个人防护用具，生产车间中纳米微粒环境排放量控制设备的开发等。2005 年 11 月 17 日，美国国会召开"纳米安全"听证会，建议政府建立"国家纳米科技毒理学计划"，美国国家纳米科技协调办公室主任 Clayton Teague 宣布"联邦政府决定优先支持纳米毒理学研究"。同年 12 月 7～9 日，美国政府以"经济合作与发展组织"（OECD）的名义召集世界各国政府，在华盛顿召开了"人造纳米材料的安全性问题"圆桌会议，除了 OECD 所有成员国政府以外，会议受到美国政府前所未有的重视，包括美国国务院在内有 26 个部委出席了会议。2006 年，OECD 在化学品委员会设立了制成纳米材料工作小组，旨在促进制成纳米材料与人类健康和环境安全有关方面的国际合作，以便协助发展对纳米材料进行严格的安全性评价。日本、韩国、加拿大等国也先后投入大量资金对纳米材料安全性问题展开大规模专项研究。

目前，纳米材料安全性的研究还存在一些方法学的问题，实验用纳米材料的纯度、粒度分布、剂量、测试方法与仪器设备等对实验的结果均有可能造成影响。随着纳米科技时代正向我们走来，对纳米材料生物毒性相关的研究刻不容缓。我国 973 专项中的研究内容包括纳米微粒穿越生物屏障进入体内的能力与机制，纳米微粒产生的特殊毒理学效应及其靶器官选择性，纳米微粒的靶细胞选择性、其细胞毒理学效应及其与纳米特性的相关性，纳米微粒的靶分子选择性、其分子毒理学效应及其与纳米特性的相关性，纳米安全性研究中的创新方法学，纳米材料安全性解决方案探索，纳米安全性数据汇编和评估、纳米生物效应数值分析方法或纳米安全性分析模型的建立等七个子项，力求比较全面地认识、解决纳米材料存在的安全性问题。

显然，要实现对纳米尺度物质潜在危害性的可测、可控、可防，也必须依赖纳米科技自身的进步，纳米毒理学已成为纳米科技的一个新的分支学科。通过对纳米材料安全性的深入研究，有望认识并解决纳米科技产品在研发、生产、流通与使用等诸环节中存在的各种安全隐患，消除由于对纳米材料是否安全的无知而导致的恐慌，切实保障与促进纳米科技的健康、可持续性发展。

 习 题

（1）纳米科技的主要研究内容是什么？

（2）纳米科技包含的主要分支学科有哪些？

（3）纳米材料与常规材料有何区别？

（4）人们为何习惯以维数来划分纳米材料？

（5）一维纳米材料的特点是什么？

（6）纳米材料结构单元有哪些类型？

（7）试举例说明纳米材料在生活中的应用。

（8）纳米材料应用在安全性方面有何问题？

第 2 章
纳米材料的基本理论

 教学要点

知识要点	掌握程度	相关知识
纳米微粒的基本效应	掌握纳米微粒的七种基本效应的概念，了解不同纳米效应的适用对象	量子尺寸效应、小尺寸效应、表面效应、宏观量子隧道效应、库仑堵塞与量子隧穿效应、介电限域效应、量子限域效应
纳米微粒的物理性质	掌握纳米微粒的各种物理性质的特点，理解物理性能与其纳米尺度间的对应关系，了解各种物理性能的应用	纳米微粒的热学性能、光学性能、电学性能、磁学性能、力学性能
纳米微粒的化学性质	掌握纳米微粒的各种化学性质的特点，理解化学性能与其纳米尺度间的对应关系，了解各种化学性能的应用	纳米微粒的吸附特性、纳米微粒的催化反应

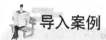
导入案例

荷叶效应(Lotus leaf effect)是自然界中一个常见的现象。所谓荷叶效应是指荷叶表面有天然的纳米级尺寸微粒,通过电子显微镜观察叶子表面结构,会发现叶子表面这些纳米微粒形成小球状突起,而这些微小的纤毛结构让污泥、水粒子等不容易粘附,而达到自清洁的功效。由图2.1即可以明显地看出水滴在荷叶表面上的情形与荷叶表面的乳突(papilla)结构——纳米结构。

 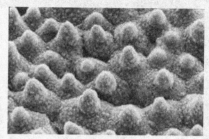

(a) 荷叶上的水滴   (b) 荷叶表面的乳突结构

图 2.1　荷叶效应

纳米微粒是介于大块物质与原子的中间物质态,对纳米微粒的性质研究和开发是了解微观世界如何过渡到宏观世界的关键。纳米微粒虽然小却可以对材料性质产生重大影响,并发生变化,使材料呈现出极强的活跃性。在纳米尺度下,物质中电子的波动性以及原子之间的相互作用受到尺寸大小的影响,物质会因此出现完全不同的性质。即使不改变材料的成分,纳米材料的热学性能、磁学性能、电学性能、光学性能、力学性能和化学活性等都将与传统材料大不相同,呈现出用传统模式和理论无法解释的独特性能和奇异现象。

2.1　纳米微粒的基本效应

随着纳米科技研究的广泛和深入,科学界对纳米材料的独特性能和现象从理论上进行了系统分析,发现纳米材料具有表面效应、小尺寸效应、量子尺寸效应、宏观量子隧道效应等基本效应,从而为人们学习和研究纳米科技以及纳米材料提供了理论基础。

2.1.1　量子尺寸效应

1. 久保(Kubo)理论

久保理论是针对金属超微颗粒费米面附近电子能级状态分布而提出来的。它与通常处理大块材料费米面附近电子态能级分布的传统理论不同,有新的特点,这是因为当颗粒尺寸进入到纳米级时,由于量子尺寸效应,原大块金属的准连续能级产生离散现象。1962年日本理论物理学家久保(Kubo)对小颗粒的大集合体电子能态做了以下两点主要假设。

1) 简并费米液体假设

Kubo认为,超微颗粒靠近费米面附近的电子状态是受尺寸限制的简并电子气,其能级为准粒子态的不连续能级，准粒子之间交互作用可以忽略不计。当 $k_B T \ll \delta$（k_B 为玻尔兹曼常数，T 为绝对温度，δ 为相邻二能级间平均能级间隔）时，这种体系费米面附近的电子能级分布服从 Poisson 分布

$$P_n(\Delta) = \frac{1}{n!}(\Delta/\delta)^n \exp(-\Delta/\delta) \tag{2-1}$$

式中，Δ 为两能态之间的间隔，$P_n(\Delta)$ 为对应 Δ 的概率密度，n 为两能态间的能级数。若 Δ 为相邻能级间隔，则 $n=0$。

Kubo 指出，找到间隔为 Δ 的两能态概率 $P_n(\Delta)$ 与哈密顿量的变换性质有关。例如，在自旋与轨道交互作用较弱和外加磁场小的情况下，电子哈密顿量具有时空反演的不变性。进一步地，在 Δ 比较小的情况下，$P_n(\Delta)$ 随 Δ 减小而减小。

2）超微粒子电中性假设

Kubo 认为，对于一个超微颗粒（可简称超微粒），取走或移入一个电子都是十分困难的。他提出了一个著名公式

$$k_B T \ll W \approx e^2/d \tag{2-2}$$

式中，W 为从一个超微颗粒取走或移入一个电子克服库仑力所做的功，d 为超微颗粒的直径，e 为电子电荷。

由式（2-2）可以看出，随着 d 值下降，W 增加，所以低温下热涨落很难改变超微颗粒的电中性。在足够低的温度下，当颗粒尺寸为 1nm 时，W 比 δ 小两个数量级，由式（2-2）可知 $k_B T \ll \delta$，可见 1nm 的小颗粒在低温下量子尺寸效应很明显。

此外，Kubo 及其合作者还提出了如下著名公式，即

$$\delta = \frac{4}{3} \cdot \frac{E_F}{N} \propto V^{-1} \tag{2-3}$$

式中，N 为一个超微粒的总导电电子数，V 为超微粒体积，E_F 为费米能级。

由式（2-3）看出，当粒子为球形时，$\delta \propto \frac{1}{d^3}$，即随粒径的减小，能级间隔增大。

2. 量子尺寸效应

金属费米能级附近电子能级在高温或宏观尺寸情况下一般是连续的，但当粒子的尺寸下降到某一纳米值时，金属费米能级附近的电子能级由准连续变为离散能级的现象，以及纳米半导体微粒中最高被占据分子轨道和最低未被占据的分子轨道的能级间隙变宽的现象均称为量子尺寸效应。

能带理论表明，金属费米能级附近电子能级一般是连续的，这一点只有在高温或宏观尺寸情况下才成立。对于只有有限个导电电子的超微粒子来说，低温下能级是离散的。对于宏观物体，其近似包含无限个原子（即导电电子数 $N \to \infty$），由式（2-3）可得能级间距 $\delta \to 0$，即对大粒子和宏观物体能级间距几乎为零；而对纳米微粒，所包含原子数有限，N 值很小，这就导致 δ 有一定的值，即能级间距发生分裂。当能级间距大于热能、磁能、静磁能、静电能、光子能量或超导态的凝聚能时，这时都必须要考虑量子尺寸效应。

量子尺寸效应可导致纳米微粒的磁、光、声、电、热以及超导电性与同一物质宏观状态下的原有性质有显著差异，即出现反常现象。例如，金属都是导体，但纳米金属微粒在低温时，由于量子尺寸效应会呈现绝缘性。如当温度为 1K，Ag 纳米微粒粒径小于 14nm 时，Ag 纳米微粒就变为金属绝缘体。美国贝尔实验室发现半导体硒化镉微粒随着尺寸减

小，能带间隙加宽，发光颜色将由红色向蓝色转移。美国伯克利实验室控制硒化镉纳米颗粒尺寸所制备的发光二极管，可在红、绿和蓝光之间变化。量子尺寸效应使纳米技术在微电子学和光电子学中地位显赫。

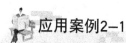 **应用案例2-1**

用久保关于能级间距的公式，估算 Ag 纳米微粒在 1K 时出现量子尺寸效应（由导体变为绝缘体）的临界粒径 d_0（Ag 的电子数密度 $n=6\times10^{22}/cm^{-3}$）。

由公式 $E_F=\dfrac{\eta^2}{2m}(3\pi^2n)^{2/3}$ 和 $\delta=\dfrac{4E_F}{3N}$ 得到 $\dfrac{\delta}{k_B}=(8.7\times10^{-18})/d^3$；

当 $T=1K$ 时，能级最小间距 $\dfrac{\delta}{k_B}=1$，带入上式求得 $d=14nm$。

根据久保理论，只有 $\delta>k_BT$ 时才会产生能级分裂，从而出现量子尺寸效应，即

$$\frac{\delta}{k_B}=(8.7\times10^{-18})/d^3>1$$

由此得出，当粒径 $d_0<14nm$ 时，Ag 纳米微粒变为绝缘体；如果温度高于 1K，则 $d_0\ll14nm$ 才有可能变为绝缘体，此外还需满足电子寿命 $\tau>H/\delta$ 的条件。实验表明，纳米 Ag 的确具有很高的电阻，类似于绝缘体，满足上述两个条件。

2.1.2 小尺寸效应

当超细微粒的尺寸与光波波长、德布罗意波长以及超导态的相干长度或透射深度等物理特征尺寸相当或更小时，晶体周期性的边界条件将被破坏；非晶态纳米微粒的颗粒表面层附近原子密度减小，导致声、光、电、磁、热、力学等物性发生变化，这就是纳米微粒的小尺寸效应，又称体积效应。例如，光吸收显著增加并产生吸收峰的等离子共振频移、磁有序态向磁无序态转变、超导相向正常相转变、声子谱发生改变。人们曾用高倍率电子显微镜对超细金颗粒(2nm)的结构非稳定性进行观察，实时地记录颗粒形态在观察中的变化，发现颗粒形态可以在单晶与多晶、孪晶之间进行连续的转变，这与通常的熔化相变不同。

2.1.3 表面效应

表面效应又称界面效应，是指纳米微粒的表面原子数与总原子数之比随粒径减小而急剧增大后所引起的性质上的变化。随着纳米微粒的粒径逐渐减小达到纳米尺寸，除了造成表面积迅速增加之外，表面能量也会大幅递增。纳米粉体(1~100nm)因有极大的表面积、表面原子比例极高而具有迥异于传统材料的各种性质。纳米微粒尺寸与表面原子数的关系见表2-1。

表2-1 纳米微粒尺寸与表面原子数的关系

粒径/nm	包含的原子数	表面原子比例/(%)	表面能量/(J/mol)	表面能量/总能量
10	30000	20	4.08×10^4	7.6
5	4000	40	8.16×10^4	14.3
2	250	80	2.04×10^5	35.3
1	30	99	9.23×10^5	82.2

由表 2-1 可见，当纳米微粒的粒径为 10nm 时，表面原子数为完整晶粒原子总数的 20%；而粒径降到 1nm 时，表面原子数比例达到 99%，原子几乎全部集中到纳米微粒的表面。这样高的比表面，使处于表面的原子数越来越多，同时表面能迅速增加。纳米微粒的表面原子所处环境与内部原子不同，它周围缺少相邻的原子，存在许多悬空键，具有不饱和性，易与其他原子相结合而稳定。因此，纳米微粒尺寸减小的结果导致了其表面积、表面能及表面结合能都迅速增大，进而使纳米微粒表现出很高的化学活性；并且表面原子的活性也会引起表面电子自旋构象和电子能谱的变化，从而使纳米微粒具有低密度、低流动速率、高混合性等特点。例如，金属纳米微粒暴露在空气中会自燃，无机纳米微粒暴露在空气中会吸附气体，并与气体进行反应。通过下例可以说明纳米微粒表面活性高的原因。图 2.2 所示为单一立方晶格结构的二维平面图，假定颗粒为圆形，实心圆代表位于表面的原子，空心圆代表内部原子，颗粒尺寸为 3nm，原子间距约为 0.3nm，实心圆的原子近邻配位不完全，如缺少一个近邻配位的"E"原子，缺少两个近邻配位的"D"原子和缺少三个近邻配位的"A"原子。像"A"这样的表面原子极不稳定，很快跑到"B"位置上，这些表面原子一遇见其他原子就很快与其结合，使其稳定化，这就是活性由来的原因。这种表面原子的活性不但引起纳米微粒表面原子的变化，同时也引起表面原子自旋构象和电子能谱的变化。

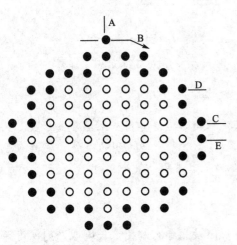

图 2.2　单一立方晶格结构的原子尽可能接近圆（或球）形进行配置的超微粒模式图

2.1.4　宏观量子隧道效应

微观粒子具有贯穿势垒的能力称为隧道效应。宏观物理量在量子相干器件中的隧道效应称为宏观量子隧道效应。例如，微颗粒的磁化强度，具有铁磁性的磁铁，其粒子尺寸小到一定程度，一般是纳米级时，会出现由铁磁性变为顺磁性或软磁性的现象。

宏观量子隧道效应的研究对基础研究及应用都有着重要意义。它限定了磁带、磁盘进行信息储存的时间极限。量子尺寸效应、隧道效应将会是未来微电子器件的基础，或者将确立现存微电子器件进一步微型化的极限。当微电子器件进一步细微化时，就必须要考虑上述的量子隧道效应。如在制造半导体集成电路时，当电路的尺寸接近电子波长时，电子就通过隧道效应而溢出器件，使器件无法正常地工作，经典电路的极限尺寸大约在 $0.25\mu m$。目前研制的量子共振隧穿晶体管就是利用量子效应制成的新一代器件。

2.1.5　库仑堵塞与量子隧穿效应

库仑堵塞效应是 20 世纪 80 年代介观领域（介于微观与宏观之间的领域）所发现的极其重要的物理现象之一。当体系的尺度进入到纳米级（一般金属粒子为几个纳米，半导体粒子为几十纳米）时，体系电荷是"量子化"的，即充电和放电过程是不连续的，充入一个电子所需的能量 E_C 为 $e^2/(2C)$，e 为一个电子的电荷，C 为小体系的电容，体系越小，C

越小，能量 E_C 越大。这个能量就称为库仑堵塞能。换句话说，库仑堵塞能是前一个电子对后一个电子的库仑排斥能，这就导致了对一个小体系的充放电过程，电子不能集体传输，而是一个一个单电子的传输。通常把小体系这种单电子传输行为称为库仑堵塞效应（简称库仑堵塞）。如果两个量子点通过一个"结"连接起来，一个量子点上的单个电子穿过能垒到另一个量子点上的行为称作量子隧穿。为了使单电子从一个量子点隧穿到另一个量子点，在一个量子点上所加的电压必须克服 E_C，即 $U > e/C$。通常，库仑堵塞和量子隧穿都是在极低温情况下观察到的，观察到的条件是 $[e^2/(2C)] > k_B T$。如果量子点的尺寸为 1nm 左右，就可以在室温下观察到上述效应。当量子点尺寸在十几纳米范围时，观察上述效应必须在液氮温度下。原因很容易理解，体系的尺寸越小，电容 C 越小，$e^2/(2C)$ 越大，这就允许在较高温度下进行观察。

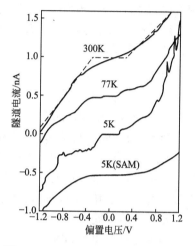

图 2.3　尺寸约为 **4nm** 的 **Au** 颗粒在不同温度下的 I-U 曲线

利用库仑堵塞和量子隧穿效应可以设计下一代的纳米结构器件，如单电子晶体管和量子开关等。由于库仑堵塞效应的存在，电流随电压的上升不再是直线上升，而是在 I-U 曲线上呈现锯齿形状的台阶。图 2.3 所示为尺寸约为 4nm 的 Au 微粒在不同温度下的 I-U 曲线，在低温下可明显地观察到分别具有库仑阻塞和库仑台阶特征的零电流间隙和电流平台。

2.1.6 介电限域效应

介电限域是纳米微粒分散在异质介质中由于界面而引起的体系介电增强的现象，这种介电增强通常称为介电限域，主要来源于微粒表面和内部局域场的增强。当介质的折射率与微粒的折射率相差很大时，产生了折射率边界，这就导致微粒表面和内部的场强比入射场强明显增加，这种局域场的增强称为介电限域效应。一般来说，过渡金属氧化物和半导体微粒都可能产生介电限域效应。纳米微粒的介电限域对光吸收、光化学、光学非线性等会有重要的影响。因此，在分析材料光学现象的时候，既要考虑量子尺寸效应，又要考虑介电限域效应。下面从如下布拉斯(Brus)公式分析介电限域对光吸收带边移动(蓝移、红移)的影响，即

$$E(r) = E_g(r=\infty) + \frac{h^2 \pi^2}{2\mu r^2} - 1.786 \frac{e^2}{\varepsilon \cdot r} - 0.248 E_{Ry} \qquad (2-4)$$

式中，$E(r)$ 为纳米微粒的吸收带隙，$E_g(r=\infty)$ 为体相的带隙，r 为粒子半径，h 为普朗克常数，μ 为粒子的折合质量 $\left(\mu = \left(\frac{1}{m_e} + \frac{1}{m_h}\right)^{-1}\right.$，其中 m_e、m_h 分别为电子和空穴的有效质量$\Big)$，E_{Ry} 为有效的里德伯能量。

式(2-4)中第一项是大晶粒半导体的禁带宽度，第二项为量子尺寸效应产生的蓝移能，第三项为介电限域效应产生的介电常数 ε 增加引起的红移能，第四项为有效里德伯能量。

过渡金属氧化物如 Fe_2O_3、Co_2O_3、Cr_2O_3 和 Mn_2O_3 等纳米微粒分散在十二烷基苯磺

酸钠(DBS)中，出现了光学三阶非线性增强效应。Fe_2O_3 纳米微粒测量结果表明，三阶非线性系数 $\chi^{(3)}$ 达到 $90m^2/V^2$，比在水中高两个数量级。这种三阶非线性增强现象归结于介电限域效应。

2.1.7 量子限域效应

当半导体纳米微粒的半径 $r < \alpha_B$(激子玻尔半径)时，电子的平均自由程受小粒径的限制，被局限在很小的范围，空穴很容易与它形成激子，引起电子和空穴波函数的重叠，这就很容易产生激子吸收带。随着粒径的减小，重叠因子(在某处同时发现电子和空穴的概率 $|U(0)|^2$)增加，对半径为 r 的球形粒子忽略表面效应，则激子的振子强度 f 为

$$f = \frac{2m}{h^2} \Delta E |\mu|^2 |U(0)|^2 \qquad (2-5)$$

式中，m 为电子质量，ΔE 为跃迁能量，μ 为跃迁偶极矩。

当 $r < \alpha_B$ 时，电子和空穴波函数的重叠 $|U(0)|^2$ 将随粒径减小而增加，近似于 $(\alpha_B/r)^3$。因为单位体积粒子的振子强度 $f_{粒子}/V$(V 为粒子体积)决定了材料的吸收系数，粒径越小，$|U(0)|^2$ 越大，$f_{粒子}/V$ 也越大，则激子带的吸收系数随粒径下降而增加，即出现激子增强吸收并蓝移，这就称作量子限域效应。纳米半导体微粒增强的量子限域效应使它的光学性能不同于常规半导体。

纳米材料界面中的空穴浓度比常规材料高得多。纳米材料的颗粒尺寸小，电子运动的平均自由程短，空穴约束电子形成激子的概率高，颗粒越小，形成激子的概率越大，激子浓度越高。这种量子限域效应，使能隙中靠近导带底形成一些激子能级，产生激子发光带。激子发光带的强度随颗粒尺寸的减小而增加。

2.2 纳米微粒的物理特性

小尺寸效应、表面效应、量子尺寸效应及量子隧道效应等是纳米微粒和纳米固体的基本特性。它使纳米微粒和纳米固体呈现出许多奇异的物理、化学性质，并出现一些反常现象，这就使得它具有广阔的应用前景。

2.2.1 纳米微粒的热学性能

材料的热性能是材料最重要的物理性能之一。纳米材料具有很高比例的内界面(包括晶界、相界、畴界等)。由于界面原子的振动熔、熵和组态熔、熵值明显不同于点阵原子，使纳米材料表现出一系列与普通多晶体材料明显不同的热学特性，如比热容值升高、热膨胀系数增大、熔点降低等。

1. 纳米材料的熔点

材料热性能与材料中分子、原子运动行为有着不可分割的联系。当热载子(电子、声子和光子)的各种特征尺寸与材料的特征尺寸(晶粒尺寸、颗粒尺寸或薄膜厚度)相当时，反映物质热性能的物性参数如熔化温度、热容等会显现出鲜明的尺寸依赖性。特别是，低温下热载子的平均自由程将变长，使材料热学性质的尺寸效应更为明显。

固态物质在其形态为大尺寸时，其熔点是固定的。而对于纳米微粒，由于颗粒小，微粒的表面能高，比表面原子数多，这些表面原子近邻配位不全，活性大以及体积远小于大块材料，因此纳米微粒熔化时所需增加的内能小得多，这就使得纳米微粒的熔点急剧下降。图 2.4 所示为金的熔点与金纳米微粒的尺度关系图。随着金粒子尺寸的减小，熔点会降低。金的常规熔点为 1064℃（1337K），当颗粒尺寸减小到 2nm 时，熔点仅为 327℃（600K）。人们在具有自由表面的共价半导体的纳米晶体、惰性气体和分子晶体中也发现了熔化的尺寸效应现象，表 2-2 列出了几种材料的熔点随着尺寸的变化情况。

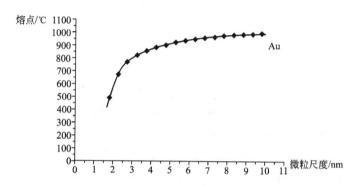

图 2.4　金的熔点与金纳米微粒的尺度关系图

表 2-2　几种材料在不同尺度大小下的熔点

物质种类	颗粒尺寸：直径(nm)或总原子数(个)	熔点/K
金(Au)	常规块体	1337
	300nm	1336
	100nm	1205
	20nm	800
	2nm	600
锡(Sn)	常规块体	500
	500 个	480
铅(Pb)	常规块体	600
	20nm	312
硫化镉(CdS)	常规块体	1678
	2nm	约 910
	1.5nm	约 600
铜(Cu)	常规块体	1358
	40nm	750

2. 纳米晶体的热膨胀

热膨胀是指材料的长度或体积在不加压力时随温度的升高而变大的现象。固体材料热膨胀的本质在于材料晶格点阵的非简谐振动。由于晶格振动中相邻质点间作用力是非线性的，点阵能曲线也是非对称的，使得加热过程中材料发生热膨胀。一般来讲，结构致密的晶体比结构疏松的材料的热膨胀系数大。表 2-3 同时给出了用不同方法制备的纳米晶材料的热膨胀系数相对于粗晶的变化，表中 $\Delta\alpha_l^{nc} = (\alpha_l^{nc} - \alpha_l^c)/\alpha_l^c$，$\alpha_l^{nc}$ 和 α_l^c 分别为纳米晶、粗晶的线膨胀系数。

表 2-3 纳米晶体材料热膨胀系数的变化率

样品	平均晶粒尺寸/nm	制备方法	$\Delta\alpha_l^{nc}/(\%)$
Cu	8	惰性气体冷凝	94
Cu	21	磁控溅射	0
Pd	8.3	惰性气体冷凝	0
Ni	20	电解沉积	−2.6
Ni	152	严重塑性变形	180
Fe	8	高能球磨	130
Au(超细粉末)	10	电子束蒸发沉积	0

迄今为止，对纳米晶体材料的热膨胀行为的研究较少，仅有的几例报道结果也不一致(见表 2-3)。Birringer 报道惰性气体冷凝方法制备的纳米晶体 Cu(8nm)的线膨胀系数是粗晶 Cu 的 1.94 倍；而 Eastman 用原位 X 射线衍射研究发现，惰性气体冷凝法制备的纳米晶体 Pd(8.3nm)在 16～300K 的温度范围内的线膨胀系数同粗晶体相比没有明显的变化；用非晶晶化法制备的纳米 Ni-P 和 Se 的膨胀系数比各自粗晶体分别增加了 51% 和 61%；用 SPD 法制备的纳米 Ni 的线膨胀系数比粗晶 Ni 增加了 1.8 倍；而用电解沉积法制备的无孔纳米晶体 Ni(20nm)的线膨胀系数在 205～500K 之间却低于粗晶 Ni (100μm)的膨胀系数，在 500K 时线膨胀系数为 −2.6%；用磁控溅射法沉积的 Cu 薄膜的膨胀系数也与粗晶的 Cu 相同。此外，发现气体蒸发的超细纳米粉 Au 和 Pt 的热膨胀系数与粗晶体的相同。显然，线膨胀系数与纳米样品的制备方法和结构尤其是微孔有密切的关系。

3. 纳米晶体的比热容

通常纳米微粒比块体物质具有更高的比热容。

1) 中高温度下的比热容

J. Rupp 和 R. Birringer 研究了在高温下纳米尺度粒子对比热容的影响。他们分别研究了尺寸为 8nm 和 6nm 的纳米晶体铜和钯(用 X 射线衍射的方法测量得到)。两种样品均被压成小球，然后采用差热扫描量热计测量其比热容。测量温度范围是 150～300K，结果如

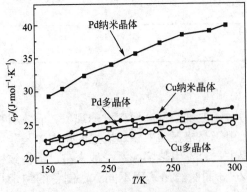

图 2.5 高温下钯和铜的纳米晶体与多晶体比热容的比较结果

图 2.5 所示。对于这两种金属，其纳米晶体(简称纳米晶)的比热容都要大于其多晶体(简称多晶)的比热容。在不同温度下，钯的比热容提高了 29%～53%，铜的比热容提高了 9%～11%。这项研究表明：中高温度下，纳米晶体物质的比热容有普遍的提高。表 2-4 比较了一些纳米晶体和多晶体物质在高温下的比热容。对一些物质，比热容的提高非常显著(如钯、铜和钌)，而对另一些物质(如 $Ni_{80}P_{20}$ 和硒)，则可以忽略。

表 2-4　一些纳米晶体和多晶体材料比热容实验值的比较

材料	$c_p/(J \cdot mol^{-1} \cdot K^{-1})$		增加幅度/(%)	纳米晶粒尺寸/nm	温度/K
Pd	25	37	48	6	250
Cu	24	26	8.3	8	250
Ru	23	28	22	15	250
$Ni_{80}P_{20}$	23.2	23.4	0.9	6	250
Sc	24.1	24.5	1.7	10	245
钻石	7.1	8.2	15	20	323

2）低温下的比热容

H. Y. Bai、J. L. Luo、D. Jin 和 J. R. Sun 研究了低温下纳米微粒的比热容。他们在非常低的温度下（25K 以下）测量了铁纳米微粒的比热容。所研究的样品是用加热蒸发的方法制成的，用 TEM 测量样品粒径为 40nm。实验得到的多晶铁和纳米铁晶体的比热容数据如图 2.6 所示。相比而言，当温度接近 10K 时，纳米铁晶体的比热容要比普通铁的比热容大。另一个在低温下研究的例子是 U. Herr，H. Geigl 和 K. Samwer 的研究工作，他们测试了纳米晶体 $Zr_{1-x}Al_x$ 合金的比热容。其中粒径为 7nm、11nm 和 21nm 粒子的研究结果如图 2.7 所示。实验数据表明，随着粒径的减小，比热容增大。

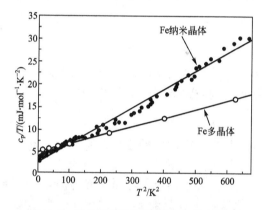

图 2.6　纳米铁晶体和多晶铁比热容的
实验值 c_p/T 与 T^2 的关系曲线

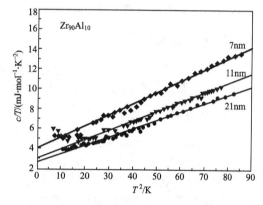

图 2.7　$Zr_{1-x}Al_x$ 纳米晶体比热容的
实验值 c_p/T 与 T^2 的关系曲线

以上结果说明，除了极低温度（低于几个 K）以外，高温和低温下纳米材料的比热容都比传统材料有所增大。对于这种效应，还没有得到很好的直观解释，但必定和纳米微粒的大小、大量的表面原子或者粒子间晶粒边界的效应有关。关于纳米微粒的比热容已成为研究的热点。

4. 纳米微粒的扩散、晶化及烧结特性

由于在纳米结构材料中有大量的界面，这些界面为原子提供了短程扩散途径。因此，与单晶材料相比，纳米结构材料具有较高的扩散率。这种高的扩散率对于蠕变、超塑性等力学性能有显著影响，同时可以较轻易地在较低温度下对材料进行有效掺杂，并可以在较低温度下使原来不混溶金属形成新的合金相。

通过测定 Cu 纳米晶体的扩散率，发现其是普通材料晶格扩散率的 $10^{14} \sim 10^{20}$ 倍，是晶

界扩散率的 $10^2 \sim 10^4$ 倍，而 Cu 纳米晶体自扩散是传统晶体的 $10^{16} \sim 10^{19}$ 倍，是晶界扩散的 10^3 倍。进行比较，可以看到室温时普通 Cu 的晶界扩散率等于晶格扩散率，值为 $4 \times 10^{-40} \, m^2 \cdot s^{-1}$，而当 Cu 纳米晶体具有 8nm 的晶粒尺寸时，其扩散率为 $2.6 \times 10^{-20} \, m^2 \cdot s^{-1}$。

当材料处于纳米晶状态时，材料的固溶扩散能力通常能够被提高。例如，无论液相还是固相都不混溶的金属，当处于纳米晶状态时，大多都会发生固溶，产生合金。纳米微粒的开始烧结温度和晶化温度均比常规粉体低得多。

作为晶化和固溶的前期阶段，扩散能力的提高，可以使一些通常较高温度才能形成的稳定或介稳相在较低温度下就可以存在。增强的扩散能力产生的另一个结果是可以使纳米结构材料的烧结温度大大降低。所谓烧结温度，是指把粉末先加压成形，然后在低于熔点的温度下使这些粉末互相结合，密度接近于材料的理论密度时的温度。纳米微粒尺寸小，表面能高，压制成块后的界面具有高能量，在烧结中高的界面能成为原子运动的驱动力，有利于界面中的孔洞收缩。所以具有纳米微粒的材料在较低温度下就能烧结并达到致密化的目的，使烧结温度明显降低。一个明显的例子是常规氧化铝烧结温度在 $1700 \sim 1800 ℃$，而纳米氧化铝可在 $1200 \sim 1400 ℃$ 烧结，致密度可达 99.0％ 以上，烧结温度下降了 400℃ 以上。又如常规的氮化硅烧结温度高于 $1800 ℃$，纳米氮化硅烧结温度可降低 $300 \sim 400 ℃$。粒径为 12nm 的 TiO_2 粉不需要添加任何助剂就可以在低于常规烧结温度 $400 \sim 600 ℃$ 的情况下进行烧结。其他实验也表明，烧结温度的降低是纳米材料的普遍现象，对设计和制备新型纳米材料具有非常重要的指导意义。

2.2.2　纳米微粒的光学性能

纳米材料的量子效应、大的比表面效应、界面原子排列和键组态的较大无规则性等特性对纳米微粒的光学性能有很大影响，使纳米材料与同质的传统材料有很大不同。

1. 宽频带强吸收

大块金属具有不同颜色的光泽，表明它们对可见光范围内各种波长光的反射和吸收能力不同。当金（Au）粒子尺寸小于光波波长时，会失去原有的光泽而呈现黑色。实际上，所有的金属超微粒子均为黑色，尺寸越小，色泽越黑。如银白色的金属铂变为铂黑，金属铬变为铬黑等，这表明金属超微粒对光的反射率很低，一般低于 1％。大约几纳米厚度的微粒即可消光，金纳米微粒的反射率小于 10％。粒子对可见光呈低反射率、强吸收率，导致粒子变黑。

纳米氮化硅、SiC 及 Al_2O_3 粉末对红外都有一个宽带吸收谱。这是因为纳米微粒大的比表面导致了平均配位数下降，不饱和键和悬键增多，与常规大块材料不同，没有一个单一的、择优的键振动模式，而存在一个较宽的键振动模的分布，在红外光场作用下它们对红外吸收的频率也就存在一个较宽的分布，这就导致了纳米微粒红外吸收带的宽化。在实际应用中，可利用纳米微粒的光学性能制成隐身材料，如隐身飞机涂层。

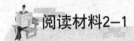
阅读材料2-1

纳米材料的隐身原理与应用

1991 年，美国在海湾战争中首次使用的 F117A 隐身战斗机，由于飞机的机身表面涂敷了多种纳米尺寸的红外和微波隐身材料，使飞机具有对雷达电磁波优异的宽频带微波吸收能力和散射能力，从而躲避了伊拉克雷达和红外探测器的监视。而伊拉克的军事目标、坦克、军队等防御红外线探测的隐身材料，却易被美国战斗机上灵敏红外线探测器发现，从而通过激光制导或巡航导弹很准确地击中目标。据报道，在历时一个半月的海湾战争中，F117A隐身战斗机执行任务达 1270 余架次，摧毁了伊拉克 95% 的重要军事目标，却无一架飞机受损。纳米微粒尺寸远小于红外及雷达波波长，纳米微粒材料对该两大波段内透过率比常规宏观材料大很多，这就大大减少了对该两大波段的反射率，材料通过吸收削弱其反射强度，使得红外探测器和雷达等能接收到的反射信号降至很微弱，从而达到了隐身目的。纳米微粒材料的比表面比常规粗颗粒大 3～4 个数量级，因此对红外波段和电磁波段的吸收率就比常规材料大很多，这就使红外探测器及雷达等得到的反射信号非常微弱，很难发现被探测目标。

纳米磁性材料，既有优良的吸收雷达波特性，又有良好的吸收和耗散红外线的性能，加之相对密度小，在隐身方面的应用有着明显的优越性；同时纳米磁性材料可与驾驶、内信号控制装置相配合，通过开关发出干扰，改变雷达波的反射信号，使波形畸变或使波形变化不定，从而能有效地干扰、迷惑雷达操纵员，达到隐身目的。利用等离子共振频率随颗粒尺寸变化的性质，可以改变颗粒尺寸，控制吸收边的位移，制造具有一定波宽的吸波纳米材料。因此，人们可以根据隐身技术的需要，依据纳米材料各种隐身原理来研究和开发不同的纳米隐身材料体系。

⬛ 资料来源：徐云龙，等. 纳米材料概论 [M]. 上海：华东理工大学出版社，2008：21

2. 蓝移现象

与大块材料相比，纳米微粒的吸收带普遍存在"蓝移"现象，即吸收带向短波方向移动。例如，纳米碳化硅粉体和大块碳化硅粉体的红外吸收频率峰值分别为 $814cm^{-1}$ 和 $794cm^{-1}$，纳米碳化硅粉体的红外吸收频率较大块碳化硅粉体蓝移 $20cm^{-1}$。纳米氮化硅粉体和大块氮化硅粉体的红外吸收频率峰值分别为 $949cm^{-1}$ 和 $935cm^{-1}$，纳米氮化硅粉体的红外吸收频率较大块氮化硅粉体蓝移 $14cm^{-1}$。图 2.8 所示的曲线为不同尺寸的 CdS 纳米微粒的可见光-紫外吸收光谱比较。由图可见，当微粒尺寸变小后吸收光波波长向短波方向移动，即发生谱线蓝移现象。纳米微粒吸收带"蓝移"可以用量子尺寸效应和大的比表面来解释。由于颗粒尺寸下降，能隙变宽，这就导致光吸收带移向短波方向。已被电子占据能级与未被电子占据能级之间的宽度（能隙）随颗粒直径减小而增大，所以量子尺寸效应是产生纳米材料谱线"蓝移"和红外吸收带宽化现象的根本原因。另外由于纳米微粒颗粒小，大的表面张力使晶格畸变，晶格常数变小。如对纳米氧化物和氮化物小粒子研究表明，第一近邻和第二近邻的距离变短。键长的缩短导致纳米微粒的键本征振动频率增大，也使光吸收带移向了高波数，引起纳米材料的谱线蓝移。

通常纳米微粒的量子尺寸效应使它的光吸收带产生蓝移；此外微粒粉体粒径的多分散性使其光吸收带还具

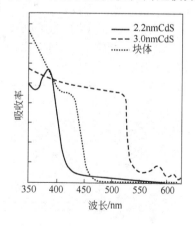

图 2.8 不同尺寸的 CdS 纳米微粒的可见光-紫外吸收光谱比较

有宽化作用。利用这两种特性，人们可制成纳米紫外线吸收材料。通常的纳米紫外线吸收材料是将纳米微粒分散到树脂中制成膜，这种膜对紫外线的吸收能力依赖于纳米微粒的尺寸和树脂中纳米微粒的掺加量与组分。目前，对紫外线吸收较好的几种材料有：$30\sim40nm$ 的 TiO_2 纳米微粒的树脂膜；Fe_2O_3 纳米微粒的聚酯树脂膜。前者对 $400nm$ 波长以下的紫外线有极强的吸收能力，后者对 $600nm$ 波长以下的可见光有良好的吸收能力，可实现半导体器件的紫外线筛检功能。

纳米材料用于纺织品，经过独特的工艺处理，将紫外线隔离因子引入纤维中，能起到防紫外线、阻隔电磁波的作用，还具有无毒、无刺激且不受洗涤、着色和磨损等影响的作用，可以有效保护人体皮肤不受辐射的伤害。

3. 纳米微粒的发光

研究发现，有些原来不发光的材料，当其粒子小到纳米尺寸后可以观察到其在近紫外到近红外范围内的某处存在发光现象。例如，硅是具有良好半导体特性的材料，但并不是很好的发光材料。在对硅材料发光性能的研究中发现，当硅纳米微粒的尺寸小到一定值时，可在一定波长的光激发下发光。1990 年，日本佳能研究中心的 H. Tabagi 发现，粒径小于 $6nm$ 的 Si 在室温下可以发射可见光。图 2.9 所示为室温下紫外线激发纳米硅的发光谱。可以看出，随粒径减小，纳米硅发射带强度增强并移向短波方向。当粒径大于 $6nm$ 时，这种光发射现象消失。Tabagi 认为硅纳米微粒的发光是载流子的量子限域效应引起的。Bras 认为，Si 并不是直接跃迁，而是间接跃迁的半导体，大块 Si 不发光是它的结构存在平移对称性，由平移对称性产生的选择定则使得大尺寸 Si 不可能发光，当 Si 粒径小到某一程度（$6nm$）时，平移对称性消失，因此出现了发光现象。类似的现象在许多纳米微粒中均被观察到。

4. 纳米微粒分散物系的光学性质

纳米微粒分散于分散介质中形成分散物系（溶胶）时称作胶体粒子或分散相。由于在溶胶中胶体的高分散性和不均匀性，使得分散物系具有特殊的光学特征。例如，如果让一束聚集的光线通过这种分散物系，在入射光的垂直方向可看到一个发光的圆锥体，这种现象是在 1869 年由英国物理学家丁达尔（Tyndall）所发现，故称为丁达尔效应，如图 2.10 所示。这个圆锥称为丁达尔圆锥。丁达尔效应与分散粒子的大小及投射光线波长有关。当分散粒子的直径大于投射光波波长时，光投射到粒子上就被反射，而看不到丁达尔效应。如果粒子直径小于投射光波波长，光波便可以绕过粒子而向各方向传播，发生散射，散射出来的光，即所谓乳光。由于纳米微粒直径比可见光的波长要小得多，所以纳米微粒分散物系应以散射的作用为主。

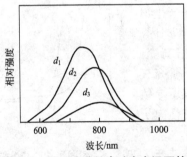

图 2.9 不同尺寸纳米硅在室温下的发光谱（粒径 d_1 d_2 d_3）

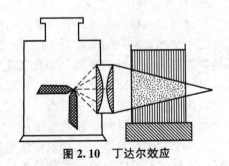

图 2.10 丁达尔效应

根据雷利公式，散射强度为

$$I = 24\pi^3 \frac{NV^2}{\lambda^4} \left(\frac{n_1^2 - n_2^2}{n_1^2 + 2n_2^2} \right) I_0 \qquad (2-6)$$

式中，λ 为波长，N 为单位体积中的粒子数，V 为单个粒子的体积，n_1、n_2 分别为分散相（这里为纳米微粒）和分散介质的折射率，I_0 为入射光强度。

对式(2-6)可作如下讨论：

(1) 散射强度(即乳光强度)与粒子体积的平方成正比。对低分子真溶液，分子体积很小，虽有乳光，但很微弱。悬浮体的粒子大于可见光波长，故没有乳光，只有反射光。只有纳米胶体粒子形成的溶胶才能产生丁达尔效应。

(2) 散射强度与入射光波长的四次方成反比，故入射光的波长越短，散射越强。例如，照射在溶胶上的是白光，则其中蓝光与紫光的散射较强，故白光照射溶胶时，侧面的散射光呈淡蓝色，而透射光呈现橙红色。

(3) 分散相与分散介质的折射率相差越大，粒子的散射光就越强。所以对分散相和分散介质间没有亲和力或只有很弱亲和力的溶胶，由于分散相与分散介质间有明显界限，两者折射率相差很大，乳光很强，丁达尔效应很明显。

(4) 散射强度与单位体积内胶体粒子数 N 成正比。

2.2.3 纳米微粒的电学性能

1. 纳米晶金属的电导

由固体物理可知，在完整晶体中，电子是在周期性势场中运动的，电子的稳定状态是布洛赫波描述的状态，这时不存在产生阻力的微观结构。对于不完整晶体，晶体中的杂质、缺陷、晶界等结构上的不完整性以及晶体原子因热振动而偏离平衡位置都会导致电子偏离周期性势场。这种偏离使电子波受到散射，这就是经典理论中阻力的来源。这种阻力可用电阻率表示为

$$\rho = \rho_L + \rho_r \qquad (2-7)$$

式中，ρ_L 为受晶格振动散射影响的电阻率，与温度相关，ρ_r 为受杂质和缺陷影响的电阻率，与温度无关。

温度升高，晶格振动加大，对电子的散射增强，导致电阻升高，电阻温度系数为正值。ρ_r 是温度趋于绝对零度时的电阻值。杂质、缺陷可以改变金属电阻的阻值，但不改变电阻的温度系数 $d\rho/dT$。对于粗晶金属，在杂质含量一定的条件下，由于晶界的体积分数很小，晶界对电子的散射是相对稳定的。因此，普通粗晶的电导可以认为与晶粒的大小无关。

由于纳米晶材料中含有大量的晶界，且晶界的体积分数随晶粒尺寸的减小而大幅度上升，此时，纳米材料的界面效应对 ρ_r 的影响不能忽略。因此，纳米材料的电导具有尺寸效应，特别是晶粒尺寸小于某一临界尺寸时，量子尺寸的限制将使电导量子化。因此纳米材料的电导将显示出许多不同于普通粗晶材料电导的性能。例如，纳米晶金属块体材料的电导随晶粒径的减小而减小，电阻温度系数亦随晶粒的减小而减小，甚至出现负的电阻温度系数。金属纳米丝的电导被量子化，并随纳米丝直径的减小出现电导台阶、非线性的 I-U 曲线及电导振荡等粗晶材料所不具有的电导特性。

2. 纳米金属块体材料的电导

纳米金属块体材料的电导随晶粒尺寸的减小而减小并且具有负的电阻温度系数，已被

实验所证实。Gleite 等人对纳米 Pd 块体的电阻率的测量结果表明，纳米 Pd 块体的电阻率均高于普通晶粒 Pd 的电阻率，且晶粒越细，电阻率越高，如图 2.11 所示。

由图 2.11 还可看出，电阻率随温度的上升而增大。图 2.12 所示为纳米晶 Pd 块体的直流电阻温度系数与晶粒直径的关系，由图可知，随着晶粒尺寸的减小，电阻温度系数显著下降，当晶粒尺寸小于某一临界值时，电阻温度系数就可能变为负值。

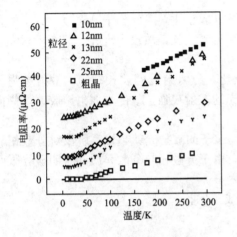

图 2.11　晶粒尺寸和温度对纳米 Pd
块体电阻率的影响

图 2.12　纳米晶 Pd 块体的直流电阻温度
系数与晶粒尺寸的关系

我国学者研究了纳米晶 Ag 块体的组成粒径和晶粒径对电阻温度系数的影响。当 Ag 块体的组成粒子粒径小于 18nm 时，在 50～250K 的温度范围内电阻温度系数就为负值，即电阻随温度的升高而降低，如图 2.13(a)、(b)所示。图 2.13(c)是粒子粒径为 20nm 样品的测量值，与图 2.13(a)、(b)正好相反，与图 2.13(a)、(b)所给出的数据相比可知，

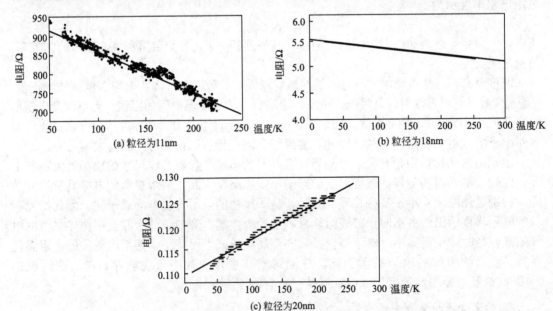

图 2.13　粒径对电阻的影响

当 Ag 粒径由 20nm 降为 11nm 时，样品的电阻发生了 1～3 个数量级的变化。这是由于在临界尺寸附近，Ag 费米面附近导电电子的能级发生了变化，电子能级由准连续变为离散，出现能级间隙，量子尺寸效应导致电阻急剧上升。根据久保理论可计算出 Ag 出现量子尺寸效应的临界尺寸为 20nm。在图 2.13(a)、(b)中 Ag 样品的粒径均小于 20nm，因此出现量子效应，导致纳米晶块体 Ag 样品的电阻和电阻温度系数出现反常变化。

3. 纳米材料的介电性能

纳米介电材料具有量子尺寸效应和界面效应，这将较强烈地影响其介电性能，因此，纳米介电材料将表现出许多不同于常规电介质的介电特性，主要表现在：

(1) 空间电荷引起的界面极化。由于纳米材料具有大体积分数的界面，在外电场的作用下在界面两侧可产生较强的由空间电荷引起的界面极化或空间电荷极化。

(2) 介电常数或介电损耗具有强烈的尺寸效应。例如，在铁电体中具有电畴，即自发极化取向一致的区域。电畴结构将直接影响铁电体的压电和介电特性。随着尺寸的减小，铁电体单畴将发生由尺寸驱动的铁电-顺电相变，使自发极化减弱，居里点降低，这都将影响取向极化及介电性能。

(3) 纳米介电材料的交流电导通常远大于常规电介质的电导。例如，纳米 α-Fe_2O_3、γ-Fe_2O_3 固体的电导就比常规材料的电导大 3～4 个数量级；纳米氮化硅随尺寸的减小也具有明显的交流电导。纳米介电材料电导的升高将导致介电损耗的增大，纳米吸波材料正是利用这一特性增强对电磁波的损耗。

2.2.4 纳米微粒的磁学性能

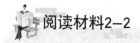
阅读材料2-2

能导航的海龟

海龟是世界上珍贵的稀有动物，美国科学家对东海岸佛罗里达的海龟进行了长期研究，发现了一个十分有趣的现象：海龟通常在佛罗里达的海边产卵，幼小的海龟为了寻找食物通常要到大西洋的另一侧靠近英国的小岛附近的海域生活，从佛罗里达到这个岛屿的路线与再回到佛罗里达的路线不一样，相当于绕大西洋一圈，需要 5～6 年的时间。这样准确无误地航行靠什么导航？经过长期研究美国科学家发现海龟的头部有磁性的纳米微粒，海龟就是凭借这种纳米微粒的导航准确无误地完成几万公里的迁移。

当磁性物质的粒径或晶粒尺寸进入纳米范围时，其磁学性能具有明显的尺寸效应。因此，纳米材料具有许多粗晶或微晶材料所不具备的磁学特性。例如，纳米丝由于长度与直径比很大，具有很强的形状各向异性，当其直径小于某一临界值时，在零磁场下具有沿丝轴方向磁化的特性。此外，矫顽力、饱和磁化强度、居里温度等磁学参数都与晶粒尺寸相关。

1. 矫顽力

在磁学性能中，矫顽力的大小受晶粒尺寸变化的影响最为强烈。对于大致球形的晶粒，矫顽力随晶粒尺寸的减小而增加，达到一最大值后，随着晶粒尺寸的进一步减小矫顽力反而下降。对应于最大矫顽力的晶粒尺寸相当于单畴的尺寸，对于不同的合金系统，其尺寸范围在十几至几百纳米。当晶粒尺寸大于单畴尺寸时，矫顽力 H_c 与平均晶粒尺寸 D 的关系为

$$H_c = C/D \tag{2-8}$$

式中，C 为与材料有关的常数。

可见，纳米材料的晶粒尺寸大于单畴尺寸时，矫顽力亦随晶粒尺寸 D 的减小而增加，符合式（2-8）。当纳米材料的晶粒尺寸小于某一尺寸后，矫顽力随晶粒尺寸的减小急剧降低。此时矫顽力与晶粒尺寸的关系为

$$H_c = C'D^6 \tag{2-9}$$

式中，C' 为与材料有关的常数。

式(2-9)与实测数据符合很好。图 2.14 显示了一些 Fe 基合金的 H_c 与晶粒尺寸 D 的关系。

矫顽力的尺寸效应可用图 2.15 所示来定性解释。图中横坐标上直径 D 有三个临界尺寸。当 $D > D_{crit}$ 时，粒子为多畴，其反磁化为畴壁位移过程，H_c 相对较小；当 $D < D_{crit}$ 时，粒子为单畴，但在 $d_{crit} < D < D_{crit}$ 时，出现非均匀转动，H_c 随 D 的减小而增大；当 $d_{th} < D < d_{crit}$ 时，为均匀转动区，H_c 达极大值；当 $D < d_{th}$ 时，H_c 随 D 的减小而急剧降低，这是由于热运动能 $k_B T$ 大于磁化反转需要克服的势垒时，微粒的磁化方向做"磁布朗运动"，热激发导致超顺磁性所致。

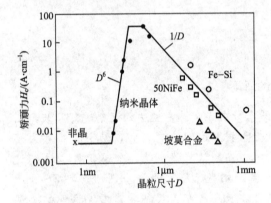

图 2.14　矫顽力 H_c 与晶粒尺寸 D 的关系

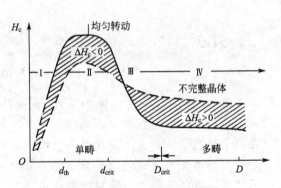

图 2.15　微粒的 H_c 与直径 D 的关系

2. 饱和磁化强度、居里温度与磁化率

微米晶的饱和磁化强度（M_s）对晶粒或粒子的尺寸不敏感。但是当尺寸降到 20nm 或以下时，由于位于表面或界面的原子占据相当大的比例，而表面原子的原子结构和对称性不同于内部的原子，因而将强烈地降低饱和磁化强度 M_s。例如，6nm Fe 的 M_s 比粗晶块体 Fe 的 M_s 降低了近 40%。

纳米材料通常具有较低的居里温度，如 70nm 的 Ni 的居里温度（T_c）要比粗晶的 Ni 低 40℃。纳米材料中存在的庞大的表面或界面是引起 T_c 下降的主要原因。T_c 的下降对于纳米磁性材料的应用是不利的。

纳米微粒磁化率 χ 与温度和颗粒中电子数的奇偶性相关。一般而言，二价简单金属微

粒的传导电子总数 N 为偶数；一价简单金属微粒则可能一半为奇数，一半为偶数。统计
理论表明，N 为奇数时，χ 服从居里-外斯定
律，χ 与 T 成反比；N 为偶数时，微粒的磁化
率则随温度的上升而上升。图 2.16 所示为
$MgFe_2O_4$ 微粒在不同测量温度下 χ 与粒径的
关系，直观地表明了粒径对 χ 的影响。图中曲
线从下到上分别代表 6、7、8、11、13 和
18nm 粒径的测量值。由图可知，每一粒径的
微粒均有一对应最大值 χ 值的温度，称为"冻
结或截至"温度 T_B。温度高于 T_B 时，χ 值开
始下降。T_B 对应于热激活能的阈值。温度高
于 T_B 时，纳米微粒的晶体各向异性被热激活
能克服，显示出超顺磁特性。粒径越小，冻结
温度越低。

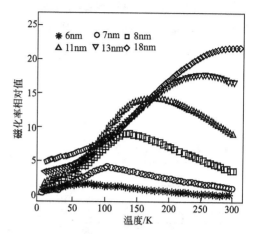

图 2.16　$MgFe_2O_4$ 颗粒的 χ
与温度和粒径的关系

3. 巨磁电阻效应

由磁场引起材料电阻变化的现象称为磁电阻效应或磁阻效应（Magnetoresistance，
MR）。磁电阻效应可以用磁场强度为 H 时的电阻 $R(H)$ 和零磁场时的电阻 $R(0)$ 之差 ΔR
与零磁场的电阻值 $R(0)$ 之比或与电阻率 ρ 之比来描述，即

$$MR = \frac{\Delta R}{R(0)} = \frac{\rho(H) - \rho(0)}{\rho(0)} \qquad (2-10)$$

普通材料的磁阻效应很小，如工业上有使用价值的坡莫合金的各向异性磁阻效应
（AMR）最大值也未突破 2.5%。1988 年 Baibich 等人在由 Fe、Cr 交替沉积而形成的纳米
多层膜中，发现了超过 50% 的 MR，且为各向同性、负效应，这种现象被称为巨磁电阻效
应或巨磁阻效应（Giant Magnetoresistance，GMR）。1992 年，Berkowitz 等人在 Cu-Co 等
颗粒膜中也观察到 GMR。1993 年，Helmolt 等人在类钙铁矿结构的稀土 Mn 氧化物中观
察到 $\Delta R/R$ 可达 $10^3 \sim 10^6$ 的超巨磁阻效应，又称庞磁阻效应（Colossal Magnetoresistance，
CMR）。1995 年，Moodera 等人观察到磁性隧道结在室温下大于 10% 的隧道巨磁电阻效应
（Tunnel Magnetoresistance，TMR）。

目前，已发现具有 GMR 的材料主要有多层膜、自旋阀、颗粒膜、非连续多层膜、氧
化物超巨磁电阻薄膜等五大类。GMR、CMR、TMR 等效应，将在小型化和微型化高密度
磁记录读出头、随机存储器和传感器中获得应用。下面以多层膜的 GMR 为例对 GMR 进
行介绍。

由 3d 过渡族金属铁磁性元素或其合金和 Cu、Cr、Ag、Au 等异体构成的金属超晶格
多层膜，在满足下述三个条件的前提下具有 GMR：

（1）铁磁性导体/非铁磁性导体超晶格中，铁磁性导体层之间构成自发磁化矢量的反平
行结构（零磁场），相邻磁层磁矩的相对取向能够在外磁场作用下发生改变，如图 2.17 所示。

（2）金属超晶格的周期（每一重复的厚度）应比载流电子的平均自由程短。例如，Cu 中
电子的平均自由程在 34nm 左右，实际上，Cr 及 Cu 等非磁性导体层的厚度一般都在几纳
米以下。

（3）自旋取向不同的两种电子（向上和向下），在磁性原子上的散射差别必须很大。

Fe/Cr 金属超晶格巨磁阻效应如图 2.18 所示。图中纵轴是以外加磁场为零时的电阻 $R(H=0)$ 为基准归一化的相对阻值，横轴为外加磁场。若 Fe 膜厚 3nm，Cr 膜厚 0.9nm，积层周期为 60，构成超晶格，通过外加磁场，其电阻值降低可达 50%。

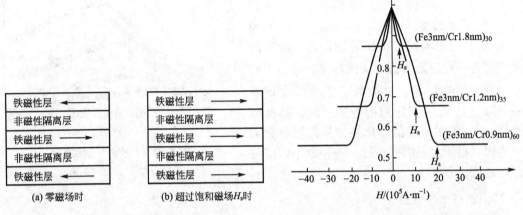

铁磁性层 ←	铁磁性层 →
非磁性隔离层	非磁性隔离层
铁磁性层 →	铁磁性层 →
非磁性隔离层	非磁性隔离层
铁磁性层 ←	铁磁性层 →
(a) 零磁场时	(b) 超过饱和磁场H_s时

图 2.17　GMR 多层膜的结构

图 2.18　Fe/Cr 多层膜的巨磁阻效应（4.2K）

Co/Cu 超晶格系统的 MR 更高、饱和磁场强度 H_s 更低，因此对它的研究日趋活跃。典型的金属超晶格系统有 Co/Cu、(Co-Fe)/Cu、Co/Ag、(Ni-Fe)/Cu、(Ni-Fe)/Ag、(Ni-Fe-Co)/Cu、(Ni-Fe-Co)/Cu/Co 等。

一般的磁电阻效应有纵效应和横效应之分，前者随着磁场的增强，电阻也增加，后者随着磁场的增强，电阻而减小。而 GMR 则不然，无论 $H \perp I$，还是 $H /\!/ I$，磁场造成的效果都是使电阻减小，为负效应。

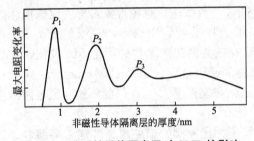

图 2.19　非磁性导体隔离层对 GMR 的影响

GMR 对于非磁性导体隔离层的厚度十分敏感。如图 2.19 所示，在任意单位下，相对于隔离层厚度，最大 MR 比呈现出振动特性。随非磁性导体隔离层厚度的增加，电阻变化趋缓。对于 Co/Cu 系统来说，P_1、P_2、P_3 三个峰的位置分别在 1nm、2nm、3nm 附近，显示出较好的周期性。

GMR 的理论为 Mott 关于铁磁性金属电导的理论，即二流体模型。在铁磁金属中，导电的 s 电子要受到磁性原子磁矩的散射作用，散射的几率取决于导电的 s 电子自旋方向与固体中磁性原子磁矩方向的相对取向。自旋方向与磁矩方向一致的电子受到的散射作用很弱，自旋方向与磁矩方向相反的电子则受到强烈的散射作用，而传导电子受到散射作用的强弱直接影响到材料电阻的大小。图 2.20 所示为外场为零时电子的运动状态。多层膜中间同一磁层中原子的磁矩沿同一方向排列，而相邻磁层原子的磁矩反平行排列。根据 Mott 的二流体模型，传导电子分成自旋向上与自旋向下的两组，由于多膜层中非磁层对两组自旋状态不同的传导电子的影响是相同的，所以只考虑磁层产生的影响。

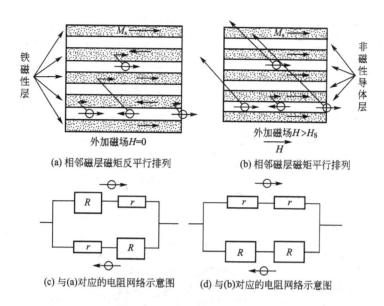

(a) 相邻磁层磁矩反平行排列　　　　(b) 相邻磁层磁矩平行排列

(c) 与(a)对应的电阻网络示意图　　　(d) 与(b)对应的电阻网络示意图

图 2.20　GMR 的二流体模型

由图 2.20(a)可见，两种自旋状态的传导电子都在穿过磁矩取向与其自旋方向相同的一个磁层后，遇到另一个磁矩取向与其自旋方向相反的磁层，并在那里受到强烈的散射作用，也就是说，没有哪种自旋状态的电子可以穿越两个或两个以上的磁层。在宏观上，多层膜处于高电阻状态，这可以由图 2.20(c)的电阻网络来表示，其中 $R>r$。图 2.20(b)为外加磁场足够大时，原本反平行排列的各层磁矩都沿外场方向排列的情况。可以看出，在传导电子中，自旋方向与磁矩取向相同的那一半电子可以很容易地穿过许多磁层而只受到很弱的散射作用，而另一半自旋方向与磁矩取向相反的电子，则在每一磁层都受到强烈的散射作用。也就是说，有一半传导电子存在一低电阻通道。在宏观上，多层膜处于低电阻状态。图 2.20(d)所示的电阻网络即表示这种情况，这样就产生了 GMR现象。

上述模型的描述是非常粗略的，而且只考虑了电子在磁层内部的散射，即所谓的体散射。但实际上，在磁层与非磁层界面处的自旋相关散射有时更为重要，尤其是在一些GMR 较大的多膜层系统中，界面散射作用占主导地位。虽然多膜层具有很高的 GMR，但由于强反铁磁耦合使饱和磁场高(1T)，其磁场传感灵敏度 $S=\Delta R/(RH_s)$ 低于 $0.01\%/$Oe[①]，远小于坡莫合金的灵敏度 0.3%/Oe。

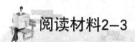
阅读材料2-3

GMR 的应用

在巨磁阻效应基础理论发现 10 年后，具有一维纳米结构的磁性层中的巨磁阻效应(GMR)被证实可以用于磁盘读写头的磁敏感元件，如图 2.21 所示，这一元件是硬盘的

---

① Oe 是非法定单位，$1\mathrm{Oe}=\dfrac{10^3}{4\pi}\mathrm{A}\cdot\mathrm{m}^{-1}=79.6\mathrm{A}\cdot\mathrm{m}^{-1}$。

关键组件，在 1998 年的硬盘市场上占 340 亿美元的份额。新型的读写头可以使信息存储从 1Gbits 扩大到 20Gbits，这种读写头的商业产品由 IBM 公司 1997 年 12 月公布成功制造，由于这一技术，使全球大部分硬盘由美国的公司制造。

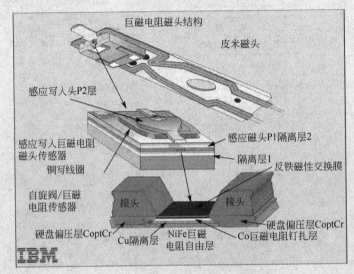

图 2.21　IBM 公司巨磁阻读写示意图

　　GMR 在未来的 3～5 年将在永久性磁随机存取存储器（MRAM）中得到应用，随机存取存储器（RAM）占有 1000 亿美元的市场。面内巨磁阻使 1Mbit 的存取器芯片成为可能，这种芯片的大小与早期的 1Kbit 铁氧体磁心存储器比较，不仅体积急剧减小，而且存储器的存取时间从毫秒级减小到 10ns。面内 GMR 也可以制造出 10～100Mbit 的芯片。由于 GMR 阻止射线破坏，这种存储器在太空和国防中的应用将起到重要作用。

4. 超顺磁性

　　超顺磁性是当微粒体积足够小时，因热运动能对微粒自发磁化方向的影响而引起的磁性。超顺磁性可定义为：当一任意场发生变化后，磁性材料的磁化强度经过时间 t 后达到平衡态的现象。处于超顺磁状态的材料具有两个特点：①无磁滞回线；②矫顽力等于零。图 2.22 所示为脱溶分解后 Co - Cu 合金中强磁相 $Co_{90}Cu_{10}$（2.7nm）的磁化曲线，显示富 Co 粒子处于超顺磁态。材料的尺寸是该材料是否处于超顺磁状态的决定因素，而超顺磁性具有强烈的尺寸效应。同时，超顺磁性还与时间和温度有关。

　　对于一单轴的单畴粒子集合体，各粒子的易磁化方向平行，磁场沿易磁化方向将其磁化。当磁场取消后，剩磁 $M_r(0) = M_s$，M_s 为饱和磁化强度。磁化反转受到难磁化方向的势

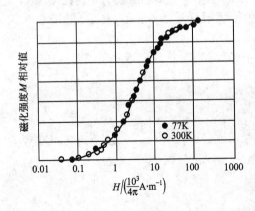

图 2.22　Co - Cu 合金中富 Co 粒子的超顺磁性

垒 $\Delta E = KV$ 的阻碍，只有当外加磁场足以克服势垒时才能实现反磁化。如果微粒尺寸足够小，可出现热运动能使 M_s 穿越势垒 ΔE 的概率，即出现宏观量子隧道效应，隧穿概率为

$$p = \exp[-KV/(k_B T)] \qquad (2-11)$$

式中，K 为各向异性常数，V 为微粒的体积，k_B 为玻耳兹曼常数，T 为绝对温度。

若经过足够长的时间 t 后剩磁 M_r 趋于零，其衰减过程规律为

$$M_r(t) = M_r(0)\exp(-t/\tau) \qquad (2-12)$$

式中，τ 为弛豫时间。

τ 可表示如下

$$\tau = \tau_0 \exp\left(\frac{KV}{k_B T}\right) = f_0^{-1}\exp\left(\frac{KV}{k_B T}\right) \qquad (2-13)$$

式中，f_0 为频率因子，其值约为 $10^9\,\mathrm{s}^{-1}$。

根据弛豫时间 τ 与所设定的退磁时间 t_m（实验观察时间）的相对大小不同，对超顺磁性可有如下不同的实验结论：

(1) 当 $\tau \leqslant t_m$ 时，在实验观察时间内超顺磁性有充分的表现。设 $t_m \approx 100\mathrm{s}$，将 $\tau = t_m = 100\mathrm{s}$ 代入式(2-13)，可计算出具有超顺磁性的临界体积为

$$V_c = \frac{25 k_B T}{K} \qquad (2-14)$$

当粒子的体积 $V < V_c$ 时，粒子处于超顺磁状态。对于给定的体积 V，式(2-4)可确定超顺磁性的冻结温度 T_B。当 $T < T_B$ 时，$\tau > t_m$，超顺磁性不明显。当温度确定时，则可利用式(2-14)计算出超顺磁性的临界尺寸，如设 $T = 300\mathrm{K}$，根据不同材料各向异性常数 K 的不同，可计算出 Fe 的临界直径为 12.5nm，hcp-Co 的临界直径为 4nm，fcc-Co 的临界直径为 14nm。

(2) 当 $\tau \gg t_m$ 时，在实验中观察不到热起伏效应，微粒为通常的稳定单畴。如令 $\tau = 10^7\mathrm{s}$(1年)，则 $V_c = \frac{37 k_B T}{K}$，微粒体积大于 V_c 时才为稳定的单畴。

超顺磁性限制对于磁存储材料是至关重要的。如果 1bit 的信息要在一球形粒子中存储 10 年，则要求微粒的体积 $V > 40 k_B T/K$。对于典型的薄膜记录介质，其有效各向异性常数 $K_{\mathrm{eff}} = 0.2\mathrm{J/cm^3}$。在室温下，微粒的体积应大于 828nm³；对于立方晶粒，其边长应大于 9nm。此外，超顺磁性是制备磁性液体的条件。

2.2.5 纳米微粒的力学性能

晶粒大小是影响传统金属多晶材料（晶粒尺寸在微米以上量级）力学性能的重要因素。随晶粒减小，材料的强度和硬度增大。但当晶粒小至纳米量级时，材料的力学性能将如何呢？

通过对前期纳米材料的力学性能的研究可总结出以下四点与常规晶粒材料不同的结果：

(1) 纳米材料的弹性模量低于常规晶粒材料的弹性模量。

(2) 纳米纯金属的硬度或强度是大晶粒（大于 1μm）金属硬度或强度的 2～7 倍。

(3) 纳米材料可具有负的 Hall-Petch 关系，即随着晶粒尺寸的减小，强度降低。

（4）在较低的温度下，如室温附近，脆性的陶瓷或金属间化合物在具有纳米晶时，由于扩散相变机制而具有塑性或超塑性。

1. 弹性模量

弹性模量是反映材料内原子、离子键合强度的重要参量。由于纳米材料中存在大量的晶界，而晶界的原子结构和排列不同于晶粒内部，且原子间间距较大，因此，纳米晶的弹性模量要受晶粒大小的影响，晶粒越细，所受的影响越大，弹性模量的下降越大。对纳米Fe、Cu和Ni等样品的测试结果显示，其弹性模量比普通多晶材料略小（小于5%），并且随晶粒减小，弹性模量降低。

2. 纳米金属的强度

纳米Pd、Cu等块体试样的硬度试验表明，纳米材料的硬度一般为同成分的粗晶材料硬度的2～7倍。由纳米Pd、Cu、Au等的拉伸试验表明，其屈服强度和断裂强度均高于同成分的粗晶金属。

3. 纳米金属的塑性

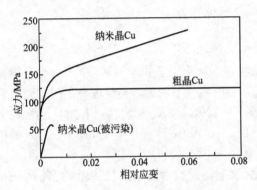

图2.23 纳米晶Cu的应力-应变曲线

在拉伸和压缩两种不同的应力状态下，纳米金属的塑性和韧性显示出不同的特点。

在拉应力作用下，与同成分的粗晶金属相比，纳米金属的塑、韧性大幅下降，即使是粗晶时显示良好塑性的fcc金属，在纳米晶条件下拉伸时塑性也很低，常呈现脆性断口。如图2.23所示，纳米Cu的拉伸伸长率仅为6%，是同成分粗晶伸长率的20%，表明在拉应力状态下纳米金属表现出与粗晶金属完全不同的塑性行为。导致纳米晶金属在拉应力下塑性很低的主要原因有：

（1）纳米晶金属的屈服强度大幅度提高使拉伸时的断裂应力小于屈服应力，因而在拉伸过程中试样来不及充分变形就产生断裂。

（2）纳米晶金属的密度低，内部含有较多的孔隙等缺陷，而又由于其屈服强度高，因而在拉应力状态下对这些内部缺陷以及金属的表面状态特别敏感。

（3）纳米晶金属中的杂质元素含量较高，从而损伤了纳米晶金属的塑性。

（4）纳米晶金属在拉伸时缺乏可移动的位错，不能释放裂纹尖端的应力。

在压应力状态下纳米晶金属能表现出很高的塑性和韧性。例如，纳米Cu在压应力下的屈服强度比拉应力下的屈服强度高两倍，但仍显示出很好的塑性。纳米Pd、Fe试样的压缩实验也表明其屈服强度高达GPa水平，断裂应变可达20%，说明纳米晶金属具有良好的压缩塑性。其原因可能是在压应力作用下金属内部的缺陷得到修复，密度提高，或纳米晶金属在压应力状态下对内部的缺陷或表面状态不敏感所致。

4. 超塑性

材料在特定条件下可产生非常大的塑性变形而不断裂的特性被称为超塑性（通常指在

拉伸情况下)或超延展性(轧制条件下)。对于金属或陶瓷多晶材料,其产生条件是高温(通常高于熔点的一半)和稳定的细晶组织。材料超塑变形基本上是晶界在高温下滑移造成的。根据晶界滑移的理论模型,如 Coble 晶界扩散蠕变模型,其形变速率 $\dot{\varepsilon}$ 可表述为

$$\dot{\varepsilon}=\frac{B\Omega\sigma\delta D_{gb}}{d^3 k_B T} \tag{2-15}$$

式中,σ 为拉伸应力,Ω 为原子体积,d 为平均晶粒尺寸,B 为常数,D_{gb} 为晶界扩散率,δ 为晶界厚度,k 为玻尔兹曼常数,T 为温度。

由式(2-15)可以看出,d 越小,$\dot{\varepsilon}$ 越大。若将晶粒尺寸从微米量级降至纳米量级,形变速率会提高几个量级,则可在较低温度下实现超塑变形。也就是说,在应变速率恒定的条件下,减小晶粒尺寸可降低超塑变形温度;当晶粒细化至纳米量级时,可能获得室温超塑性。

McFadden 等人利用电解沉积技术制备出全致密纳米金属 Ni(晶粒尺寸为 50nm),发现其拉伸超塑变形温度仅 350℃,约为熔点的 36%,远低于粗晶 Ni 的超塑变形温度。他们还利用严重塑性变形法制备出高质量 Al 合金和 Ni₃Al 纳米材料,发现其拉伸超塑变形温度大幅度下降。利用电解沉积技术制备出晶粒尺寸为 30nm 的全致密 Cu 块状样品,在室温下轧制获得了高达 5100% 的延伸率(见图 2.24),且在超塑延伸过程中,样品中未表现明显的加工硬化现象,其中缺陷密度基本不变,说明变形过程是由晶界行为主导的。

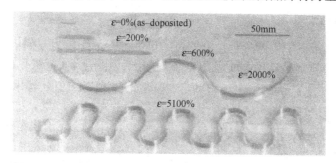

图 2.24 室温下不同变形量的轧制态纳米 Cu 样品的宏观照片

纳米陶瓷的强度和韧性显著提高。陶瓷材料在通常情况下呈脆性,由纳米微粒压制成的纳米陶瓷材料有很好的韧性。因为纳米材料具有较大的界面,界面的原子排列是相当混乱的,原子在外力变形的条件下很容易迁移,因此表现出甚佳的韧性与延展性。美国学者报道氟化钙纳米材料在室温下可以大幅度弯曲而不断裂。研究表明,人的牙齿之所以具有很高的强度,是因为它是由磷酸钙等纳米材料构成的。例如,纳米氧化铝粉体添加到常规 85 瓷、95 瓷中,观察到强度和韧性均提高 50% 以上;TiO₂ 纳米材料具有奇特韧性,在 180℃时经受弯曲不断裂;CaF₂ 纳米材料在 80~180℃温度下,塑性提高 100%。直径几十纳米的 Si₃N₄ 纳米线的弯曲强度在 10³MPa 量级,比块体 Si₃N₄ 材料高出一个数量级。

2.3 纳米微粒的化学特性

2.3.1 纳米微粒的吸附特性

吸附是相接触的不同相之间产生的结合现象。吸附可分成两类:一类是物理吸附,即

吸附剂与吸附相之间是以范德华力之类较弱的物理力来结合；另一类是化学吸附，即吸附剂与吸附相之间是以化学键强结合。纳米微粒由于有大的比表面积和表面原子配位不足，与相同组成的大块材料相比有较强的吸附性。纳米微粒的吸附性与被吸附物质的性质、溶剂以及溶液的性质有关。

纳米粉体表面的结构不完整，只有通过吸附其他物质，才可以使材料稳定，因此纳米粉体的表面吸附特性远大于常规粉体。由质谱实验证明不同种类的过渡纳米金属都有特殊的储氢能力，见表 2-5。利用纳米金属粉体，可以在低压下储存氢气，大幅降低氢气爆炸的危险。

表 2-5 纳米金属粉体释放氢的相对量

$T/℃$	Ni^{2+}	Ti^{4+}	Fe^{2+}，Fe^{3+}
100	0.18	0.10	0.19
200	0.74	0.17	0.56
300	0.90	0.35	0.78
400	1.00	1.00	1.00
500	0.74	0.64	0.73
600	0.35	0.17	0.40

1. 非电解质的吸附

非电解质是指呈电中性的分子，它们可通过氢键、范德华力、偶极子的弱静电力吸附在粒子表面上。其中以形成氢键而吸附在其他相上为主。例如，氧化硅粒子对醇、酰胺、醚的吸附过程中，氧化硅微粒与有机溶剂的接触为硅烷醇层，硅烷醇在吸附中起着重要作用。上述有机溶剂中的 O 或 N 与硅烷醇的羟基（—OH）中的 H 形成 O—H 或 N—H 氢键，从而完成 SiO_2 微粒对有机溶剂的吸附，如图 2.25 所示。一个醇分子与氧化硅表面的硅烷醇羟基之间只能形成一个氢键，所以结合力很弱，属于物理吸附。而对于高分子化合物如聚乙烯醇化合物，在氧化硅粒子上的吸附也同样通过氢键来实现，由于大量的 O—H 氢键的形成，使吸附力变得很强，这种吸附为化学吸附。弱物理吸附容易脱附，而强化学吸附脱附困难。

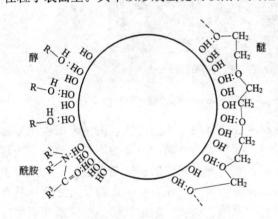

图 2.25 在低 pH 值下吸附于氧化硅表面的醇、酰胺、醚分子

吸附不仅受粒子表面性质的影响，也受吸附相的性质影响，即使吸附相是相同的，但由于溶剂种类不同，吸附量也不一样。例如，以直链脂肪酸为吸附相，以苯及正己烷为溶剂，结果以正己烷为溶剂时直链脂肪酸在氧化硅粉体表面上的吸附量比以苯为溶剂时多，这是因为在苯的情况下形成的氢键很少。

2. 电解质的吸附

电解质在溶液中以离子形式存在，其吸附能力大小由库仑力来决定。纳米微粒在电解质溶液中的吸附现象大多数属于物理吸附，由于纳米微粒大的比表面积，常常产生键的不饱和性,致使纳米微粒表面失去电中性而带电(如纳米氧化物、氮化物粒子),而电解质溶液中带有相反电荷的离子吸引到纳米微粒表面上以平衡其表面上的电荷,这种吸附主要是通过库仑交互作用而实现的。例如,纳米尺寸的黏土小颗粒在碱金属或碱土金属的电解液中,带负电的黏土纳米微粒很容易把带正电的 Ca^{2+} 离子吸附到表面上,Ca^{2+} 离子称为异电离子,这是一种物理吸附过程,它是有层次的,吸附层的电学性质也有很大的差别。一般来说,靠近纳米微粒表面的一层属于强物理吸附,称为紧密层,它的作用是平衡纳米微粒表面的电性;离纳米微粒表面稍远的 Ca^{2+} 离子形成较弱的吸附层,称为分散层。由紧密层和分散层形成双电层吸附。由于强吸附层内电位急骤下降,在弱吸附层中电位缓慢减小,结果在整个吸附层中产生电位下降梯度。

2.3.2　纳米微粒的催化反应

催化剂在许多化学化工领域中起着举足轻重的作用,它可以控制反应时间、提高反应效率和反应速度。大多数传统的催化剂不仅催化效率低,而且其制备是凭经验进行,不仅造成生产原料的巨大浪费,使经济效益难以提高,而且对环境也造成污染。纳米微粒表面活性中心多,为它作催化剂提供了必要条件。纳米微粒作催化剂,可大大提高反应效率,控制反应速度,甚至使原来不能进行的反应也能进行。纳米微粒作催化剂比一般催化剂的反应速度可提高 $10\sim15$ 倍。

1. 纳米金属催化

1) 纳米贵金属催化剂

金属能够作为催化剂的活性组分,事实上,纳米金属催化剂的研究与应用在纳米材料这一名字出现之前就已经开始了,如铂黑电极的铂黑成分、工业上烯烃加氢用的多孔氧化铝负载金属钯催化剂等。这里以金属状态的多相催化剂为例作简要介绍。金属催化剂性能主要由以下结构特点决定。

(1) 金属表面原子是周期性排列的端点,至少有一个配位不饱和位,即悬挂键。这预示着金属催化剂具有较强的活化反应物分子的能力。

(2) 金属表面原子位置基本固定,在能量上处于亚稳态。这表明金属催化剂活化反应物分子的能力强,但选择性差。

(3) 金属原子之间的化学键具有非定域性,因而金属表面原子之间存在凝聚作用。这要求金属催化剂具有十分严格的反应条件,往往是结构敏感性催化剂。

(4) 金属原子显示催化活性时,总是以相当大的集团,即以"相"的形式表现。如金属单晶催化剂,不同晶面催化活性明显不同。但同时,其适应性也易于预测。

而贵金属催化剂又是金属催化剂中性能最为优越的。目前,贵金属催化剂的主要应用途径见表 2-6。

表 2-6　纳米贵金属催化剂及其应用

族	金属元素	应用
IB	Ag	二烯烃、炔烃选择性加氢制单烯烃;乙烯选择性氧化制氧乙烷;甲烷氨氧化制氢氰酸;芳烃的烷基化;甲醇选择性氧化制甲醛
IB	Au	CO 低温氧化;烃类的燃烧;烃类的选择性氧化

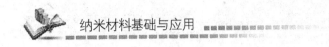

（续）

族	金属元素	应用
Ⅷ	Pd	烯烃、芳烃、醛、酮的选择性加氢；烃类的催化氧化；不饱和硝基化合物的选择性加氢；甲醇合成；环烷烃、环烯烃的脱氢反应；植物油的加氢精制
Ⅷ	Pt	烯烃、二烯烃、炔烃的选择性加氢；汽车尾气催化净化处理；环烷烃、环烯烃的脱氢；SO_2 的催化氧化；烃类的深度氧化与燃烧；醛、酮的脱羧基化等
Ⅷ	Rh	烯烃的选择性加氢反应；汽车尾气催化净化处理；加氢甲酰化反应等
Ⅷ	Ru	乙烯选择性氧化制环氧乙烷；有机羧酸选择性加氢；烃类催化重整反应；制醇

纳米贵金属催化剂已成功地应用到选择性加氢等反应中。例如，Rh 纳米微粒就是良好的烯烃选择性加氢催化剂，烯烃双键上往往连有尺寸较大的基团，致使双键很难打开，若加上粒径为 1nm 的 Rh 微粒，可使打开双键变得容易，使氢化反应顺利进行，显示出很高的活性与选择性，纳米微粒对双键的选择性加氢有特殊的亲和力，金属粒子越小，越有利于选择性加氢反应。

2）纳米过渡金属催化剂

过渡金属催化剂是现代化工主导型催化剂之一，在催化剂领域占有十分关键的作用。如合成氨的铁系催化剂、轻烃造气用镍基催化剂、燃料油品加氢精制用钴系催化剂以及甲醇合成用铜系催化剂等。纳米材料合成技术的突破，使传统的过渡金属催化剂更新换代有了更大的可能，如何引入纳米合成技术，研制结构更为规整、性能更为优越、性价比更高的新型过渡金属催化剂，成为催化化学家面临的巨大挑战。

在纳米过渡金属催化剂方面，如何解决其粒子的稳定性非常关键。Jairton DuPont 采用咪唑基离子液体来稳定 Ir 纳米微粒催化剂，进行烯烃的选择性加氢反应，发现经过稳定化的 Ir 纳米微粒催化剂表现出优越的烯烃加氢反应性能。

除了单组分纳米微粒过渡金属催化剂，还有多组分合金型的纳米微粒催化剂。这种合金型纳米微粒呈无定型状态的纳米尺度颗粒，它具有很高的表面积，表面原子还具有较高的配位不饱和度，这些都是对催化非常有利的结构特征，是极富潜力的新型催化剂类型。并且，粒子尺度减小到纳米程度，其多相表面结构的各向异性会向各向同性过渡，这些特殊的表面结构性能近年来开始受到关注，特别在磁记录和催化领域。

Ni-B、Ni-P 超细合金就是其中很有代表性的体系。Okamoto 发现金属镍组分 3d 电子密度会在另一组分 B 或 P 的诱导下发生变化，这正是其表现出优越的加氢性能的关键。而 Chen 则认为，将类金属组分 B 与 P 加入到 Ni 金属中形成合金后，Ni 组分与这些类金属组分间将发生不同的电子转移，使其催化加氢性能表现出巨大差异。这时，如果能很好地控制 B/P 比，将其制备成三组分纳米合金催化剂，会得到最佳的催化加氢性能。表 2-7 所列即为这类纳米合金作为催化剂时的催化性能。可以看出，合金催化剂是粒径分布较窄、表面积较高的纳米尺寸粒子。

表 2-7　Ni-P-B 纳米合金催化剂上硝基苯加氢性能

催化剂样品	粒径/nm	比表面积 /(m² · g⁻¹)	催化活性	
			/[mol H_2(m²cat)⁻² · s⁻¹ · 10³]	/[mol H_2(g Ni)⁻¹ · s⁻¹ · 10²]
Ni$_{71.4}$B$_{28.9}$	10～30	38.8	6.6	27.3
Ni$_{85}$P$_{15}$	50～150	3.3	18.3	5.7

(续)

催化剂样品	粒径/nm	比表面积 /(m² · g⁻¹)	催化活性	
			/[mol H₂(m²cat)⁻² · s⁻¹ · 10³]	/[mol H₂(g Ni)⁻¹ · s⁻¹ · 10²]
$Ni_{72.5}P_{2.0}B_{15.5}$	10~30	22.7	10.9	30.9
$Ni_{76.5}P_{6.0}B_{17.5}$	10~30	32.1	3.3	10.6
$Ni_{74.5}P_{12.1}B_{13.5}$	10~30	15.1	12.2	19.8
$Ni_{72.3}Al_{27.7}$	—	—	1.1	7.4

2. 半导体纳米微粒的光催化

半导体纳米微粒的光催化效应发现以来，一直受到人们的重视，原因在于这种效应在环保、水质处理、有机物降解、失效农药降解等方面有重要的应用。所谓半导体的光催化效应是指：在光的照射下，价带电子跃迁到导带，价带的空穴把周围的氧气和水分子激发成极具活性的·OH及·O^{2-}自由基，这些氧化力极强的自由基几乎可分解大部分对人体或环境有害的有机物质及部分无机物质，完成对有害物质的降解。例如，TiO_2光催化反应可以用图2.26所示进行简单的说明。

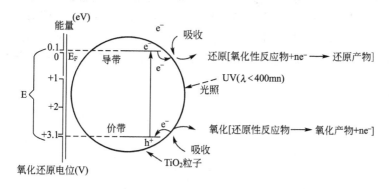

图 2.26 TiO_2 光催化反应

可用来作为光催化剂的化合物有 TiO_2、ZnO、Nb_2O_5、WO_3、SnO_2、ZrO_2 等氧化物及 CdS、ZnS 等硫化物，其中二氧化钛（TiO_2）因具有强大的氧化还原能力、化学稳定度高且无毒，所以使用最为广泛。

将这类材料做成空心小球，浮在含有有机物的废水表面上，利用太阳光可进行有机物的降解。美国、日本利用这种方法对海上石油泄露造成的污染进行处理。还可以将粉体添加到陶瓷釉料中，使其具有保洁杀菌的功能，也可以添加到人造纤维中制成杀菌纤维。纳米 TiO_2 具有良好的屏蔽紫外线功能。将纳米 TiO_2 粉体按一定比例加入到化妆品中，可以有效地遮蔽紫外线，一般认为，化妆品中只需含纳米二氧化钛0.5%~1%，即可充分屏蔽紫外线。目前，日本等国已有部分纳米二氧化钛的化妆品问世。紫外线不仅能使肉类食品自动氧化而变色，而且还会破坏食品中的维生素和芳香化合物，从而降低食品的营养价值。如用添加0.1%~0.5%的纳米二氧化钛制成的透明塑料包装材料包装食品，既可以防止紫外线对食品的破坏作用，还可以使食品保持新鲜。锐钛矿白色纳米 TiO_2 粒子表面用 Cu^+、Ag^+ 离子修饰，杀菌效果更好。这种材料在电冰箱、空调、医疗器械、医院手术室装修等方面有着广泛的应用前景。

3. 纳米金属和半导体粒子的热催化

金属纳米微粒十分活泼，可以作为助燃剂在燃料中使用；也可以掺杂到高能密度的材料如炸药中增加爆炸效率；还可以作为引爆剂进行使用。为了提高热燃烧效率，将金属纳米微粒和半导体纳米微粒掺杂到燃料中，可以提高燃烧的效率，因此这类材料在火箭助推器和燃煤中可用作助燃剂。目前，纳米 Ag 和 Ni 粉已被用在火箭燃料中作助燃剂。

 习 题

(1) 纳米材料与微米材料的熔点和磁学性质为何显著不同？

(2) 量子尺寸效应、宏观量子限域效应与量子限域效应三者的适用对象有何不同？

(3) 介电限域效应是怎样产生的？纳米金属粉末也会产生介电限域效应吗？

(4) 纳米微粒有哪些特殊的光学性质？它们分别与哪些纳米效应有关？

(5) 纳米微粒材料与相同块体材料的光学性质有什么差异？

(6) 在化妆品中加入纳米微粒能起到防晒作用的基本原理是什么？

(7) 什么是超顺磁性？试计算 Fe 粒子在 300K 温度时的超顺磁性的临界尺寸。

(8) 家鸽可以从离家几十、几百甚至上千公里的地方飞回家，一些海龟从栖息的海湾游出几百几千公里后又能回到原来的栖息处。试推测它们是如何辨别方向的。

(9) 纳米隐身材料隐身的基本原理是什么？它们在哪些领域可望大显身手？

第**3**章
纳米微粒的制备与表面修饰

教学要点

知识要点	掌握程度	相关知识
纳米微粒制备方法分类	掌握不同分类的依据与主要类型，了解纳米微粒制备的主要类型	材料制备的分类依据与标准
典型固相制备方法	掌握机械法、固相反应的原理与过程，了解高能球磨的应用，了解其他固相法的原理	机械粉碎工艺与设备，球磨的原理与特点，有机金属盐的固相反应，化学溶出法、火花放电法
典型气相制备方法	掌握低压气体中蒸发法、低真空溅射法、流动液面上真空蒸镀法、爆炸丝法、化学气相沉积法的原理与工艺，理解气相法中纳米微粒的生成、生长过程与粒径控制原理，了解各种加热方式的特点	真空获得与控制，蒸发、溅射、化学气相沉积设备与工艺控制，电子束、激光、电弧、等离子体加热原理与设备
典型液相制备方法	掌握沉淀法、金属醇盐水解法、溶胶-凝胶法、雾化溶剂挥发法、微乳液法、水热/溶剂热法的原理与工艺，掌握常见纳米微粒的制备，理解各种液相法的适用范围与优缺点	液相形核与生长的原理，有机金属盐的制备，金属醇盐的水解，微乳液的特性，表面活性剂的结构特点与作用，溶胶-凝胶工艺与应用
纳米微粒表面修饰方法	掌握纳米微粒的表面物理修饰与化学修饰的主要方法，理解纳米微粒的表面结构、表面改性的目的与作用	粉体的团聚与分散原理，表面吸附原理与应用，表面接枝方法，偶联剂的结构与作用

导入案例

中国科学家已经发明了一种在比常规方法低得多的温度下合成金刚石纳米微粒的技术。李亚栋、钱逸泰和中国科技大学化学系和结构成分分析中心的同事们用 Wurtz 反应，在 Ni‐Co 催化剂存在的情况下，用 Na 和 CCl_4 在 700℃反应 48h 形成纳米金刚石。文章发表在 Science，1998，281：246 上。该工作在 Science 上发表不久就被美国《化学与工程新闻》评价为"稻草变黄金"，被教育部选为 1998 年十大科技新闻。由此可见纳米材料制备技术的重要性。

纳米材料的制备是纳米科技发展的基础。随着纳米材料的制备技术的发展，各种尺寸、形态和性能的纳米材料不断出现，纳米材料的研究和应用取得越来越多的成果。根据纳米材料的形态，纳米材料的制备技术可分为纳米微粒(零维纳米材料)的制备、纳米纤维(一维纳米材料)的制备、纳米薄膜(二维纳米材料)的制备、纳米块体三维纳米材料以及纳米结构材料的制备。本章将首先介绍纳米微粒的制备。

自然界存在着大量纳米微粒，许多生物如蜜蜂、海龟等体内都存在着纳米尺寸的磁性颗粒，对于生物的定位与运动行为具有十分重要的意义。然而，自然界中存在的纳米微粒大多是有害的污染物，如烟尘、大气中的各类尘埃物等。有实际应用意义的具有一定功能效能的纳米微粒都是人工合成和制备的。

自 20 世纪 80 年代以来，人们发现纳米材料具有特别优良的理化性质和特殊的电、磁、光、热、力等特性，激发了一大批有识之士的科学家开始对纳米材料进行系统的研究，其中也包括对纳米微粒制备方法的研究和探索。

纳米微粒制备方法主要需要考虑的问题是：①纳米微粒的纯度及表面清洁度；②纳米微粒平均粒径及粒度分布情况；③纳米微粒的稳定度，即微粒是否容易发生团聚；④能否长时间进行制备，纳米微粒是否易于收集；⑤产量、生产成本是否符合商业化量产要求。

3.1 纳米微粒制备方法分类

由于纳米微粒的表面活性高，容易发生团聚，人工合成制备纳米微粒的条件都是比较苛刻的。尽管 20 世纪 40 年代就已能在实验室中制备出纳米金属粉体材料，但直到 1995 年才在德国建立起第一条工业化生产纳米材料(纳米微粒)的生产线，即纳米氧化钛(TiO_2，P25)生产线。

到目前为止，人们用来制备纳米微粒的方法已经有很多种，但对于制备方法的分类目前尚无统一的认识。研究问题时侧重点不同，则分类方法也有不同。下面将简单地从反应所处的介质环境、是否发生化学反应和原材料的尺寸三个侧重点来对纳米微粒的制备方法进行分类。

3.1.1 按反应所处的介质环境分类

根据制备纳米微粒过程中反应所处的介质环境不同，可以简单地将纳米微粒的制备方法分为固相法、气相法和液相法。这种分类方法简明地指出了纳米微粒制备过程中原料和产物的状态，方便人们从制备过程、仪器装置上比较不同介质环境中纳米微粒制备的方法。

固相法是指制备纳米微粒的原材料、中间产物以及最终产物都是固态的。固相法是一种传统的粉末制备工艺，根据其工艺特点可分为机械法和固相反应法两类。简单而言，机械法就是用粉碎机械将原料直接研磨成纳米微粒。近年来发展出一种新的机械法，称为高能球磨法，即将一种或几种固体原料置于球磨机中，当研磨球（钢球或石英球）在其中旋转运动时，将产生很大的摩擦力和机械作用，同时会有大量的热放出，此时原料可以被有效地粉碎并可以发生化学反应生成新物质。固相反应法是把反应物按比例充分混合，经研磨后进行煅烧发生固相反应，直接得到或产物再经研磨后得到纳米微粒。固相法虽然有能耗大、效率低、粉体不够细、纯度差等缺点，但其工艺简单、适合大规模生成，所以仍是制备纳米微粒常用的方法之一。

气相法是指制备纳米微粒的原料为气态物质，或者在制备过程中存在气态的中间产物。气相法主要有物理气相沉积（PVD）法和化学气相沉积（CVD）法两大类。物理气相沉积法是利用电弧、高频电场或等离子体等高温热源将原料加热使之气化，然后降温冷却，将蒸汽凝聚成纳米微粒。优点是可以通过输入惰性气体和改变压力，控制制备得到的纳米微粒的粒径大小，粒径通常在100nm以下，且分散性很好。物理气相沉积法适合于制备由液相法和固相法难以直接得到的纳米微粒，如金属、合金、氮化物和碳化物等的纳米微粒。化学气相沉积法是以金属蒸气、挥发性金属卤化物或氢化物、有机金属化合物等蒸气为原料，发生化学反应，然后经过凝聚得到纳米微粒。优点是控制条件参数可以得到不同形貌和粒径大小的纳米微粒，产率高，纯度高，产物可以是单晶、多晶，也可以是非晶。用来使反应物汽化的热源主要有等离子体、激光等。化学气相沉积法适合于制备高熔点碳化物、氮化物、氧化物等的纳米微粒，是一种常用的制备纳米微粒的方法。

液相法是指在溶液中制备纳米微粒，是目前实验室和工业上经常采用的制备纳米粉体材料的方法。液相法的主要优点是制备的纳米微粒的化学组成、形状、大小较易控制，易于均匀添加微量有效成分，在制备过程中还可以利用种种精制手段来提高纯度，特别适合于制备组成均匀、纯度高的复合氧化物纳米微粒。液相法种类繁多，主要的方法有沉淀法、水热法、溶胶-凝胶法等。另外，模板法、自组装法通常也在水溶液中进行反应，也可以归纳到液相法中。

3.1.2 按是否发生化学反应分类

根据是否发生化学反应，可以简单地将纳米微粒的制备方法分为物理法和化学法两类。这种分类方法能够较好地反映纳米微粒在制备过程中发生的变化，强调纳米微粒制备的物理和化学原理，有利于从理论上阐述其物理机理或化学机理。

物理法是指在制备纳米微粒的过程中没有发生化学反应，仅仅是原料的形貌或组织形式发生了变化。物理法由于不涉及化学反应，通常制备条件比较容易控制，从而得到目标形貌的产物。物理法主要有粉碎法和物理气相沉积法。粉碎法就是固体物料在外力的作用下破碎，或粒子产生形变发生破裂而得到纳米微粒的过程。此法成本低、产量高、制备工艺简单易行，但产物的纯度不太高，粒度分布宽。物理气相沉积法是首先将原料在一定的外界作用下发生气化，然后沉积得到纳米微粒。此法的优点是控制反应条件，可以大量获得纳米微粒，并且微粒的尺寸可控。热、等离子体、电子束、激光束、电场等可以作为原料气化的手段。另外，惰性气体冷凝法、非晶晶化法、深度范性形变法、低能团簇束沉积法、压淬法、脉冲电流非晶晶化法等物理方法也可用来制备纳米微粒。

化学法通过发生化学反应来制备纳米微粒，是一类重要的制备纳米微粒的方法。化学法可以制备几乎所有种类的纳米微粒，而且控制反应的条件可以得到不同形貌、不同粒径的纳米微粒。在固相中发生化学反应称为固相反应法，在液相中发生化学反应有沉淀法、水解法、水热法、溶胶-凝胶法、喷雾干燥法等，在气相中发生化学反应有气相分解法、气相合成法等。固相反应法的制备工艺比较简单，很适合大规模生产，仍是制备纳米微粒的常用方法之一。沉淀法等在液相中制备纳米微粒的方法因为在是溶液中发生反应，所以反应物之间可以达到分子/离子级别的分散水平，因而产物纯度高，晶形好，并且反应条件相对固相反应法而言很温和，是典型的"软化学"合成方法。气相分解法是将原料气化（或本身即是气态物质），然后在一定条件下发生分解反应，产物沉积下来即可得到纳米微粒。

3.1.3　按原材料的尺寸分类

纳米材料的制备方法从哲学的观点上看无非有两种：一是自上而下的分割法，它是将宏观的大块物质极细地分割、材料尺寸不断降低，最终得到纳米微粒的过程；二是自下而上的构筑法，它是以物质的最小单位（分子或原子）为起点，通过它们之间的相互作用自发组织、生长形成纳米微粒的过程。

自上而下法就是原料颗粒被细化、尺寸不断降低的过程。在纳米微粒制备过程中，自上而下法通常不发生化学反应，而主要是物理过程，原料的成分通常也不发生变化，如机械粉碎法（可用球磨机、喷射磨等进行粉碎）、电子束刻蚀法等。但在化学溶出法制备纳米微粒的过程中，虽然原料没有参与化学反应，但其成分发生了一些变化，如催化剂兰尼镍（Raney Nickel）的制备。把镍铝合金用浓氢氧化钠溶液进行处理，最后得到的灰色粉末即为兰尼镍，在这个过程中，镍没有发生变化，但合金中大部分的铝和氢氧化钠发生反应而溶解，使得兰尼镍粉末上有很多大小不一的微孔，使它的表面积大大增加，因而具有很高的催化活性。

自下而上法就是从原子、分子出发，通过原子、分子间相互作用力而自发地生长、颗粒变大的过程。具体地讲，即在气相、液相甚至固相体系中，让独立的基团（最小构成单位，如原子、分子）在特定的环境中组合，控制条件使其生长过程受控，当微粒达到纳米尺寸时就停止生长。自下而上制备纳米微粒的方法很多，如物理沉积、化学沉积、原子操纵、模板生长、自组装生长等法。

尽管纳米微粒制备方法按照不同的分类标准可以分成很多种，人们比较普遍接受、容易理解的方法仍是按照反应所处的介质环境来分类，即固相法、气相法和液相法。本章以下小节将按照这个分类标准具体介绍各种制备纳米微粒的方法。

3.2　典型固相制备方法

固相法是一种传统的细微粉体材料的制备工艺，它是由固相到固相的变化来制造粉体材料，其特征并不像气相法和液相法伴随有气相→固相、液相→固相的状态变化。对于气相或液相，分子或原子具有很大活力，流动性强，因而集合体的状态是均匀的，对外界条件的反应很敏感。然而固相法其原料本身是固体,对于固体来说,分子或原子本身具有很强的惰性,运动速度慢,扩散迟缓,因而集合体的状态多种多样。这是固体与液体、气体之间巨大的差异。固相法制备的纳米微粒和最初固相原料可以是同一物质,也可以不是同一物质。固相法的优点是成本低、产量高、制备工艺简单,但由于其存在颗粒粒径分布不均匀、易混入杂质、颗粒外貌不规则等难以克服的缺点,在高性能纳米微粒制备中应用较少,主要用于制备一些对性能要求不高的纳米添加剂、填充剂等。

固相法主要包括机械法和固相反应法。机械法就是用粉碎机械将原料直接研磨成纳米微粒。固相反应法是把反应物按比例充分混合,经研磨后进行煅烧发生固相反应,直接得到或产物再经研磨后得到纳米微粒。

3.2.1 机械法

1. 传统粉碎

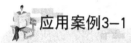

应用案例3-1

纳米润滑剂 WS₂ 的制备

纳米润滑剂 WS_2 的制备需先用石油醚再用 20# 白油反复清洗胶体磨,直到清洗所用的白油在显微镜下观察不到杂质颗粒为止。将 20# 白油、T154(聚异丁烯双丁二酰亚胺无灰分散剂)和 WS_2 粉末按质量分数 96:2:2 共 4kg 称好,即 3840g 20# 白油,80g T154 和 80g WS_2 粉末。先将 20# 白油和 T154 在 75℃ 下搅拌 15min,使其均匀混合,再加入 WS_2 粉末,继续搅拌 15min,冷却至室温后,将其加入胶体磨,转速为 2890r/min。在实验中,由于急速碰撞、粉碎、摩擦产生高温,基础油在空气氛围中很容易因氧化而变质,故通入氮气作为保护气。制备过程终止后,即得到含有纳米 WS_2 微粒的润滑油。

"粉碎"一词是固体块体或粒子尺寸由大变小过程的总称,它包括"破碎"和"粉磨"两个过程。前者是由大块固体变成小块固体的过程,后者是由小块固体变成细微粉体的过程。粉碎过程就是在粉碎力的作用下固体块体或粒子发生形变进而破裂的过程。当粉碎力足够大,且粉碎力的作用又很迅猛时,固体块体或粒子之间产生的瞬间应力会大大超过固体本身能够承受的机械强度,使得固体块体或粒子发生破碎。粉碎作用力的类型主要有图 3.1 所示几种,可见固体的基本粉碎方式是压碎、剪碎、冲击粉碎和磨碎。常借助的外力或能量有机械力、流能力、化学能、声能、热能等。一般的粉碎作用力都是这几种方式的组合,如球磨机和振动磨是磨碎与冲击粉碎的组合;雷蒙磨是压碎、剪碎、磨碎的组合;气流磨是冲击、磨碎与剪碎的组合,等等。

传统粉碎法就是利用粉磨机将原料直接粉碎研磨成微粒。此法由于成本低、产量高以及制备工艺简单易行等优点,在一些对粉体的纯度和粒度要求不太高的场合仍然适用。传统粉碎法主要有湿法粉碎和干法粉碎两种。湿法粉碎时原料置于水或其他液体中进行粉碎;干法粉碎时原料置于空气或其他气体中粉碎。为了控制粉体粒度、提高粉磨效能,粉磨机常与筛分或分级机械联合工作。在多种粉磨机中,原料须靠粉磨机自身的粉磨机构和外加的传递动能或运载原料的媒介物的综合作用才能粉碎,这种外加的媒介物通常称为研磨介质。常用的粉磨机有轮碾机、球磨机、摆式磨机、振动磨、砂磨机、胶体磨等。

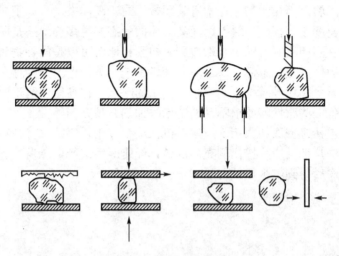

图 3.1　粉碎力的类型

机械粉碎法的基本原理是利用介质和原料固体之间相互研磨和冲击作用，以达到微粒的细化。在粉碎过程中，随着颗粒粒径的减小，被粉碎原料的结晶均匀性增加，粒子强度增大，碎裂能提高，粉碎所需的机械应力也大大增加。因而微粒粒度越小，继续粉碎的难度就越大。粉碎到一定程度后，尽管继续施加机械应力，粉体的粒度将不再继续减小或减小的速率相当缓慢，这就是粉碎的极限。

粉碎极限取决于原料种类、机械应力施加方式、粉碎方法、粉碎工艺条件、粉碎环境等因素。机械粉碎极限是机械法制备纳米微粒面临的一个重要问题。理论上，固体粉碎的最小粒径（临界粒径）可达 10～50nm。然而目前的机械粉碎设备与工艺很难达到这一理想值。传统球磨临界粒径为 $3\mu m$，振动球磨临界粒径 $0.5\mu m$，高速气流磨临界粒径可达到 $0.1\mu m$。显然，这些机械粉碎法还难以成为理想的纳米微粒制备手段。目前，能广泛用于纳米微粒制备的机械法是高能球磨法。但是，随着粉碎技术的发展，固体块体或粒子的粉碎极限将逐渐提高，制备纳米微粒的其他机械方法也将产生。

固体颗粒在受机械力作用而被粉碎时，物质结构及表面物理化学性质也会发生变化。在制备纳米微粒过程中，由于颗粒粒度已经很小，而且承受着反复、强烈的应力作用，固体材料的比表面积首先要发生变化。同时，温度升高、比表面积变化还会导致表面能变化。因此，颗粒中相邻原子键断裂之后形成的空缺键或悬空键在新形成的表面上就十分活泼。表面能的增大和机械激活作用将导致以下几种变化：①颗粒结构变化，如表面结构自发地重组，形成非晶态结构或重结晶；②颗粒表面物理化学性质变化，如表面电性、物理与化学吸附、溶解性、分散与团聚性质；③在局部受反复应力作用区域产生化学反应，如由一种物质转变为另一种物质，释放气体或外来离子进入晶体结构中引起化学组成变化。

传统球磨机属于机械粉碎方法之一，它利用下落的研磨体（如钢球、鹅卵石）的冲击作用以及研磨体与球磨内壁的研磨作用而将固体粉碎并混合。当球磨转动时，由于研磨体与球磨内壁之间的摩擦作用，研磨体将依旋转的方向上下滚动，固体原料就连续不断地被粉碎。按照球磨机机体的形状可分为圆筒球磨、锥形球磨和管磨三种。

传统球磨机法的优点是：①可用于干磨或湿磨；②操作条件好，粉碎在密闭机器内进行，没有尘灰飞扬；③运转可靠，研磨体便宜，且便于更换；④可间歇操作，也可连续操作；⑤粉碎易爆物料时，磨中可充入惰性气体以代替空气。

缺点是：①体积庞大笨重；②运转时有强烈的振动和噪声，须有牢固的基础；③工作效率低，消耗能量较大；④研磨体与机体的摩擦损耗很大，并会玷污产品。

2. 高能球磨法

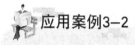 **应用案例3-2**

高能球磨法

采用行星球磨机对放置在 pH=2 的稀 HCl 溶液中的纯铜粉末进行球磨，行星球磨机筒体和磨球的材质均为纯铜，加入的电解铜粉末为 5g，颗粒尺寸为 100 目，铜含量 99.9%，铜质磨球质量 100g。加入的 HCl 为 50mL，行星球磨机的容积为 2L，球磨机转速为 300r/min。球磨 3h 后，所加入的纯 Cu 粉末基本转化为 Cu_2O 粉末。球磨 70h 后得到纯的 Cu_2O 粉末，粉末粒径为 50~100nm。

自从 Shingu 等人 1988 年用高能球磨法制备出晶粒小于 10nm 的 Al-Fe 纳米合金以来，高能球磨法制备纳米微粒得到了极大关注。高能球磨法是一个无外部热能供给的、干的高能球磨过程，是一个由大晶粒变为小晶粒的过程。此法可制备单质金属纳米材料，还可通过颗粒间的固相反应直接合成各种化合物，尤其是高熔点纳米材料，如大多数金属碳化物、金属间化合物、Ⅲ-Ⅴ族半导体、金属-氧化物复合材料、金属-硫化物复合材料、氟化物、氮化物等。在此之后，人们又发展出助磨剂物理粉碎法及超声波粉碎法，均可制得粒径小于 100nm 的微粒。目前，高能球磨法已经成为无机材料、金属材料纳米微粒制备的实用化方法之一，被广泛地应用于合金、磁性材料、超导材料、金属间化合物、过饱和固溶体材料以及非晶体、准晶体、纳米晶体等亚稳态材料的制备。

高能球磨法也称机械化学法，即是机械能直接参与或引发了化学反应，由此生成新物质的方法。有关机械化学的概念是由 Peter 在 20 世纪 60 年代初第一次提出，他将其定义为"物质受机械力的作用而发生化学变化或者物理化学变化的现象"，从能量转换的观点可以理解为机械力的能量转换为化学能。20 世纪 90 年代以来，国际上尤其是日本对机械化学的研究和应用十分活跃。传统上，新物质的生成、晶型转化或晶格变形都是通过高温（热能）或化学变化来实现的，而高能球磨法则利用机械能来诱发化学反应或诱导材料组织、结构和性能的变化，以此来制备新材料。作为一种新技术，高能球磨法具有明显降低反应活化能、细化晶粒、极大提高粉末活性、改善颗粒分布均匀性、促进固态离子扩散、诱发低温化学反应等优点，是一种节能、高效的纳米微粒的制备技术。通过高能球磨，应力、应变、缺陷和大量纳米晶界、相界的产生，使反应体系积聚了很高的能量（高达十几千焦每摩尔），因而粉末的反应活性大大提高，甚至可以诱发多相化学反应。目前，在很多系统中高能球磨法已经实现了低温化学反应，成功合成出新物质，如超饱和固溶体、金属间化合物、非晶态合金等各种功能材料和结构材料，以及高活性陶瓷粉体、纳米陶瓷基复合材料等。

高能球磨法的工艺过程通常是由以下几个步骤组成：①根据目标产物的元素组成，将两种或多种单质或化合物粉末混合均匀；②选择球磨介质，根据目标产物的性质，在钢球、刚玉球或其他材质的球中选择一种组成的球磨介质；③反应物粉末和球磨介质按一定的质量比例放入球磨机中进行球磨；④球与球、球与球磨机内壁的碰撞使反应物粉末产生塑性形变、破碎、细化，并发生扩散和固态反应，生成产物；⑤球磨时一般需要使用惰性气体，如 Ar、N_2 等的保护；⑥塑性非常好的粉末往往加入 1%～2%（质量分数）的有机添加剂（甲醇或硬脂酸），以防止粉末过度焊接和粘球。

高能球磨法与传统球磨法的不同之处在于高能球磨时磨球的运动速度较大，而且可以发生机械化学反应。由于高能球磨中磨球的运动速度较大，固体微粒会产生塑性形变及固相形变，引发化学反应生成新物质；而传统球磨法除了粉碎，对固体微粒仅能起到均匀混合的作用。

高能球磨法基本原理如图 3.2 所示。密封的球磨容器中包含多个硬钢球或包覆了硬质碳化钨的球体，当球磨机运转时，原料在容器中抛甩、振动或猛烈地摇动，同时硬球对原料进行强烈的撞击、研磨和搅拌，达到粉碎的目的。而且，由于强烈的机械相互作用，原料物质间可以发生化学反应，生成新的物质。高能球磨是一个颗粒循环剪切变形的过程。在此过程中，晶格缺陷不断在大的颗粒内部大量产生，导致颗粒中大角度晶界的重新组合，使颗粒内晶粒尺寸可下降 $10^3 \sim 10^4$ 个数量级。在单组分体系中，纳米晶体的形成仅仅是机械驱动下的结构演变，微粒的粒径随球磨时间的延长而下降，应变随球磨时间的增加而增大。在球磨过程中，样品要反复经历压延、压合、碾碎、再压合的过程，局域应变带中缺陷密度到达临界值时，晶粒开始破碎，这个过程不断重复，晶粒即不断细化直到形成纳米结构。

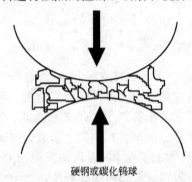
硬钢或碳化钨球

图 3.2 高能球磨法的基本原理

高能球磨法主要用于加工相对硬的、脆性的材料。高能球磨法制备纳米微粒不仅具有产量高、技术简单等优点，还具有以下特点：①降低反应活化能，细化晶粒；②提高微粒的反应活性，改善颗粒分布均匀性，促进固态离子扩散，诱发低温化学反应；③提高材料的振实密度及电、热学等性能。因此高能球磨法是一种节能、高效的纳米微粒的制备方法。高能球磨法制备的纳米微粒的颗粒尺寸、成分和结构的变化，可以通过球磨样品的 X 射线衍射分析、电子显微镜观察等方法进行监测。高能球磨法制备纳米微粒时需要控制的参数和条件主要有：硬球的材质（不锈钢球、玛瑙球、硬质合金球等），球磨温度与时间，原料形状（一般是微米级的粉体或小尺寸条带碎片）。

用高能球磨法制备纳米微粒时，要考虑的主要问题是表面和界面的污染，如耐高温金属在球磨机中球磨 30h 以上时，铁的污染可达到 10%（原子比）。由于磨球材质（一般是铁）和气体气氛（氧、氮等）引起的污染，一般可以通过缩短球磨时间以及提高原料的纯度来克服，铁的污染可减少到 1% 以下。采用真空密封球磨机和在手套箱中操作的方法可以降低气氛污染，氧和氮的污染可以降到 3×10^{-4} 以下。

下面介绍几个采用高能球磨法制备纳米微粒的例子。

1）纯金属的纳米微粒

高能球磨法比较容易制备具有体心立方结构（如 Cr、Mo、W、Fe）和六方最密堆积结构（如 Zr、Hf、Ru）的金属纳米微粒，而不容易得到具有面心立方结构（如 Cu）的金属纳米微粒。表 3-1 列出了一些高能球磨法制备的具有体心立方结构和六方最密堆积结构的金属纳米微粒的晶粒尺寸、热焓和热容变化。

表3-1 几种纯金属在高能球磨后的晶粒尺寸以及热熔和热容的变化

金属	结构	熔点/K	平均粒径 d/nm	热熔增量 ΔH/(kJ·mol)	热容增量/(%)
Fe	bcc	1809	8	2.0	5
Nb	bcc	2741	9	2.0	5
W	bcc	3683	9	4.7	6
Hf	hcp	2495	13	2.2	3
Zr	hcp	2125	13	3.5	6
Co	hcp	1768	14	1.0	3
Ru	hcp	2773	13	7.4	15
Cr	bcc	2148	9	4.2	10

对于纯金属纳米微粒,如Fe纳米微粒的形成仅仅是机械驱动下的结构演变。在高能球磨过程中,铁的晶粒尺寸随球磨时间的延长而下降,应变随球磨时间的增加而不断增大。纯金属微粒在球磨过程中发生反复形变,局域应变增大会引起缺陷密度的增加。当局域应变带中的缺陷密度达到某一临界值时,金属粗晶内部发生破碎。这个过程不断重复,最终在粗晶中形成了纳米微粒或粗晶破碎而形成单个的纳米微粒。图3.3所示为纯铁粉经过不同时间高能球磨后的微粒粒径和应变的变化曲线。从图3.3中可以看出,铁的微粒粒径随球磨时间的延长而变小,而应变随球磨时间的增加而不断增大。

一般情况下,具有面心立方结构的金属(如Cu)不易通过高能球磨法形成纳米微粒,但Din等却使用高能球磨法合成了铜纳米微粒,因为这一过程中发生了化学反应。首先将氯化铜和钠粉混合,然后加入一定量的氯化钠进行机械粉碎。此时,固体粉末间发生固态取代反应,生成铜和氯化钠的纳米微粒混合物。再清除混合物中的氯化钠,就可得到粒径为20～50nm的铜纳米微粒。

2) 不互熔体系纳米微粒

相图上几乎不互熔的金属用一般的熔炼方法无法得到固溶体,采用高能球磨法(机械化学法)却很容易得到。因此,高能球磨法为制备新型合金纳米微粒的发展开辟了新的途径。近年来,该方法已成功制备了多种金属固溶体纳米微粒。

Fe-Cu合金纳米微粒的制备是将粒径小于或等于100nm的Fe粉和Cu粉放入高能球磨机中,在氩气保护下经过8h以上球磨,磨球与金属粉末的质量比为4∶1,最后合金纳米微粒的粒径为十几纳米,如图3.4所示。对于Al-Fe、Cu-Ta、Cu-W等用高能球磨

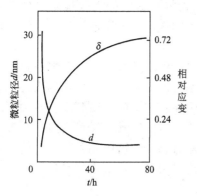

图3.3 铁的微粒粒径和应变同高能球磨时间的关系

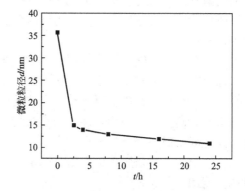

图3.4 Fe-Cu合金纳米微粒的粒径与球磨时间的关系

也能获得具有纳米结构的亚稳相粉末。Cu-W体系几乎在整个成分范围内都能得到平均粒径为20nm的固溶体，Cu-Ta体系经球磨30h能形成粒径为20nm左右的固溶体。

3）金属间化合物纳米微粒

金属间化合物是一类用途广泛的合金材料。金属间化合物纳米微粒特别是一些熔点高的金属间化合物纳米微粒，按常规方法通常不容易制备，但可以通过高能球磨法获得。目前，高能球磨法可以制备Fe-B、Ti-Si、Ti-B、Ti-Al(-B)、Ni-Si、V-C、W-C、Si-C、Pd-Si、Ni-Mo、Nb-Al、Ni-Zr、Al-Cu、Ni-Al等十多个合金体系的金属间化合物纳米微粒，并且可以控制微粒粒径的大小。研究结果发现，在一些情况下，金属间化合物纳米微粒可能在高能球磨过程中以中间相产物的角色出现。例如，高能球磨法制备Nb-25%Al时，球磨初期首先会形成35nm左右的Nb_3Al和少量Nb_2Al；球磨2.5h时后，金属间化合物Nb_3Al和Nb_2Al迅速转变成具有纳米结构(10nm)的体心立方结构的固溶体。同样，在Pd-Si体系中，球磨初期首先形成纳米尺寸的金属间化合物Pd_3Si，然后再形成非晶相固溶体。

对于具有负混合热的二元或二元以上的合金体系，高能球磨过程中亚稳相的转变取决于球磨条件和合金的组成。如Ti-Si合金系，在Si的含量为25%～60%时，金属间化合物的自由能大大地低于非晶态、体心立方结构和六方最密堆积结构的固溶体的自由能。在这个成分范围内，高能球磨法容易形成金属间化合物纳米微粒；而在此成分范围之外，因为非晶态的自由能较低，高能球磨法容易形成非晶相的金属间化合物。

4）金属-陶瓷复合材料纳米微粒

高能球磨法也是制备复合材料纳米微粒行之有效的方法之一。把金属与陶瓷粉末(纳米氧化物、碳化物等)通过高能球磨复合在一起，可以获得具有特殊性质的新型纳米复合材料。例如，日本国防学院把几十纳米的Y_2O_3粉体复合到Co-Ni-Zr合金中，Y_2O_3的质量分数为1%～5%，弥散分布于合金之中，这样可以使Co-Ni-Zr合金的矫顽力提高约两个数量级。用高能球磨法可制得Cu-纳米MgO或Cu-纳米CaO复合材料，这些氧化物纳米微粒均匀分散在Cu主体中，这种新型复合材料的电导率与Cu的电导率基本相同，但其机械强度却大大提高。

5）聚合物-无机物复合材料纳米微粒

高能球磨法制备聚合物-无机物复合材料纳米微粒的研究较为少见，但也已表现出广阔的应用前景。有研究者宣称，高能球磨法为聚合物复合材料的无限排列组合提供了可能，即一旦能够较好地理解聚合物高能球磨法的技术原理，就可以通过自由设计实现真正的"工程材料"。

图3.5显示了高能球磨法处理聚合物混合粉末可能带来的影响。聚合物混合粉末的颗粒在物理尺寸上发生减小，由于断链而产生的自由基可以发生化学耦合作用而生成较稳定的复合材料。高能球磨法主要导致聚合物发生以下变化：①颗粒粒径减小，表面积迅速增大，自由能升高，活性增加，加工成型温度下降；②物理-机械互穿嵌合作用、机械力和温度升高等因素促进聚合物分子链末端运动，引发聚合物分子链的相互贯穿，提高材料的均一性；③瞬间应力作用下聚合物分子链断裂所产生自由基可以发生化学反应，形成新的价键或官能团。

高能球磨法可以制备PVC-Fe_2O_3复合材料纳米微粒。将化学纯Fe_3O_4和微米级聚氯乙烯(PVC)粉末按质量比10∶1混合均匀，在空气气氛中进行高能球磨。磨球的直径为

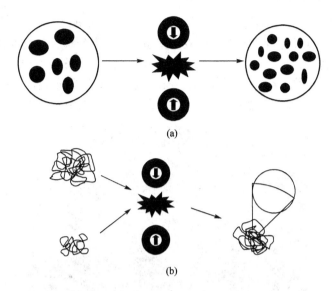

图 3.5　高能球磨法处理聚合物粉末可能带来的影响

8mm，磨球和磨料的质量比为 30：1，转速为 200r/min。球磨过程中，聚氯乙烯在机械作用下降解，脱除 HCl 或主链断裂形成双键，然后在氧气存在的情况下双键氧化，形成活性官能团，它与 Fe_3O_4 作用可生成纳米 $a\text{-}Fe_2O_3$。反应方程式为

$$ROOH + Fe^{2+} \longrightarrow RO + Fe^{3+} + OH^-$$

Fe_3O_4/PVC 在空气中球磨 90h 后，高能球磨前后样品的 XRD 图谱如图 3.6 所示。未球磨前 XRD 图谱显示为 Fe_3O_4 尖锐的衍射峰；球磨 90h 后 XRD 图谱发生了明显变化，Fe_3O_4 的衍射峰强度大大降低，而 $\alpha\text{-}Fe_2O_3$ 的衍射峰大量出现，显示出有 $\alpha\text{-}Fe_2O_3$ 生成。图 3.7 显示了 Fe_3O_4 与 PVC 经过高能球磨后反应生成的粒径约为 10nm 的 $\alpha\text{-}Fe_2O_3$ 颗粒。

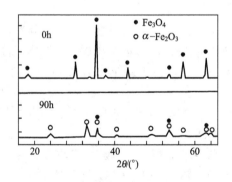

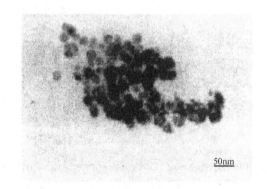

3.6　高能球磨前后样品的 XRD 图谱　　　图 3.7　Fe_3O_4/PVC 在空气中球磨
90h 后样品的 SEM 照片

高能球磨法可以制备 PTFE-Fe 复合材料纳米微粒。将化学纯 Fe 粉（200 目筛预处理）和微米级聚四氟乙烯粉末按质量比 10：1 混合均匀，在氩气气氛下高能球磨。磨球的直径为 8mm，磨球和磨料的质量比为 30：1，转速为 200r/min。球磨过程中，聚四氟乙烯在机械能量作用下，激发所谓高能机械电子，发生如下反应，即

$$-CF_2-CF_2-CF_3 \xrightarrow{e} -CF_2-\dot{C}F-CF_3 + F-CF_2-CF_2-CF_3 \xrightarrow{e} -CF_2-CF_2-\dot{C}F_2 + F$$

61

如此反应将导致 C—F 键断裂，产生的自由 F 原子可与 Fe 作用生成 FeF$_2$。粉体颗粒经由反复冷焊、断裂、组织细化，相互之间发生固态相互扩散反应，最终使得部分铁与聚四氟乙烯一起形成非晶状物质。图 3.8 所示为高能球磨产物的高分辨率透射电子显微镜照片，可以看出，在铁晶粒周围存在类似非晶状物质的边界，晶粒取向随机分布，没有明显择优取向。经计算，高能球磨法制备的 PTFE-Fe 复合材料纳米微粒的平均粒径约为 8nm。

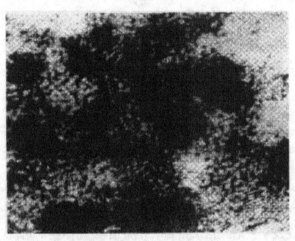

**图 3.8　Fe/PTFE 在氩气气氛下高能
球磨 120h 后样品的 TEM 照片**

3.2.2　固相反应法

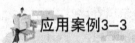 应用案例3-3

高活性 ZnO 纳米微粒制备

高活性 ZnO 纳米微粒制备要用 ZnSO$_4$ · 7H$_2$O 和 Na$_2$CO$_3$ 分别研磨 10min，再混合研磨 10min，经 100℃ 远红外加热反应 2h，得前驱体碳酸锌，然后在 200℃ 焙烧 1h，得纳米 ZnO 初产品，最后经去离子水和无水乙醇洗涤、过滤、干燥即得纳米 ZnO 产品。其化学反应方程式为

$$ZnSO_4 · 7H_2O + Na_2CO_3 \longrightarrow ZnCO_3 + Na_2SO_4 + 7H_2O$$
$$ZnCO_3 \longrightarrow ZnO + CO_2$$

此法制得的产品粒度在 6.0～12.7nm，分子形状呈棒球形，且粒度分布均匀。

使用醋酸锌也可在固相反应下制备 ZnO 纳米微粒。以 H$_2$C$_2$O$_4$ · 2H$_2$O 和 Zn(Ac)$_2$ · 2H$_2$O 为原料，将其置于玛瑙研钵中，充分研磨 20min，真空干燥 3h 得前驱体 ZnC$_2$O$_4$ · 2H$_2$O，然后用微波炉辐射分解 30min，即得纳米氧化锌粉末。其化学反应方程式为

$$Zn(Ac)_2 · 2H_2O + H_2C_2O_4 · 2H_2O \longrightarrow ZnC_2O_4 · 2H_2O + 2HAc + 2H_2O$$
$$ZnC_2O_4 · 2H_2O \longrightarrow ZnO + CO_2 + CO + 2H_2O$$

该法制得的氧化锌的粒度在 6～13nm，分子形状呈球状粒度均匀分布。运用固相法制备 ZnO 纳米微粒的操作和设备简单，工艺流程短，制备前驱体在常温下即可完成，并且反应时间短。

固相法通常具有以下特点：①固相反应一般包括物质在相界面上的反应和物质迁移两个过程；②一般需要在高温下进行；③整个固相反应速度由最慢的一步反应的速度所决定；④固相反应的反应产物具有阶段性，即包括原料、最初产物、中间产物和最终产物。

在纳米微粒的制备中，一些金属氧化物纳米微粒通常可以由草酸盐、碳酸盐或氢氧化物等粉末原料通过固相热分解得到。如热分解固体硝基苯甲酸稀土配合物时，由于含有—NO_2 基团，此分解反应进行极为迅速，分解产物稀土氧化物粒子来不及长大，最终得到纳米微粒。利用固相反应法已实现在低于 200℃的情况下，由硝酸盐分解制备 10nm 的 Fe_2O_3，由碳酸盐分解制备 14nm 的 ZrO_2。但是，碳化物、硅化物、氮化物等，以及含两种金属元素以上的氧化物的纳米微粒用热分解方法很难制备，通常是按目标产物的组成选择多种原料混合，经过高温反应获得，也就是通过固相反应来制备纳米微粒。固相反应法一直是陶瓷材料制备的基本方法，其一般工艺流程如图 3.9 所示。首先，依目标产物的组成比将原料称量混合，通常用水或乙醇等作为分散剂，在玛瑙球的球磨机内混合。其次，经初步干燥除去分散剂，再在高温下焙烧得到产物。对于电子材料所用的原料，一般在 1100℃左右焙烧，粉碎后的微粒粒径为 1～2μm。再次，充分混合、烧结、研磨得到纳米微粒。

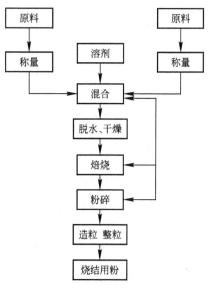

图 3.9　固相反应法制备纳米微粒的一般工艺流程

固相反应过程中，原料粉末之间的反应相当复杂。高温条件下，反应物离子从原料固体微粒间的界面进行扩散，然后发生化学反应生成产物。因此，反应物微粒的粒径分散情况和微粒间的接触状态会强烈影响反应的进行，如原料微粒的粒径、形状、表面状态等。同时，产物的处理方法会影响微粒的团聚状态和填充状态，也是固相反应法制备纳米微粒需要考虑的情况。

固相反应法制备纳米微粒时还要考虑烧结的影响。烧结是固体微粒在熔点温度以下牢固结合化的过程，此时微粒会长大。因此，在固相反应法中，原料的烧结使原料的反应性降低，并且导致扩散距离增加和反应位点的减少，所以应尽量抑制烧结。降低原料微粒的粒径并充分混合可以抑制烧结，控制颗粒生长变大。

固相反应法制备纳米微粒时用得最多的是热分解反应法。热分解反应式通常如下(s 代表固相，g 代表液相)，即

$$s_1 \longrightarrow s_2 + g_1 \tag{3-1}$$

$$s_1 \longrightarrow s_2 + g_1 + g_2 \tag{3-2}$$

$$s_1 \longrightarrow s_2 + s_3 \tag{3-3}$$

其中，反应式(3-1)是最普通的热分解反应；反应式(3-3)代表固相发生相分离，通常不能用于制备纳米微粒；反应式(3-2)是(3-1)的特殊情形。

以有机酸盐为例说明如何用热分解法制备纳米微粒。有机酸盐易于提纯，化合物的金

属组成明确，盐的种类少，容易制成含两种以上金属的复合盐，而且分解温度比较低，产生的气体组成为 C、H、O，这些是它的优点。但另一方面，有机酸盐也有价格较高、分解碳容易进入产物中等缺点。有机酸盐中最常见的是草酸盐，也是合成比较简单、利用率较高的制备纳米微粒的方法。常见草酸盐热分解温度见表 3-2。

表 3-2　常见草酸盐热分解温度

化合物	脱水温度/℃	分解温度/℃
$BeC_2O_4 \cdot 3H_2O$	100~300	380~400
$MgC_2O_4 \cdot 2H_2O$	130~250	300~455
$CaC_2O_4 \cdot H_2O$	135~165	375~470
$SrC_2O_4 \cdot 2H_2O$	135~165	
$BaC_2O_4 \cdot H_2O$	—	370~535
$Sc_2C_2O_4 \cdot 5H_2O$	140	—
$Y_2C_2O_4 \cdot 9H_2O$	363	427~601
$La_2C_2O_4 \cdot 10H_2O$	180	412~695
$TiO(C_2O_4) \cdot 9H_2O$	296	538
$Zr(C_2O_4)_2 \cdot 4H_2O$	—	
$Cr_2(C_2O_4)_3 \cdot 3H_2O$	—	160~360
$MnC_2O_4 \cdot 2H_2O$	150	275
$FeC_2O_4 \cdot 2H_2O$		235
$CoC_2O_4 \cdot 2H_2O$	240	306
$NiC_2O_4 \cdot 2H_2O$	260	352
$CuC_2O_4 \cdot 1/2H_2O$	200	310
$ZnC_2O_4 \cdot 2H_2O$	170	390
$CdC_2O_4 \cdot 2H_2O$	130	350
$Al_2(C_2O_4)_3$	—	220~1000
$Tl_2(C_2O_4)_3$	—	290~370
SnC_2O_4	—	310
PdC_2O_4	—	270~350
$(SbO)_2C_2O_4$	—	270
$Bi_2(C_2O_4)_3 \cdot 4H_2O$	190	240
$UC_2O_4 \cdot 6H_2O$	250	300
$Pb(C_2O_4)_2 \cdot 6H_2O$	130	360

　　几乎所有的金属元素都有草酸盐。除了碱金属（不含草酸锂、草酸钠）和 Be 的草酸盐可溶于水外，其他草酸盐均不溶于水。通过液相法易于制备草酸盐固体粉末。草酸盐的热分解基本上按以下所列两种机制进行，究竟以哪一种机制进行热分解要根据草酸盐的金属元素在高温下是否存在稳定的碳酸盐来确定。以两价金属为例，草酸盐的热分解机制

如下。

机制Ⅰ：$MC_2O_4 \cdot nH_2O \xrightarrow{-H_2O} MC_2O_4 \xrightarrow{-CO_2, -CO} MO$ 或 M

机制Ⅱ：$MC_2O_4 \cdot nH_2O \xrightarrow{-H_2O} MC_2O_4 \xrightarrow{-CO} MCO_3 \xrightarrow{-CO_2} MO$

因ⅠA族、ⅡA族(除 Be 和 Mg 外)和ⅢA族中的元素存在稳定的碳酸盐，它们可以按机制Ⅱ发生热分解反应(IA 元素不能进行到 MO，因为 MCO_3 容易融熔)，除此以外的金属草酸盐都以机制Ⅰ发生热分解反应。从热力学上可以预期到，按照机制Ⅰ发生热分解反应时，产物应该是金属或者氧化物。机制Ⅰ的反应为

$$MC_2O_4 \rightarrow MO + CO + CO_2 \qquad K_1$$

$$MC_2O_4 \rightarrow M + 2CO_2 \qquad K_2$$

其中，平衡常数 K_1 和 K_2 为

$$K_1 = \frac{[MO][CO][CO_2]}{[MC_2O_4]}, \qquad K_2 = \frac{[M][CO_2]^2}{[MC_2O_4]}$$

另一方面，CO 与 CO_2 之间、金属和氧化物之间因有下列平衡关系式

$$2CO + O_2 \longrightarrow 2CO_2 \qquad K_3$$

$$2M + O_2 \longrightarrow 2MO \qquad K_4$$

故其平衡常数为

$$K_3 = \frac{[CO_2]^2}{[CO]^2[O_2]}, \qquad K_4 = \frac{[MO]^2}{[M]^2[O_2]}$$

所以 K_1、K_2 与 K_3、K_4 之间有下列关系式

$$\left(\frac{K_1}{K_2}\right)^{-1/2} = \left(\frac{K_3}{K_4}\right) \qquad (3-4)$$

生成反应的自由能变化为

$$\Delta G = -RT\ln K = -RT\ln P_{G1}$$

K_3 和 K_4 反应的自由能变化设为 ΔG_3 和 ΔG_4，则 $\Delta G_3 > \Delta G_4$ 关系必然对应 $K_3 < K_4$，$K_1 > K_2$，故而生成金属氧化物，否则生成金属。由此，Cu、Co、Pb 和 Ni 的草酸盐热分解产物为金属，而 Zn、Cr、Mn、Al 等的草酸盐热分解产物为金属氧化物。

草酸盐热分解法制备纳米微粒最有效的结果是获得含有两种及以上金属元素复合氧化物纳米微粒，尤其是ⅣA族的四价元素和ⅡA、ⅡB和ⅣB族的二价元素组成的复合氧化物，即 $M^{Ⅱ}M^{Ⅳ}O_3$ 型氧化物。复合草酸盐可以通过草酸水溶液和 M(Ⅳ)、M(Ⅱ)元素的氯化物混合溶液反应得到。反应在30℃左右进行，反应速度不如离子反应那样快，生成物可用 $M^{Ⅱ}M^{Ⅳ}O(C_2O_4)_2 \cdot nH_2O$ 通式表示。复合草酸盐热分解法制备复合氧化物纳米微粒的机制目前尚无定论，如对 $BaTiO_3$ 而言就有六种机制。

固相反应法制备纳米微粒的方式还有很多。如纳米氧化锌的合成可用锌盐与氢氧化钠、碳酸钠、草酸、8-羟基喹啉发生室温固相反应，先生成前驱物 $Zn(OH)_2$、$ZnCO_3$、ZnC_2O_4、8-羟基喹啉合锌，然后使前驱物在一定温度下灼烧分解即得氧化锌纳米微粒。同样的方法还可以制备 CuO、NiO、La_2O_3、CeO_2 等氧化物纳米微粒。铁酸盐纳米微粒可按如下方法合成：以 $FeSO_4 \cdot 7H_2O$ 和 $ZnSO_4 \cdot 7H_2O$ 为原料，按摩尔比 $n(Fe^{2+})/n(Zn^{2+}) = 2.0$ 称取，混合后研磨成粉状；按摩尔比 $n(NaOH)/n(Fe^{2+}) = 3.6$ 加入 NaOH 溶液，混合后搅拌呈糊状；再按摩尔比 $n(NH_4HCO_3)/n(Fe^{2+}) = 1.5$ 加入 NH_4HCO_3 粉

末，继续反复搅拌后，放置 12h，反应得到碱式碳酸盐前驱体；然后将制备好的碱式碳酸盐前驱体于 80℃ 干燥后研碎，最后在合适的温度下焙烧 1h，即得到 $ZnFe_2O_4$ 纳米微粒。

3.2.3 其他固相法

固相法制备纳米微粒除了应用较广的机械法和固相反应法外，还有一些其他的方法，如火花放电法、化学溶出法等。

火花放电法可以制备氧化铝纳米微粒。图 3.10 所示即为火花放电法的反应装置，反应槽的直径是 20cm，高度是 120cm。在反应槽中放入直径为 10～15mm、扁平状的金属铝粒，用水浸没，再将电极插入反应槽中，在放电电压为 24kV、放电频率为 1200 次/s 的条件下，利用铝粒间发生的火花放电来得到纳米微粒。

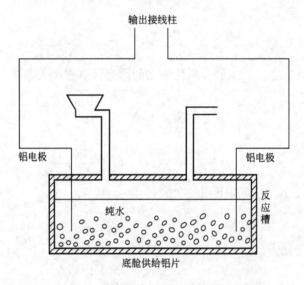

图 3.10　火花放电法的反应装置示意图

化学溶出法可以用来制备催化剂兰尼镍（Raney）。兰尼镍是一种由带有多孔结构的镍铝合金的细小晶粒组成的固态异相催化剂，它最早由美国工程师莫里·兰尼在植物油的氢化过程中作为催化剂而使用。其制备过程是把镍铝合金用浓氢氧化钠溶液处理，在这一过程中，大部分的铝会和氢氧化钠反应而溶解掉，不与氢氧化钠反应的金属镍以纳米微粒形式附着在剩余的骨架结构中，使其具有很高的加氢催化活性。兰尼镍典型的制备步骤是：①在通风橱内将 380g 氢氧化钠溶于装有 1.6L 蒸馏水的 4L 烧杯中，并在冰浴中冷至 10℃；②在搅拌下分小批加入镍铝合金共 300g，加入的速度应不使溶液温度超过 25℃，当全部加入后停止搅拌，从水浴中取出烧杯，使溶液温度升至室温；③当有氢气缓慢放出时，把烧杯水浴逐渐加热直至气泡最终缓慢冒出为止；④静置让镍粉沉下，倾去上层液体，加入蒸馏水至原来体积，并予以搅拌使镍粉悬浮，再次静置并倾去上层液体；⑤将镍粉在蒸馏水的冲洗下转移至 2L 烧杯中，倾去上层的水，加入 500g 10% 氢氧化钠溶液，搅拌使镍粉浮起，然后再让其沉下；⑥倾去碱液，以蒸馏水用倾泻法洗涤至中性后，再洗 10 次以上，使碱性完全除去；⑦用 200mL 95% 乙醇溶液洗涤 3 次，再用绝对乙醇洗涤 3 次，然后贮藏于充满绝对乙醇的玻璃瓶中，并塞紧塞子，约重 150g。

3.3 典型气相制备方法

气相法也是一类常用的制备纳米微粒的方法。气相法制备纳米微粒最早可以追溯到古代：我们的祖先利用蜡烛火焰收集炭黑制墨就是典型的用气相法制备纳米微粒。气相法是直接利用气体或通过各种方式将原料变成气体，使之在气体状态下发生物理变化或化学反应，最后经冷却凝聚形成纳米微粒的方法。气相法的优点是原料易于提纯，使用前无须粉碎；产物纯度高，微粒分散性好；微粒粒径分布窄，粒径可控；可用来制备金属、氧化物、碳化物、氮化物、硼化物以及聚合物等多种材料的纳米微粒。

气相法按使用的设备、技术的不同又可分为低压气体中蒸发法、低真空溅射法、流动液面上真空蒸镀法、爆炸丝法、气相化学反应法等，下面将一一介绍。

3.3.1 低压气体中蒸发法

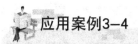

应用案例3—4

ZrO₂ 纳米微粒制备

将氩气气流和叔丁基锆一起喷入反应区，同时通入氧气流，氩气和氧气流量比例为1:10。气流压力为 1kPa，反应温度为 1000℃，气流经过反应器使锆的化合物被分解，形成 ZrO₂ 纳米微粒，最后利用温度梯度收集微粒。该法的优点是纳米微晶的形成过程是在均匀气相下进行，故得到的微粒均匀，温度压力和气流的流动易控制，实验具有可重复性，但产量较低，成本较高。

低压气体中蒸发法是在低压惰性气体(或活泼性气体)气氛中将金属、合金、氧化物等蒸发气化，气化分子与惰性气体分子发生碰撞(或与活泼性气体分子发生反应)，然后冷却、凝结而形成纳米微粒。1963 年 Ryozi Uyeda 及其合作者采用此方法在纯净的惰性气体中获得了较干净的纳米微粒。通常低压气体中蒸发法制备纳米微粒的过程不伴有燃烧之类的化学反应，是一个物理过程。如果在气相中引入少许活泼性气体，如氧气、氮气、氨气分子，气化分子会与活泼性气体反应生成相应的氧化物、氮化物等的纳米微粒。低压气体中蒸发法的优点是可以通过改变载气压力来调节微粒大小，微粒表面光洁，粒度均匀；不足之处在于粒子形状难以控制，最佳工艺条件较难掌握。

低压气体中蒸发法制备纳米微粒的过程是在高真空室内进行的，首先通过分子涡轮泵使其达到 0.1Pa 以下的真空度，然后充入低压(约 2000Pa)纯净惰性气体(He 或 Ar，纯度约为 99.9996%)。原料粉末或块体置于坩埚内，通过电阻加热或石墨加热等使其气化蒸发，形成原料烟雾。由于惰性气体在真空室中对流，原料烟雾向上移动接近液氮冷却的冷却棒(冷阱，77K)。在对流过程中，原料分子或原子与惰性气体分子发生碰撞，迅速损失能量而冷却，使原料蒸气出现很高的局域过饱和，于是导致均匀的成核过程。因此，在接近冷却棒的过程中，原料蒸气首先形成原子簇，然后形成单个纳米微粒。在接近冷却棒表面的区域内，单个纳米微粒发生团聚效应而长大，并在冷却棒表面积聚起来，然后用聚四氟乙烯刮刀刮下并收集起来获得纳米微粒。低压气体中蒸发法制备的纳米微粒粒径一般在 5~100nm，也就是说，按其下限估算，一个纳米微粒凝聚的原子数约为 4×10^3 个；而按其上限估算，一个纳米微粒凝聚的原子数为 3×10^7 个。

纳米铜材料因其超塑延展性(室温下延伸 50 多倍而不断裂)等特异物理化学性质而广泛应用于催化、导电涂料等领域，以及作为自修复高档润滑油的添加剂，显示了广阔的应用前景。低压气体中蒸发法可以制备铜的纳米微粒。在图 3.11 所示装置中，首先将高纯度的原料铜片或铜粉放入钨制加热舟中，关闭真空室。利用抽气泵对系统进行真空抽气达到本底真空度，并利用惰性气体进行置换，惰性气体为高纯 Ar 或 He。通过抽气流量和进气流量的调节，将真空室内气压控制在所需的参数范围内(通常为 0.1~10kPa)。然后给钨加热舟通电，随着加热功率的增加，钨加热舟逐渐发红变亮，当温度达到铜的熔点时铜片熔化，继续加热，可观察到钨加热舟上方产生烟雾，同时收集器表面变黑，表明蒸发已经开始。随着蒸发进行，钨加热舟内铜液不断减少；停止加热待蒸发舟冷却后，打开真空室，轻轻刮下收集器表面的粉末，就是低压气体中蒸发法制备的铜纳米微粒。

在蒸发的过程中，铜原子由钨加热舟向上移动，和惰性气体原子碰撞，释放能量而冷却。冷却过程在铜原子蒸气中形成很高的局域过饱和，导致均匀的成核过程。铜原子蒸气在气体冷却过程中形成温度梯度场，如图 3.12 所示。离开钨加热舟的铜原子在 B 区域(区域温度低于临界核形成温度)凝聚成核，临界核从形成到进入 D 区域前是处于高温区域，铜原子蒸气和临界核都具有较高能量，相互碰撞会使临界核长大形成纳米微粒。纳米微粒在进入 D 区域前不断长大，进入 D 区域后，铜原子蒸气的密度和能量较低，微粒基本不再长大，纳米微粒间的碰撞主要是连成链状微粒团。当凝聚发生在铜原子蒸气密度较高的区域时，颗粒会急速长大，影响纳米微粒的制备。

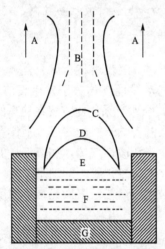

图 3.11　低压气体中蒸发法制备纳米微粒的原理
A—惰性气体(Ar，He 等)；B—连成链状的纳米微粒；
C—成长的纳米微粒；D—刚生成的纳米微粒；
E—蒸气；F—熔化的金属、合金或
离子化合物、氧化物；G—坩埚

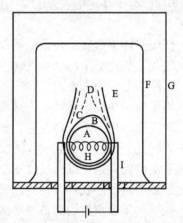

图 3.12　低压气体中蒸发法的原理
—原材料蒸气；B—初始成核；C—形成的
纳米微晶；D—长大了的纳米微粒；
E—惰性气体；F—纳米微粒收集器；
G—真空罩；H—加热丝；I—电极

图 3.13 所示为成核速率随过饱和度的变化。成核与生长过程都是在极短的时间内发生的，图 3.14 所示为总自由能随核生长的变化，一开始自由能随着核生长的半径增大而

变大，但是一旦核的尺寸超过临界半径，它将迅速减小。因此，在低压气体中蒸发法制备纳米微粒的过程中首先形成原子簇，然后继续生长成纳米微晶，最终可在收集器上收集到纳米微粒。

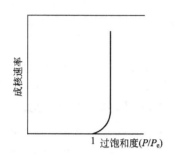

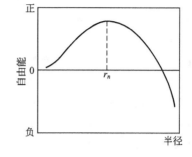

图 3.13　成核速率随过饱和度的变化　　　图 3.14　总自由能随核生长的变化

低压气体中蒸发法可以通过改变实验条件来调节纳米微粒的粒径，具体的讲，主要的影响因素有惰性气体种类、气体压力、蒸发速率（蒸发温度）以及蒸发源与冷阱的距离等。下面分别予以讨论。

（1）惰性气体种类。Wada 等人经过研究指出：给定相同压力，在氩气气氛中制备的纳米微粒的尺寸会比在氦气气氛中大。而当氦气的压力高达氩气的十倍时，制备的纳米微粒的形状和尺寸才会相同，且在蒸发源附近生成的烟雾球的大小也会相近。这是因为 $M_m/M_{Ar} < M_m/M_{He}$，其中 M_m 是蒸气金属的相对分子质量，而 M_{Ar} 或 M_{He} 是氩气或氦气的相对分子质量。在氩气气氛中气态原料分子和惰性气体分子每次碰撞所造成的能量损失会大于在氦气气氛中的耗损，因此在相同的压力下，在氩气气氛中原料蒸气的凝聚会发生在离蒸发源较近的位置，且离蒸发源越近的地方原料蒸气的原子密度越大，临界核的生长越快，制备的微粒粒径也就越大。对氙气而言，M_m/M_{Xe} 比值为 0.18（铍）～0.82（金）。当 M_m/M_{gas} 大于 1 时，如在氩气或氦气气氛中，金属原子在碰撞后其运动方向不变但速度变小；而当 M_m/M_{gas} 小于 1 时，如在氙气气氛中，金属原子在碰撞后会反弹，其运动方向改变，这意味着金属蒸气难以扩散至氙气体中，不会随氙气气流向上运动，因而原料蒸气只能在蒸发源附近凝聚、成核和生长。

所以在相同气压下，氦气最有利于获得粒径较小的纳米微粒。目前，在大部分低压气体中蒸发法中使用的载气是氦气。

（2）气体压力。临界核的出现发生在原料蒸气形成的烟雾球体之外，这个区域的温度低于成核临界温度。当气体压力很高时，原料蒸气分子与惰性气体分子碰撞频率增加，凝聚、成核过程主要发生在蒸发源附近的区域，并且凝聚核在被冷阱收集之前有足够的时间长大，形成较大的微粒。当气体压力较低时，凝聚、成核过程发生在远离蒸发源的区域，这里原料的饱和蒸气压较高，成核速率快，成核数目多，因此形成的纳米微粒粒径较小。但是，如果气体压力太低，原料蒸气分子在运动过程中碰撞次数太少而带有很高的能量，就不利于蒸气分子凝聚、成核，最后原料分子撞到收集器器壁发生能量交换从而在器壁上形成薄膜。

（3）蒸发速率。实验表明，随着蒸发速率的增加（等效于蒸发源温度的升高），微粒变大；随着原料蒸气压力的增加，微粒变大。因此，为了获得粒径较小的微粒，应该控制蒸发的速率和体系中原料的蒸气压力。

（4）蒸发源与冷阱的距离。蒸发源与冷阱的距离决定了金属原子成核、成长到被捕捉所需要的时间。距离越长，所需时间越长，则纳米微粒相互碰撞概率增加，纳米微粒的平均粒径会变大，且粒径分布变宽。

制备纳米微粒的过程就是控制上述四个因素的条件参数。如装置的真空度由惰性气体流量、抽气速度、蒸发物质的分压即蒸发速率或温度来控制；蒸发源与冷阱的距离由基台位置来控制。

低压气体中蒸发法制备纳米微粒通常需要将原料加热到相当高的温度使物质蒸发，然后在低温下凝结形成微粒。为了保证物质加热所需足够的能量，又要使原料蒸发后能快速凝聚，就要求热源温度在空间范围上的分布应尽量小、热源附近的温度梯度尽量大，这样才能得到粒径小、粒径分布窄的纳米微粒。最初人们采用的热源是电阻加热，现在发展出多种更先进的热源，如等离子体加热、激光加热、电子加热、电弧放电加热、高频感应加热等。

1. 电阻加热

电阻加热所需设备在实验室里最容易组装。在真空环境中，在钨或石墨加热体上承载蒸发原料，然后通电利用电阻发热蒸发原料，控制气氛的压力，就可制备粒径可控的纳米微粒。图 3.15 所示为电阻加热制备纳米微粒的装置。纳米微粒制备的过程如下：先把蒸发原料充填于钨或石墨制作的加热舟上，再将真空室的压力抽成 5×10^{-3} Pa 并关闭真空阀，然后往真空室内通入 Ar、He 等惰性气体或 H_2、N_2、O_2 等活泼性气体使压力达到适合蒸发条件的压力（如 $133 \sim 13300$ Pa），这时通电使加热舟加热到比原料熔点高 $200 \sim 500℃$ 的温度，则加热舟周围开始冒烟，这种烟中就含有纳米微粒。

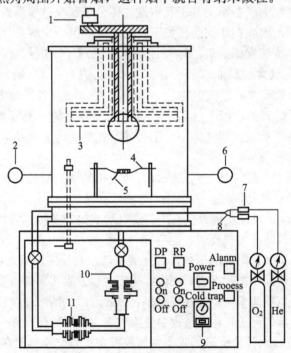

图 3.15　电阻加热制备纳米微粒

1—电动机；2—高真空计；3—冷阱；4—加热舟；5—热电偶；6—低真空计；

7—流量控制计；8—混合器；9—功率控制器；10—扩散真空泵；11—回旋真空泵

在密闭蒸发室中生成的纳米微粒，在蒸发面附近混入上升的周边气体而上升，当蒸气到达较冷区域时，则会过饱和而析出，然后附着于液态氮冷阱表面，再由聚四氟乙烯刮刀刮下收集在收集器中。一次蒸发(时间 $4\sim5\text{min}$)可得数十微克粒径小于 100nm 的纳米微粒。例如，在钨加热舟中放入钛金属，当钛被蒸发成气体时，在氨气与氢气的混合载气中可生成氮化钛纳米微粒。

利用电阻加热方式的低压气体中蒸发法制备纳米微粒的优点是：①纯度高；②结晶好；③调整气体的分压、加热的速率和温度，可控制纳米微粒的粒径大小；④设计简单，价格便宜，使用方便。不足之处是它不适合于制备高熔点金属或化合物的纳米微粒，一方面是电阻加热最高温度有一定的限制，另一方面高温时加热舟自身的蒸发不容忽视，可能带来严重的杂质污染。

2. 等离子体加热

利用等离子体的高温实现对原料蒸发是一种十分有效的加热手段。等离子体温度一般高达 2000K 以上，在焰流中存在大量的高活性原子或离子。当它们以 $100\sim500\text{m/s}$ 的速度高速撞击到金属或化合物原料的表面时，可使原料熔融并在金属熔体内形成原料溶解的超饱和区、过饱和区和饱和区。这些原子或离子的对流与扩散可使原料蒸发，蒸发出的原子或分子经急速冷却就可以形成纳米微粒。此法的优点是产品收率大，特别适合制备高熔点的各类纳米微粒。缺点是等离子体容易将熔融原料吹飞，这是工业生产中存在的技术难点。采用等离子体加热的低压气体中蒸发法可以制备金属、合金或金属化合物的纳米微粒。其中，金属或合金可以直接蒸发，经过骤冷而形成纳米微粒，制备过程为纯粹的物理过程；而化合物如氧化物、碳化物、氮化物的制备，一般需经过蒸发—化学反应—骤冷过程，最后形成化合物纳米微粒。

图 3.16 为等离子体加热制备纳米微粒的示意图。金属原料置于水冷铜坩埚上，部分 He、Ar 等惰性气体流过等离子体枪形成等离子体火焰，喷射到金属原料上，使原料熔化、蒸发形成金属烟。金属烟通过载气输运到冷却收集器上，凝聚形成纳米微粒。真空室的压力、载气流量和抽气速度可以调节纳米微粒粒径的大小。

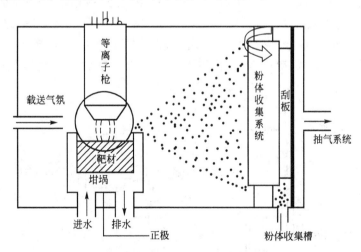

图 3.16　等离子体加热制备纳米微粒

3. 高频感应加热

高频感应加热在低压气体中制备纳米微粒是 20 世纪 70 年代初开发的一种新方法。这

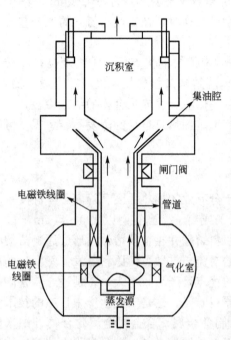

图 3.17 高频感应加热制备磁性纳米金属微粒的中试炉

种方法的原理是利用高频感应获得的强电流所产生的热量使原料被加热、熔融、蒸发，再经冷却而得到相应的纳米微粒。利用这种方法，可以制备各种金属、合金的纳米微粒。在高频感应加热过程中，由于电磁波的作用，原料熔融液体会发生由坩埚的中心部分向上、向下以及向边缘部分的流动，使其得到连续的搅拌作用，这使熔融液体温度保持相对均匀。因此，高频感应加热可使原料熔融液体的蒸发温度保持一定，熔融液体的均匀性好，能够长时间保持相对稳定的状态。这种加热方法的优点是产量大，易于工业化，生成的纳米微粒粒径比较均匀。

图 3.17 所示为高频感应加热制备磁性纳米金属微粒的中试炉。反应室的直径约为 2m，高约 4.5m。铁及铁磁性合金的蒸发温度为 1800～2000℃，使用的氧化锆坩埚直径为 180cm，高为 130cm。惰性气体 He 从底部吹出，金属蒸气经由导管上升至沉积室。沉积速率为 300g/h，每隔 1h 将其刮入收集室，直到收集量达到 5kg。

4. 电弧放电加热

电弧放电加热是利用电弧放电所产生的高温（约 4000K）来加热原料的。原料经蒸发、气化，然后沉积得到纳米微粒。图 3.18 为电弧放电加热装置示意图。在不锈钢制的真空室内，使用直径 6mm 的石墨碳棒为阴极与直径 9mm 的石墨碳棒为阳极，两极的间距可调整。实验时，首先添加过渡金属元素（如 Fe、Co、Ni、Fe/Ni、Co/Ni 等）催化剂于阳极石墨碳棒的中心，并将反应腔体抽真空，再通入流动的惰性气体（He 或 Ar），并保持稳定的压力（59850Pa）。启动直流电压源，调整电压 30～35V，然后以一定速度缓慢地将阳极石

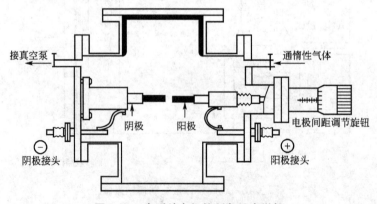

图 3.18 电弧放电加热制备纳米微粒

墨棒移往固定的阴极石墨棒,当两电极距离足够小(小于1mm)时,两电极间产生稳定的电弧。电弧的电流与电极间距、气体压力以及电极棒的尺寸等相关,一般控制在50～100A。此时,阳极石墨棒尖端因瞬间电弧放电所产生的高温而气化,气态碳原子将在冷却的阴极石墨端沉积,得到非晶碳、石墨等纳米微粒,还有碳纳米管。

5. 电子束加热

电子束加热通常用于熔融、焊接、溅射以及微细加工等方面,但要求高真空环境,因为真空度较低时气体分子间的碰撞会使电子束散射,不能有效到达靶材。在低压气体中蒸发法中,蒸发室压力通常在1kPa左右,因此用电子束加热时,必须解决气体压力的矛盾。目前,电子束加热的低压气体中蒸发法的原理是将电子枪到蒸发室的电子运动空间设置成产生气差压的孔口,将此空间进行真空抽气,并用电子透镜把途中散射的电子束集束,最后电子束通过电子透镜聚焦于待蒸发原料的表面,如图3.19所示。用电子束作为加热源可以获得高达2500℃的温度。电子束加热仅在很小范围内对原料加热,总功率不高但加热能量密度高,蒸发速率与靶材温度关系很小。高密度能量加热形成的蒸发烟区域较小,冷却区域温度梯度大,纳米微粒生长时间短,有利于形成粒径较小的纳米微粒。电子束加热特别适合于用来蒸发W、Ta、Pt等高熔点金属以及制备粒径要求较小的纳米微粒。

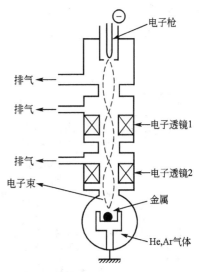

图3.19 电子束加热制备纳米微粒

例如,用50V、5mA的电子束在66Pa的Ar中加热1min即可获得50mg铜纳米微粒子。在N_2中蒸发Ti可得到10nm以下的立方晶体TiN。Al在NH_3中蒸发可得到粒径约为8nm的AlN纳米微粒。在压力约130Pa的N_2和NH_3中,Zr、Hf、V、Nb、Ta、Cr、Mn、W等金属皆可获得2～10nm的纳米微粒。

6. 激光加热

激光加热是制备纳米微粒的一种独特的加热方式,其优点是加热源可置于反应系统之外,不受蒸发室的影响;不论金属、化合物、矿物等均可被熔化、蒸发,且加热源不被蒸发物污染。采用大功率激光束直接照射各种靶材,通过原料对激光能量的有效吸收使物料加热、蒸发,然后经冷却、凝聚得到纳米微粒,其原理如图3.20所示。一般CO_2和YAG大功率激光器的发射光束均为能量密度很高的平行光束,经过透镜聚焦后,功率密度通常高达10^4 W/cm^2以上,激光光斑在原料表面的作用点区域温度可达数千摄氏度。采用CO_2和YAG等大功率激光器,在惰性气体中照射靶材,可以方便地制得Fe、Ni、Cr、Ti、Zr、Mo、Ta、W、Al、Cu及Si等纳米微粒。在活泼性气体中进行激光照射,可以制备氧化物、碳化物和氮化物等纳米微粒。

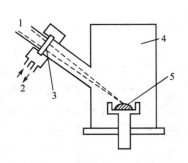

图3.20 激光加热制备纳米微粒
1—激光;2—冷却水;3—Ge透镜;
4—He,Ar气体;5—原料

激光加热制备纳米微粒的装置与采用电阻加热时相似，只是激光需要通过 Ge 或 NaCl 单晶窗照射到蒸发原料表面。原料一般是由耐火坩埚或水冷坩埚承载。当激光束输出功率较小时，所得纳米微粒的粒径较小；当激光束的输出功率增大时，原料连续蒸发，蒸气压力上升，纳米微粒的粒径增大。例如，在 1.3kPa 的 Ar 气氛中可制备粒径约为 20nm 的 SiC 纳米微粒。

激光加热的主要优点是激光光源在蒸发系统外，不受蒸发室的影响；激光束能量密度高，温度梯度大，有利于纳米微粒的快速凝聚，可制得粒径小、分布窄的高品质纳米微粒；调节蒸发区的气氛压力，可以控制纳米微粒的粒径。

将不同的加热方式归纳成表 3-3，可以比较各种加热方式下用低压气体中蒸发法制备纳米微粒的特点。

表 3-3 不同加热方式下用低压气体中蒸发法制备纳米微粒的特点

加热方式	加热特色	真空室气体	特征
电阻加热	电阻加热器的形状有舟状、灯丝状、篮状，温度最高可达 2000℃	非活性气体、还原性气体 133～13300Pa	实验室规模最容易组装，但一次的生成量仅数微克
等离子体加热	原料位于水冷铜坩埚内，以等离子体喷射加热，温度可达 2000℃，加热功率大	非活性气体 26600～101325Pa	可用于研究室规模，量产(20～30 克/次)，几乎所有的金属都适用
高频感应加热	原料主要为金属或合金，高频感应加热坩埚内的原料，坩埚内有搅拌效果，加热功率大	非活性气体 133～6650Pa	粒径控制十分容易，而且粒度集中，可用于大量制备，设备可长时间连续运转
电弧放电加热	原料为石墨或金属棒，因瞬间电弧放电产生的高温蒸气	惰性气体(He 或 Ar) 10000～60000Pa	可用于制备非晶碳、石墨、金属等纳米微粒，还有碳纳米管
电子束加热	原料为线状或粉末，电子束加热温度可达 3000℃，温度梯度大，有利用小粒径微粒制备	非活性气体、反应性气体 133Pa	可用于制作 Ta、W 等高熔点金属及 TiN、AlN 等高熔点化合物
激光加热	适合各种原料，激光焦点温度高，环境温度梯度大	非活性气体 1330～13300Pa	蒸发容器构造简单，金属以外的化合物、矿物也可蒸发

3.3.2 低真空溅射法

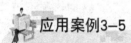应用案例3-5

Au 团簇纳米微粒制备

Au 团簇纳米微粒的制备是采用 H46500-7 型射频磁控溅射台和 85A 型高频电源，高纯(99.99％)金属 Au 为溅射靶，基底为单晶盐片，本底真空抽至 $4.6×10^{-3}$Pa，溅射气体为纯 He，溅射时的气压为 2.6Pa，溅射功率为 240W，溅射时间为 10s，靶基距离为 10cm。溅射过程中，以单晶盐片作为 Au 团簇沉积基片，可制备出在单晶盐片表层嵌埋有 Au 团簇纳米微粒的样品。

20 世纪 80 年代开始，人们尝试使用低真空溅射法来制备纳米微粒。目前，在合适的条件下，低真空溅射法制备纳米微粒已卓有成效。低真空溅射法制备纳米微粒对真空度的要求不高，一般真空压力为十几至数千帕。低真空溅射法制备纳米微粒的基本原理如图 3.21 所示。将两块金属极板平行放置于真空室中，一块为阳极，另一块为阴极，阴极上附着原料，即靶材。往真空室充入 Ar，压力 10~250Pa，在两极板之间加上数百伏的直流电压，使其产生辉光放电。此时，Ar 气氛中辉光放电所产生的离子被加速并撞击上阴极靶材，使靶材原子飞出。靶材原子在气相中与气体分子碰撞减速，再相互碰撞成核，最终生长为纳米微粒。低真空溅射法与低压气体中蒸发法虽然都在较低压力的惰性气氛中制备纳米微粒，但它们之间差别也很大。低真空蒸发法不需要像低压气体中蒸发那样将原料加热到高温熔融态而使气态原子逸出，而是通过离子轰击的反冲作用将靶材表面的原子打出。因此，调节放电电流、电压以及气体压力，可以控制低真空溅射法制备的纳米微粒的大小。

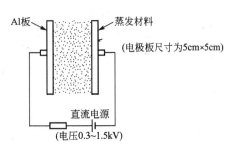

图 3.21 低真空溅射法制备纳米微粒的基本原理

低真空溅射法制备纳米微粒的优点是：①不需熔融用坩埚，可避免污染；②溅射靶材可为各种材料；③能通入反应性气体合成化合物纳米微粒；④特别适于合金纳米材料的制备；⑤可用于制备纳米薄膜；⑥靶材的表面积越大，原料原子的蒸发速度越高，纳米微粒的产量越高。

氧化铟锡(Indium Tin Oxide，ITO)是一种重要的透明导电材料，其成分是 In_2O_3 和 SnO_2。当 ITO 中 Sn 的质量分数为 10% 时，材料的导电性最佳。将 ITO 镀在普通玻璃的表面，可用作各种显示器及汽车风窗玻璃的透明导电玻璃。下面以低真空溅射法制备氧化铟锡(ITO)复合材料纳米微粒为例介绍该法的制备工艺。

在图 3.21 所示的常规磁控溅射镀膜装置中，以 Sn 质量分数为 10% 的 Sn/In 合金为靶材，将真空室抽至设定的真空度，然后充入适量的氩气，使真空室气压在 1kPa 左右，再在磁控溅射电极之间施加一定的电压，即会产生辉光放电等离子体，氩气被电离，产生气体离子并高速撞击阴极靶材(Sn/In 合金)，使 Sn、In 原子从靶材脱离而飞溅出来，在迁移的过程中 Sn、In 原子碰撞结合，形成合金临界核并进一步生长为合金纳米微粒。在溅射过程中通入少量氧气或将合金纳米微粒通过水热反应氧化处理，即可得到 ITO 纳米微粒。

直接采用合金靶进行低真空溅射，不必采用任何控制措施，就可以得到与靶材成分完全一致的合金纳米微粒。考虑到各种元素的溅射产额并不相同，这种靶材与合金纳米微粒的成分一致性似乎难以理解。实际情况是，当靶材中 A、B 两种元素的溅射产额不等时，溅射产额较高的元素如 A 在靶材表面逐渐贫化，直到溅射产生的 A、B 成分与靶材一致时，靶材表面的含 A 量才不再变化。此后，靶材表面成分达到恒稳状态(偏离合金成分)，产物合金纳米微粒的成分也趋于恒定，与原料组成一致。

3.3.3 流动液面上真空蒸镀法

流动液面上真空蒸镀法制备纳米微粒是将物质在真空中连续地蒸发到流动着的油面上，然后回收含有纳米微粒的油并存储于贮存器内，再经过真空蒸馏、浓缩的过程，可在短时间内制备大量纳米微粒。

通常，在高真空中蒸发沉积时首先在基板上形成一种粒度与纳米微粒差不多的均匀附着物。随着沉积继续，这些附着物将连成一片，形成薄膜，最后生长成厚膜。流动液面上真空蒸镀法正是抓住了真空蒸发沉积形成薄膜初期的关键，在薄膜形成前利用流动油面在非常短的时间内将均匀附着的纳米微粒带走并加以收集，解决了极细纳米微粒的制备问题。流动液面上真空蒸镀法制备纳米微粒的原理如图 3.22 所示。在类似真空镀膜的装置上，附加了一个旋转圆盘和一个进油器。在高真空下蒸发热源一般为电子束加热，首先将原料加热、蒸发，然后将上部的挡板打开，让蒸发物沉积在旋转圆盘的下表面。由于旋转圆盘的中心向下表面供油，油在圆盘旋转的离心力作用下，沿下表面形成一层很薄的流动油膜，然后被甩在容器侧壁上。这样，蒸发原子在油膜表面凝聚形成的极细纳米微粒就随油面更新而进入油层，并随油流到容器中，然后将这种纳米微粒含量很低的油在真空下进行蒸馏，使它成为浓缩的含有纳米微粒的糊状物。由于是在高真空环境为液体的油，所以油的沸点较高，难以通过蒸发除去，需要较复杂的分离才能得到纳米微粒。通常，流动液面上真空蒸镀法的产品一般为含有大量纳米微粒的糊状油，这种糊状油直接可用作润滑剂、磁流变体材料等。

流动液面上真空蒸镀法有以下优点：①可制备极细的 Ag、Au、Pd、Cu、Fe、Ni、Co、Al、In 等纳米微粒，平均粒径约 3nm，而用其他方法很难获得这样小的微粒；②纳米微粒的粒径均匀，分布窄；③纳米微粒分散在油中；④纳米微粒的粒径易于控制，可通过蒸发速度、油的黏度、圆盘转速等来控制。

3.3.4 爆炸丝法

当高密度脉冲电流通过金属导体时所发生的导体爆炸性破坏现象称为导体电爆炸。导体电爆炸的产物是金属蒸气，这种金属气体在导体周围的气氛中高速飞溅，在分散过程中，爆炸产物被冷却而形成高分散纳米微粒。爆炸丝法的原理是将金属丝固定在一个充满惰性气体 $(5×10^6 Pa)$ 的反应室中，金属丝的两端分别作为两个电极。当对电极施加 15kV 的高压时，金属丝在 $500～800kA$ 电流下迅速加热，此时金属丝通过的电流密度一般超过 $10^7～10^8 A/cm^2$。金属丝在高热状态下融断，电流中断的瞬间在融断处发生放电，使熔融的金属丝在放电过程中进一步加热变成蒸气。金属原子蒸气和惰性气体分子发生碰撞，冷却、凝聚而形成纳米金属或合金纳米微粒，并沉积在容器的底部。金属丝可以通过一个供丝系统自动进入电极卡口中，从而使上述过程重复进行。因此，爆炸丝法适用于工业上连续生产金属、合金和金属氧化物纳米微粒。最简单的爆炸丝法制备纳米微粒的装置如图 3.23 所示。

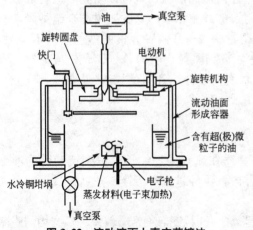

图 3.22　流动液面上真空蒸镀法
制备纳米微粒的原理

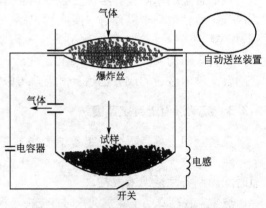

图 3.23　爆炸丝法制备纳米微粒的装置

研究发现，当金属丝的爆炸能量 $E > 0.6E_c$（E_c 为金属的升华能）时，首先是液体金属表面形成大小约为 10nm 的纳米微粒，然后纳米微粒会进一步长大，但长大的程度取决于凝结和凝聚过程。设置不同的工作参数和气氛，用爆炸丝法可以制备高纯度、粒度分布均匀的各种纳米微粒。在一般要求下用爆炸丝法制备纳米微粒的技术参数见表 3-4。

表 3-4 爆炸丝法制备纳米微粒的技术参数

参 数	条 件	参 数	条 件
工作电压	$\geqslant 35kV$	电流密度	$\geqslant 10^5 A/mm^2$
爆炸能量	$\geqslant 5kJ$	爆炸时间	$\leqslant 10^{-5}s$
爆炸电流	$\geqslant 60kA$	爆炸波形	符合理论波形

利用爆炸丝法原则上可以制备任何可制成丝状的金属或氧化物的纳米微粒。在不同的技术参数下，金属纳米微粒的平均粒径可控制在 30~500nm，比表面积为 2~50m²/g。易氧化金属的氧化物纳米微粒如氧化铝纳米微粒，可以通过事先在惰性气体中充入一些氧气来制备得到，最终得到的氧化铝纳米微粒为球形。若将已获得的铝金属纳米微粒进行水热氧化，得到的氧化铝纳米微粒为针状。所以，可以利用不同的方法制备形貌不同的同一种物质的纳米微粒。

3.3.5 化学气相沉积法

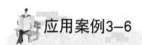 应用案例3-6

金刚石沉积技术

甲烷或有机碳氢化合物蒸气在高温下裂解生成炭黑，炭黑主要是由非晶碳和细小的石墨颗粒组成

$$CH_4 \xrightarrow[800～1000℃]{\text{等离子体}} C(石墨) + 2H_2$$

把用氢气稀释的 1‰ 甲烷在高温低压下裂解也能生成石墨和非晶碳，但是同时利用热丝或等离子体使氢分子解离生成氢原子，那么就有可能在压力为 0.1MPa 左右或更低的压力下沉积出金刚石而不是沉积出石墨来，即

$$CH_4 \xrightarrow[800～1000℃]{\text{等离子体}} C(金刚石) + 2H_2$$

甚至在沉积金刚石的同时把石墨腐蚀掉，从而实现了在低压下从石墨到金刚石的转变，即

$$3C(石墨) + 4H_2 \xrightarrow[800～1000℃]{\text{等离子体}} CH_4 + C_2H_4$$

$$CH_4 + C_2H_4 \xrightarrow[800～1000℃]{\text{等离子体}} 3C(金刚石) + 4H_2$$

化学气相沉积最早可以追溯到古人类在取暖或烧烤时熏在岩洞壁或岩石上的黑色碳层，它是由木材或食物加热时释放出的有机气体，经过燃烧、分解反应沉积在岩石上的碳纳米微粒所形成的碳层。中国古代的"炼丹术"中主要应用的就是早期的化学气相沉积技

术。李时珍引胡演《丹药秘诀》说："升炼银朱，用石亭脂二斤，新锅内熔化。次下水银一斤，炒作青砂头，炒不见星，研末罐盛。石板盖住，铁线缚定，盐泥固济，大火锻之，待冷取出。贴罐者为银朱，贴口者为丹砂。"其中，石亭脂指的是硫黄。这段话描写的是用汞和硫黄通过化学气相沉积法获得辰砂(朱砂，HgS)的过程，因沉积位置不同得到的颗粒粒径大小也不同，小的叫银朱，大的叫丹砂。李时珍引用的这段论述是迄今发现的人类对化学气相沉积技术的最早文字记载。

1. 化学气相沉积法的原理

化学气相沉积法是 20 世纪 50 年代发展起来制备无机材料的新技术，广泛用于提纯物质、研制新晶体，沉积各种单晶、多晶或玻璃态无机薄膜材料。20 世纪 80 年代起，化学气相沉积法逐渐用于粉状、块状材料和纤维等的合成，成功制备了 SiC、Si_3N_4 和 AlN 等多种纳米微粒。目前，化学气相沉积法已成为制备纳米微粒的重要方法之一。从理论上来说，化学气相沉积法十分简单：将两种或两种以上的气态原材料导入一个反应室内，气体之间发生化学反应，生成新物质并沉积到基底(如硅片)表面上。例如，将硅烷和氮气引入反应室，二者发生化学反应生成 Si_3N_4 并沉积下来，最终得到纳米微粒。然而，实际上反应室中发生的反应是很复杂的，有很多必须考虑的因素。化学气相沉积法的反应参数很多，如反应室内的压力、反应体系中气体的组成、气体的流动速率、基底组成、基底的温度、沉积温度、源材料纯度、装置的因素、能量来源等。

通常，用化学气相沉积法制备纳米微粒是利用挥发性的金属化合物的蒸气，在远高于临界反应温度的条件下通过化学反应，使反应产物形成很高的过饱和蒸气，再经自动凝聚形成大量的临界核，临界核不断长大，聚集成微粒并随着气流进入低温区而快速冷凝，最终在收集室内得到纳米微粒，如图 3.24 所示。因此，反应体系需要符合一些基本要求：①反应原料是气态或易于挥发成蒸气的液态和固态物质；②反应易于生成所需要的沉积物，而其他副产物保留在气相排出或易于分离；③整个操作较易控制。

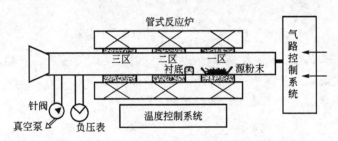

图 3.24　化学气相沉积法制备纳米微粒

化学气相沉积法制备纳米微粒具有很多优点，如粒径均匀、纯度高、粒度小、分散性好、化学反应性与活性高等。适合于制备各类金属、金属化合物以及非金属化合物如氮化物、碳化物、硼化物等纳米微粒。

化学气相沉积法根据发生的化学反应的类型，又可以分为气相合成法与气相分解法。

气相合成法通常是利用两种或两种以上物质在高温下发生气相化学反应，合成相应的化合物，再经过快速冷凝形成纳米微粒。利用气相合成法进行纳米微粒的合成，具有灵活性和互换性，其反应形式可以表示为 A(气)＋B(气)→C(固)＋D(气)，其中 C 为目标产物。典型的气相合成法制备纳米微粒的例子有

$$3SiH_4(g)+4NH_3(g)\xrightarrow[10.6\mu m]{h\nu}Si_3N_4(s)+12H_2(g)$$

$$2SiH_4(g)+C_2H_4(g)\xrightarrow[10.6\mu m]{h\nu}2SiC(s)+6H_2(g)$$

$$2BCl_3(g)+3H_2(g)\xrightarrow[10.6\mu m]{h\nu}2B(s)+6HCl(g)$$

$$2TiCl_4(g)+N_2(g)+4H_2(g)\xrightarrow{1200\sim1500℃}2TiN(s)+8HCl(g)$$

气相分解法又称单一化合物热分解法,一般是对欲分解的化合物或经前期预处理的中间化合物进行加热、蒸发、分解、冷却、凝聚,得到目标物质的纳米微粒。气相分解法制备纳米微粒要求原料中必须具有目标产物所含的全部元素。热分解的反应形式可以表示为 A(气) → B(固)+C(气),其中 B 为目标产物。气相分解采用的原料通常是容易挥发、蒸气压高、反应性好的有机硅、金属氯化物或其他化合物,如 $Fe(CO)_5$、SiH_4、$(CH_3)_4Si$、$Si(OH)_4$ 等。典型的气相分解法制备纳米微粒的例子有

$$SiH_4(g)\xrightarrow{\Delta}Si(s)+2H_2(g)$$

$$0.95SiH_4(g)+0.05GeH_4(g)\xrightarrow{550\sim800℃}Ge_{0.05}Si_{0.95}(s)+2H_2(g)$$

$$2Al(OC_3H_7)_3(g)\xrightarrow{\sim420℃}Al_2O_3(s)+6C_3H_6(g)+3H_2O(g)$$

$$Fe(CO)_5(g)\xrightarrow{\Delta}Fe(s)+5CO(g)$$

$$(CH_3)_4Si(g)\xrightarrow{\Delta}SiC(s)+3CH_4(g)$$

有些情况下,在化学气相沉积法制备纳米微粒过程中发生的化学反应既有合成反应又有分解反应,如在图 3.25 所示装置中制备 TiO_2 纳米微粒。反应过程有

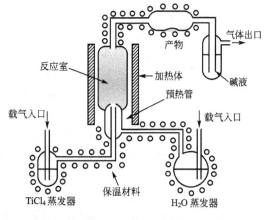

图 3.25　化学气相沉积法制备 TiO_2 纳米微粒

$$TiCl_4(g)+4H_2O(g)\xrightarrow{\Delta}$$

$$Ti(OH)_4(g)+4HCl(g)$$

$$Ti(OH)_4(g)\xrightarrow{\Delta}TiO_2(s)+2H_2O(g)$$

2. 化学气相沉积法的工艺

化学气相沉积法制备纳米微粒的工艺过程主要包括原料处理、预热与混气、化学反应、气体输运、成核与微粒生长、冷凝收集、尾气处理等几个步骤。

(1) 原料处理。原料处理包括纯化与蒸发。气相中发生化学反应前要对各个反应气体及载气进行纯化处理,其目的是保证产物的纯度。对于载气的纯化主要是除去其中的水分和杂质氧。水分通常是采用分子筛、变色硅胶、活性氧化钙、氢氧化钠、五氧化二磷等高纯化学试剂来处理。微量的杂质氧可采用活性炭或贵金属脱氧剂处理。对于原料气体要根据气体的酸碱性、氧化还原性选择合适的除水剂和除氧剂。如碱性的氨气可选择碱性的活性氧化钙、氢氧化钠或分子筛来脱水,而不能选择酸性的五氧化二磷来脱水。对于固体和液体原料,为实现气相化学反应,必须先转化成相应的气体原料,即要对原料进行蒸发处理,蒸发温度一般远低于化学反应的温度。

化学气相沉积法中常见的源物质可以是气态、液态或者固态。对于液体源而言，根据其蒸气压的高低，有两种不同的处理方式。一种是液体源的蒸气压即使在相当高的温度下也很低，那么必须用一种气态反应剂与之反应形成气态物质，再导入沉积区。另一种是液体源在室温或稍高一点的温度下具有较高的蒸气压，一般可采用载气流过液体表面或在液体内部鼓泡，从而携带该液体源的饱和蒸气进入反应系统。

（2）预热与混气。进入反应器的原料气体要经过预热和混气的过程，其目的是提高反应效率和产物收集率。纯化后的原料气体由载气携带进入反应室，在温度较低的区域经预热并混合均匀后进入高温区发生化学反应。通常要求反应气体在到达反应区时实现分子级的均匀混合，为产物均匀成核创造条件。

（3）化学反应。化学气相沉积法通过气体原料间的化学反应生成目标产物的纳米微粒，制备纳米微粒的化学反应必须具有很大的化学平衡常数 K_p，一般 K_p 要在 10^3 以上。此外，要有外部能量活化反应分子使之达到反应状态，才能发生化学反应。反应分子活化手段可以是加热和射线辐照，如电阻炉加热、化学火焰加热、等离子体加热、激光诱导、γ 射线辐射等。在气相反应中，反应温度、反应压力和反应气体比例以及载气流量等对纳米微粒的产率和性质具有重要影响。反应温度一般在 $800\sim1500℃$，随反应气体种类、活化方式有所变化；反应压力一般在 $0.1MPa$ 以下，大多数是低压反应；反应气体配比一般根据反应方程式化学计量比确定，由质量流量计控制；载气流量根据需要的纳米微粒的粒径通过气体流量计来调节。

（4）气体输运。不论采用什么样的反应体系和装置，气态物质的输运都是化学气相沉积法制备纳米微粒时必不可少的过程。气体输运的驱动力是系统中各部分之间存在的压力差、浓度梯度和温度梯度。这种差异驱使气体分子定向流动、对流或扩散，实现了气态反应物或生成物的转移。气体输运不仅决定着沉积的速率，而且对沉积机理和沉积层质量有显著的影响。

（5）成核与微粒生长。成核与微粒生长是纳米微粒制备的关键步骤。在均匀的气相中产生纳米微粒，必须有足够高的成核速度，也就是要求产物气体分子有足够高的过饱和度。对于给定的反应，增大反应气体流量可以提高过饱和度。成核后微粒的生长是控制粒径和粒径分布的主要因素。在反应过程中只要控制微粒的冷却速率，就可以控制微粒生长，一般采用急冷的方法来抑制微粒生长。在成核区与生长区严格控制温度，使成核、生长区、收集区的温度梯度尽可能大。如在生长区域反应器外壁加装水冷系统，使离开成核区的晶核生长时间尽可能短，可以获得粒径小的纳米微粒。此外，还可以通过减小反应物浓度来避免微粒的快速生长。

（6）冷凝收集。化学气相沉积法制备纳米微粒必须通过合适的方法加以收集。刚生成的纳米微粒具有较高能量，如果不能迅速冷却就会发生团聚和烧结，因此必须通过冷凝的方式来收集。通常是用水冷过滤收集器，或是采用液氮冷却的旋转鼓来实现急冷和纳米微粒的收集。

（7）尾气处理。在反应器中，除了气相反应生成的纳米微粒被收集器捕获外，载气、未反应的原料气以及气相副产物要通过排气管路排放，它们通常称为尾气。在尾气中经常含有有毒、有害的气体，如 HCl、$SiCl_4$、NH_3 等，需要通过适当的处理工艺才能排入大气。

如前所述，要使气相化学反应发生，必须活化反应物分子。最初的化学气相沉积法是由电炉加热提供活化能量，虽然可以合成一些材料的纳米微粒，但由于反应器内温度梯度小，合成的纳米微粒不仅粒度大，而且容易团聚和烧结。后来人们开发了多种新工艺，采用的活化能量源为化学火焰加热、等离子体加热、激光诱导、γ 射线辐射等。各种工艺分述如下。

1）化学气相凝聚工艺

化学气相凝聚工艺主要是通过金属有机分子热解获得陶瓷纳米微粒。基本原理是利用高纯惰性气体作为载气，携带金属有机前驱物进入钼丝炉，如图 3.26 所示。炉温为 1100～1400℃，炉内压力保持在 100～1000Pa 的低压状态。在此环境下，原料热解形成团簇，进而凝聚成纳米微粒，最后附着在内部充满液氮的冷阱上，经刮刀刮下而进入纳米微粒收集器。

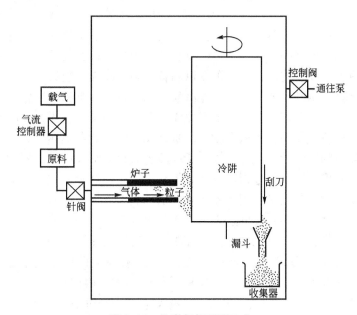

图 3.26　化学气相凝聚工艺

2）燃烧火焰-化学气相凝聚工艺

燃烧火焰-化学气相凝聚工艺采用的装置基本与化学气相凝聚工艺相似，不同之处在于将钼丝炉改换成平面火焰燃烧器，如图 3.27 所示。燃烧器的前面由一系列喷嘴组成，当含有金属有机物蒸气的载气（如氦气）与可燃性气体同时均匀地流过喷嘴时，会产生均匀的平面燃烧火焰，火焰由 C_2H_2、CH_4 或 H_2 在 O_2 中燃烧所致。反应室的压力保持100～500Pa 的低压。金属有机前驱物经火焰加热在燃烧器外面热解形成纳米微粒，然后附着在转动的冷阱上，经刮刀刮下收集。此法比化学气相凝聚工艺的生产效率高，这是因为热解发生在燃烧器的外面，而不是在炉

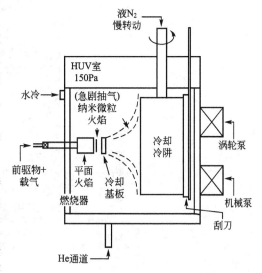

图 3.27　燃烧火焰-化学气相凝聚工艺

管内，因此反应充分并且不会出现粒子沉积在炉管内的现象。此外，由于火焰的高度均匀，保证了时间和温度的一致，使制备的纳米微粒具有较窄的粒径分布。

3) 激光诱导化学气相沉积工艺

激光诱导化学气相沉积工艺制备纳米微粒是近几年兴起的。激光诱导化学气相沉积工艺具有表面清洁、粒径大小可精确控制、无黏结、粒度分布均匀等优点，适合制备几纳米至几十纳米的非晶态或晶态纳米微粒。激光诱导化学气相沉积工艺已制备出多种单质、无机化合物和复合材料纳米微粒。目前，激光诱导化学气相沉积工艺制备纳米微粒已进入规模化生产阶段，美国麻省理工学院于1986年建成年产几十吨的反应装置。

激光与普通电阻加热提供能量制备纳米微粒具有本质区别，这些差别主要表现为：①反应器壁是冷的，因此不存在潜在的污染；②原料气体分子直接或间接吸收激光光子能量后迅速进行反应；③反应具有选择性；④反应区条件可以精确控制；⑤激光能量高度集中，反应区与周围环境之间温度梯度大，有利于成核粒子快速凝结。由于激光诱导化学气相沉积工艺具有上述技术优势，因此可用以制备均匀、高纯、超细、窄粒度分布的各类纳米微粒。下面具体介绍激光诱导化学气相沉积工艺制备纳米微粒的原理。

激光诱导化学气相沉积工艺制备纳米微粒的基本原理是：利用大功率激光器的激光束照射反应气体，反应气体因为大量吸收入射激光光子的能量，气体分子或原子在瞬间被加热与活化。在极短的时间内，反应气体分子或原子获得化学反应所需要的温度后，迅速完成反应、成核、凝聚、生长等过程，从而制得相应物质的纳米微粒。因此，简单地说，激光诱导化学气相沉积工艺就是利用激光光子能量加热反应体系，从而制备纳米微粒的一种方法。通常，入射激光束照射角度垂直于反应气流方向，反应气体分子或原子吸收激光光子后迅速加热。根据John S Haggerty 的估算，激光加热速率为 $10^5 \sim 10^8\,℃/s$，加热到反应最高温度的时间将小于 $10^{-4}\,s$。加热的反应气流将在反应区域形成稳定分布的火焰，火焰中心处的温度一般远高于相应化学反应所需要的温度，因此在 $10^{-5}\,s$ 内反应即可完成。冷凝析出的成核粒子在载气的吹送下迅速脱离反应区，经过短暂的生长过程到达收集室，获得纳米微粒。激光诱导化学气相沉积工艺制备纳米微粒过程如图3.28所示。预混合的

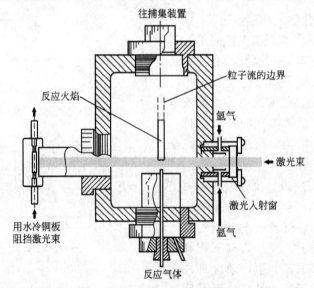

图 3.28　激光诱导化学气相沉积工艺

反应气体在载气吹送下到达反应成核区，在入射激光光子的诱发下，反应气体迅速被加热到自发化学反应的阈值温度。通常反应区的温度可达 1500℃，形成稳定的火焰。从反应区最底部开始，依次是中心高温区、反应火焰区和羽状物区。其中，羽状物就是生成纳米微粒的热粒子辐射。这里，化学反应显然是在中心高温区内发生的；在反应火焰区完成核化反应，并生成大量的核粒子；在羽状物区完成凝聚与生长。随着载气被抽运，凝聚的纳米微粒脱离反应火焰区，到达收集室而得到产物。

入射激光能否引发化学反应是激光诱导化学气相沉积工艺制备纳米微粒的一个关键性问题。激光诱导化学气相沉积工艺中反应气体分子通过两种物理途径吸收激光光子得到加热：①反应分子直接吸收单光子或多光子而加热；②媒介分子吸收光子能量后平均动能提高，与反应气体分子碰撞发生能量交换或转移，即通过碰撞加热反应气体分子体系。

事实上，气体分子对光能的吸收系数一般与入射光的频率有关。众所周知，普通光源的频率很宽，与特定气体分子的吸收频率重叠的部分仅占光源频谱中极窄的一段范围，因而普通光源的大部分能量无法被反应气体分子吸收。同时，由于普通光源的光强度太低，无法使反应气体分子在极短的时间内获得所需要的反应能量。相较而言，激光光源具有单色性和高功率强度，如果能使入射激光光子频率与反应气体分子的吸收频率相一致，则反应气体分子可以在极短的时间内吸收足够的能量，从而迅速达到相应化学反应所需的阈值温度，促使反应体系发生化学反应。因此，为了保证化学反应所需要的能量，需要选择对入射激光具有强吸收的反应气体。如 SiH_4、C_2H_4、NH_3 对 CO_2 激光光子都具有较强的吸收能力，相应吸收系数是气氛压力的函数。对某些有机硅化合物和羰基铁一类的物质，它们对 CO_2 激光无明显的吸收能力。当采用这类原料蒸发气体时，需要在反应体系中加入相应的光敏剂。在这种情形下，当入射激光照射在体系中时，首先是光敏剂中的分子或原子吸收激光光子能量，再通过碰撞将激光光子能量转移给反应气体分子使反应气体分子活化、加热，从而实现相应的化学反应。此外，还需要选择大功率激光器作为激光热源，如百瓦级 CO_2 连续激光器或各种脉冲激光器等。这类激光器的光束经透镜聚焦后，功率密度可以达到 $10^3 \sim 10^4 \, W/cm^2$，完全能够满足激光诱导化学气相沉积工艺制备各类纳米微粒的要求。

在激光诱导化学气相沉积工艺制备纳米微粒的过程中，为了保证反应生成的成核粒子能快速冷凝从而获得超细的纳米微粒，需要采用冷壁反应室。通常采用的是水冷式反应器壁和透明辐射式反应器壁。这样，有利于在反应室中构成大的温度梯度分布，加速成核粒子的冷凝，抑制其过分生长。此外，为了防止粒子相互之间发生碰撞、粘连团聚甚至烧结，还需要在反应器内配备惰性保护气体，使生成的纳米微粒的粒径得到有效保护。

4）等离子体加强化学气相沉积工艺

等离子体是物质存在的第四种状态，它由电离的导电气体组成，包括六种典型的粒子，即电子、正离子、负离子、激发态的原子或分子、基态的原子或分子，以及光子。事实上，等离子体就是由上述大量正负带电粒子和中性粒子组成的并表现出集体行为的一种准中性气体。目前，产生等离子体的技术很多，如直流电弧等离子体、射频等离子体、混合等离子体、微波等离子体等技术。按等离子体火焰温度分类，可将等离子体分为热等离子体和冷等离子体。两者的区分标准一般是按照电场强度与气体压力比值：比值较低的等离子体称为热等离子体，而比值较高的称为冷等离子体。无论热等离子体还是冷等离子体，相应火焰温度都可以达到 3000K 以上，这样高的温度可以应用于材料切割、焊接、表面改性，甚至材料合成。

处于等离子体状态下的各种微粒通过相互作用可以很快地获得高温、高焓、高活性等特性，因而具有很高的化学活性和反应性。因此，利用等离子体空间作为加热、蒸发和反应空间，可以制备各种纳米微粒，如金属氧化物、氮化物、碳化物等纳米微粒。采用等离子体加强化学气相沉积工艺制备纳米微粒具有多方面的优势：①物质在等离子体中具有较高的电离度和离解度，可以得到多种活性组分，有利于各类化学反应进行；②等离子体反应空间大，可以使相应的物质化学反应完全；③与激光诱导化学气相沉积工艺相比，等离子体加强化学气相沉积工艺更容易实现工业化生产，这也是等离子体加强化学气相沉积工艺制备纳米微粒的一个明显优势。

等离子体加强化学气相沉积工艺制备纳米微粒的基本原理是：等离子体作为一种高温、高活性、离子化的导电气体，这些活性粒子会大量溶入原料使原料气体活化能在较低的温度下发生化学反应。等离子体中存在着大量高活性微粒，这些微粒与反应物原料迅速交换电荷和能量，有助于相应的物理或化学变化的进行。通常，当等离子体焰流中的高活性原子、离子或分子撞击原料表面时，原料受热熔融并在原料体内形成超饱和区、过饱和区和饱和区，引发原料的蒸发和相应的物理或化学变化。离开等离子体区的气态物质迅速冷却并结晶成核，成核粒子经过短暂的生长、冷却、凝聚而形成纳米微粒。

采用直流与射频混合式等离子体技术或微波等离子体技术，可以实现无极放电，可在一定程度上避免电极材料污染，便于制备出高纯度的纳米微粒。

等离子体加强化学气相沉积工艺制备纳米微粒的实验装置主要包括等离子体发生装置、反应装置、冷却装置、收集装置和尾气处理装置等几个部分。相应的制备过程主要有等离子体产生、原料蒸发、化学反应、冷却凝聚、粒子捕集和尾气处理等过程，如图 3.29所示。实验中，在等离子体发生装置中引入工作气体，使工作气体电离并在反应室中形成稳定的高温等离子体焰流。等离子体焰流加热原料使其熔融、蒸发，蒸发得到的气相原料与工作气体发生碰撞，或与反应气体发生气相化学反应，形成成核粒子并迅速脱离反应区域，再经过短暂的生长和快速冷凝过程，即最终得到相应物质的纳米微粒。纳米微粒经载气携带进入收集装置中，尾气经处理后排出或经分离纯化后循环使用。制备过程中，反应室的温度场分布，反应物浓度、压力、产物的凝聚温度与速率等因素，对获得的纳米微粒的物理化学性质都有重要的影响。

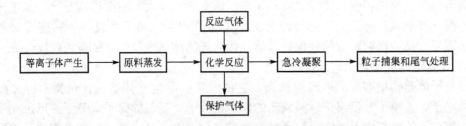

图 3.29　等离子体加强化学气相沉积工艺过程

在制备纳米微粒的过程中，对于不同的目标产物具体方法有所不同。如制备金属纳米微粒，可以利用等离子体直接加热蒸发金属，或加热金属化合物使其发生热分解反应，即

$$金属 \xrightarrow{\text{蒸发}} \xrightarrow[\text{凝聚}]{\text{急冷}} 金属纳米微粒$$

或

$$金属化合物 \xrightarrow{蒸发} 化学气相分解反应 \xrightarrow[凝聚]{急冷} 金属纳米微粒$$

若制备金属化合物纳米微粒,一般有两种方法。一种方法以金属为原料,在等离子体蒸发原料时导入反应性气体,发生化学反应生成化合物,从而获得金属化合物的纳米微粒。另一种方法以金属化合物为原料,直接通过等离子体蒸发,经急冷、凝聚得到相应的金属化合物纳米微粒,即

$$金属 \xrightarrow[充入反应气体]{蒸发} 化学反应 \xrightarrow[凝聚]{急冷} 金属化合物纳米微粒$$

或

$$金属化合物 \xrightarrow{蒸发} \xrightarrow[凝聚]{急冷} 金属化合物纳米微粒$$

3.3.6 气相中纳米微粒的生成及粒径控制

气相法合成纳米微粒的过程包括外部过程和内部过程,如图 3.30 所示。其中外部过程主要指单体、分子团簇和粒子的对流与扩散等过程,这一过程使得单体、分子团簇和粒子在反应器器壁沉积,从而形成薄膜、晶体或晶须,而内部过程主要指化学反应、纳米微粒核生成、粒子生长、粒子凝并等,这一过程控制决定了微粒的粒径。

化学反应首先在原料物质之间发生,形成产物的前驱体分子、原子或离子(物理法直接气化得到产物分子、原子),并使之达到稍后过程所需的饱和度。影响这一过程的因素是化学反应的温度和反应物质的浓度。由于形成纳米微粒的化合反应多数是快速的瞬间反应,因此此过程很大程度上受反应动力、扩散传递等因素控制。

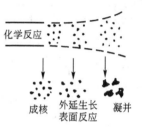

图 3.30 气相法合成纳米微粒的基本过程

微粒核生成发生在前驱体生成的浓度超过一定的饱和度以后。这时形成微粒核或反应产物间发生缩聚反应生成晶核,初始晶核的形成和晶型决定了最终产物粒子的形貌与结构。对于特定的工艺,生成晶核数目越多,产物的粒度就越小。这对于人们希望获得在纳米尺寸范围内的微粒是非常重要的。同上一过程一样,成核过程受到温度和浓度的控制,对成核过程的动力学研究结果清楚地证明了这一点。

晶核通过对反应生成的单体的吸附或重构,或通过对反应器中原料及反应中间体吸附反应而使原有的晶核得到生长,这就是微粒生长的过程。这种反应型生长根据反应的模式一般可以分为扩散和表面反应两种情形。对于重构型生长过程,一般来讲更多地受到产物分子从主体反应向粒子表面扩散步骤的控制和影响。

气相中形成的单体、分子团簇和初级粒子在布朗运动作用下会发生碰撞,凝并成为微粒。这一凝并的过程使得体系中粒子数目和浓度降低、粒子粒径增大,凝并过程和结果还对粒子最终的粒径、形态起决定作用。

用气相法制备纳米微粒的一个关键因素是气相中粒子的生长。气相中粒子的生成是由于气相中均相成核与生长导致的。为得到纳米微粒,首先需要在均匀单一的气相中产生大量的气态核。气态核的生成速率对发生反应的体系浓度非常敏感,因此保证大量气态核生成的基本条件是反应体系的过饱和比要大。大的过饱和比可以导致较高的成核速率,瞬间

产生大量的粒子核。化学反应动力学的理论表明，成核速率对反应体系的温度、浓度以及反应中体系的化学平衡常数和化学反应速率都非常敏感。为了在气相反应中生成大量的气态核，首先，必须选择平衡常数大的反应体系，这是气态核生成的必要条件；其次，在反应容器不变的情况下，要确实保证具有较高的反应物浓度，以形成较大的反应物气压，并不断地将生成物从反应区移去，使生成物气压降低。理论与实验表明，反应体系的过饱和比与反应体系的化学平衡常数及反应物的气氛气压成比例关系。

再一方面，从气相蒸气核中析出固相小微粒还有相变驱动力，这需要从反应热动力学的角度加以考虑。从气态反应产物中析出固相微粒核时，必定存在相变驱动力。从均匀气态核中析出粒子核的相变驱动力取决于气态核的过饱和比，高的过饱和比有利于粒子核的析出。实际上，气相中析出固相核的过饱和蒸气在热力学上属于一种亚稳态，而析出的粒子是稳定态。通常亚稳态的自由能总是比稳定态的高，这样就形成了由气态核转变为固态核的相变驱动力。

固体小微粒的核化速率与生长速率涉及生长动力学与凝并机理的问题。气相中单微粒核的生长与其生长条件和环境有关。在成核速率最大值对应的温度比核生长速率最大值时的温度低时，只要核粒子冷却速率足够快，就可以抑制核的生长，而又不影响成核速率。在实际中，这种机制在快速相变过程中应用非常普遍。

凝并生长是纳米微粒生长后期由于单体核、分子簇和初级粒子运动作用下发生碰撞而相互凝聚，最终形成较大微粒的一种主要现象，这种生长机制几乎在所有微粒制备中都普遍存在。由于凝并生长的现象存在，导致最终微粒的粒径较生长初期明显增大，并造成微粒成分、结构与形态方面的诸多差异，对于制备合格的纳米微粒是一个极大的挑战。

3.4　典型液相制备方法

液相法是目前实验室和工业上经常采用的制备纳米微粒的方法。液相中制备纳米微粒以均相溶液为出发点，通过各种途径完成反应，生成所需溶质，再将溶质与溶剂分离，溶质形成一定形状、大小的颗粒，然后以此为前驱体，经后续处理得到纳米微粒。在液相中生长意味着反应条件比较温和，与固相反应相比，液相法不需要在高温下长时间焙烧，也可以合成高熔点、多组分的化合物。大多数化合物的纳米微粒可以通过按照特定的方法处理前驱体来获得。另外，溶液浓度和反应物比例是可以连续变化的，也就是说产物的形貌更容易调控。

液相法制备纳米微粒的主要特点为：①可将各种反应的物质溶于液体中，可以精确控制各组分的含量，并实现了原子、分子水平的精确混合；②容易添加微量有效成分，可制成多种成分的均一粉体；③合成的粉体表面活性好；④容易控制微粒的形状和粒径；⑤工业化生产成本较低等。液相法一般可分为物理法和化学法两大类，其中化学法更常采用，是一类应用广泛且实用价值较高的方法。

3.4.1　沉淀法

沉淀法是在原料溶液中添加适当的沉淀剂，使原料溶液中的阳离子形成各种形式的沉淀物。沉淀法是液相化学方法制备高纯度纳米微粒采用最广泛的方法之一。如用沉淀法制备金属氧化物纳米微粒：含有一种或多种金属离子的可溶盐溶液，当加入沉淀剂（如 OH^-，$C_2O_4^{2-}$，CO_3^{2-}）后或于一定温度下使溶液发生水解，可得到不溶性的氢氧化物、水合氧化物或盐类，将其从溶液中析出，并将溶剂和溶液中原有的阴离子洗去，经热分解或脱水即得到目标纳米微粒。

沉淀法通常是在溶液状态下将不同化学成分的物质混合，在混合溶液中加入适当的沉淀剂制备纳米微粒的前驱体沉淀物，再将此沉淀物进行干燥或煅烧，从而制得相应的纳米微粒。存在于溶液中的离子 A^+ 和 B^-，当它们的离子浓度积超过其溶度积，即 $[A^+][B^-]>K_{sp}$ 时，A^+ 和 B^- 之间就开始结合，进而形成晶核。由于晶核生长和重力的作用，产物发生沉降，形成沉淀物。一般而言，当微粒粒径在 $1\mu m$ 以上时就形成沉淀。沉淀物的粒径取决于晶核形成与晶核成长的相对速度。控制反应条件，使晶核形成速度大于晶核成长速度，则产物粒径变小，可得到纳米微粒。

沉淀法根据沉淀方式的不同可分为均匀沉淀法、共沉淀法和水解沉淀法等。

1. 均匀沉淀法

在沉淀法的操作过程中，一般是向金属盐溶液中直接滴加沉淀剂。即使沉淀剂的含量很低，经不断搅拌，沉淀剂浓度在局部溶液中也会变得很高，这样势必造成沉淀剂的局部浓度过高，使沉淀中极易夹带其他杂质，并有粒度不均匀等问题。

在溶液中加入某种能缓慢生成沉淀剂的物质，使溶液中的沉淀均匀出现，称为均匀沉淀法。本法克服了由外部向溶液中直接加入沉淀剂而造成沉淀剂的局部不均匀的问题。在溶液中预先加入某种物质，然后通过控制体系中的易控条件来间接控制化学反应，使沉淀剂在溶液内缓慢地生成，只要控制好生成沉淀剂的速度，就可以避免浓度不均匀现象，使过饱和度控制在适当的范围内，从而控制粒子的生长速度，获得颗粒均匀、杂质少、纯度高的纳米微粒。常用的均相沉淀试剂有尿素，它的水溶液在 70℃ 左右发生如下分解反应

$$(NH_2)_2CO + 3H_2O \longrightarrow 2NH_4OH + CO_2\uparrow$$

生成的 NH_4OH 起到沉淀剂的作用，可用来制备金属氢氧化物或碱式盐沉淀

$$CoCl_2 + 2NH_4OH =\!=\!= Co(OH)_2\downarrow + 2NH_4Cl$$

$$PbAc_2 + NH_4OH =\!=\!= Pb(OH)Ac\downarrow + NH_4Ac$$

2. 共沉淀法

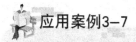

应用案例3-7

$Ca_{0.6}Mg_{0.4}Zr_4(PO_4)_6$ 纳米微粒的制备

将等化学计量比的 $Ca(NO_3)_2 \cdot 4H_2O$、$Mg(NO_3)_2 \cdot 6H_2O$、$ZrO(NO_3)_2 \cdot 8H_2O$ 和 $NH_4H_2PO_4$ 等无机盐作为原料，控制共沉淀反应过程，当 $pH=9$ 时生成的沉淀物经 900℃ 左右煅烧 3h 即可合成单相的 $Ca_{0.6}Mg_{0.4}Zr_4(PO_4)_6$ 微粒。微粒呈球形，但合成纳米微粒存在团聚现象，导致采用纳米激光粒度分析仪测定的纳米微粒尺寸主要分布在 30~70nm，平均粒径为 45nm。

共沉淀法是指当溶液中含有两种或多种阳离子且它们以均相存在于溶液中时，可加入沉淀剂经沉淀反应得到各种成分均一的沉淀。它是制备含有两种或两种以上金属元素的复

合氧化物纳米微粒的重要方法。如向 $BaCl_2$ 和 $TiCl_4$ 混合溶液中滴加草酸溶液，能沉淀出 $BaTiO(C_2O_4)_2 \cdot 4H_2O$，经过滤、洗涤和加热分解等处理，即可得到具有化学计量组成的、所需晶型的 $BaTiO_3$ 纳米微粒。共沉淀法目前已被广泛应用于制备钙钛矿型化合物、尖晶石型化合物、PZT、$BaTiO_3$ 系材料、敏感材料、铁氧体以及荧光材料的纳米微粒。共沉淀法可以提高原料混合的均匀程度，提高反应速率，降低反应温度，对固体扩散法是一个重要的改善。下面是用共沉淀法制备复合氧化物纳米微粒的两个例子。

(1) 制备磁性材料 $ZnFe_2O_4$ 的化学反应方程式为

$$Zn^{2+} + 2Fe^{3+} + 4(COOH)_2 \Longrightarrow ZnFe_2[(COO)_2]_4 \downarrow + 8H^+$$

$$ZnFe_2[(COO)_2]_4 \Longrightarrow ZnFe_2O_4 + 4CO_2 \uparrow + 4CO \uparrow$$

(2) 制备荧光材料 $(YEu)_2O_3$ 的化学反应方程式为

$$2Y^{3+}(5mol\%Eu^{3+}) + 3(COOH)_2((YEu)_2[(COO)_2]_3 + 6H^+$$

$$(YEu)_2[(COO)_2]_3 \longrightarrow (YEu)_2O_3 + 3CO_2 \uparrow + 3CO \uparrow (加热)$$

在制备过程中，关键在于如何使组成材料的多种离子同时均匀沉淀。通常可采取高速搅拌、加入过量沉淀剂和调节 pH 值的方法来达到这个目的。从化学平衡理论来看，主要的操作参数是溶液的 pH 值，使用氢氧化物、碳酸盐、硫酸盐、草酸盐等物质配成共沉淀溶液时，其 pH 值具有很灵活的调节范围。另外需要特别重视的是沉淀的洗涤操作，因为反应溶液中的阴离子和沉淀剂中的阳离子残留将会对产物纳米微粒的烧结等性能产生不良影响。此外，为防止干燥后的粉末聚结成团块，可用乙醇、丙醇、异丙醇或异戊醇等分散剂进行适当的分散处理。

根据共沉淀的类型可将共沉淀分为单相共沉淀和混合共沉淀。

单相共沉淀法指两种或多种金属离子经过一步沉淀反应，得到单相的化合物沉淀。图 3.31 所示为利用草酸盐进行单相共沉淀的装置。作为共沉淀法制备复合氧化物纳米微粒的例子，已经对草酸盐化合物做了很多试验，如由 $BaTiO(C_2O_4)_2 \cdot 4H_2O$、$BaSn(C_2O_4)_2 \cdot 1/2H_2O$、$CaZrO(C_2O_4)_2 \cdot H_2O$ 分别制备 $BaTiO_3$、$BaSnO_3$、$CaZrO_3$ 的纳米微粒。此外，利用 $LaFe(CN)_6 \cdot 5H_2O$ 也可以得到 $LaFeO_3$ 纳米微粒。单相共沉淀法是一种能够得到组成均匀、性能优良纳米微粒的方法。不过，要得到最终的纳米微粒，还需要将这些沉淀物进行进一步的加热处理。在加热处理之后，纳米微粒是否还保持其组成的均匀性尚有争议。例如，在 Ba、Ti 的硝酸盐溶液中加入草酸沉淀剂后，形成单相化合物 $BaTiO(C_2O_4)_2 \cdot 4H_2O$ 沉淀；在 $BaCl_2$ 和 $TiCl_4$ 的混合水溶液中加入草酸后也可得到单相化合物 $BaTiO(C_2O_4)_2 \cdot 4H_2O$ 沉淀。将 $BaTiO(C_2O_4)_2 \cdot 4H_2O$ 沉淀进行高温煅烧，发生热分解和合成反应，可以得到 $BaTiO_3$ 纳米微粒

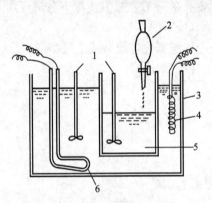

图 3.31 利用草酸盐共沉淀法制备复合氧化物纳米微粒

1—搅拌棒；2—盐的混合溶液；
3—恒温槽；4—恒温器；
5—草酸溶液；6—加热器

$$BaTiO(C_2O_4)_2 \cdot 4H_2O \longrightarrow BaTiO(C_2O_4)_2 + 4H_2O$$

$$BaTiO(C_2O_4)_2 + \frac{1}{2}O_2 \longrightarrow BaCO_3 + TiO_2 + 2CO + CO_2$$

$$BaCO_3 + TiO_2 \longrightarrow BaTiO_3 + CO_2$$

但是，$BaTiO_3$ 并不是由沉淀物 $BaTiO(C_2O_4)_2 \cdot 4H_2O$ 的热分解直接获得，而是分解为碳酸钡和二氧化钛之后，再通过它们之间的固相反应来合成的。因为热分解得到的碳酸钡和二氧化钛是粒径细小的颗粒，有很高的反应活性，所以固相反应在450℃时就开始，不过要得到完全单一相的钛酸钡，必须加热到750℃以上。在这期间的各种温度下，很多中间产物参与钛酸钡的生成，而且这些中间产物的反应活性也不同。所以，$BaTiO$ $(C_2O_4)_2 \cdot 4H_2O$ 沉淀所具有的良好的化学计量比就丧失了。几乎在所有利用共沉淀法来制备纳米微粒的过程中，都伴随有中间产物的生成，因此中间产物之间的热稳定性差别越大，所合成的纳米微粒的组成不均匀性就越大。

如果沉淀产物为混合物，那么此种共沉淀法就属于混合共沉淀法，其在本质上是分别沉淀。如用 $ZrOCl_2 \cdot 8H_2O$ 和 Y_2O_3（化学纯）为原料来制备 $ZrO_2 - Y_2O_3$ 纳米微粒。Y_2O_3 用盐酸溶解得到 YCl_3，然后将 $ZrOCl_2 \cdot 8H_2O$ 和 YCl_3 配制成一定浓度的混合溶液，在其中加入 NH_4OH 后便有 $Zr(OH)_4$ 和 $Y(OH)_3$ 的沉淀缓慢形成，经洗涤、脱水、煅烧可制得 $ZrO_2 - Y_2O_3$ 纳米微粒，化学反应方程式如下

$$ZrOCl_2 + 2NH_4OH + H_2O \longrightarrow Zr(OH)_4 \downarrow + 2NH_4Cl$$
$$YCl_3 + 3NH_4OH \longrightarrow Y(OH)_3 \downarrow + 3NH_4Cl$$
$$Zr(OH)_4 \longrightarrow ZrO_2 + 2H_2O$$
$$2Y(OH)_3 \longrightarrow Y_2O_3 + 3H_2O$$

混合共沉淀的过程是非常复杂的，溶液中不同种类的阳离子不能同时沉淀，各种离子沉淀的先后与溶液的 pH 值密切相关。例如，Zr、Y、Mg、Ca 的盐溶液随 pH 值的逐渐增大，各种金属离子发生沉淀的 pH 值范围不同，如图 3.32 所示。在不同的 pH 值阶段，上述各种离子分别沉淀，形成氢氧化锆和其他氢氧化物的混合沉淀物。为了获得沉淀的均匀性，通常是将含多种阳离子的盐溶液慢慢加到过量的沉淀剂中并进行搅拌，使所有沉淀离子的浓度大大超过沉淀的平衡浓度，此时，各种离子可以同时沉淀出来，从而得到较均匀的沉淀物。但是，由于不同离子之间的沉淀生成浓度与沉淀速度存在差异，故溶液的原始均匀性可能部分地失去。如何弥补混合共沉淀法的上述缺点，在原子尺寸上实现成分的均匀混合，还需进行深入的探索。

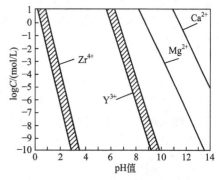

图 3.32 不同金属离子沉淀的 pH 值范围

3. 水解沉淀法

众所周知，有很多化合物可用水解生成沉淀，这种特性可以用来制备相应的纳米微粒。无机盐水解沉淀法的原理是通过配制无机盐的水溶液，通过控制其水解条件，合成单分散性的球、立方体等形状的纳米微粒。常用的原料有氯化物、硫酸盐、硝酸盐、氨盐等无机盐。水解沉淀反应的产物一般是氢氧化物或其水合物，加热分解则可以获得氧化物纳米微粒。因为水解反应的反应物是金属盐和水，所以如果能高度精制金属盐，就很容易得到高纯度的纳米微粒。例如，钛盐溶液的水解可合成球状的单分散形态的 TiO_2 纳米微粒：

$$TiOSO_4 + 3H_2O \longrightarrow Ti(OH)_4 \downarrow + H_2SO_4$$

$$Ti(OH)_4 \longrightarrow TiO_2 + 2H_2O$$

$NaAlO_2$ 水解可得 $Al(OH)_3$ 沉淀，加热分解后可制得氧化铝纳米微粒：

$$NaAlO_2 + 2H_2O \longrightarrow NaOH + Al(OH)_3 \downarrow$$

$$2Al(OH)_3 \longrightarrow Al_2O_3 + 3H_2O$$

3.4.2 金属醇盐水解法

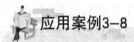 应用案例3-8

纳米 LiAlO₂ 微粒的制备

前驱体的制备：在干燥的无隔膜电解槽中，配制 0.035mol/L 的 $(Bu_4N)Br$ 的乙醇溶液 100mL 作为电解液，往其中加入 0.8g 金属锂片，制得锂醇盐溶液。反应过程中由于放热使溶液温度升高加速水解，反应需在氢气保护的条件下进行，并且不断搅拌，同时用液氮进行降温处理。将所得溶液浓缩为 85mL，待用。清洗处理后的铝片经准确称量，作为阳极移入上述溶液中。电解开始120min 后，用微量注射器加入 0.1mL 的乙酰丙酮。控制电流为 0.2A，在氢气保护下电解铝片6h，即可得到纳米 $LiAlO_2$ 的前驱体。

纳米 $LiAlO_2$ 的制备：缓慢滴加1mL左右的稀氨水（1∶10），控制 pH 值为 9.0。不断搅拌，铝、锂复合醇盐发生水解生成溶胶，溶胶6h后凝胶。将水解后的凝胶在 60℃干燥12h制成干凝胶粉体，在 550℃ 把粉体放入马弗炉中煅烧2h，即得相应的纳米 $LiAlO_2$ 微粒。

金属醇盐是金属与醇反应生成的含有 M—O—C 键的金属有机化合物，其通式为 $M(OR)_n$，M 为金属，R 为烷基或烯丙基。它是醇（ROH）中羟基的 H 被金属 M 置换而形成的一种化合物，如 $Zr(OC_2H_5)_4$，称为锆乙醇盐或乙醇锆。亦可把它看作是金属氢氧化物 $M(OH)_n$ 中氢氧根的 H 被烷基 R 置换而成的一种化合物，如 $Si(OC_2H_5)_4$、$B(OC_2H_5)_3$、$Ti(OC_2H_5)_4$，习惯上被称为硅酸乙酯、硼酸乙酯、钛酸乙酯。金属醇盐活性高，易水解，有一定的挥发性（可经由减压蒸馏纯化），能溶于普通有机溶剂，因而较易精制。金属醇盐水解，会生成金属氧化物、氢氧化物或水合物沉淀。控制反应条件，金属醇盐水解法可以制备相应的金属氧化物纳米微粒。金属醇盐水解法制备的纳米微粒比表面积大、活性好、呈分散球状体，具有很好的低温烧结性。由于有机试剂纯度高，并且该方法不需要往金属醇盐溶液中添加碱性物质，没有有害的阴离子和碱金属离子，因而生成的沉淀纯度高。同时，金属醇盐水解法反应条件温和，操作简单，可制备化学计量的复合金属氧化物粉末，但成本较昂贵。

作为复合金属氧化物纳米微粒最重要的指标之一，氧化物纳米微粒组成的均一性，通过金属醇盐水解法可得到有效的保证。因此，可以应用金属醇盐水解法生产复合氧化物纳米微粒，如用金属醇盐水解法合成 $BaTiO_3$ 或 $SrTiO_3$ 都是典型的例子。将 $Ba(OC_3H_7)_2$ 和 $Ti(OC_5H_{11})_4$ 以等摩尔量进行充分混合，然后进行水解，再经过滤、干燥、焙烧等处理，即可得到 $BaTiO_3$ 纳米微粒，粒径小于 15nm，纯度 99.98% 以上。金属醇盐水解法制备的 $SrTiO_3$ 纳米微粒的组成见表 3-5，显示出其组成的一致性。由表可知，不同浓度醇盐合成的 $SrTiO_3$ 纳米微粒的 Sr/Ti 含量之比都非常接近 1。实验结果还显示：随着浓度的升高，单个微粒的组成偏差变大，这是因为低浓度的醇盐溶液是完全透明的溶液，物质在分子级水平上混合，而高浓度下为乳浊液，两种物质混合不均匀，从而导致组分偏离化学计量比。

表 3 - 5　SrTiO₃ 纳米微粒的组成

醇盐浓度 /(mol/L 溶剂)	水解的水量 [相对理论量]	水解后的回流时间/h	阳离子比			
			平均值		标准偏差	
			Sr	Ti	Sr	Ti
0.117	20 倍	4	1.005	0.998	0.0302	0.0151
0.616	20 倍	2	1.009	0.996	0.0458	0.0228
3.610	6.8 倍	2	1.018	0.991	0.0629	0.0314

利用金属醇盐水解法制备金属氧化物纳米微粒有下列独特优点：①金属醇盐通过减压蒸馏或在有机溶剂中重结晶纯化，可降低杂质离子的含量；②金属醇盐中加入纯水，可得到高纯度、高表面积的氧化物纳米微粒，避免杂质离子的进入；③如控制金属醇盐或混合金属醇盐的水解程度，则可发生水解-缩聚反应，在接近室温条件下形成金属-氧-金属网络结构，从而大大降低材料的烧结温度；④在惰性气体下，金属醇盐高温裂解，能有效地在衬底上沉积，形成高纯氧化物纳米微粒；⑤由于金属醇盐易溶于有机溶剂，多种金属醇盐可一起进行分子级水平的混合。金属醇盐水解法主要的缺点是金属醇盐合成成本高，价格昂贵。

金属醇盐合成所用的方法，主要取决于金属醇盐中中心金属原子的电负性。一般来说，常用的合成方法主要有五种：①金属与醇直接反应或催化下的直接反应；②金属卤化物与醇进行醇解反应；③金属氢氧化物或氧化物与醇进行酯化反应；④金属醇盐的交换反应；⑤醇解法制备醇盐。下面简单介绍各种合成方法。

1. 金属与醇反应

醇相当于一种酸，其酸性比水还弱，金属与醇的反应相当于金属与酸的反应。电负性极强的金属如 Li、Na，K、Ca、Sr、Ba 等（可配制成汞齐）与醇在惰性气体保护下反应，可制备很纯的醇盐：

$$M + nROH \xrightarrow{N_2(Ar)} M(OR)_n + \frac{n}{2}H_2 \uparrow$$

熔融的钠、钾或钠汞齐、钾汞齐与短链醇反应亦可制得醇盐：

$$M(Hg) + ROH \longrightarrow MOR + \frac{1}{2}H_2 \uparrow + Hg$$

金属与醇反应，不仅与金属的电负性有关，而且与醇的结构也有关系，如金属与支链烷基的醇反应较慢。电负性相对较低的金属如 Mg、A1 与醇反应时，需使用 I₂、HgCl₂ 或 HgI₂ 作为催化剂：

$$M + nROH \xrightarrow{I_2 \text{、} HgCl_2 \text{或 } HgI_2} M(OR)_n + \frac{n}{2}H_2 \uparrow$$

2. 金属卤化物与醇进行醇解反应

硼、硅、磷等元素的氯化物与醇作用可以完全醇解：

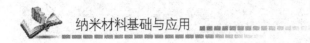

$$BCl_3 + 3C_2H_5OH \longrightarrow B(OC_2H_5)_3 + 3HCl\uparrow$$
$$SiCl_4 + 4C_2H_5OH \longrightarrow Si(OC_2H_5)_4 + 4HCl\uparrow$$
$$PCl_3 + 3C_2H_5OH \longrightarrow P(OC_2H_5)_3 + 3HCl\uparrow$$

而其他许多金属卤化物的醇解都不完全。例如，四氯化锆的醇解如下：

$$2ZrCl_4 + 5C_2H_5OH \longrightarrow ZrCl_2(OC_2H_5)_2 \cdot C_2H_5OH + ZrCl_3(OC_2H_5) \cdot C_2H_5OH + 3HCl\uparrow$$

为了使金属卤化物醇解完全，需使用碱（氨气、叔胺或吡啶）除去生成的卤化氢，最常用的是氨气。氨法最初用于醇钛的合成：

$$TiCl_4 + 4ROH + 4NH_3 \longrightarrow Ti(OR)_4 + 4NH_4Cl$$

生成的氯化铵可经由过滤除去，如果反应完成后在反应液中加入酰胺或腈，氯化铵便溶解在酰胺或腈中，处于溶液下层，经由分液漏斗分液便可除去氯化铵，免除过滤这一步操作。考虑到氯化铵在醇中有一定的溶解度，醇按计量加入时另选苯或甲苯作溶剂，对分离较为有利：

$$TiCl_4 + 4ROH + 4NH_3 \xrightarrow[\quad]{C_6H_6 \quad 5℃} Ti(OR)_4 + 4NH_4Cl$$

氨法已成功地用于制备许多金属或非金属的醇盐，如硅、锗、钛、锆、铪、铌、钽、铁、锑、钒、铈、铀、钍、钇等。在氨法中，用伯醇、仲醇制备金属醇盐比较成功，用叔醇则达不到目的，这是由于存在醇的消除反应，产物是水，不能得到金属醇盐。如果首先在叔醇中加入吡啶，再加入氯化物，然后通入氨气，便可制得纯的、产率较高的金属叔醇盐：

$$TiCl_4 + 4(CH_3)_3COH + 4NH_3 \xrightarrow{C_5H_5N} [(CH_3)_3CO]_4Ti + 4NH_4Cl$$

虽然氨法能用于许多金属醇盐的制备，但还存在一些不能用此法制备的醇盐。例如，根据以下的平衡式，在制备钍的醇盐时，将无法得到 $Th(OR)_4$：

$$Th(OR)_4 + NH_4^+ \longrightarrow [Th(OR)_3]^+ + NH_3 + ROH$$

同样，制备锡的醇盐时，得到的物质中含有氯化物，并含有氮元素。

碱金属醇盐是一种比氨更强的碱，用它可制备钍（IV）、锡（IV）的醇盐：

$$ThCl_4 + 4NaOR \longrightarrow Th(OR)_4 + 4NaCl$$
$$SnCl_4 + 4NaOR \longrightarrow Sn(OR)_4 + 4NaCl$$

3. 氧化物及氢氧化物与醇进行酯化反应

氧化物与氢氧化物相当于酸酐和酸，可与醇进行"酯化"反应：

$$MO_n + 2nROH \longrightarrow M(OR)_{2n} + nH_2O$$
$$M(OH)_n + nROH \longrightarrow M(OR)_n + nH_2O$$

此法已成功地应用于下列金属或非金属的醇盐制备：钠、铊、硼、硅、锗、锡、铅、砷、硒、钒和汞。其中，锡、锗、铅是由其烷基氧化物或烷基氢氧化物所制得的烷基、烷氧基化合物，即

$$(CH_3)_3PbOH + ROH \longrightarrow (CH_3)_3Pb(OR) + H_2O$$

此法常用于氧化物纳米微粒表面改性处理，如纳米四氧化三铁粉体经十八烷基醇处理，纳米微粒由原来的亲水性变成亲油性。

4. 金属醇盐的交换反应

金属醇盐可与醇发生醇交换反应，制备混合醇盐或另一种醇的盐：

$$M(OR)_n + xR'OH \longleftrightarrow M(OR)_{n-x}(OR')_x + xROH$$

醇交换反应广泛地用于不同元素的醇盐的制备中，如：锌、铍、硼、铝、镓、铟、碳、硅、锗、锡、钛、锆、铪、铈、钍、钒、铁、锑、铌、钽、硒、碲、铀、镨、钕、铒、钇、镱等。

金属醇盐与酯反应，可得到另一种醇盐和另一种酯。酯比醇稳定，在高温下不易氧化，这种方法较醇交换反应法优越。一般用于异丙醇盐制备叔丁醇盐

$$M[O-CH(CH_3)_2]_4 + 4CH_3COOC(CH_3)_3 \longrightarrow M[O-C(CH_3)_3]_4 + 4CH_3COOCH(CH_3)_2$$

其中，M 代表铅、镓、铁、钒、钛、锆、铪、铌、钽、镧系元素等。生成的乙酸异丙酯不断地从乙酸叔丁酯中蒸馏出来，直至反应完全。酯交换反应亦可以用于制备混合醇盐：

$$M(OC_2H_5)_n + xCH_3COOR \longrightarrow M(OC_2H_5)_{n-x}(OR)_x + xCH_3COOC_2H_5$$

5. 仲胺基化合物的醇解

此法适用于那些对氧有较大亲和力的金属的醇盐的制备：

$$M(NR_2)_x + xROH \longrightarrow M(OR)_x + xR_2NH$$

仲胺挥发性很强，可很容易地蒸馏出来。此法可用于下列金属的醇盐的制备：铀、锡、钛、锆、铬、钒、铌、钽和钨。从四二乙胺基铌制备四烷氧基铌时，得到的是五烷氧基铌，可能发生下列反应：

$$Nb(NEt_2)_4 + 4ROH \longrightarrow Nb(OR)_4 + 4Et_2NH$$

$$Nb(OR)_4 + ROH \longrightarrow Nb(OR)_5 + \frac{1}{2}H_2$$

反应式中，Et 为 C_2H_5 的简写。

3.4.3 溶胶-凝胶法

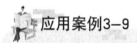 应用案例3-9

TiO_2 纳米微粒的制备

在室温下（288K），将 40mL 钛酸丁酯逐滴加入去离子水中，水的量为 256mL 和 480mL 两种，边滴加边搅拌并控制滴加和搅拌的速度，钛酸丁酯经过水解、缩聚形成溶胶，超声振荡 20min，在红外灯下烘干，得到疏松的氢氧化钛凝胶，将此凝胶磨细，然后在 673K 和 873K 时各烧结 1h，即得到 TiO_2 纳米微粒（平均粒径为 1.8nm）。

溶胶-凝胶法制备纳米微粒的基本原理是以液态的化学试剂配制金属无机盐或金属醇盐前驱物，前驱物溶于溶剂中形成均匀的溶液，溶质与溶剂产生水解或醇解反应，反应生成物形成稳定的溶胶体系，经过长时间放置或干燥处理溶胶会转化为凝胶，再经热处理即可得到产物。简单地讲，就是用含高化学活性组分的化合物作前驱体，在液相下将这些原料均匀混合，并进行水解、缩合反应，在溶液中形成稳定的透明溶胶体系，溶胶经陈化胶粒间缓慢聚合，形成三维空间网络结构的凝胶，凝胶网络间充满了失去流动性的溶剂，再将凝胶干燥、焙烧去除有机成分，最后便得到无机材料。溶胶-凝胶法包括以下几个过程：

1. 溶胶的制备

有两种方法制备溶胶，一是先将部分或全部组分用适当沉淀剂沉淀出来，经解凝，使

原来团聚的沉淀颗粒分散成原始颗粒。因原始颗粒的大小一般与溶胶体系中胶核的大小相当，因而可制得溶胶。另一种方法是由同样的盐溶液出发，通过对沉淀过程的仔细控制，使最初形成的颗粒不会因为团聚为大颗粒而沉淀出来，从而直接得到溶胶体系。

2. 溶胶-凝胶转化

溶胶中含大量的水，凝胶化过程中，体系失去流动性，形成一种开放的骨架结构。实现溶胶-胶凝转化的途径有两个：一是化学法，控制溶胶中电解质的浓度；二是物理法，使胶粒间相互靠近，克服斥力而实现胶凝化。

3. 凝胶干燥

一定条件下(如加热)使溶剂蒸发，即得到粉料。干燥过程中凝胶结构变化很大。

通常溶胶-凝胶法制备纳米微粒根据原料的种类可分为有机途径和无机途径两类。在有机途径中，通常是以金属醇盐为原料，通过水解与缩聚反应而制得溶胶，并进一步缩聚而得到凝胶，加热去除有机溶液便得到金属氧化物纳米微粒。金属醇盐的水解和缩聚反应可分别表示如下。

水解：$M(OR)_4 + nH_2O \longrightarrow M(OR)_{4-n}(OH)_n + nHOR$；

失水缩聚：$2M(OR)_{4-n}(OH)_n \longrightarrow [M(OR)_{4-n}(OH)_{n-1}]_2O + H_2O$；

失醇缩聚：$-M-OR + HO-M \longrightarrow -M-O-M- + ROH$；

总反应：$M(OR)_4 + 2H_2O \longrightarrow MO_2 + 4HOR$；

其中，M 为金属，R 为有机基团。

在无机途径中原料一般为无机盐，由于原料的制备方法不同，没有统一的工艺。由于无机途径以无机盐作原料，价格便宜，比有机途径更有前途。在无机途径中，溶胶可以通过无机盐的水解来制得，即

$$M^{n+} + nH_2O \longrightarrow M(OH)_n + nH^+$$

通过向溶液中加入碱液(如氨水)使得这一水解反应不断地向正方向进行，并且逐渐形成 $M(OH)_n$ 沉淀，然后将沉淀物充分水洗、过滤并分散于强酸溶液中便得到稳定的溶胶，再经一定的处理(如加热脱水)使溶胶变成凝胶，凝胶经干燥和焙烧后即形成金属氧化物纳米微粒。

溶胶-凝胶法的优点在于由于在制备过程中起始原料是分子级的，能制备较均匀的材料，同时制备过程中无须机械混合，不易引入杂质，其次微粒粒径较小(一般胶粒尺寸小于 100nm)、粒度分布窄、粒子分散性好。另外此法可以控制孔隙度，容易形成各种微结构，制备能耗低，可降低烧结过程的温度。例如，溶胶-凝胶法制备出的氧化铝纳米微粒的烧结温度比传统方法低 400～500℃，而且工艺和设备简单、组成可调、反应容易控制。不足之处在于原料价格高、存在残留小孔洞、有机溶剂含毒性以及在高温下热处理时会使微粒快速团聚，容易对环境造成一定的污染。

目前，采用溶胶-凝胶法制备纳米微粒的具体技术或技术过程相当多，但按其形成溶胶-凝胶的过程机制分不外乎三种类型：传统胶体型、无机聚合物型和络合物型。相应溶胶-凝胶形成过程如图 3.33 所示。

早期采用传统胶体型溶胶-凝胶法成功地用于制备核燃料，其过程在制备粉体材料方面表现出一定特长，因此备受重视。20 世纪 80 年代前后科学家对溶胶-凝胶法的研究主要集中在无机聚合物型，由于无机聚合物型溶胶-凝胶过程易控制，多组分体系凝胶及处理

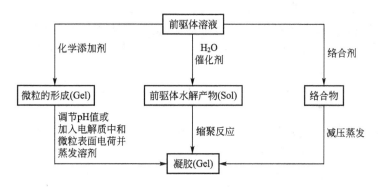

图 3.33　不同类型的溶胶-凝胶形成过程

后产物从理论上说均匀性良好，因而越来越多地用于纳米微粒的制备。但是，上述过程一般需要可溶于有机溶剂的醇盐或无机盐作为前驱体，而许多低价(小于＋4 价)的金属醇盐或无机盐不溶或微溶于有机溶剂，在制备其他组成的材料的应用方面受到限制。为此，人们将金属离子形成络合物，使之成为有机溶剂的可溶性原料，然后经过络合物型溶胶-凝胶过程形成凝胶。早期主要是采用柠檬酸作为络合剂形成络合物凝胶，但柠檬酸络合剂并不适合任何金属离子，并且其凝胶相当容易潮解。现已有报道采用单元有机酸或有机胺作为螯合剂，可形成相当稳定而又均匀透明的凝胶。

溶胶-凝胶法制备纳米微粒的关键在于金属盐的合成(主要是醇盐的合成)、控制水解-聚合反应形成溶胶和凝胶、热处理等三方面。对影响溶胶和凝胶形成的因素如温度、浓度、催化剂、介质和湿度等缺乏深入的研究，溶胶-凝胶法低温合成高性能纳米微粒的本质还不清楚，因而难以确定热处理制备纳米微粒的最佳技术参数。下面以钽铌酸钾纳米微粒的制备为例，阐述溶胶-凝胶法的原理及技术等。

1) 制备过程

在氮气保护下，将 7.82g 金属钾(99.9%)溶解在 250mL 无水乙醇中，52.76g 乙醇钽和 22.26g 乙醇铌分别溶解在 50mL 无水乙醇中，将三种溶液混合均匀，加入无水乙醇至400mL，得 1mol/L 混合醇盐溶液，密封备用。溶液中组成为：K/Ta/Nb＝1/0.65/0.35(摩尔比)。配制溶液在不同浓度、催化剂、介质、湿度、温度等条件下可形成凝胶。一般条件下，在浓度为 0.5mol/L、温度为 11℃、相对湿度为 50%时将溶液放置在空气中，15d 后可形成干燥、透明的凝胶。在升温速率为 6～10℃条件下，将凝胶加热至适当温度(如 300～900℃)保温 2h，自然冷却至室温即获得纳米微粒样品。

2) 溶胶和凝胶形成机制

(1) 醇盐间的反应。三种醇盐的乙醇混合溶液中可形成 $KTa(OC_2H_5)_6$、$KNb(OC_2H_5)_6$ 两种复式醇盐：

$$KOC_2H_5 + Ta(OC_2H_5)_5 \longrightarrow KTa(OC_2H_5)_6$$
$$KOC_2H_5 + Nb(OC_2H_5)_5 \longrightarrow KNb(OC_2H_5)_6$$

将溶液中溶剂乙醇蒸发后得到混合醇盐固体，实验分析证实混合醇盐固体是KOC_2H_5、$Ta(OC_2H_5)_5$、$Nb(OC_2H_5)_5$ 的均匀混合物，而在溶液中 KOC_2H_5、$Ta(OC_2H_5)_5$、$Nb(OC_2H_5)_5$、$KTa(OC_2H_5)_6$、$KNb(OC_2H_5)_6$ 共存。

(2) 混合醇盐溶液的水解。将蒸馏水加入到混合醇盐溶液中，得到白色沉淀。蒸发溶剂和水，样品的碳氢分析结果为：C 为 0.49%，H 为 0.86%。而 $KTa_{0.65}Nb_{0.35}(OH)_6$ 中 H 为 1.8%，$KTa_{0.65}Nb_{0.35}(OC_2H_5)_6$ 中 C 为 29.0%，H 为 6.0%。考虑到少量乙氧基的残留和空气中 CO_2 对分析结果的影响，水解产物基本上是氧化物的水合物，已经为红外光谱所证实。水解反应为

$$KTa_{0.65}Nb_{0.35}(OC_2H_5)_6 + 4H_2O \longrightarrow KTa_{0.65}Nb_{0.35}O_3 \cdot H_2O + 6C_2H_5OH$$

3）溶胶和凝胶的形成反应

金属醇盐能发生水解和缩合-聚合反应。根据上述分析确定的金属醇盐的类型，可推断溶胶和凝胶的形成。反应如下（M 为 Ta 或 Nb）。

（1）水解反应

$$KM(OC_2H_5)_6 + H_2O \longrightarrow KM(OC_2H_5)_5OH + C_2H_5OH$$
$$M(OC_2H_5)_5 + H_2O \longrightarrow M(OC_2H_5)_4OH + C_2H_5OH$$
$$KOC_2H_5 + H_2O \longrightarrow KOH + C_2H_5OH$$

如果 H_2O 过量，则可彻底水解：

$$KM(OC_2H_5)_6 + 6H_2O \longrightarrow KMO_3 \cdot 3H_2O + 6C_2H_5OH$$
$$2M(OC_2H_5)_5 + (5+n)H_2O \longrightarrow M_2O_5 \cdot nH_2O + 10C_2H_5OH$$

事实上，水解产物 $KTa_{0.65}Nb_{0.35}O_3 \cdot H_2O$ 是 KOH、$KTaO_3 \cdot nH_2O$、$KNbO_3 \cdot nH_2O$、$Ta_2O_5 \times nH_2O$、$Nb_2O_5 \times nH_2O$ 的均匀混合物。

（2）缩合-聚合反应。醇盐或部分水解的醇盐相互之间可以发生缩聚反应（—R 为—H 或—C_2H_5）：

$$KM(OC_2H_5)_5(OH) + KM(OC_2H_5)_5(OR) \longrightarrow (OC_2H_5)_5KM\text{—}O\text{—}MK(OC_2H_5)_5 + ROH$$
$$KOH + M(OC_2H_5)_4(OR) \longrightarrow K\text{—}O\text{—}M(OC_2H_5)_4 + ROH$$

上述二聚体不断发生水解、缩聚反应形成多聚体，溶液的黏度不断增加，最终形成凝胶，其中含有 M—O—M 键形成的网络结构。正是由于 M—O—M 键的形成，溶胶-凝胶法能在较低温度下制备纳米微粒。溶胶-凝胶法的技术关键就在于控制条件发生水解、缩聚，从而反应形成溶胶和凝胶。

4）影响溶胶和凝胶形成的因素

（1）浓度。如表 3-6 所列，在温度为 11℃，相对湿度为 50% 的条件下，盐浓度为 1.0mol/L、0.7mol/L、0.1mol/L、0.05mol/L 溶液均不能形成凝胶而直接产生沉淀。高浓度溶液（1.0mol/L、0.7mol/L）中由于醇盐含量高，水分吸收快，水解速度也快，故产生沉淀；低浓度溶液（0.1mol/L、0.05mol/L）中由于醇盐含量低，由溶剂乙醇吸收的水分导致醇盐很快水解，浓度越低，水解越快。而浓度为 0.5mol/L、0.3mol/L 的溶液在上述温度和湿度条件下，醇盐的水解和水解产物的缩合聚合速度相当，故可形成具有空间网络结构的聚合物凝胶。

表 3-6　浓度对溶胶和凝胶形成的影响

浓度/(mol/L)	1.00	0.70	0.50	0.30	0.10	0.05
时间/h	3	12	48	60	48	24
现象	沉淀	沉淀	凝胶	凝胶	沉淀	沉淀

（2）介质。无水乙醇吸湿性强，不利于浓度高（1.0mol/L、0.7mol/L）和浓度低（0.1mol/L、0.05mol/L）的溶液形成溶胶和凝胶。降低介质的吸湿性，对溶胶和凝胶的形

成有利。

苯的吸湿性较低,而沸点与乙醇相近。当乙醇中苯的体积分数达到 50% 时,不影响混合溶剂对混合醇盐的溶解。当苯的含量为 40% 以上时,各种浓度的溶液在温度为 11℃,相对湿度为 50% 的条件下,72h 后均形成凝胶,见表 3-7。

表 3-7 苯的体积含量对凝胶形成的影响

溶液浓度/(mol/L) \ 苯体积分数/(%)	10	20	30	40	50
1.0	沉淀	沉淀	沉淀	凝胶	凝胶
0.7	沉淀	沉淀	凝胶	凝胶	凝胶
0.5	凝胶	凝胶	凝胶	凝胶	凝胶
0.3	凝胶	凝胶	凝胶	凝胶	凝胶
0.1	沉淀	沉淀	凝胶	凝胶	凝胶
0.05	沉淀	沉淀	沉淀	凝胶	凝胶

3.4.4 雾化溶剂挥发法

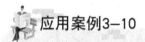 应用案例3-10

$\alpha\text{-}Al_2O_3$ 纳米微粒的制备

将铝盐 $Al(NO_3)_3$、碳酸铝铵等溶液用喷雾器喷入到高温的气氛中,溶剂的蒸发和铝盐的热分解同时迅速进行,从而直接制得 $40\sim150nm$ 的 $\alpha\text{-}Al_2O_3$ 纳米微粒。该法制备能力大,操作较简单,但热分解时产生大量的氮氧化物,污染环境,给工业化生产带来一定困难。

雾化溶剂挥发法制备纳米微粒是将反应原料配制成均匀溶液,然后采用一定方式将其雾化,通过外加能量使溶剂挥发,同时溶液中的原料发生物理或化学变化,最终形成纳米微粒。通常,雾化溶剂挥发法中发生的是化学反应,根据反应类型的不同,可以分为喷雾热解法和喷雾水解法。喷雾热解法是将金属盐溶液以喷雾状喷入高温气氛中,此时立即引起溶剂的蒸发和金属盐的分解,随即分解产物因过饱和而以固相析出,从而直接得到纳米微粒。喷雾水解法是将醇盐溶液喷入高温气氛中制成溶胶,再与水蒸气反应,发生水解形成分散性颗粒,经过煅烧即可获得氧化物纳米微粒。

图 3.34 所示为喷雾热解法制备纳米微粒的装置模型。这个装置可将金属盐的溶液送到喷雾器中进行雾化,然后干燥,用旋风收尘器收集,再用烘箱进行焙烧得到纳米微粒。例如,以镍、锌、铁的硫酸盐一起作为初始原料,配制成混合溶液并进行喷雾热解就可制得粒径为 $10\sim20\mu m$ 呈球状的混合硫酸盐颗粒。若将这种球状颗粒在 $800\sim1000℃$ 进行焙烧就能获得镍锌铁复合氧化物纳米微粒,粒径约为 $200nm$。

图 3.35 所示为喷雾水解法制备氧化铝纳米微粒的装置模型。具体的过程为:使丁基醇铝蒸气通过含有氯化银的载气,冷却后生成以氯化银为中心的丁基醇铝气溶胶,让气溶胶与水蒸气接触发生水解反应,从而形成单分散性氢氧化铝颗粒,将其焙烧就得到氧化铝

纳米微粒。在图 3.35 中，载气氦 1 经过干燥剂(氯酸镁和硫酸钙柱)2 干燥，再经过微孔过滤器 3 和锅炉 6，丁基醇铝在载气中达到饱和。载气流速为 500～2000cm³/min，锅炉温度为 122～155℃、丁基醇铝的蒸气压为 133.322Pa。被丁基醇铝蒸气饱和的载气经过冷凝器 8 冷却而生成气溶胶。将气溶胶中的丁基醇铝在约 130℃的加热器(加热元件 9)中完全气化后，再一次用冷凝器 10 凝缩。冷凝器的温度保持在 25℃。载气中的丁基醇铝经再次凝缩之后就成为只含丁基醇铝的气溶胶。气溶胶在水解器 11 中与水蒸气混合，为了使水解反应进行完全，须让混合物通过 25℃的冷凝器 12，然后在 300℃的玻璃管中使之完全固化，并收集到微孔过滤器上。

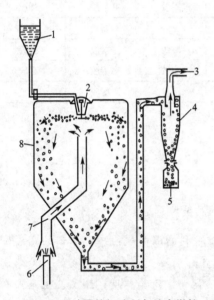

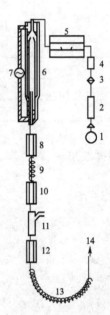

图 3.34　喷雾热解法制备纳米微粒

1—混合盐水溶液；2—雾化器；

3—到排气口；4—旋风收尘器；

5—混合盐微粒；6—气体喷嘴；

7—热风；8—干燥室

图 3.35　喷雾水解法制备纳米微粒

一载气；2—干燥剂；3—微孔过滤器；4—流量计；

5—成核炉；6—锅炉；7—泵；8—冷凝器；

9—加热元件；10—冷凝器；11—水解器；

12—冷凝器；13—加热元件；

14—气溶胶出口

冷冻干燥法(Freeze-dying Method)是另一种形式的雾化溶剂挥发法。冷冻干燥法首先制备含有金属离子的溶液，再将制备好的溶液于雾化成为微小液滴的同时急速冷冻，使之固化，快速冻结为粉体。这样得到的冷冻液滴经升华步骤后，就可将水全部升华排出，使溶质成为无水盐，实验装置如图 3.36 所示，再把这种盐在低温下煅烧就能合成纳米微粒。经冻结干燥生成多孔性干燥体，气体透过性好，在煅烧时生成的气体易于放出，同时其粉碎性也好，所以容易微细化。冷冻干燥法主要优点是：生产批量大，适用于大型工厂制造纳米粉体；设备简单，成本低；纳米微粒成分均匀。

在冻结过程中，为了防止溶解于溶液中的盐发生分离，最好尽可能把溶液变为细小液滴。常见的冷冻剂有乙烷、液氮。借助于干冰-丙酮的冷却使乙烷维持在-77℃的低温，而液氮能直接冷却到-196℃，但是用乙烷的效果较好。干燥过程中，冻结的液滴受热，使水快速升华，同时采用凝结器捕获升华的水，使装置中的水蒸气降压，提高干燥效果。

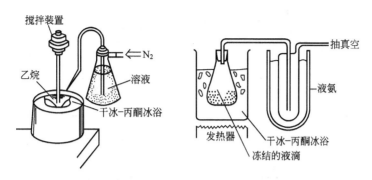

图 3.36　冷冻干燥法液滴冻结与干燥装置示意图

为了提高冻结干燥效率,盐的浓度很重要,过高或过低均有不利影响。

一般来说,要用冷凝器或者冷凝收集器来高效率地捕集由冷冻水滴所升华的水,冰滴温度在 −10℃ 左右最好。因此,溶液中的盐浓度不能太高,但是,为了提高装置的处理能力又必须提高溶质的浓度,这就会使溶液的凝固点下降,导致整个装置的效率降低。另外,把高浓度溶液制成过冷态,把液滴玻璃态化会发生盐的分离以及颗粒凝聚。避免这些弊病的有效方法是在盐溶液内添加氢氧化铵。

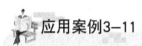　**应用案例3-11**

冷冻干燥法制备纳米氧化铝

硫酸铝 $Al_2(SO_4)_3 \times (16 \sim 18)H_2O$ 溶解于水,制备成浓度为 0.6mol/L 的溶液。将该溶液喷雾且冻结,经过冷冻干燥后会生成直径约为 1mm 非晶态球形硫酸铝粉体,经 573K 加热晶化后成为无水硫酸铝粉体。再经 1043～1133K 加热,硫酸铝分解成 γ 氧化铝,再经 1473K 加热 10h 即形成由几十纳米粒径的 $\alpha - Al_2O_3$ 构成的链状长粒子,长度达几微米。

3.4.5　微乳液法

微乳液是由水(或电解质水溶液)、油(有机溶剂,通常为碳氢化合物)、表面活性剂(分子中同时含有亲水和疏水基团)和助表面活性剂(通常为醇类)组成的透明或半透明的、各向同性的热力学稳定体系。微乳液分为水包油(O/W)型和油包水(W/O)型两种,其中W/O型可用于制备无机纳米微粒。在 W/O 型微乳液中,由于表面活性剂分子同时具有亲水或疏水基团,这些分子会自发形成一定的微观结构,通常为球形囊泡,内含水或电解质水溶液。这些微观结构可以提供化学反应需要的环境和空间,用来制备无机材料的纳米微粒。表 3-8 所列为微乳液的一些特征参数,以及它与其他乳液体系的不同之处。

表 3-8　普通乳状液、微乳液和胶团溶液的性质比较

类型	普通乳状液	微乳液	胶团溶液
外观	不透明	透明或近乎透明	一般透明
质点大小	大于 0.1μm,多分散体系	0.01～0.1μm,单分散体系	小于 0.01μm

（续）

类型	普通乳状液	微乳液	胶团溶液
质点形状	一般为球形	球形	稀溶液中为球形,浓溶液中可呈各种形状
热力学稳定性	不稳定,用离心机易于分层	稳定,用离心机不能使之分层	稳定,不分层
表面活性剂用量	少,一般无须助表面活性剂	多,一般需加助表面活性剂	浓度大于临界胶束浓度即可,增溶油量或水量多时要适当多加
与油水混溶性	O/W 型与水混溶,W/O 型与油混溶	与油、水在一定范围内可混溶	能增溶油或水直至达到饱和

　　微乳液法制备纳米微粒是利用两种互不相溶的溶剂在表面活性剂的作用下形成一种均匀的乳液。反应在乳液内发生,这样可使成核、生长、聚结、团聚等过程局限在一个微小的球形液滴内,从而可形成球形或类球形微粒,且避免微粒之间进一步团聚。通常要使溶液形成油包水(W/O)型微乳液,前驱体溶解于水相中,并被油相包围。这种非均相的液相合成法,具有粒径分布窄并且容易控制等优点。利用 W/O 型微乳液法制备纳米微粒的机理如图 3.37 所示,化学反应在 W/O 型微乳液颗粒中进行,最终产物的微粒尺寸与微乳液颗粒大小相对应,为纳米级别。

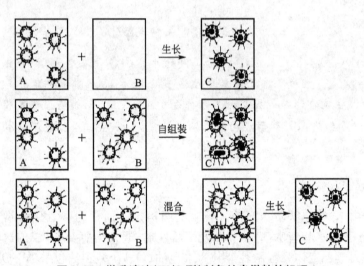

图 3.37　微乳液法(W/O 型)制备纳米微粒的机理

　　如果把有机溶剂、短链醇、乳化剂预先混合形成微乳化体系,再向其中加入水,体系会在瞬间变成透明,这是目前微乳液的基本制备方法。微乳液的形成不需要外加功,主要依靠体系中各组分的匹配。决定微乳液稳定性因素主要有表面活性剂的种类以及与油、水的比例。表面活性剂分子由亲水基团和亲油基团组成,因而可以使互不相溶的油相和水相转变为相当稳定难以分层的乳液。比较常用的油包水(W/O)型微乳液,犹如一个微小的"水池"处在结构的中心,外面被表面活性剂和助表面活性剂所组成的单分子层的"壳"界面所包围,形成微乳颗粒的空间结构可控制在几至几十个纳米之间。由于微乳液颗粒尺度小,且彼此分离,因而不构成连续水相,这种特殊的微环境已被证明是多种化学反应如酶催化反应、聚合物合成、金属离子与生物配体的络合反应等的理想介质。微乳液颗粒有时也可称为"微反应器"。由于微乳液颗粒限制了反应进行的空间,所以产物的微粒粒径被限制在此空间之内,因而是制备纳米微粒的一种重要方法。

根据水、油和表面活性剂的性质与加入量的不同,微乳液中可自发形成不同的纳米结构。通常形成 W/O 型球形颗粒,当表面活性剂含量增加时,球状颗粒可以变成杆状、六角形、层状、反六方形等多种纳米结构。

微乳液法可以用来制备比较复杂的复合氧化物纳米微粒,以 $BaFe_{12}O_{19}$ 纳米微粒为例,说明其合成条件和过程。表 3-9 所列为微乳液各组成含量比例。图 3.38 所示为合成 $BaFe_{12}O_{19}$ 纳米微粒路线图。

表 3-9　制备 $BaFe_{12}O_{19}$ 纳米微粒的微乳液各组成含量比例

成分	水相	油相	表面活性剂	助表面活性剂
微乳液 1	0.01mol/L $Ba(NO_3)_2$ +0.12mol/L $Fe(NO_3)_3$	n-octane	CTAB	1-butanol
微乳液 2	0.19mol/L $(NH_4)_2CO_3$	n-octane	CTAB	1-butanol
质量分数/(%)	0.34	0.44	0.12	0.10

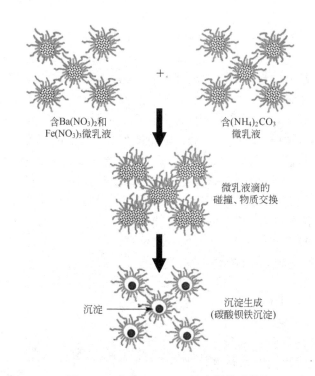

图 3.38　合成 $BaFe_{12}O_{19}$ 纳米微粒路线图

3.4.6　水热/溶剂热法

"水热"一词大约出现在 140 年前,原本用于地质学中描述地壳中的水在温度和压力联合作用下的自然过程,后来越来越多的化学过程也广泛使用这一词汇。尽管拜耳法生产

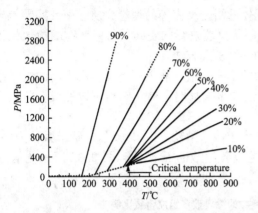

图 3.39 水热反应体系中水的压力与温度的关系(虚线上的数字为填充率百分数)

氧化铝和水热氢还原法生产镍粉已被使用了几十年，但一般将它们看作特殊的水热过程。直到 20 世纪 70 年代，水热法才被认识到是一种制备无机纳米微粒的先进方法。简单地说，水热法是一种在密闭容器内完成的湿化学方法，与溶胶-凝胶法、共沉淀法等其他湿化学方法的主要区别在于温度和压力。水热法研究的温度范围在水的沸点和临界点之间（$100 \sim 374℃$），但通常使用的是在 $130 \sim 250℃$，相应的水蒸气压力为 $0.3 \sim 4MPa$。水的压力-温度关系如图 3.39 所示。

水热法制备无机材料纳米微粒引起了世界各国科学家的高度重视。初步研究认为，水热条件即高温高压下可以加速水溶液中的离子反应和促进水解反应，有利于原子、离子的再分配和重结晶等，因此具有很广的实用价值。根据水热反应的类型不同，可以分为水热氧化、水热沉淀、水热合成、水热分解、水热还原、水热结晶等不同过程。水热法可以制备多种纳米微粒，如 ZrO_2、Al_2O_3、TiO_2、$\gamma - Fe_2O_3$、CrO_2 等。水热法一般具有结晶好、团聚少、纯度高、粒度分布窄及多数情况下形貌可控等特点。在纳米微粒的各种制备方法中，水热法被认为是环境污染少、成本较低、易于商业化的一种具有较强竞争力的方法。用于水热法制备纳米材料时设定的温度不高(通常小于 $300℃$)，因而水热法特别适合制备在高温相不稳定或者发生分解的物质的纳米微粒。例如，高温下多硼酸盐不稳定，不能用高温固相合成法制备，但可采用水热法合成 GdB_5O_9、$Gd_2B_{12}O_{21}$ 等多硼酸盐。

在水热法制备纳米微粒过程中，水处在密闭体系中。当水的温度升高到高于沸点的温度时，水的很多特性将发生变化，如蒸气压变高、密度变低、表面张力变低、黏度变低、离子积变高等。图 3.40 所示为水的黏度与密度和温度的关系。从图中可以看到：在稀薄气体状态，水的黏度随温度的升高而增大，但被压缩成稠密液体状态时，其黏度随温度的升高而降低。假设溶液在水热条件下的性质与纯水的性质相似，若体系的填充度为 100%，反应温度为 $300 \sim 500℃$，此时水热溶液的密度为 $0.7 \sim 0.9g/cm^3$，黏度为 $9 \times 10^{-5} \sim 14 \times 10^{-5} Pa \cdot s$。与室温下水的黏度 $1 \times 10^{-3} Pa \cdot s$ 和 $100℃$ 常压下水的黏度 $3 \times 10^{-4} Pa \cdot s$ 比较，水热溶液的黏度较常温常压下溶液的黏度约低两个数量级。由于扩散与溶液的黏度成正比，因此在水热溶液中存在十分有效的扩散，从而使得水热法晶体生长较其他方法中的晶体生长具有更高的生长速率，而且生长界面附近扩散区窄，减少出现组分过冷和枝晶生长的可能性。

表 3-10 所列为水热溶液介电常数、压缩系数、扩散系数与温度的对应关系。可以发现，在水

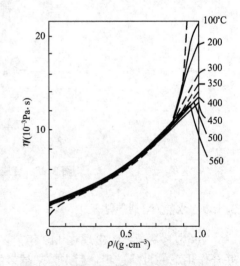

图 3.40 水的黏度与密度和温度的关系

热条件下(温度高或压力大),水的介电常数明显下降了,这种下降必然对水作为溶剂时的能力和行为产生影响。例如,在水热条件下,由于水的介电常数降低,电介质就不能进行有效的分解。但是,尽管水的介电常数下降,水热溶液仍具有较高的导电性,这是因为水热条件下溶液的黏度下降,造成离子迁移加剧,抵消或部分抵消了介电常数降低的效应。水的压缩系数与温度的对应关系表现为温度越高或压力越低(此时溶液密度越小),水的压缩系数就越小。压缩系数可用来确定溶液密度随压力改变而变化的程度。水热条件下,水的热扩散系数较常温、常压下有较大的增加,这表明水热溶液具有较常温常压下溶液更大的对流驱动力。

表 3 - 10　水热溶液介电常数等与温度的关系

温度/℃	300	300	350	400	450	500	500	25
压强/(10^5Pa)	1750	703	1750	1750	1750	1750	703	常压
介电常数	28	25	—	—	—	12	5	80
扩散系数 α/($10^{-3}\mathrm{deg}^{-1}$)	—	—	1.2	—	1.9	—	—	0.25
压缩系数 β	0.086	0.16	—	0.16	—	—	—	0.045

由于水在水热条件下各种性质发生了变化,它在体系中的作用也不仅仅是充当溶剂和反应介质。在水热反应中,水还起到其他的作用:①有时作为化学组分发生化学反应;②作为反应和重排的促进剂;③作为压力传递的介质;④作为低熔点反应物质;⑤提高物质的溶解度。另外,它还具有无毒的优点。

水热法制备纳米微粒的设备比较简单。除了用来提供加热能源的烘箱外,最主要的设备是水热反应釜。水热反应釜通常由耐高温高压的不锈钢材料制成,有时为了避免反应溶液和钢铁反应,在反应釜中加入一个聚四氟乙烯制成的内衬。水热反应釜及聚四氟乙烯内衬如图 3.41 所示。

图 3.41　水热反应釜及聚四氟乙烯内衬

目前有许多使用水热法制备纳米微粒的例子,以下举几个实例:①将锆粉分散在水中,在压力为 100MPa,温度为 523~973K 条件下,通过水热法可以获得粒径约为 25nm 的单斜氧化锆纳米微粒;②Zr_5Al_3 合金粉末在 100MPa、773~973K 条件下经水热反应可生成粒径为 10~35nm 的单斜晶氧化锆、四方氧化锆和 α - Al_2O_3 的纳米微粒混合物;③将一定比例的 0.25mol/L $Sn(NO_3)_2$ 溶液和浓硝酸混合,置于衬有聚四氟乙烯的高压反应釜中,于 150℃加热 12h,待自然冷却至室温后取出,可得白色沉淀,再经水洗、干燥,最终产物即为粒径约为 5nm 的四方 SnO_2 纳米微粒。

水热合成法的优点在于可直接生成氧化物,避免一般液相合成法需要经过煅烧转化成氧化物这一步骤，从而降低乃至避免硬团聚的形成。如以 $Ti(OH)_4$ 胶体为前驱物，采用 $\phi 30 \sim \phi 430mm$ 的管式高压器，内加贵金属内衬，高压器做分段加热以建立适宜的温度梯度，在 300℃ 纯水中加热反应 8h，用乙酸调至中性，用去离子水充分洗涤，再用乙醇洗涤，在 100℃ 下烘干即可得到 25nm 的 TiO_2 纳米微粒。

溶剂热反应是高温高压条件下在溶剂（如水、苯）中进行有关化学反应的总称，有时特指使用有机试剂做溶剂的溶剂热反应。钱逸泰等人使用溶剂热法技术制备了 InAs 和 GaN 纳米微粒。他们用苯代替水作为溶剂热法的溶剂，将 Li_3N 和 $GaCl_3$ 分散在苯溶剂中，升高温度使化学反应迅速进行，于 280℃ 制备出粒径约为 30nm 的 GaN 纳米微粒。这个温度比传统方法（高温固相合成法）的温度低很多，同时 GaN 的产率可达到 80%。

3.5　纳米微粒的表面修饰与改性

20 世纪 90 年代中期，国际材料会议提出了纳米微粒的表面修饰工程新概念，表面修饰（Surface Modification）是指用物理、化学等方法对微粒表面进行处理，根据应用的需要有目的地改变纳米微粒表面的结构和状态，如表面晶体结构和官能团、表面能、表面润湿性、电性、表面吸附和反应特性等，赋予纳米微粒新的机能，并使其物性（如粒度、流动性、电气特性）得到改善，以满足现代新材料、新工艺和新技术发展的需要。

纳米微粒的表面修饰根据实际应用的需求对微粒的表面特性进行物理、化学加工或调整，使纳米微粒表面的物理、化学性质（如晶体结构、官能团表面能、表面润湿性、电性、表面吸附和反应特性）发生变化。这不仅使纳米微粒的物性得到改善，还可能赋予纳米微粒新的功能。表面改性能够达到的目的包括：①改善或改变纳米微粒的分散性；②改善纳米微粒的表面活性或相容性；③改善纳米微粒的耐光、耐紫外线、耐热、耐候等性能；④使微粒表面产生新的物理、化学和力学性能及其他新的功能。

目前，对纳米微粒表面修饰的方法很多，新的表面修饰技术正在发展之中。纳米微粒表面修饰改性的方法按其修饰改性基本原理可分为表面物理修饰改性和表面化学修饰改性两大类。根据表面修饰剂组分可分为无机修饰和有机修饰两大类。纳米微粒的表面修饰与改性处理既可在微粒形成后进行，也可在微粒形成的过程中进行，研究表明在微粒形成的过程中进行表面处理，其修饰效果较好。纳米微粒表面修饰的过程一般如图 3.42 所示。

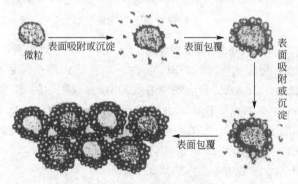

图 3.42　纳米微粒表面修饰的过程

3.5.1 纳米微粒的表面物理修饰

纳米微粒的表面物理修饰是通过物理吸附或表面沉积将修饰剂固定在纳米微粒表面，它不改变纳米微粒表面结构。表面吸附具有静电空间稳定机制，使分散效果加强，从而阻止纳米微粒团聚。表面沉积可改变颗粒表面性质，降低纳米微粒表面活性，提高分散性。通过表面物理修饰的纳米微粒，在某些条件下如强力搅拌时易脱附，有再次发生团聚的倾向。

1. 表面活性剂法

通过范德华力、氢键等分子间作用力将表面活性剂吸附到作为包覆核的纳米微粒的表面，并在核的表面形成包覆层，以此来降低纳米微粒原有的表面张力，阻止粒子间的团聚，达到均匀稳定分散的目的。

在表面活性剂分子中含有两类性质完全不同的官能团，一类是具有亲水性的极性基团，另一类是具有亲油性的非极性基团。当无机纳米微粒被分散在水溶液中，表面活性剂的非极性的亲油基就会吸附到微粒的表面，而极性的亲水基团与水相溶，这就达到了无机纳米微粒在水中分散的目的。相反，在非极性的油性溶液中分散纳米微粒，表面活性剂的极性官能团被吸附到纳米微粒的表面，而非极性的官能团则与油性介质相溶。许多无机氧化物或氢氧化物如 SiO_2、TiO_2、$Al(OH)_3$、$Mg(OH)_2$ 等的纳米微粒都有特定的表面电位值，由此决定了其在相应溶液中的 pH 值。因此可以根据各类物质的表面电位，调整溶液的 pH 值，然后通过表面活性剂的吸附和包覆而获得有机化的表面改性。例如，以十二烷基苯磺酸钠为表面活性剂修饰 Cr_2O_3、Mn_2O_3 纳米微粒，使其能稳定地分散在乙醇中。

2. 表面沉积法

采用化学镀法、热分解-还原法、共沉淀法、均相沉淀法、溶胶-凝胶法、水热合成法等方法，通过沉积反应在纳米微粒表面形成表面包覆层，再经过其他的处理手段，使包覆物固定在微粒表面，从而达到改善或改变纳米微粒表面性质的目的。

应用案例3-12

TiO₂ 纳米微粒表面包覆 Al(OH)₃

在含有 TiO_2 纳米微粒的溶胶中加入水溶性的铝盐(如硫酸铝、偏铝酸钠和铝醇盐)反应液。调节反应液的 pH 值，反应液中的铝盐随着 pH 值的升高或降低，缓慢转变为 $AlOOH$ 和 $Al(OH)_3$ 的胶体形式，在该反应过程中由于存在均相成核与异相成核的竞争，所以需要将铝化合物的浓度控制在低于均相成核条件下，这时 $Al(OH)_3$ 或 $AlOOH$ 与 TiO_2 表面羟基结合，最终形成无定形的 $Al(OH)_3$ 包覆在 TiO_2 纳米微粒表面。经包覆氧化铝表面改性后的 TiO_2 纳米微粒可有效提高 TiO_2 纳米微粒的稳定性和分散性，明显增强对紫外线的屏蔽能力。

表面沉积修饰可以使纳米微粒产生新的功能，如化学镀表面沉积法制备 Cu 包覆 TiO_2 纳米微粒形成的金属/陶瓷纳米复合颗粒具有优良的导电和高强度的力学性能。

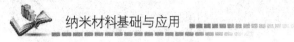

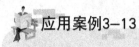应用案例3-13

TiO₂ 纳米微粒表面沉积金属铜

在含有 TiO_2 纳米微粒的溶胶中加入氯化钯，使其活化。然后再将此溶胶加入到化学镀铜液中，经过一段时间的反应后，便可在 TiO_2 纳米微粒表面均匀沉积上一层金属铜，该镀层为多晶的层状壳结构。经 XRD 衍射、俄歇电子能谱等测试手段分析可知，TiO_2 纳米微粒表面完全被金属单质铜包覆，整体具有接近纯金属铜的优良导电特性。Cu/TiO_2 复合纳米微粒能有效地降低原有铜质材料的密度，并能使强度、硬度、耐磨性、高温力学性能等方面的性能得到改善。

3.5.2 纳米微粒的表面化学修饰

通过纳米微粒表面与修饰剂之间进行化学反应，改变纳米微粒表面结构和状态，达到表面改性的目的，称为纳米微粒的表面化学修饰。化学修饰方法目前主要有以下几种：酯化反应法、偶联剂法、磷酸酯法、表面接枝改性法及原位修饰法等。

1. 酯化反应法

金属氧化物与醇的反应称为酯化反应。利用酯化反应对纳米微粒表面修饰改性可使原来亲水疏油的表面变为亲油疏水的表面。酯化反应修饰法对于表面为弱酸性和中性的（表面羟基多的）纳米微粒为最有效，如纳米 SiO_2、Fe_2O_3、TiO_2、Al_2O_3、ZnO 等。醇的羟基与颗粒表面羟基发生缩聚反应脱掉一分子水，达到表面修饰的目的。用醇修饰 SiO_2 的机理如下：

$$—Si—OH + R—OH \longrightarrow —Si—OR + H_2O$$

这样，亲油性的 R 基团接枝到 SiO_2 的表面，从而增加了极性的 SiO_2 纳米微粒与有机物的润湿性。为了推动反应正向进行，关键在于及时将产生的水分引出反应体系。目前用醇对纳米微粒进行表面修饰主要采用常规回流法和高压反应釜法。

酯化反应法中应用的醇类最为有效的是伯醇，其次是仲醇，叔醇是无效的。实验证明，用醇类与钛白粉反应时，要使钛白粉具有较好的亲油性，必须采用 C_4 以上的直链醇处理。当用醇类处理白炭黑时，白炭黑表面的酯化度越高，其憎水性越强。但是酯基易水解，且热稳定性差，这是酯化修饰的主要缺点，但另一方面醇价格较便宜。

2. 偶联剂法

偶联剂表面修饰是利用其分子一端的基团与纳米微粒表面发生反应，形成化学键，另外一端与高分子基体发生化学反应或者物理缠绕，把差异很大的无机纳米微粒与高分子基质紧密联系在一起，从而提高复合材料的综合性能。目前主要采用硅烷偶联剂、钛酸酯偶联剂、铝酸酯偶联剂等。偶联剂能与纳米微粒表面的羟基形成化学键，主要是 M—O 键，修饰后，纳米微粒表面覆盖一层有机分子膜，能明显改善其分散性能和流变性能。纳米 SiO_2 表面以硅烷偶联剂 $[Y(CH_2)_nSi(OR)_3]$ 修饰的机理如下：

$$Y(CH_2)_nSi(OR)_3 + 3H_2O \longrightarrow Y(CH_2)_nSi(OH)_3 + 3ROH$$

$$\equiv Si-OH + Y(CH_2)_n Si(OH)_3 \longrightarrow \equiv Si-O-Si(CH_2)_n Y + H_2O$$

其中，$n=(1\sim3)$；$Y=NH_2$、NHR、$NH(CH_2)_2NH_2$、NCO、Cl、S、RO、$RCOO$；$R=CH_3$、C_2H_5、$CH_3OCH_2CH_2$。其他偶联剂和氯硅烷的修饰机理与此类似。

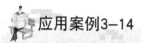

应用案例3-14

偶联剂修饰 SiO_2 纳米微粒

将 $4g SiO_2$ 纳米微粒分散于 $120mL$ 甲苯中，倒入四口烧瓶，在机械搅拌下超声波分散 $20min$，称一定量硅烷偶联剂，$\gamma-$(甲基丙烯酰氧)丙基三甲氧基硅烷(MPS)溶于 $10mL$ 无水乙醇，用 HCl 调节 pH 值，加入到四口烧瓶中与 SiO_2 纳米微粒混合均匀。通入 N_2 保护，加热至甲苯回流反应 $1h$，然后冷却至室温，离心分离，烘干即得硅烷偶联剂修饰的 SiO_2 纳米微粒。

3. 磷酸酯法

磷酸酯对碳酸钙、硫酸钡纳米微粒进行表面修饰主要是磷酸酯与微粒表面的 Ca^{2+}、Ba^{2+} 反应生成磷盐酸沉积或包覆于粒子的表面，从而改变了微粒的表面性能，呈现出疏水性。磷酸酯对碳酸钙微粒表面修饰机理如下：

$$CaCO_3 + ROPO_3H_2 \xrightarrow{a} [ROPO_3H + CaCO_3]^+ \xrightarrow{c} ROPO_3Ca + CO_2 \uparrow$$

$$b \downarrow ROPO_3H_2 \qquad\qquad d \downarrow H_2O$$

$$Ca(ROPO_3H)_2 + CO_2 \uparrow \qquad ROPO_3Ca \cdot H_2O$$

磷酸酯和 $CaCO_3$ 反应，磷酸酯腐蚀 $CaCO_3$ 表面，形成了磷酸酯钙固化物，它紧密附着在 $CaCO_3$ 上，磷酸酯的 R 基朝外排列，达到修饰目的。当 R 较小时(如乙基)，按 a、b 进行；当 R 较大(碳链长度大于 8 个碳)如辛基时，按 a、c、d 进行，生成固化物 $ROPO_3Ca$，它可慢慢转化为 $ROPO_3Ca \cdot 2H_2O$(固体)。

有机磷酸与磷酸单酯的结构相似，但是有机磷酸中的磷与烷基的结合是 P—R，而磷酸单酯中的磷与烷基的结合是 P—OR。有机磷酸和羟基磷灰石微粒表面是通过 PS—O—P 化学键结合的。

4. 表面接枝改性法

通过化学反应将高分子的链接到无机纳米微粒表面上的方法称为表面接枝改性法。无机纳米微粒表面极性较大，多含有羟基，故必须在包覆实施前预先改变微粒的表面基团极性，并在此微粒表面接枝上可参与聚合反应的基团或可以起到引发作用的基团或能使聚合反应终止的基团，然后加入单体和引发剂进行聚合反应。表面接枝改性可分为以下三种类型：

(1) 聚合与表面接枝同步进行。这种接枝的条件是无机纳米微粒表面有较强的自由基捕捉能力，单体在引发剂作用下完成聚合的同时，立即被无机纳米微粒表面自由基捕获点捕获，使高分子的链与无机纳米微粒表面化学连接，实现了微粒表面的接枝。这种边聚合边接枝的修饰方法对炭黑等纳米微粒特别有效。

(2) 微粒表面聚合生长接枝。这种方法是单体在引发剂作用下直接从无机粒子表面开始聚合，诱发生长，完成了微粒表面高分子包覆，这种方法特点是接枝率较高，但需要预先接枝引发基团，一般是利用原有无机纳米微粒表面存在的大量的羟基，在此纳米微粒的表面接枝上具有引发聚合反应作用的偶氮类和过氧化物类引发剂基团，加热反应时它们首先分解生成活性中心，引发聚合反应。

已经相继发展利用了许多过氧化物来作为引发剂，如特丁基过氧化氢（TBHP）、二异丙苯过氧化氢（DIBHP）等。这些引发剂能够引发甲基丙烯酸甲酯（MMA）、苯乙烯（St）及乙烯基咔唑（NVC）等乙烯基类单体在不同的纳米微粒表面接枝聚合。例如，用被 γ-氨丙基三乙氧基硅烷（APTES）处理过的 SiO_2 与叔丁基过氧化-2-甲基丙烯酰氧乙基碳酸酯（HEPO）发生加成反应引入过氧基团，然后对苯乙烯（St）以及 2-羟基甲基丙烯酸甲酯（HEMA）和 N-乙烯基-2-吡咯烷酮（NVPD）进行接枝聚合，采用这种方法 SiO_2/PSt 的接枝率达到 120%，可获得具有合适的亲水/疏水特性的无机高分子聚合物复合纳米微粒。

（3）偶联接枝法。由于 SiO_2、TiO_2 等类无机纳米微粒的表面多带有羟基，因而可以与多种偶联剂反应。用有机硅烷偶联剂或钛酸酯偶联剂在无机纳米微粒表面引入双键，能够起到降低纳米微粒极性的作用。在无机纳米微粒表面引入双键后，双键与聚合物单体发生共聚合，进而可以在无机纳米微粒的表面上再接枝上聚合物链。

将一种硅烷（MPTS）与 SiC 表面羟基进行接枝反应，可以先在纳米微粒表面形成偶联剂单分子层，这样为接枝打好基础。然后再用乳液聚合方法在双键上引发甲基丙烯酸环氧丙酯的聚合，生成具有环氧基团的无机/聚合物复合纳米微粒，这样形成的环氧树脂层使材料的耐摩擦性能得到明显提高。通过 MPTES 在改性的 TiO_2 微粒的表面上接枝聚苯乙烯，优化后的反应条件可使获得的复合纳米微粒中的聚苯乙烯占到相当高的比例。

表面接枝改性方法可以充分发挥无机纳米微粒与高分子各自的优点，实现优化设计，制备出具有新功能的纳米微粒。其次，纳米微粒经表面接枝后，大大地提高了它们在有机溶剂和高分子中的分散性，这就使人们有可能根据需要制备含有量大、分布均匀的纳米无机微粒添加的高分子复合材料。例如，经甲基丙烯酸甲酯接枝后的纳米 SiO_2 粒子在四氢呋喃中具有长期稳定的分散性，而在甲醇中短时间内会全部沉降。这表明，接枝后并不是在任意溶剂中都有良好的长期分散稳定性，接枝的高分子必须与有机溶剂相溶才能达到稳定分散的目的。铁氧体纳米微粒经聚丙烯酰胺接枝后在水中具有良好的分散性，而用聚苯乙烯接枝的在苯中才具有好的稳定分散性。

5. 原位修饰法

纳米微粒原位表面修饰是指微粒合成与表面修饰的两个过程原位同步完成的一种新技术。因为原位合成的、成核不久的纳米微粒的表面能高、活性大和热力学不稳定，所以具有分散特性和稳定作用的超分散稳定剂的极性基团可通过对纳米微粒强烈的吸附作用、络合作用、螯合作用甚至结合力更大的键合作用，与纳米微粒形成由超分散稳定剂锚固的纳米微粒分散相，以降低纳米微粒高的表面能，实现其热力学稳定性，并防止粒子进一步长大。另外一端为极性的超分散稳定剂可发生分子链卷曲、缠绕、支链化或相互贯穿，从而形成一个极性端向里的纳米空间网络。形成的纳米空间网络也可将处于网络中心或网络空间的纳米微粒分离、分散、分隔，将其"固化"在一定位置上，最终可得到粒径小、分布窄且具有高度分散和长效稳定特点的纳米分散系。按此方法制备的不同的纳米分散系，由于纳米微粒所处的化学环境相似，彼此之间可互溶互配，因而其分散稳定性不会受到明显的影响。

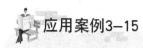应用案例3-15

油酸包覆的 CuS 纳米微粒

准确称取油酸铜 0.02mol，同时加入 0.02mol 油酸，将其充分溶解在含有 100mL 基础油的三口烧瓶中。通入自制的干燥 H_2S 气体，在剧烈搅拌条件下常温反应 1h，当基础油的颜色由蓝色逐渐变为棕色时，表明上述过程已经发生了如下的化学反应：

$$Cu(OA)_2 + H_2S \longrightarrow CuS + 2H(OA)$$

由此可以看出，该化学反应过程不但生成无机 CuS 纳米微粒，而且生成了表面修饰剂油酸 H(OA)，没有任何多余的副产物。

欧忠文等通过原位修饰法制备了超分散稳定剂修饰的硫属纳米微粒并考察了其在液体石蜡中的分散稳定性，结果表明该方法制备的表面修饰纳米微粒在基础油中具有优良的分散稳定性。

纳米微粒原位合成方法的显著特点是：将纳米单元(无论是单组元还是多组元)的生成、粒度控制、抗团聚保护和纳米单元的高度分散、长效稳定在一个体系中一次性实现，既改善了性能，又简化了操作，还能大大降低现有方法中因纳米单元制备、后期处理和化学改性等带来的生产成本，是一种理想的表面修饰方法。

表面修饰纳米微粒作为一类新型的纳米微粒材料，必然也具有各种纳米效应及由此而产生的各种特殊性质。同时，由于它又具有特殊的结构，所以它还具备通常纳米微粒所不具备的稳定性、分散性等几类化合物特点。此外，表面修饰层的存在还使它具有与通常纳米微粒不同的化学反应特性和光学、电学、磁学特性等，这使它在诸多领域都有重要的应用前景。

习 -- 题

(1) 简述纳米微粒制备方法的分类原则及种类。
(2) 简述固相制备方法的种类、特点及适用范围。
(3) 简述气相制备方法的种类、特点及适用范围。
(4) 简述液相制备方法的种类、特点及适用范围。
(5) 高温固相法制备纳米微粒有哪些优点和缺点？
(6) 高能球磨法制备纳米微粒的特点是什么？
(7) 化学气相沉积法制备纳米微粒的优点是什么？
(8) 水热法制备纳米微粒的特点是什么？
(9) 溶胶-凝胶法制备纳米微粒的特点是什么？
(10) 沉淀法制备纳米微粒的特点是什么？
(11) 纳米微粒表面修饰作用有哪些？
(12) 纳米微粒表面修饰有哪些方法？

第 4 章
纳米微粒分析

教学要点

知识要点	掌握程度	相关知识
纳米微粒粒径及其分布的基本概念	了解纳米微粒的分析方法，熟悉颗粒的分类、粒径的定义与颗粒分布表示	材料的成分、物相、物性及显微分析方法，等效粒径意义
纳米微粒粒径测量	掌握显微图像分析法的原理与适用范围、X射线衍射宽化法和比表面积法原理与过程，熟悉激光粒度分析的原理与仪器、适用范围； 了解其他纳米微粒粒径分析方法	TEM、SEM、STM、AFM仪器及其纳米微粒图像获得技术，X射线衍射仪及其晶面间距测定，BET法测定比表面积，激光粒度仪、拉曼光谱仪、离心沉降粒径分析仪
纳米微粒的波谱特点	熟悉纳米微粒在红外光谱、拉曼光谱中的峰形、峰位变化特点，理解纳米微粒光谱特征变化的内在原因	红外光谱、拉曼光谱

丙酸是国际公认经济、安全性最佳的食用性防腐剂。丙酸的生产方法包括化学合成法和微生物发酵法。目前，工业上主要以乙烯、一氧化碳和氢气为原料在镍催化剂作用下化学合成丙酸，其合成通常包括丙醛生产和丙醛氧化两步。化学合成中使用的催化剂是用以硅为载体的纳米镍催化剂。早期研究发现在丙醛生产过程中，有的情况下会生成部分正丙醇，在丙醛氧化过程中其不能氧化成丙酸，因而降低了乙烯转化效率。进一步深入的研究发现，如果硅载体的纳米镍催化剂在粒径大于 10nm 时，对丙醛催化作用主要是氧化反应生成酸；而当镍粒径在 5nm 以下时，反应选择性发生急剧变化，醛氧化反应受到抑制，主要发生的是通过氢化反应生成正丙醇。研究认为要提高丙酸产率，必须对催化剂纳米镍的粒径进行严格控制，在催化剂加入之前，要准确测定纳米微粒的粒径，确保目标反应的进行，避免副反应的发生。

纳米固体、纳米薄膜等纳米材料均是由各种形状、大小的纳米微粒构造而成，因此，纳米微粒的性质对于纳米材料的整体性能具有重要的甚至是决定性的作用，纳米微粒的表征分析是纳米材料成分、结构表征和性能研究分析的重要组成部分。纳米材料及其微粒的表征分析方法与常规的微米以上材料的表征分析方法基本相同。如图 4.1 所示，材料化学成分的表征分析大多是采用常规化学分析法或仪器分析法，结构分析大多是采用 X 射线衍射法、振动光谱、电子光谱等方法，但对于纳米微粒形貌、粒径分析，传统分析技术常常不能满足测试要求。本章主要介绍纳米微粒粒径的分析与测量方法和纳米微粒振动光谱的特征。

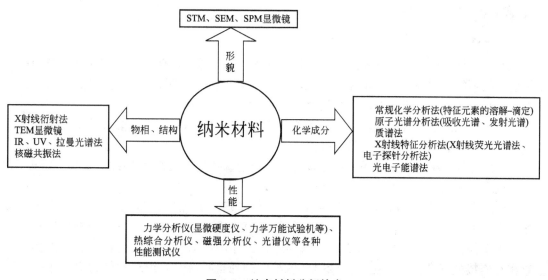

图 4.1　纳米材料分析技术

4.1　纳米微粒粒径分析

在纳米材料中，微粒尺寸对其性质有着强烈的影响，纳米材料的微粒粒径是衡量纳米材料最重要的参数之一，在纳米材料的研究中准确测量纳米微粒粒径是非常重要的。纳米微粒通常是指颗粒尺寸为纳米量级（1～100nm）的超细微粒。纳米微粒的粒径对材料的性质具有重要影响，同种材料因粒径差别，其小尺寸效应、量子尺寸效应、表面效应和宏观量子隧道效应不同，从而产生不同的特性，具有不同的功能。如粒径小于 5nm 的 α - Fe 微粒，具有超顺磁效应，是很好的软磁材料，而粒径在 20～80nm 的 α - Fe 微粒具有极高的矫顽力，是很好的磁记录材料。纳米微粒的粒径分析表征对于纳米材料特性分析及其应用研究具有重要意义。实际上，纳米材料这个称谓本身就反映了粒径分析重要性，它是以材料微粒尺寸来分类材料的，首先就要求测定出材料微粒粒径的尺寸。纳米材料的粒径分析是纳米材料研究的一个重要领域。纳米科技的高速发展，促进了纳米微粒粒径分析及其表征技术的发展，纳米材料的粒径分析已经成为现代粒度分析的一个重要领域。

用于纳米微粒粒径分析的方法和仪器种类已有很多，但由于各种分析方法和仪器的设计对被分析体系有一定的针对性，采用的分析原理和技术不同，不同的粒径分析方法的使用范围也不同，对同一样品用不同的测量方法得到的粒径的物理意义甚至粒径大小也有所不同，因此，选择合适的分析方法和分析仪器十分重要。测定纳米微粒粒径的方法主要有：图像分析法（TEM、SEM、STM/AFM）、X 射线衍射线宽化法（谢乐公式）、X 射线小角散射法、BET 比表面积法、激光散射法、离心沉降法等。

4.1.1　基本概念

在介绍纳米微粒体系的粒径分析之前，首先说明几个基本概念。一个是颗粒与纳米微粒（或称纳米粒子），另一个是粒径。

1. 颗粒

颗粒是指呈粒状的固体粒子，可能是单晶体也可能是多晶体、非晶体或准晶体。晶粒是指单晶颗粒，即颗粒内为单相，无晶界。一般来说，一个颗粒里面可能包含几个晶粒，而一个晶粒一般不大于所在颗粒的尺寸。

一次颗粒：指含有低气孔率的一种独立的粒子，它可以是单晶、多晶或非晶体，其颗粒内部可以有界面，如相界、晶界等。

二次颗粒：指人为制造的粉料团聚粒子，如制备陶瓷的工艺过程中所指的"造粒"就是制造二次颗粒。

纳米微粒一般指一次颗粒，它的结构可以是晶态、非晶态和准晶态，可以是单相、多相结构或多晶结构。只有一次颗粒为单晶时，微粒的粒径才与晶粒尺寸（晶粒度）相同。

团聚体：由一次颗粒通过表面力或固体桥键作用而形成的更大的颗粒。团聚体内含有相互连接的气孔网络。由于纳米材料颗粒间的强自吸特性，纳米颗粒的团聚体是不可避免的。团聚体可分为硬团聚体和软团聚体两种，团聚体的形成过程使体系能量下降。

软团聚：一种由范德华力引起的颗粒间聚集。软团聚可以用机械的方法重新分散。

硬团聚：指在强的作用力下使颗粒团聚在一起而不能用机械的方法分开。软团聚若不加以解决，在粉体干燥及煅烧过程中将很可能转变为硬团聚。粉碎、加压过程只能破坏软团聚。

有关团聚体、一次颗粒和晶粒的结构如图 4.2 所示。

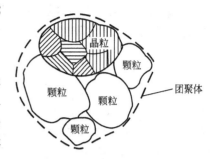

图 4.2　团聚体、一次颗粒和晶粒的结构示意图

2. 粒径

对于球形微粒，其粒径就是它的实际直径。但多数纳米微粒的形状都不是均匀球形的，而是有各种各样的结构和形状。对不规则微粒，微粒的粒径定义为等效直径(等当直径)，如体积等效直径、投影面积等效直径等。等效粒径(D)和微粒体积(V)的关系可以用下式表达：

$$D=1.24V^{1/3}$$

在大多数情况下粒径分析所给出的粒径是一种等效意义上的粒径，和实际的微粒大小会有一定的差异，因此只具有相对比较的意义。各种不同粒度分析方法获得的粒径大小和分布数据也可能不能相互印证，不能进行绝对的横向比较。

实际粉体是由大量的微粒组成，微粒与微粒间的形状、大小并不完全相同，每个微粒都有各自的粒径或等效粒径，通常需要知道的不是某个独立粒子的大小，而是粉体整体的情况。对于这种多分散颗粒体系的表征通常采用平均粒径和颗粒分布的概念。

颗粒分布可以方便地表示出粒径大小不同的微粒在整体微粉中所占的比例，或者说微粉由不同粒径的微粒组成的情况。通常颗粒分布有两种表示方式，即频率分布和累积分布。频率分布表示与各个粒径相对应的颗粒占全部颗粒的百分比；累积分布表示小于某一粒径的颗粒占全部颗粒的百分比。累积分布可以看作是频率分布的积分形式。颗粒分布常用曲线图或列表的方式来表示。图 4.3 所示为常见的颗粒分布的粒径分布曲线图，其中图(a)为频率分布，图(b)为累积分布。

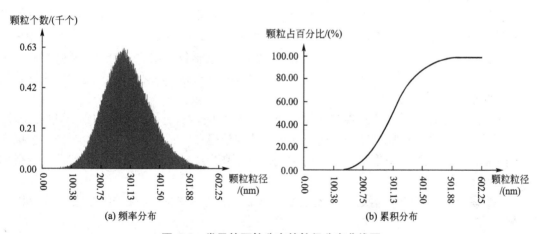

图 4.3　常见的颗粒分布的粒径分布曲线图

通常将频率分布曲线中最高峰值所对应的粒径、累积分布曲线中颗粒含量 50% 所对应的粒径作为整体粉体材料的平均粒径。

4.1.2　显微图像分析法

显微图像分析法的基本工作原理是通过各种高分辨力的电子显微镜或扫描探针显微镜

获得纳米微粒放大后的颗粒图像，然后由计算机软件进行边缘识别等处理，计算出每个微粒的投影面积，根据等效投影面积原理得出每个颗粒的粒径，再统计出所设定的粒径区间的颗粒的数量，就可以得到平均粒径及其粒径分布。图像分析技术具有测量的随机性、统计性和直观性，是测定结果与实际颗粒分布吻合最好的测试技术。

图像分析法的一般过程是，通过显微图像获得数百乃至数千个微粒的照片，再将每张照片经扫描进入图像分析仪进行分析统计。按标准刻度计算颗粒的等效投影面积直径，同时统计落在各个粒径区间的微粒个数，然后计算出以个数为基准的粒度组成、平均粒径、分布方差等，并可输出相应的直方分布图。该方法的优点是直观，而且可以得到颗粒形状信息，缺点是要求颗粒处于良好的分散状态。此外，由于用显微镜观测时所需试样量非常少，所以对试样的代表性要求严格，必须采取规范取样和制样方法；对大量微粒的粒径进行统计才能得到平均粒径和颗粒粒度分布。

采用图像法分析纳米材料的粒径比其他分析方法除了具有直观、有效的优点外，还可用来观察和分析纳米微粒的形貌。这在一维纳米材料分析中尤为显著，通过对电子显微镜照片统计分析，可以得到一维纳米材料的平均直径、长度和长径比。

根据测量图像分析时使用显微镜种类不同，图像分析法可分为电子显微镜（包括扫描电子显微镜 SEM、透射电子显微镜 TEM）和扫描探针显微镜两大类。

1. 电子显微镜（简称电镜）

电子显微镜按结构和用途分为透射电子显微镜、扫描电子显微镜等。透射电镜和扫描电镜是经典的传统的纳米粒径分析仪器。过去一般认为透射电镜的分辨力高于扫描电镜，但现在好的扫描电镜分辨力也很高，最大放大倍数达到 100 万倍，已超过早期的透射电镜。对于纳米微粒，透射电镜和扫描电镜可以观察其大小、形状，结合图像分析法可以进行统计，给出颗粒粒径与粒度分布。

透射电子显微镜常用于观察那些用普通显微镜所不能分辨的细微物质结构；扫描电子显微镜主要用于观察固体表面的形貌，它们的放大倍数都远高于光学显微镜，能够分辨纳米尺寸。电子显微镜同时也能与 X 射线衍射仪或电子能谱仪相结合，构成电子微探针，用于物质成分分析。电镜与其他技术连用，可实现对颗粒成分和晶体结构的测定，这是其他粒度分析法不能实现的。

电子显微镜图像分析法是观察测定纳米微粒粒径的绝对方法，具有可靠性和直观性。由于电镜法是对局部区域的观测，所以在进行颗粒粒径和分布分析时，需要尽量多拍摄有代表性的纳米微粒形貌图像，然后由这些电镜照片来测量微粒的粒径，通过统计分析得到平均粒径和颗粒分布。

在计算机图像处理技术之前，电镜图像分析法测量微粒平均粒径的主要方法有以下三种：

(1) 交叉法：用尺或金相显微镜中的标尺任意地测量约 600 个微粒的交叉长度，然后将交叉长度的算术平均值乘上统计因子(1.56)来获得平均粒径。

(2) 测量约 100 个微粒中每个微粒的最大交叉长度，微粒粒径为这些交叉长度的算术平均值。

(3) 分别求出图像中所有微粒的粒径或等当粒径，画出微粒数量随粒径变化的频率分布图，如图 4.3(a)所示，将频率分布曲线中峰值对应的颗粒尺寸作为平均粒径。这也是目前计算机程序处理分析粒径和颗粒分布的基础。

人工分析纳米微粒的平均粒径，只能计算为数很少的微粒，费时费力，还容易因疲劳导致测量误差，在测量同一样品时不同操作者之间的测量值也有一定差距。计算机图像处理能显著提高仪器效率。在使用电子显微镜进行纳米微粒粒径分析时，需要注意：①对同一个样品应通过更换视场的方法进行多次测量来提高测试结果的真实性，这是因为电镜单次所测到的微粒个数较少，同时因电镜观察用的粉末数量极少，因此统计性较差，电子显微镜图像分析结果一般很难代表实际样品颗粒的分布状态；②对一些在强电子束轰击下不稳定甚至分解的纳米颗粒、制样困难的生物颗粒、微乳等样品也很难得到准确的结果，粒径的电镜测定结果通常作为其他分析方法结果的补充。

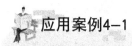 应用案例4-1

纳米微粒的粒径的 TEM 分析与应用

Liang-Shu zhong 等人在研究三维花状二氧化铈纳米结构负载金纳米微粒时，通过对负载金纳米微粒的粒径进行了表征分析，获得催化作用前后纳米结构负载的金纳米微粒粒径变化，从而研究反应过程中纳米催化剂的稳定性。他们采用 JEM JEOL2010 型高分辨力透射电子显微镜对发生催化前后的 Au 纳米微粒进行 TEM 照相，获得图 4.4 所示的电镜照片。通过测量电镜照片中颗粒的大小，对微粒平均粒径及其分布作表征分析，结果粒径分布如图 4.4 所示。其中(a)图的 Au 纳米微粒的平均粒径为 8.3nm，(b)图的 Au 纳米微粒的平均粒径为 9.0nm，表明催化作用对 Au 纳米微粒粒径影响不大，纳米催化剂在反应过程中具有较高的稳定性。

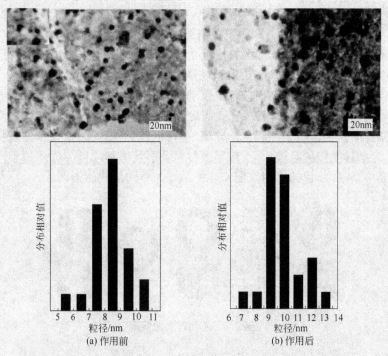

图 4.4 Au/CeO_2 发生催化作用前后 TEM 图像及其粒径分布图

下面分别介绍透射电子显微镜和扫描电子显微镜及其在纳米微粒粒径分析方面的应用。

1) 透射电子显微镜(TEM)

在纳米材料分析仪器中，TEM 是唯一能同时分析材料形貌、晶体结构和组成成分的分析工具，也是在实验进行中唯一能看到纳米材料的实像和判断观察晶向的仪器。

1932 年德国 Knoll 和 Ruska 提出电子显微镜的概念，并制造出了第一台透射电子显微镜，随后于 1936 年首先在英国实现商业化。Ruska 为此与发明扫描隧道显微镜的发明人 Binning(德国)、Roher(瑞士)一起获得了 1986 年的诺贝尔物理学奖。TEM 经过 70 多年的发展，已经是很成熟的分析技术。目前一般的 TEM 以 200～400kV 的电子束为光源，其分辨力为 0.12～0.3nm，用来分析几个纳米的微粒的结构是轻而易举。事实上纳米微粒的定义最早就是由 TEM 观察给出的，20 世纪 80 年代日本名古屋大学上田良二给纳米微粒的定义就是"用电子显微镜(TEM)能看到的微粒"。

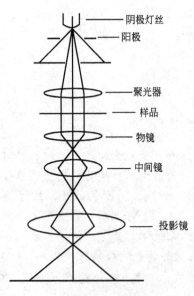

图 4.5　透射电子显微镜成像原理图

透射电子显微镜是由电子束穿透样品后，再用电子透镜成像放大而得名。如图 4.5 所示，透射电子显微镜的光路与光学显微镜相似，镜筒的顶部是电子枪(相当于光源)，电子由钨丝热阴极发射出，通过聚光镜使电子束聚焦。聚焦的电子束通过样品后由物镜成像于中间镜上，再通过中间镜和投影镜逐级放大，最后成像于荧光屏或照相干版上。

透射电子显微镜中，图像细节的对比度是由样品的原子对电子束的散射形成的。样品较薄或原子密度较低的部分，电子束散射较少，有较多的电子通过物镜光栏，参与成像，在图像中显得较亮。反之，样品中较厚或原子密度较高的部分，在图像中则显得较暗。如果样品太厚，电子就不能透过样品成像，因此，透射电镜进行纳米微粒粒径测定时要专门制作电镜观察样品。由于电子不能穿透玻璃，所以只能采用网状材料作为载物，通常称为载网(相当于光学显微镜的载玻片)。载网因材料及形状的不同可分为多种不同的规格，其中最常用的是 200～400 目的铜网，图 4.6 所示即为不同形式的铜网。

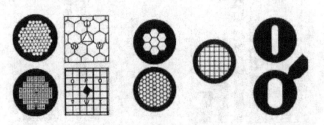

图 4.6　不同形式的铜网

TEM 分析的粉末颗粒一般都远小于铜网小孔，在载网上应覆盖一层无结构、均匀的薄膜，否则细小的样品会从载网的孔中漏出去，这层薄膜称为支持膜或载膜。支持膜对电子透明，其厚度一般低于 20nm，并拥有良好的导热性，且不与承载的样品发生化学反应，不干扰对样品的观察。支持膜有塑料膜（如火棉膜、聚乙烯甲醛膜），也有碳膜、金属膜（如铍膜）。作纳米微粒的 TEM 分析，应首先制样，将纳米微粒在溶剂（如乙醇）中用超声波分散，使纳米微粉分散在载液中形成悬浮液，再将悬浮液滴在支持膜上，晾干后置于透射电镜中进行观察，拍摄微粒图像。图 4.7、图 4.8 所示即为典型的纳米微粒的透射电镜图像。

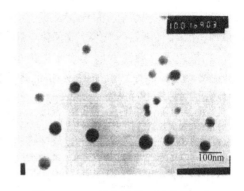

图 4.7　InP 纳米晶的透射电镜图像

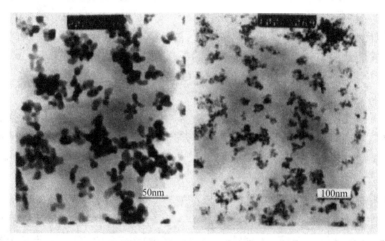

图 4.8　纳米氧化锆透射电镜图像

透射电镜图像法测定纳米微粒粒径的关键是，样品制备过程中如何将细小的纳米微粒分散开，微粒各自独立而不团聚。实际上，有时候很难使它们全部分散成一次颗粒，结果样品在 Cu 网支持膜上往往存在一些团聚体，观察时容易把团聚体误认为一次颗粒，使得计算得到的平均粒径偏大。由于透射电镜图像的获得需要电子束透过样品，所以它只能用于纳米微粒的粒径分析，其适用的分析范围为 1～300nm。

透射电镜的图像功能仅是现代 TEM 的基本功能，添加不同附属设备的 TEM 可进行许多特殊的表征分析。如纳米模式（Nano Mode）功能，可将电子束缩小至 0.5nm 以下，并保持足够的电流，有效地分析微区的成分。又如，在物镜上加装扫描控制线圈，使 TEM 变成扫描式透射电子显微镜（Scanning TEM，STEM），拥有电子束小于 0.2nm 的 STEM，可以在原子级水平上探测散射电子或特征 X 射线的信号，或在获得形貌图像的同时得到原子成分分布信息，这对于分析催化剂微粒结构、成分尤其重要。

传统的 TEM 是用照相底片记录图像，一般用来分析原子/分子结构的高分辨力 TEM（HRTEM）也是如此。随着信息技术的发展，目前的电子显微镜可以直接将观察图像信息记录在数字媒体上，通过连续记录单一原子或晶界扩散的情形，还可以研究晶体断裂时原子的变化。

2）扫描电子显微镜（Scanning Electron Microscope，SEM）

SEM 是纳米材料显微形貌观察方面最主要、使用最广泛的分析仪器，最高分辨力达到 0.6nm，并且具有景深长、图像立体感强的特点。SEM 仪器使用操作方便，试样制备简单，加装附件后还可进行微区化学组成、阴极发光等分析。

　　扫描电子显微镜发展稍晚于透射电子显微镜，1942 年才制成第一台扫描电子显微镜，1965 年才实现商业化。SEM 分析原理是以聚焦成非常细的高能电子束在样品表面上作平面扫描，激发出二次电子，通过对二次电子的接受、放大和显示成像，获得对样品表面形貌的观察。具有高能量的入射电子束与样品的原子核及核外电子发生作用后，可产生 X 射线、背反射电子、二次电子等多种物理信号。扫描电镜探测的是电子束与试样交互作用所产生的二次电子信号，二次电子是被入射电子轰击出来的核外电子。二次电子来自表面 5~10nm 的区域，能量为 0~5eV，是一种低能电子，其产生数量对试样表面形貌（Morphology）有极大敏感性。要提高 SEM 的解析度，最主要的就是要采用极细且亮度极高的电子束来扫描，只有高亮度的微小电子束与试片交互作用时，才能在微小作用区域产生足够数量的二次电子以供检测。SEM 产生电子束的装置就是电子枪，传统的热游离电子枪 SEM 的图像最高分辨力为 5.0nm；而最新的场发射电子枪（Field Emission Gun）因可提供直径极小、亮度极高，而且电流稳定的电子束，所以图像分辨力大幅提高，在 30kV 下最高分辨力达到 0.6nm，足以用于纳米微粒的测定分析。

　　SEM 分析样品制备简单，由于扫描电镜是通过接收从样品表面"激发"出来的二次电子信号成像的，它不要求电子透过样品，可以使用块状样品，因此扫描电镜的样品制备远比透射电镜样品制备简单。对于粉末样品，一般可以通过溶液分散法制样或干粉直接制样。

　　SEM 分析时，导电样品不需要特殊制备处理，可直接放到扫描电镜下观察；对非导电样品，在 SEM 观察时，电子束打在样品上，电荷不能自由迁移离开样品表面导致电荷积累形成局部充电现象，干扰二次电子的探测，影响图像清晰度，因此需要在非导体材料表面喷涂一层导电膜（如碳、金属）。喷涂的导电膜层应均匀无明显特征，以避免干扰样品表面。一般说来金属膜比碳膜容易喷涂，适用于 SEM 观察，通常为金或铂膜，而碳膜较适于 X 射线微区分析，主要是因为碳的原子序数低，可以减少 X 光吸收。利用场发射 SEM（FEG SEM）在低加速电压下进行观察时，非导体试样可不经喷涂导电膜而直接观察，主要是由于采用降低工作电压的方法（1.5 kV）可消除充电现象。

　　与透射电子显微镜仅用于纳米微粒的分析不同，SEM 扫描范围很大，原则上从 1nm 到 1mm 量级的微粒均可以用扫描电镜进行分析，所以 SEM 图像也用于微米颗粒粒径及其颗粒分布分析，如图 4.9 所示。

(a) 低分辨力　　　　　　　　　　(b) 高分辨力

图 4.9　低分辨力和高分辨力的 $La_{0.5}Ba_{0.5}MnO_3$ 微立方体扫描电镜图像

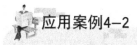

应用案例4-2

单分散 SiO₂ 纳米球的分析案例

对于粒度相对较大的纳米微粒，采用扫描电子显微镜(SEM)进行粒度分析同样可以得到较理想的结果，而且 SEM 制样较简单。

Kim 等人在制备单分散 SiO₂ 纳米球时采用 JEOL JSM－T330 型扫描电子显微镜进行检测。SiO₂ 纳米球采用正硅酸四乙酯(TEOS)在 NH_3 和 H_2O 的催化作用下，在乙醇溶液中水解-缩合得到 SiO₂。Kim 等将原来的 Stober 法制备工艺加以改进，分两步进行，第一步为一次进样，将 TEOS 乙醇溶液和 H_2O 乙醇溶液迅速混合，搅拌熟化一段时间；第二步为连续进样，将 TEOS 乙醇溶液连续加入到搅拌着的第一步的产物中，经过一定反应时间，即可得到一定粒度的单分散 SiO₂ 纳米球。

图 4.10(a) 所示为一次进样熟化 120min 后，SiO₂ 的 SEM 图像，平均粒径为150nm。图 4.10(b) 所示为二次进样 250min 后，SiO₂ 的 SEM 照片，平均粒径为225nm，粒度分布变窄。随着反应进行，颗粒的粒度增大，得到粒度分布更窄的单分散 SiO₂ 纳米球，具有很高的堆积密度如图 4.10(c)、(d)所示。

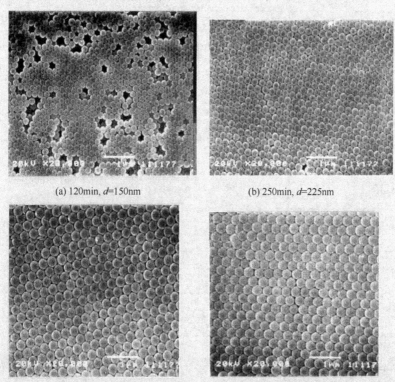

(a) 120min, d=150nm　　　　　　(b) 250min, d=225nm

(c) 360min, d=325nm　　　　　　(d) 520min, d=370nm

图 4.10　SiO₂ 纳米球的 SEM 照片
(第一步：一次进样；第二步：连续进样；6.0mol/L H_2O,
0.7mol/L NH_4OH, 0.5mol/L Si $(OC_2H_5)_4$)

2. 扫描探针显微镜(Scanning Probe Microscope，SPM)

1981 年，Gerd Binning、Heinrich Rohrer 在 IBM 公司苏黎世实验室共同研制成功了第一台扫描隧道显微镜(Scanning Tunneling Microscope，STM)，其发明人 Binning、Rohrer 因此获得 1986 年的诺贝尔物理学奖，是所有诺贝尔奖中，颁奖时间与成就取得时间间隔最短的。

扫描探针显微镜是扫描隧道显微镜及在其基础上发展起来的各种新型探针显微镜(如原子力显微镜 AFM、摩擦力显微镜 LFM、磁力显微镜 MFM 等)的统称。表 4-1 列出了常见的 SPM 显微技术。SPM 最大的特点是通过一个实体的探针与样品表面作用，利用量子力学领域的原理来成像，由于其使用的简易性(可在大气环境下测试样品)、低廉的成本(相对于电子显微镜)和原子级的分辨力，使其有逐步取代电镜主导地位的趋势。国内代表性生产厂家有本原纳米仪器公司、上海爱建纳米科技发展有限公司、上海卓伦微纳米设备有限公司等。

表 4-1 常见的 SPM 显微技术

中文名称	英文名称	发明人及发明时间
扫描隧道显微镜(STM)	Scanning Tunneling Microscopy, STM	Binnig, Rohrer et al, 1981
原子力显微镜(AFM)	Atomic Force Microscopy, AFM	Binnig, Quate, Gerber, 1986
非接触式原子力显微镜(NCAFM)	Noncontact Atomic Force Microscopy, NCAFM	Martin, Williams, Wickramasinghe, 1987
磁力显微镜(MFM)	Magnetic Force Microscopy, MFM	Martin, Wickramasinghe, 1987
摩擦力显微镜(LFM)	Friction Force Microscopy, FFM or LFM	Mate, McClelland, Erlandsson, Chiang, 1987
电力显微镜(EFM)	Electric Force Microscopy, EFM	Martin, Abraham, Wickramasinghe, 1988
扫描电容显微镜(SCM)	Scanning Capacitance Microscopy, SCM	Williams, Slinkman, Hough Wickramasinghe, 1989
力调变显微镜(FMM)	Force Modulation Microscopy, FMM	Maivald, Hansma et al, 1991
轻敲或间歇接触式原子力显微镜(Tap-AFM)	Tapping mode or intermittent contact AFM	Zhong, Inniss, Kjoller, Elings, 1993

SPM 与电子显微镜成像原理不同，它对纳米微粒粒径观察是一种间接观察，不仅可以得到二维图像，还可获得三维立体图像，它可以在真空、大气甚至水中等不同环境下工作，对样品无损，是纳米材料研究最重要的研究工具。它在纳米科技发展中占有重要的地位，其应用贯穿到七个分支领域中，以其为分析和加工手段所做的工作占纳米科技研究工作的一半以上。有人形象地把电子显微镜观察比作"眼"；把扫描探针显微镜观察比作"手"。表 4-2 所列为三种纳米分辨力显微镜的比较。

表4-2　三种纳米分辨力显微镜的比较

类型	扫描电子显微镜(SEM)	透射电子显微镜(TEM)	扫描探针显微镜(SPM)
横向解析度	0.6nm	原子级	原子级
纵向解析度	0.6nm	原子级	原子级
成像范围	1mm	0.1mm	0.1mm
成像环境	真空	真空	无限制
样品准备	喷涂导电膜	工艺复杂	无
成分分析	有	有	无

扫描探针显微镜作为一种强有力的表面表征工具，它不仅可以表征纳米材料表面的三维形貌，还能定量地研究表面的粗糙度、颗粒尺寸和分布。最令人兴奋的是SPM中的某些技术还能操纵一个个原子、分子，实现对表面的纳米加工，完成对表面的刻蚀、修饰以及直接书写等。最早的成果是IBM的科学家用一个个氙原子在铂表面上排布成IBM商标的字样。目前在操纵原子、分子上又有很大的发展，人们有朝一日终将按照自己的意志直接操纵一个个原子来制造具有特定功能的产品。SPM使人类在纳米尺度上，观察、改造世界有了一种新的简单的工具和手段。由于SPM的优良特性，使其一诞生便得到广泛的重视，主要应用在教学、科研及工业领域，特别是半导体集成电路、光盘工业、胶体化学、医疗检测、存储磁盘、电池、光学晶体等领域。

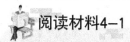 **阅读材料4-1**

国产扫描隧道显微镜的诞生

在扫描隧道显微镜发明者获得1986年诺贝尔奖的同时，STM的神奇魅力也深深打动了一批中国学者的心。当时在美国加州理工学院做博士后的中科院化学所白春礼博士正从事着STM的研制工作，回国前整理好相应的软件和关键的部件，怀着急切的心情返回北京。与此同时在北京的中科院电子显微镜实验室姚骏恩研究员也忙着为从电子显微镜向第三代的扫描显微镜过渡而努力工作。在北京还有一位为STM心动的学者，北大物理系的杨威生教授，他的目标是希望建立起高真空下的STM，以观察半导体、金属表面的原子结构，但第一步得先把常压下的STM试制出来。与此同时，在中科院上海原子核所的李民乾研究员也在思考怎样从依赖庞大设备的应用核物理研究转向同样有价值的"小科学"STM就是一个理想方向！于是他决心放弃熟悉的、自己亲自发展起来的多项核分析技术，转向扫描隧道显微学及其应用领域。他与胡均、顾敏明和徐耀良等一起详细研究STM的各种设计，觉得STM的特点是多参数的数据收集和处理，这正是核物理实验中最熟悉的方式，国产化的STM完全有可能在短期内研制成功。在20世纪80年代末的报纸上先后报道了上述四个单位研制成功STM的消息。以白春礼领衔，中国第一批的扫描隧道显微镜诞生了。在当时尚无成熟商品化STM的情况下，自己研制无疑在启动我国的纳米科技研究方面起到了重要作用。日后的事实证明，这几家自己研制STM的实验室在各自的科研中都无例外地取得了比较出色的成果。

◨ 资料来源：李民乾．改变人类生活的纳米科技．上海：复旦大学出版社，2006.

SPM 的基本原理如图 4.11 所示，其都是使用一支特制的极其微小的探针，来探测探针与样品表面之间的某种特定交互作用，如隧道电流、原子力、静电力、磁力等。然后利用一个具有三轴位移的压电陶瓷扫描器，使探针在样品表面做左右、前后扫描（X - Y），并利用回馈电路控制扫描器垂直轴（Z），通过垂直轴的微调，使得探针与样品间的交互作用在扫描过程中维持固定。这样只要记录 Z 为 X - Y 的函数，便可得到探针与样品表面间的交互作用图像，如图 4.12 所示。再利用这些信息便可推导出样品的表面特性，包括粒子形貌、粒径等。

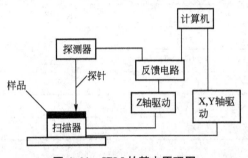

图 4.11　SPM 的基本原理图

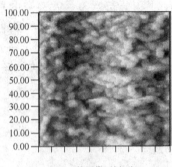

(a) 二维图像，单位为nm　　　　　(b) 三维图像，单位为nm

图 4.12　纳米微粒的原子力显微图像

从 SPM 的原理可知 SPM 图像反映的是样品表面局域某种作用力与探针的空间位置关系，与表面原子核的位置并没有直接关系，不是纳米微粒直接的反映，而是通过其他相互作用来间接反映样品表面高低起伏而获得粒子形貌。

1）扫描隧道显微镜（STM）

STM 的基本原理是基于量子力学的隧道效应和三维扫描。它是用一个极细的尖针，针尖头部为单个原子去接近样品表面，当针尖和样品表面靠得很近，小于 1nm 时，针尖尖端的原子和样品表面原子的电子云发生重叠。此时若在针尖和样品之间加上一个偏压，电子便会穿过针尖和样品之间的势垒而形成纳安级（nA）的隧道电流，电流强度对探针和样品表面间的距离非常敏感，距离变化 1Å（1Å＝10^{-10} m），电流就变化一个数量级左右，如图 4.13 所示。通过控制针尖与样品表面间距的恒定，即保持恒定的电流（恒流模式），探针的高度随样品表面的高低起伏而上下移动，就可将表面形貌和表面电子态等有关表面信息记录下来。对于表面很光滑的样品，可采取保持探针高度不变，平移探针的方式进行扫描（恒高模式），直接得到隧道电流随样品表面起伏的变化。恒高模式的优点是成像速度快。关于 STM 的两种扫描模式如图 4.14 所示。

STM 要求样品表面能够导电，这使得 STM 只能直接观察导体和半导体的表面结构；对于非导电的物质则要求样品覆盖一层导电薄膜，但导电薄膜的粒度和均匀性难以保证，且导电薄膜会掩盖样品表面的许多细节，因而使得 STM 的应用受到限制。

为了克服 STM 的不足，Binning、Quate 和 Gerber 于 1986 年研制出了原子力显微镜（Atomic Force Microscope，AFM）。AFM 是通过探针与被测样品之间微弱的范德华力

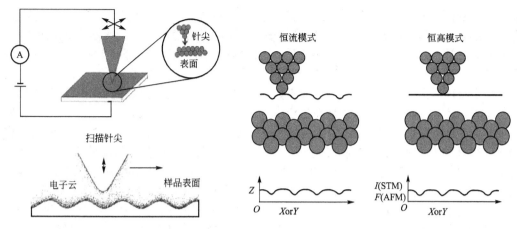

图 4.13　STM 的基本原理图　　　　图 4.14　STM 的两种扫描模式

（原子力）来获得物质表面的形貌信息。因此，AFM 能够观测所有样品的表面结构，其应用领域更为广阔。AFM 得到的是对应于样品表面总电子密度的形貌，可以补充 STM 观测的样品信息，且分辨力也可达原子级水平。

2）原子力显微镜（AFM）

AFM 的基本原理是将一个对微弱力极敏感的微悬臂一端固定，另一端有一微小的针尖，针尖与样品表面轻轻接触，由于针尖尖端原子与样品表面原子间存在极微弱的排斥力，微悬臂会发生弯曲，利用光学检测法或隧道电流检测法，可检测微悬臂对应于不同作用力的位置变化，从而可以获得样品表面形貌的信息。图 4.15 所示为激光检测原子力显微镜（Laser－AFM）探针工作原理图，图 4.16 所示为 AFM 的系统结构。

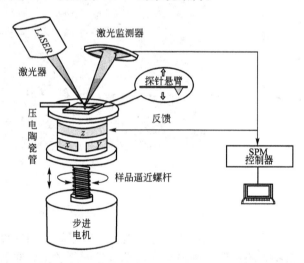

图 4.15　激光检测原子力显微镜　　　　图 4.16　原子力显微镜（AFM）的系统结构
　　　　　　探针工作原理图

二极管激光器（Laser Diode）发出的激光束经过光学系统聚焦在微悬臂（Cantilever）背面，并从微悬臂背面反射到由光电二极管构成的光斑位置检测器（Detector）。在样品扫描时，由于样品表面的原子与微悬臂探针尖端的原子间的相互作用力，微悬臂将随样品表面形貌而弯曲起伏，反射光束也将随之偏移，因而，通过光电二极管检测光斑位置的变化，就能获得被测样品表面形貌的信息。在检测成像全过程中，探针和被测样品间的距离始终保持在纳米（10^{-9} m）量级，距离太大不能获得样品表面的信息，距离太小会损伤探针和被测样品。在测定表面平整度很高的薄膜（如定向裂解石墨、剥离云母片）时，可采用固定样品与针尖间距（扫描时 Z 轴固定不进行微调）的方法通过光斑位置检测器检测悬臂弯曲程度的变化来获得样品形貌（恒高模式）。大多数样品的测定则是在扫描过程中不断调节样品与针尖的距离，使样品与针尖的斥力保持恒定（恒力模式），样品与针尖距离的调节通过反馈回路实现。反馈回路（Feedback）的作用就是在工作过程中，由光斑位置检测器检测悬臂弯曲程度的变化获得探针-样品相互作用力的变化，通过反馈控制器的计算分析来改变加在样品扫描器垂直方向的电压，从而使样品台伸长或缩短，调节探针和样品间的距离，使探针-样品间的相互作用力保持恒定，由此实现反馈控制。实际上反馈控制是 SPM 的工作核心机制。

原子力显微镜分析纳米微粒实验基本过程如下：对于纳米薄膜或纳米块体表面的分析可以选择表面高度平整的长宽在 3～10mm 间的样品，直接在 AFM 上扫描得到图像；对于纳米粉体，首先需要分散成稀的悬浮液或胶体，然后通过旋转匀胶或提拉等方法涂覆在高度平整的石墨（如定向裂解石墨）、硅片或玻璃基底表面上形成单分散薄膜层，最后在 AFM 上以接触模式扫描获得图像。图 4.17、图 4.18 所示分别为金刚石纳米微粒的二维和三维形貌图。

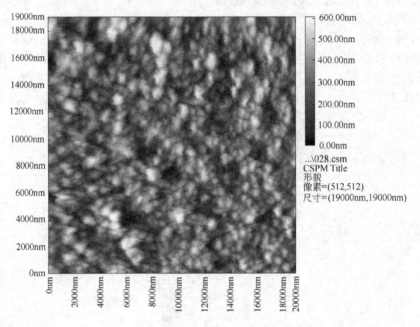

图 4.17　金刚石纳米微粒的二维形貌图

原子力显微镜可在真空、大气、常温等不同环境下工作，甚至可将样品浸在水和其他溶液中，不需要特别的制样技术，且探测过程对样品无损伤，可进行接触式和非接触式探测。采用原子力显微镜法在得到其粒径数据的同时可观察到纳米微粒的形貌，还可观察到纳米微粒的三维形貌，但是该法也存在一定的局限性，由于观察的范围有限，得到的数据不具有统计性。它适合测量单个粒子的表面形貌等细节特征，不适合测量粒子的整体统计特征。使用扫描探针显微镜分析纳米微粒粒径需注意以下问题：

（1）扫描探针显微镜分析微粒的粒径存在系统放大作用，这是由于扫描探针具有实际尺寸，而不是理论的无限小，在测量时纳米微粒形貌由此存在放大效应，这种效应随探针

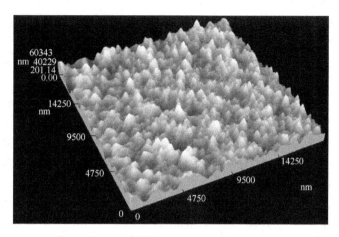

图 4.18　金刚石纳米微粒的三维形貌图

尺寸的增大而增大。实际操作中，针尖在使用过程中由于摩擦的作用逐渐变钝，放大效应增大，所以针尖在使用一段时间后必须更换。

（2）缺陷的材料，不能应用此方法。通常退火处理后的样品结晶完成，可以用本法测定。

4.1.3　X射线衍射宽化法

X射线衍射宽化法是测定纳米微粒晶粒粒径的最好方法，它具有简便、快速的优点。使用 X射线衍射的方法测得的是晶粒的大小，它和晶粒之间是否发生紧密的团聚无关。而图像分析法测量得到的是纳米微粒的颗粒粒径，测量结果与晶粒是否紧密团聚密切相关。当颗粒为单晶时，X射线衍射宽化法测得的是颗粒度；当颗粒为多晶时，X射线衍射宽化法测得的是组成单个颗粒的单个晶粒的平均晶粒度。

利用 X射线衍射线宽度计算晶粒尺寸 d 的公式为

$$d = K\lambda/(B\cos\theta) = K\lambda/[(B_M - B_S)\cos\theta] \qquad (4-1)$$

该式也称谢乐(Debye-Scherrer)公式。式中 K 为形貌因子，取值区间为 $0.89 \sim 0.94$，B 表示单纯因晶粒度细化引起的宽化度(衍射峰的半高宽)，单位为弧度，λ 是 X射线波长，θ 为衍射角。B 为实测宽度 B_M 与仪器宽化度 B_S 之差，B_S 可通过测量标准物(粒径大于 10^{-4} cm)的半高峰值强度处的宽度得到，B_S 的测量峰位与 B_M 的测量峰位应尽可能靠近。

谢乐(Scherrer)公式是一个经验公式，但纳米材料 X射线衍射线的宽化是有理论依据的。从晶体的 X射线衍射原理可知，晶体试样对 X射线的衍射效应是由于 X射线被原子散射后互相干涉的结果，当衍射方向满足布拉格方程时，各个晶面的反射波之间的相位差正好是波长的整数倍，振幅完全叠加，光的强度互相加强，最终达到可被检测器检出的强度；在不满足布拉格方程的方向上，各个晶面的反射波之间的相位差不是波长的整数倍，振幅只能部分叠加或互相抵消，大的晶粒中晶面的数目为无限多时，将最终导致除满足布拉格方程外的其他各个方向上的散射强度均为零。而纳米材料是由许多细小晶体紧密聚集而成，有二次聚集态，这些细小的纳米晶粒尺寸小于 100nm，由于每一个晶粒中晶面数目减少，各个晶面的散射波因叠加次数不够多而不能完全抵消，其强度也可能达到能被检出的程度，其散射角度接近晶粒的衍射角度，这就使得衍射峰弥散而产生明显的宽化，晶粒越小，衍射峰的宽化越严重。因此纳米晶粒使衍射强度在 $2\theta + \Delta\theta$ 范围内有一个较大分布。这就是谢乐公式利用晶粒大小与衍射线宽化程度的关系来测量晶粒大小的原理。

在利用 X 射线衍射线宽化数据分析纳米微粒的晶粒大小时，对于新型 X 射线衍射仪，仪器自身宽化很小，在要求不严格的情况下可以不用粗晶标定 B_s，严格要求时应采用与被测量纳米粉体相同材料的粗晶样品来测得仪器自身宽化度 B_s 值。目前一些新的仪器都配备有实用数据处理软件，能直接得到晶粒尺寸数据。

谢乐公式测定晶粒大小的 X 射线衍射线宽化法，晶粒尺寸适宜范围为 3～100nm。在 10～50nm 时测量值与实际值接近，大于 50nm 时，测量值略小于实际值。晶粒度过小时，晶体内的重复周期太少，衍射峰过于弥散，使衍射峰半峰宽测定的准确度大幅下降。晶粒大于 100nm 时，实测的衍射峰宽与仪器自身宽化接近，宽化测量定量结果的准确度大幅下降，测量结果都无意义。

X 射线衍射线宽化测定纳米微粒粒径最大的优势是其测定分析通常是在材料结构的 X 射线衍射分析过程附带一起完成的。在使用谢乐公式计算纳米微粒晶粒度时还需注意以下问题：

(1) 这种方法只适用于晶态的纳米微粒晶粒度的评估，对于结晶度低、晶体内存在应力或缺陷的材料，不能应用此方法，通常需要退火处理，使样品结晶完全，或采用较为复杂的多峰 Hall 方法同时获得晶粒尺寸和应变大小。

(2) 应选取多条低角度 X 射线衍射线（$2\theta \leqslant 50°$）进行计算，然后求得平均粒径。晶粒不是球形，在不同方向其厚度是不同的，即由不同衍射线求得的 d 值不同。求取数个不同方向（即不同衍射角度）的晶粒厚度，取它们的平均值即为晶粒大小。由不同方向的 d 值还可以估计晶粒的外形。对于高角度衍射线的衍射峰，由于 $K_{\alpha1}$ 与 $K_{\alpha2}$ 线分裂，仪器宽化 B_s 较大，影响线宽测量，一般不用于谢乐公式计算。

(3) 当粒径很小如 d 为几纳米时，由于表面张力增大，颗粒内部受到大的压力，颗粒内部会产生第二类畸变，这也会导致 X 射线衍射线宽化。因此，为了精确测定晶粒度，应当从测量的半高宽度 B_M 中扣除第二类畸变引起的宽化。但在大多数情况下，用谢乐公式计算晶粒度时未扣除第二类畸变引起的宽化。

在谢乐（Debye - Scherrer）公式的基础上，利用多个晶面的衍射宽化值与衍射角正弦、余弦以及晶粒尺寸和应力的关系，采用 Williamson - Hall 法能同时分析晶粒尺寸和应力的影响。对于纳米晶粒的尺寸评估更加合理，特别是对存在较大应力或粒径小于 10nm 的晶粒。根据 Williamson - Hall 方程，晶粒尺寸与半峰宽等的关系如下式：

$$\frac{B\cos\theta}{\lambda} = \frac{K}{D} + \frac{\varepsilon\sin\theta}{\lambda}$$

其中，D 是晶粒直径，ε 是应力，K 是形貌因子，B 是半高宽（弧度表示），λ 是 X 射线波长，θ 是衍射角。通过三个以上的衍射峰作图求解，通过截距获得晶粒尺寸，斜率获得应力大小。

在目前的 XRD 图谱分析软件（如 JADE）中，均可使用谢乐公式或 Williamson - Hall 法求解晶粒尺寸。

应用案例4-3

TiO₂ 纳米材料晶粒大小的测定

对于 TiO_2 纳米微粒，衍射峰 2θ 为 $25.1°$ 时对应的晶面为（101），当采用波长为 0.154nm 的 $Cu K_\alpha$ 线测定（101）晶面时，衍射峰如图 4.19 所示，测量半高宽 B 为 $0.375°$。根据 Scherrer 公式，计算获得晶粒的尺寸。

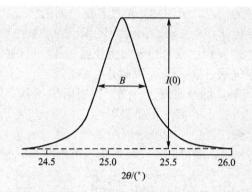

图 4.19　TiO₂ 纳米的 XRD 图谱及其衍射峰

解：由式(4-1)得

$$d = \frac{0.89\lambda}{B\cos\theta}$$

已知 $B = 0.375° = 0.00654\text{rad}$，$2\theta = 25.1°$，$\lambda = 0.154\text{nm}$，故得

$$d_{101} = 0.89 \times 0.154\text{nm}/[0.00654 \times \cos(25.1/2)°] = 21.5\text{nm}$$

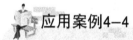 应用案例4-4

MgCl₂ 平均粒径的测定

某一 MgCl₂ 样品经球磨 9h 后，样品 003 衍射峰和 110 衍射峰半高宽由研磨前的 0.4°和 0.6°分别增加到 1.1°和 1.0°。003 衍射角(2θ)为 15°，110 衍射角为 50°；测试仪器采用的 Cu K_α 射线 $\lambda = 154\text{pm}$。试估算研磨后的 MgCl₂ 平均粒径。

解：两个衍射线衍射角均不大于 50°，故可用于粒径计算。由式 (4-1) 得

$$d = \frac{0.89\lambda}{(B_M - B_S)\cos\theta}$$

则对 003 衍射线有：

$$B = 1.1° - 0.4° = 0.7° = 0.01222\text{rad}$$

$$d_{003} = (0.89 \times 0.154\text{nm})/(0.01222 \times \cos 7.5°) = 11.3\text{nm}$$

对 110 衍射线有：

$$B = 1.0° - 0.6° = 0.4° = 0.00698\text{rad}$$

$$d_{110} = (0.89 \times 0.154\text{nm})/(0.00698 \times \cos 25°) = 21.7\text{nm}$$

故微粒平均粒径 $d = (d_{003} + d_{110})/2 = 16.5\text{nm}$。

4.1.4　比表面积法

比表面积(Specific Surface Area)法主要是通过测定粉体单位质量的比表面积 S_w，由下式计算纳米粉体中粒子直径(设颗粒呈球形)：

$$d = 6/(\rho S_w) \tag{4-2}$$

式中，ρ 为对应块体密度，d 为颗粒比表面积等效直径。

该方法的优点是设备简单，测试速度快，但它仅仅是纳米粉末的比表面积的信息，通

过换算可以得到平均粒径的信息，但不能知道其粒度分布的情况。

粉末的比表面积为单位体积粉末颗粒的总表面积(S_v)或单位质量粉末颗粒的总表面积 S_w，它包括所有颗粒的外表面积以及与外表面相连通的孔所提供的内表面积；测定粉末比表面积的方法很多，如空气透过法、BET 吸附法、浸润热法、压汞法等，在以上方法中，BET 低温氮吸附法是应用最广的经典方法。测量比表面积的 BET 多层气体吸附是基于布龙瑙尔、埃梅特、特勒三人提出的多分子层吸附理论，通过 BET 方程可测定样品表面上气体单分子层的吸附量。最广泛使用的吸附剂是氮气，通常比表面积的测定范围为 $0.1\sim1000\text{m}^2/\text{g}$，以 ZrO_2 粉料为例，对应的颗粒尺寸测定范围为 $1\text{nm}\sim10\mu\text{m}$，十分适合于纳米粉末的测定。

BET 法是固体比表面测定时常用的方法。BET 方程为

$$\frac{V}{V_m}=\frac{kp}{(p_0-p)[1+(k-1)p/p_0]} \tag{4-3}$$

式中，V 为被吸附气体的体积（多层吸附的体积），k 为常数，V_m 为单分子层吸附气体的体积（铺满单分子层时所需气体体积），p 为吸附平衡时气体压力，p_0 为被吸附气体的饱和蒸气压(273K)。

令 $A=\frac{k-1}{V_m k}$，$B=\frac{1}{V_m k}$，则 $V_m=\frac{1}{A+B}$。将上述 BET 方程改写后可写成

$$\frac{p}{V(p_0-p)}=B+A\frac{p}{p_0} \tag{4-4}$$

即单分子层饱和吸附体积 V_m 是上述方程斜率与截距之和的倒数。

将 V_m 换算成吸附质的分子数($V_m/V_o\cdot N_A$)乘以单个吸附质分子的截面积 A_m，即可由下式计算出固体总表面积 S：

$$S=\frac{V_m}{V_o}N_A A_m \tag{4-5}$$

式中，V_o 为气体的摩尔体积，N_A 为阿伏加德罗常数。

固体比表面积测定时常用的吸附质为 N_2 气。一个 N_2 分子的截面积一般为 0.158nm^2。为了便于计算，可把以上三个常数合并，令 $Z=N_A A_m/V_o$。于是表面积计算式便简化为
$$S=ZV_m=4.25V_m$$

可见，只要得到 V_m，即可求出被测固体的表面积 S，固体比表面积 S_w 可通过被测固体的总表面积与其质量之比获得，即 $S_w=S/M$，进而由式(4-2)求出微粒平均粒径。

由于比表面积法是根据所吸附的气体多少来测量比表面积大小，再转化为等表面积球形颗粒来计算颗粒直径，显然测量结果与颗粒的表面状况有关，由于纳米粉体颗粒表面通常都不是很完整，颗粒表面缺陷多，吸附气体量多，结果导致测量的颗粒粒径小于实际值。

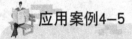 应用案例4-5

铜粉粒径的测定

用比表面积测定仪测定铜粉的比表面积，试验用铜粉量 $M=0.9578\text{g}$，实验温度 $T=273\text{K}$，在该温度下，N_2 的饱和蒸气压 $p_0=119057\text{Pa}$，试验测得吸附达平衡时 N_2 分压与吸附剂吸附量的关系见表 4-3。

表 4-3　吸附达平衡的 N_2 分压与吸附剂吸附量的关系

p/Pa	9051.895	11533.04	18656.197	26347.3	29728.49
V/mL	0.8984	0.9228	1.0760	1.166	1.258

试求铜粉粒径。

解：BET 方程为 $\dfrac{p}{V(p_0-p)}=\dfrac{1}{V_m \cdot k}+\dfrac{(k-1)p}{V_m k p_0}$。根据测得 N_2 分压与相应的吸附量值，计算出 $\dfrac{p}{V(p_0-p)}$ 及 p/p_0 值，结果见表 4-4。

表 4-4　计算结果

$\dfrac{p}{p_0}$	0.0760	0.0969	0.1567	0.2213	0.2497
$\dfrac{p}{V(p_0-p)}$	0.0916	0.1162	0.1727	0.2437	0.2645

以 $\dfrac{p}{V(p_0-p)}$ 为纵坐标，p/p_0 为横坐标作图，由斜率 $A=1.032$ 与截距 $B=0.011$ 可求得

$$V_m=\frac{1}{A+B}=0.9588$$

则吸附剂的比表面积为

$$S_w=S/M=ZV_m/M=4.25\times0.9588/0.9578 m^2/g=4.25 m^2/g$$

故得铜粉平均粒径为

$$d=6/(\rho S_w)=\frac{6}{8.9\times10^6\times4.25}m=158.6nm$$

4.1.5　激光粒度分析法

激光粒度分析法是在 20 世纪 70 年代发展起来的一种高效快速的测定粒径方法，测量颗粒包括从纳米级到毫米级的悬浮物粒子，它在纳米材料、生物工程、药物学及微生物领域均有着广泛的应用前景。由于激光粒度分析法适用范围宽，测量不受颗粒材料的光学特性及电学特性参数的影响，并具有样品用量少、自动化程度高、快速（单次测定只需十几分钟）、重复性好并可在线分析等优点，它已成为目前材料颗粒粒径分析中最为重要的方法之一。基于光散射原理的颗粒粒径测试仪器，数量与应用范围在所有粒径测试设备中占据了绝对性的统治地位。

尽管 Franhofer 和 Mie 等人早在 19 世纪就已经描述了粒子与光的相互作用，但直到 20 世纪随着微电子技术的发展、单色可靠的激光源的使用及快速高效的电子计算机的发展，才使这些理论得以应用到颗粒的粒径测量中。

将光散射原理应用到纳米材料的粒度测试中时，要求通过粉体悬浮介质的是高强度单色光，激光正是所需的光源。当一束波长为 λ 的激光照射在一定粒度的球形小颗粒上时，会发生衍射和散射两种现象，光散射现象的研究分为静态和动态两种，静态光散射（即时间平均散射、激光衍射）是测量散射光的空间分布规律，而动态光散射则研究散射光在某

固定空间位置的强度随时间变化的规律。通常当颗粒粒径大于 10λ 时，以衍射现象为主；当粒径小于 10λ 时，则以散射现象为主。从光散射原理来看，激光衍射式粒度仪仅对粒度在 $5\mu m$ 以上的样品分析较准确；而动态光散射粒度仪则对粒度在 $5\mu m$ 以下的纳米、亚微米颗粒样品分析准确。在粒度分析中应用的光散射原理见表 4-5。

表 4-5　粒度分析中应用的光散射原理

粒度分析类型	光散射原理	测量范围/μm($\lambda=632nm$)	特点
小角度光散射粒度分析仪	Fraunhofery 衍射	（以 X 射线为光源，$\lambda=$ 0.1nm）0.001～0.2	可分析普通激光源不能穿透的介质
微米粒度分析仪	Rayleigh-Mie-Gans 散射	0.005～8000	快速、准确，但受折射率等影响大
多普勒相分析	共振 Doppler 效应	0.001～1	只适合球形颗粒，兼测流速
纳米粒度分析仪	基于 Brown 运动的光子相关光谱法	0.002～3	快速，应用广，兼测 Zetadians 电动势

1. 激光光衍射粒度分析法基本原理

激光衍射粒度分析法主要理论是基于激光与颗粒之间相互作用的 Fraunhofer 衍射理论，该理论认为衍射的光能分布与粒度分布有关，通过测量光能分布，就可以通过理论计算获得粒度分布。在光束中，一定粒径的球形颗粒以一定的角度向前散射光线，这个角度接近于颗粒直径相等的孔隙所产生的衍射角。当一束单色光穿过悬浮的颗粒体系时，颗粒产生的衍射光通过凸透镜会聚于探测器上。探测器记录不同衍射角的散射光强度，没有发生衍射的光线，会经凸透镜聚焦于探测器中心，不影响发生衍射的光线强度的测定。由于衍射光强度 $I(\theta)$ 与颗粒粒径有如下关系：

$$I(\theta) = \frac{1}{\theta}\int_0^\infty R^2 n(R) J_1^2(\theta RK)\mathrm{d}R \tag{4-6}$$

式中，θ 是散射角度，R 是颗粒半径，$I(\theta)$ 是以 θ 角散射的光强度，$n(R)$ 是颗粒的粒径分布函数，$K=2\pi/\lambda$，λ 为激光的波长，J_1 为第一型的贝叶斯函数。

可见，通过测量不同衍射角度(θ)的衍射光强度 $I(\theta)$，可反推出颗粒的粒径分布 $n(R)$。

目前的激光粒度仪多数是以 $500\sim700nm$ 波长的激光作为光源，因此，衍射式粒度仪对粒径在 $5\mu m$ 以上的颗粒分析结果非常准确，而对于粒径小于 $5\mu m$ 的颗粒测量有一定的误差，甚至难以准确测量。商业激光粒度仪通常使用 He-Ne 气体激光器，它是一种持续的、具有固定波长($\lambda=632nm$)的光源。对于微米材料粒径测量主要采用 Mie 理论，在$\lambda=632nm$ 时，采用 Mie 理论的测试范围比Fraunhofer 衍射原理的测试范围更宽，结果也更精确。

激光衍射粒度仪一般是由激光器、富氏透镜、光电接收器阵列、信号转换与传输系统、样品分散系统、数据处理系统等组成，如图 4.20 所示。

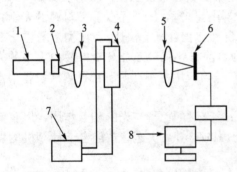

图 4.20　激光衍射粒度仪的结构原理图
1—激光源；2—滤波片；3—准直透镜；
4—样品池；5—聚焦透镜；6—检测器；
7—样品分散装置；8—计算机

激光器发出的激光束，经滤波、扩束、准值后变成一束平行光，在该平行光束没有照射到颗粒的情况下，光束经过富氏透镜后将汇聚到焦点上，如图 4.21 所示。

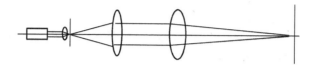

图 4.21　激光衍射粒度仪光路图

当通过某种特定的方式把颗粒均匀地放置到平行光束中时，激光将发生衍射和散射现象，一部分光将与光轴成一定的角度向外扩散。米氏散射理论证明，大颗粒引发的散射光与光轴之间的散射角小，小颗粒引发的散射光与光轴之间的散射角大。这些不同角度的散射光通过富氏透镜后汇聚到焦平面上将形成半径不同明暗交替的光环，不同半径上光环都代表着粒度和含量信息。这样在焦平面的不同半径上安装一系列光电接收器，将光信号转换成电信号并传输到计算机中，再用专用软件进行分析和识别，就可以得出悬浮体系微粒粒径及其粒度分布。激光经颗粒散射的光路图如图 4.22 所示。

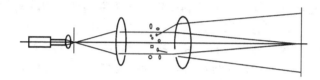

图 4.22　激光经颗粒散射的光路图

由于衍射原理只适用于颗粒尺寸远大于入射光波长的体系，所以对于纳米材料，需要采用 X 射线做光源来降低波长，适应纳米微粒小粒径的要求。

激光粒度分析法的理论模型是建立在颗粒为球形、单分散条件上的，而实际上被测颗粒多为不规则形状并呈多分散性。因此，颗粒的形状、颗粒分布特性对最终粒度分析结果影响较大，而且颗粒形状越不规则，颗粒分布越宽，分析结果的误差就越大。

2. 激光光散射粒度分析(光子相关光谱)法

当颗粒粒度小于光波波长时，由瑞利散射理论，散射光相对强度的角分布与粒子大小无关，这就不能通过对散射光强度的空间分布(即上述的静态光散射法)来确定颗粒粒度。动态光散射式激光粒度仪正好弥补了在这一粒度范围内其他光散射测量手段的不足。动态光散射又称光子相关光谱(PCS)。

1919 年英国科学家拉曼首先利用相干光研究了溶液中悬浮物粒子的热扩散布朗运动。然而随后几十年有关这方面的研究并没有取得很大进展，一直到 20 世纪 60 年代初激光出现以后，约翰霍普金斯大学的凯尤曼斯教授发现，溶液中悬浮物粒子受激光辐照以后，散射光能够给出有关颗粒布朗运动的定量信息，开创性地提出了光子相关光谱的概念和理论，并且根据这些信息计算出了颗粒的大小。经过多年的不懈努力和发展，光子相关光谱技术日臻成熟，逐步成为光散射研究的一个重要领域。

动态光散射法测量颗粒粒径的原理是通过测量颗粒在液体中的扩散系数来测定颗粒度。颗粒在溶剂中形成分散系时，由于颗粒作布朗运动导致粒子在溶剂中扩散，扩散系数与粒径满足如下爱因斯坦关系：

$$D = \frac{RT}{N_0} \cdot \frac{1}{3\pi\eta d} = \frac{k_{BT}}{3\pi\eta d}$$

式中，D 为扩散系数，R 为气体常数，T 为热力学温度，N_0 为阿伏伽德罗常数，η 为溶剂黏度，d 为颗粒粒径，K_B 为波尔兹曼常数。

由此方程可知，只要知道溶剂（分散介质）的黏度 η、分散系的温度 T，测出微粒在分散系中的扩散系数 D 就可求出颗粒粒径 d。

动态光散射法可研究散射光在某固定空间位置的强度随时间变化的规律。在胶体中，纳米微粒实际上在不停地作布朗运动，当单色相干的激光光束照射到胶体上时，由于纳米微粒受到液体中分子的撞击作布朗运动，在某一固定角度观察到的散射光强度将不断地随时间起伏涨落。该点光强的时间相关函数的衰减与微粒的扩散系数有一一对应的关系。通过检测散射光的光强随时间变化就可以了解粒子的平动扩散运动、转动运动等动态性质，故称为动态光散射法。动态光散射的一项重要的实验方法是测量光电子的相关函数，故又称为光子相关谱法。

光子相关谱法的基本过程是：激光器发出的激光（通常选用连续激光）经透镜聚焦于样品池内，在任一选定的散射角 θ 处，用探测器（通常为光电倍增管 PM）探测此角度的散射光。光电倍增管输出的光子信号经放大和识别后成为等幅 TTL 串行脉冲，经数字相关器求出光强的自相关函数，而后计算机根据自相关函数中所包含的颗粒粒度信息算出粒度分布。实际分析中为了避免其他因素的干扰，提高测量精度，通常是从光源发出两束频率相同、相位一致的激光束，在测试区域相交，在两个检测器上得到两份相似的光强信号的涨落变化，两份光强信号涨落变化相同的部分为颗粒布朗运动的实际光强信号，而不同的部分则是干扰信号，被滤除。

动态光散射获得的是颗粒的平均粒径，难以得出颗粒分布参数。动态光散射法适于测定亚微米级以下颗粒，测量范围为 $1nm \sim 5\mu m$。而对粒径大于 $5\mu m$ 的颗粒来说，散射式激光粒度仪（光子相关光谱仪）无法得出正确的测量结果，需要应用激光衍射粒度仪。

颗粒分散性是影响激光粒度分析法、电镜粒度观测法、离心式沉降法等测量分析结果准确性最主要的因素。对于纳米颗粒体系，良好的分散条件是准确测量粒度的前提；反之，粒度分析结果也是反映体系分散性优劣的一项重要指标。对于微纳分散体系，粒度和粒子分散性在粒度分析及产品开发应用中是不可分割的。分散性条件的研究是该领域技术难度最大，也是关系微纳体系特性能否体现的一项重要研究内容。

激光粒度分析的试样通常采用超声波分散，如果测试的颗粒结构比较松散，较易被超声波震动击碎，则不宜进行长时间的超声波分散，以免粉体试样颗粒经超声波分散后再次破碎，颗粒变小，导致测量误差。一般情况下，超声波震荡的时间在 $2 \sim 5min$ 比较合适。具体情况应根据被测试的粉体试样而定。

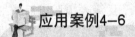**应用案例4-6**

SiO₂ 纳米微粒的形成过程的激光光散射研究

正硅酸四乙酯（TEOS）通过水解-缩合反应制备 SiO_2 是 SiO_2 纳米球制备的经典方法，采用激光纳米粒度仪可以对 SiO_2 纳米微球的形成进行连续观察。

将 TEOS 加入乙酸水溶液中，原料组成为 TEOS：CH_3COOH：H_2O 摩尔比为 $1:4:4$，

原料在室温(25℃±1℃)下混合均匀后，放入 1cm 的标准比色皿中，采用 Malvern auto-sizer Ⅱc 型激光纳米粒度分析仪检测 SiO_2 的粒度变化，每 30s 记录一次，检测到 670s。图 4.23 所示为 SiO_2 纳米微粒形成过程中的动态光散射随时间的变化。

实验发现在 280s 以前，激光粒度仪没有信号，未检测到微粒，溶胶几乎保持澄清。280s 时检测到大的不稳定聚合体，该聚合体数量少，实验检测重复性差，光子相关光谱仪的计数速率为 $3000\sim10000s^{-1}$，胶团粒径为 2000～3000nm。大约 400s 时，溶胶变浑浊，表明在溶胶中出现了 SiO_2 固体微粒。大的不稳定聚合体胶团水解成小的无机纳米微粒，光子相关光谱仪计数速率逐渐增大，表明溶胶中的微粒数目逐渐增加。在纳米 SiO_2 出现最小平均粒径(520s，52nm)后，计数速率在微粒的生长过程中(550～670s)几乎保持不变。这个结果表明，SiO_2 微粒的生长过程是在均相溶液中首先形成晶核，然后液相组分在晶核表面沉积使微粒逐渐长大，而并不是微粒之间的聚集长大(这会导致计数速率减小)。

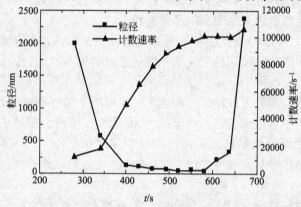

图 4.23　SiO_2 纳米微粒形成过程中的动态光散射随时间的变化

激光粒度测试方法的优点为：

(1) 测量范围广，先进的激光光散射粒度测试仪的测量范围为 $1nm\sim3000\mu m$，基本满足了超细粉体技术的要求。

(2) 测定速度快，自动化程度高，操作简单。采用 Fourier 变换，使得光散射很容易地通过计算机数值计算实现。利用高速计算机系统，从对光、校正背景光值、测量到给出各种统计结果，一般只需 1～1.5min。

(3) 测量准确，重现性好。

尽管激光光散射法在粒度测试中有上述优点，并且正得到更加广泛而深入的应用，但仍应客观地看到由其基本原理而产生的以下局限性：

(1) 由于光线无法正常穿过一些高浓度的样品，因此在高浓度样品测量方面存在局限性，尤其是在线测量时。

(2) 由于测量理论是建立在球形粒子模型基础上，因此在测量薄片状、长圆柱状、纤维状等形状不规则的颗粒时，特别是在平均粒径 d 接近光波长 λ 的情况下，会引起较明显误差。

4.1.6　X 射线小角散射法

在材料中，纳米微粒可以是以相互分离而独立的方式存在，更多的情况下可能是以很多微粒黏附在一起形成团聚体的形式而存在。如不能将其中的颗粒有效地分散开来，它们将会作为一个整体遮挡和散射可见光、电子束等，除 X 射线衍射峰宽化法可测定晶粒尺寸外，其他大多数检测分析方法的测试结果均是团聚体颗粒尺寸的反映，如透射电镜、扫描电镜、激光散射法等都是反映团聚体的粒径，因此制样要求充分分散形成独立颗粒，才能获得纳米微粒（一次颗粒）的粒径，否则就仅反映了团聚体的粒径。X 射线小角散射法是一种不需要分散处理就可直接测定一次颗粒粒径的方法，此外它还可以测定纳米微粒的粒度分布。

在纳米微粒粒径分析中，X 射线小角散射（SAXS）分析不需要特殊的样品制备，可分析原始样品，测量区域大，X 射线辐照体积内的颗粒数约为 1.8×10^{10} 个，因此一般小角散射信息来自 $10^9 \sim 10^{11}$ 个颗粒，这就保证其分析结果的统计代表性，能真实反映样品的实际情况。SAXS 的测量结果所反映的是一次颗粒的尺寸，也就是我们前面所讲的纳米微粒尺寸。

SAXS 已经有了相关的国家标准和国际标准，并且都已经颁布实施。SAXS 技术主要用来研究尺寸在一至几百纳米范围内的各种微粒。

X 射线小角散射（SAXS）是发生于原光束附近几度范围内的相干散射，物质内部一至数百纳米尺度的电子密度的起伏是产生这种散射效应的根本原因。因此 SAXS 技术可以用来表征物质的长周期、准周期结构及呈无规则分布的纳米体系，被广泛用于 $1 \sim 300nm$ 范围内的各种金属和非金属粉末粒度分布的测定，也可用于胶体溶液、磁性液体、病毒、生物大分子及各种材料中所形成的纳米级微孔、GP 区和沉淀析出相尺寸分布的测定。SAXS 测量的主要优点是测量不受颗粒团聚的影响，制样简单，在 10s 内就能完成单个样品测试，对于在液体介质中分散不稳定的纳米颗粒，也能达到快速准确地评价其尺寸分布的目的。

X 射线小角散射法的原理如下。由于电磁波的所有散射现象都遵循着反比定律（倒易关系），对一定 X 射线波长来说，被辐照对象的结构特征尺寸越大，则散射角越小，因此，当 X 射线穿过与本身的波长相比具有较大结构特征尺寸的纳米微粒、高聚物和生物大分子体系时，散射效应都局限于小角度处，散射角大约为 $10^{-2} \sim 10^{-1}Rad$ 数量级。衍射光的强度，在入射光方向最大，随衍射角增大而减少，在 ε_0 角度处则变为 0，角度 ε_0 与波长 λ 和粒子的平均直径 d 之间近似满足下列关系式：

$$\varepsilon_0 = \lambda / d$$

假定粉体粒子为均匀大小，则散射强度 I 与颗粒的重心转动惯量的回转半径的关系为

$$\ln I = \alpha - \frac{4}{3} \cdot \frac{\pi^3}{\lambda} R^2 \varepsilon^2 \qquad (4-7)$$

式中，α 为常数，λ 为入射 X 射线波长，I 为散射强度，R 为回转半径，ε 为散射角度。

对于球形颗粒，其回转半径 R 与微粒半径 r 的关系为

$$R = \sqrt{\frac{3}{5}} r = 0.77r \qquad (4-8)$$

由上面两式，通过散射强度 I 和散射角度 ε，得出斜率就可求得颗粒的粒径 d。

X 射线波长一般在 0.1nm 左右，而可测量的散射角在 $10^{-2} \sim 10^{-1}Rad$，所以要获得小角散射并有适当的测量强度，d 应在几至几十纳米之间，如仪器条件好则上限可提高至 100nm。

在实际测量中，微粒的大小与形状不一致，数据解析很复杂。按照电磁理论，对于稀

疏的球形颗粒系，并考虑到狭缝的影响，入射 X 射线在角度 ε 处的散射强度为

$$I(\varepsilon) = C\int_{-\infty}^{+\infty} F(t)\mathrm{d}t\int_{R_0}^{R} \omega(R)R^3\Phi^2(x)\mathrm{d}R \qquad (4-9)$$

式中

$$x = \frac{2\pi R}{\lambda}\sqrt{\varepsilon^2 + t^2}$$

$\Phi(x) = 3(\sin x - x\cos x)/x^3$ 为球形颗粒的形象函数，R 为颗粒半径，$\omega(R)$ 为以质量为权数的粒度分布函数，$F(t)$ 为仪器狭缝的高度权重函数，t 为沿狭缝高度的角度参变量，λ 为入射 X 射线的波长，C 为综合常数。

传统的回转半径计算方法在计算平均粒径方面比较简便，目前分割分布函数法是处理小角散射强度数据更为高效的一种方法，其基本点是将不同粒径的微粒分割成 n 个非等分的区间，由于区间长度足够小时，对应于该区间的 $\omega(R)$ 可近似以其平均值来代替，因而可将上述积分方程式转化为一个 n 元的线性方程组。根据相应的分割区间，选定 n 个合适的角度进行散射强度测量，得到 n 个 $I(\varepsilon)$。求解这个 n 元线性方程组即可算出粒度分布，绘出粒度分布的直方图和累积分布图。目前分割分布函数法已经被 SAXS 测量超细粉末粒度分布的国家标准和国际标准所采纳。其具体测量步骤如下：

（1）制样。将适量粉末在对 X 射线无散射的火棉胶的丙酮溶液中充分分散、静置，待丙酮完全挥发后得到薄片状样品。样品厚度约为 0.2mm。

（2）对光。调整前级光路中防发散狭缝的高度，其他狭缝固定，将光源的最强峰位调整到零位。前级光路中必须加入衰减片，以避免强度过高损坏探测器。

（3）测量散射强度。将样品放置在样品台上，让 X 光透过样品。依次测量靠近原光束位置九个角度的散射强度，该强度包含了样品的散射强度和各种因素造成的背底强度。

（4）测量背底散射强度。将样品从样品架上取下，置于单色平行光发生器之前。测试条件与前一步骤相同，依次测量九个角度位置的散射强度，即为背底的散射强度，背底散射的来源包括狭缝的寄生散射、空气的散射、样品的荧光辐射、双布拉格反射及计数管的自然本底等。

（5）计算。将步骤（3）测量的散射强度减去背底的散射强度，即为样品的净散射强度。将其输入计算机程序进行计算，即可得到粉末的粒度分布。

目前 SAXS 已应用到物理学、化学、材料科学、地质学和生物学等诸多领域中。最近十几年来，由于实验仪器、实验方法和计算手段的进步，小角散射技术在许多领域有了很大的进展。小角度的 X 射线衍射峰还可以用来研究纳米介孔材料的介孔结构。由于介孔材料可以形成很规整的孔，所以可以把它看做周期性结构，样品在小角区的衍射峰反映了孔洞周期的大小。这是目前测定纳米介孔材料结构最有效的方法之一，但对于孔排列不规整的介孔材料，此方法则不能获得其孔径信息。

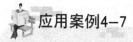 应用案例4—7

纳米氧化锆粒径及其分布的 SAXS 分析

首先配制火棉胶丙酮溶液，取无小角散射效应的火棉胶溶于分析纯丙酮溶液中，配制成浓度为 50～100g/L 的火棉胶丙酮溶液；然后称取一定量的纳米氧化锆粉体，超声震荡 3min 分散于上述火棉胶丙酮溶液中，再将分散好的纳米氧化锆悬浮液倒入培养皿

中，在烘箱内50℃以下缓慢干燥，丙酮挥发后即可得到薄片样品。将制备好的样品片置于样品夹上，用 XPert MPD Pro 型衍射仪进行 SAXS 测试。测试电流 40mA，电压 40kV。狭缝设置 DS 为 1/16°；ASS1 为 1/8°，散射角 2θ 以每点间隔 0.02°每点计数时间为 10s 的定点扫描方式，从 0.3°扫描至 2°，先测样品，后测背景。测试完成后，在仪器自带程序 Data Viewer 中读取各个散射角度的散射强度值；将强度数据进行归一化处理；最后采用 PANytical 公司提供的 SAXS(Small Angle X-ray Scattering)程序计算出纳米氧化锆粒径与粒径分布结果。粒径分布直方图和累积粒度分布曲线图分别如图 4.24 和图 4.25 所示。

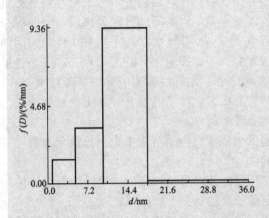

图 4.24　纳米氧化锆粒径分布直方图

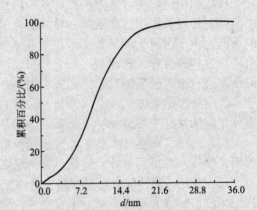

图 4.25　纳米氧化锆粒径累积粒度分布曲线图

通过粒径分布参数计算出纳米氧化锆的平均粒径 $d=12.6\text{nm}$，根据累积曲线分布图可计算出中位径 $d=12.9\text{nm}$。

4.1.7　其他粒径分析方法

除以上介绍的粒径测量方法外，还有其他一些测量方法，如高速离心沉降法、拉曼(Raman)散射法、质谱法、穆斯堡尔谱法等，表 4-6 给出了纳米微粒粒径测量的主要方法及其使用的仪器。

(1) 高速离心沉降法。用此方法测定纳米微粒粒径及其分布在学术界还存在争论，因为如果转速不能达到 15000r/min，纳米颗粒是很难进行沉降的，这种方法与设备条件有很大关系。沉降法(Sedimentation Size Analysis)的原理是基于颗粒处于悬浮体系时，颗粒本身重力(或所受离心力)、所受浮力和黏滞阻力三者平衡，并且黏滞力服从斯托克斯原理，颗粒在悬浮体系中以恒定速度沉降，此时沉降速度符合 Stokes 定律，其数学表达式为

$$v=\frac{(\rho_s-\rho_f)g}{18\eta}d^2 \tag{4-10}$$

式中，v 为微粒沉降速度，d 为微粒粒径，ρ_s 为微粒密度，ρ_f 为液体密度，η 为液体黏度，g 为重力加速度。

从 Stokes 定律中我们可以看到，颗粒的沉降速度与粒径的平方成正比，可见在重力

沉降中颗粒越细沉降速度越慢。比如。在相同条件下，两个粒径之比为 10∶1，那么这两个颗粒的沉降速度之比则为 100∶1。

需要注意的是，只有满足下述条件才能采用沉降法测定颗粒粒度：

①颗粒形状接近于球形，并且完全被液体润湿；②颗粒在悬浮体系中的沉降速度是缓慢而恒定的，而且达到恒定速度所需时间很短；③颗粒在悬浮体系中的布朗运动不会干扰其沉降速度；④颗粒间的相互作用不影响沉降过程。

由于沉降法粒度分析仪采用斯托克斯原理，所以分析得到的是一种等效粒径，粒度分布为等效平均粒度分布。离心沉降法适于检测粒度为 10nm～20μm 的颗粒。

只有高速离心沉降才能用于纳米材料的粒度分析。在离心状态下粒径与沉降速度的关系如下：

$$v_c = \frac{(\rho_s - \rho_f)\omega^2 r}{18\eta} d^2 \tag{4-11}$$

这就是离心状态下的 Stokes 定律，其中 ω 为离心机角速度，r 为颗粒到轴心的距离，D 为颗粒平均粒径。由于离心机转速较高，$\omega^2 r$ 远远大于重力加速度 g，因此同一个颗粒在离心状态下的沉降速度 v_c 将远远大于在重力状态下的沉降速度 v。

从 Stokes 定律可知，只要测到颗粒的沉降速度，就可以得到该颗粒的粒径。但在实际测量过程中，直接测量颗粒沉降速度是很困难的，因此在沉降法粒度测试过程中，常用透过悬浮液的光强的变化率来间接反映颗粒的沉降速度，即采用消光沉降法，这是目前较通行的方法，其测试原理为比尔定律。比尔定律给出了某时刻的光强与粒径之间关系如下：

$$\lg(I_i) = \lg(I_0) - k \int_0^\infty n(D)D^2 \, dD \tag{4-12}$$

式中，I_i、I_0 分别为透射光强和入射光强，D 为微粒的平均粒径，$n(D)$ 为粒径分布函数，k 为常数。

这样我们就可以通过测试某时刻的光强来得到光强的变化率，再通过计算机的处理就可以得到粒度分布了。对于纳米微粒，由于其尺寸小于可见光的波长，因此不宜使用可见光来进行沉降的研究，而应使用波长相对较短的 X 射线。

(2) 拉曼(Raman)散射法。纳米材料中晶粒与常规晶体中的粒径的差别导致其晶体有序程度不同，两种晶粒中对应同一键的振动模也有差别，即纳米晶粒的拉曼峰与常规材料相比发生移动。这样就可以利用纳米晶粒与相应常规晶粒的拉曼光谱的差别来研究其结构特征或晶粒尺寸大小。

利用拉曼(Raman)散射峰的位移可测量纳米晶晶粒的平均粒径，粒径由下式计算：

$$d = 2\pi \left(\frac{B}{\Delta \omega} \right) \tag{4-13}$$

式中，d 为纳米晶平均粒径，B 为常数，$\Delta \omega$ 为纳米晶拉曼谱中某一晶峰的峰位相对于同样材料的常规晶粒的对应晶峰峰位的偏移量。

有人曾用此方法来计算 nc-Si∶H 膜中纳米晶的粒径。他们在 nc-Si∶H 膜的拉曼散射谱的谱线中选取了一条晶峰，其峰位为 515cm⁻¹，在 c-Si 膜(常规材料)的相对应的晶峰峰位为 521.5cm⁻¹，取 $B = 2.0 \text{cm}^{-1} \text{nm}^2$，由上式计算出 nc-Si∶H 膜中纳米晶的平均粒径为 3.5nm。

(3) 质谱法(mass spectrometry)。用该法进行粒径分析主要用于测量气溶胶中的纳米微粒的粒径。目前，国外开展了用质谱法测定微粒质量和粒度的研究，其基本原理是通过测定微粒动能和所带电荷的比例$\frac{mv^2}{2Ze}$、微粒速度v和电荷数Z，从而获得微粒质量m，结合微粒形状和密度则可求得微粒粒径。气溶胶样品首先在质谱仪入口处形成颗粒束，再经差动加压系统进入高真空区，在高真空区中用高速电子流将颗粒束离子化，然后用静电能量分析仪检测每个粒子化微粒的动能和电荷之比，通过计算即可得到纳米微粒的质量和粒径。质谱法测定颗粒的粒度范围一般为1~50nm。

表 4-6　微粒尺寸的主要检测方法

测量方法	测量功能	适用的尺寸范围	使用的主要仪器
透射电子成像法（TEM）	直接观察粒子形貌并测量粒径尺寸	1~100nm	透射电子显微镜
扫描电子成像法（SEM）	直接观察粒子形貌并测量粒径尺寸	大于2nm	扫描电子显微镜
扫描隧道显微镜法（STM）	形貌与尺寸	大于0.1nm	扫描隧道显微镜
比表面积法	比表面积，平均直径	尺寸：约1nm~10μm 比表面积：0.1~1000m²/g	BET吸附装置或重量法装置
X射线衍射峰宽法	晶粒平均尺寸	10~100nm（常用小于50nm）	X射线衍射仪
X射线小角散射法	颗粒平均尺寸	1~100nm	X射线衍射仪
光子相关谱法	粒径尺寸	3nm~3μm	光子相关谱仪
拉曼散射法	平均直径	3~100nm	拉曼光谱仪
离心沉降法	等效直径	10nm~20μm	高速离心机，分光光度计或暗场法光学系统
穆斯堡尔谱法	颗粒分布	—	穆斯堡尔谱仪

4.2　纳米微粒振动光谱分析

红外（infrared，IR）光谱、拉曼（Raman）光谱在材料领域的研究中占有十分重要的地位，是研究材料的物理和化学结构及其表征的基本手段之一。红外光谱和拉曼光谱都属于分子振动光谱，但它们所反映的振动性质不同，红外光谱反映振动基团偶极矩的变化，拉曼光谱反映振动基团极化率的变化。红外光谱为极性基团的鉴定提供了最有效的信息，拉曼光谱对于研究物质的骨架特征最为有效。纳米材料的小尺寸效应和表面效应使得其分子基团的振动键的模式和强度发生变化，在红外和拉曼光谱中表现为振动峰的位移、峰强度的改变或者是新的峰的出现。振动光谱技术成为纳米材料鉴定和特性表征必不可少的分析技术，振动光谱分析能得到包括化学组成、晶态和结构以及尺寸效应等内容的重要信息。

振动光谱是指物质因受光的作用，引起分子或原子基团的振动，从而产生对光的吸收。分子中存在着多种不同类型的振动，其振动自由度与原子数有关，含N个原子的分子有$3N$个自由度。这些振动模式可分为两大类，即伸缩振动和弯曲振动。伸缩振动指键合原子沿键轴方向的振动，这是键的长度因原子的伸缩运动而变化，它又可分为对称伸缩振动和反对称伸缩振动。弯曲振动是指原子沿垂直于键轴方向的振动，它又分为变形振动、摇摆振动和卷曲振动三类。

分子的振动能级只是分子的运动总能量（包括移动、转动、振动和分子内的电子运动）的一部分，其所对应的能级间隔介于 $0.1\sim1.0\text{eV}$ 之间，它所吸收的辐射主要是中红外区，振动光谱可以用分子对红外辐射的吸收（红外光谱）或光散射（拉曼光谱）来测定和研究。拉曼光谱是分子对激发光的散射，而红外光谱则是分子对红外光的吸收，两者原理不同，均是研究分子振动的重要手段，同属分子光谱。

4.2.1 红外光谱

红外吸收光谱又称分子振动转动光谱。红外光能激发分子内振动和转动能级的跃迁，所以红外吸收光谱是振动光谱的重要部分。红外光谱方法主要是通过测定这两种能级跃迁的信息来研究分子结构的。习惯上，往往把红外区按波长分为三个区域，即近红外区（$0.78\sim2.5\mu\text{m}$）、中红外区（$2.5\sim25\mu\text{m}$）和远红外区（$25\sim1000\mu\text{m}$）。红外光谱除用波长表征外，更常用波数表征。波数是波长的倒数，一般表示每厘米光波中波的数目，波数以 cm^{-1} 为单位。

红外光谱在材料领域的应用大体上可分为两个方面，即用于分子结构的研究和用于化学组成的分析。前者应用红外光谱可以测定分子的键长、键角，以此推断分子的立体构型，根据所测得的力学常数可以知道化学键的强弱，可用来计算热力学函数等。后者应用更为广泛，主要是对材料的化学组成进行分析，用红外光谱法可以根据光谱中吸收峰的位置和形状来推断待测物结构，依照特征吸收峰的强度来测定混合物中各组分的含量。由于红外光谱分析具有快速、灵敏度高、测试样品量少、能分析各种状态的试样等特点，它已成为现代材料结构分析、化学组成分析最常用的工具之一。

绝大多数高分子化合物和许多无机材料的化学键振动的跃迁出现在中红外区，材料的晶格振动出现在远红外区，因此远红区红外光谱在材料结构分析中非常重要。

产生红外振动吸收的必要条件是振动的频率与光波频率相等，即连续光波中的某一波段与分子中的某一个基本振动形式的波长相等。

红外光谱图的获得，是将透过物质的光辐射用单色器加以色散，使波长按长短依次排列，同时测量在不同波长处的辐射强度，通过透过物质后的光谱与透过前的光谱之差就可得到吸收光谱。

一束连续的红外光与分子相互作用时，若分子间原子的振动频率恰好与红外光的某一频率相等就可引起共振吸收，使光的透射强度减弱。因此在红外光谱图中，纵坐标一般用线性透光率（%）表示，称为透射光谱图；也可用非线性吸光度表示，称为吸收光谱图。在红外光谱图中，横坐标一般以红外辐射光的波数为单位。在解释红外光谱时，应从谱带的数目、吸收带的位置、谱带的形状和谱带的强度等方面来考虑。

在分子的振动模式中，由于原子间的距离（键长）和夹角（键角）发生变化，分子的偶极矩也会产生相应的变化，偶极距变化的结果产生一个稳定的交变电场，它的频率等于振动的频率，如果分子在振动中没有偶极矩的变化，就不会产生吸收光谱。

对一个简单的双原子分子来说，可以把键的振动看作谐振子的振动，其振动能量的量子力学表达式可简单表示为

$$E_{振动} = \left(n + \frac{1}{2}\right) \frac{h}{2\pi} \sqrt{\frac{K}{\mu}} \qquad (4-13)$$

式中，n 为振动量子数，μ 为所关联的两个原子的折合质量，h 为普朗克常数，K 为化学键力常数。若分子从基态 $n=0$ 跃迁到 $n=1$ 的激发态，根据两能级的差就可以求得吸收谱带的位置。对于不可能是谐振子的实际分子，不能简单地用谐振子来描述，应进行适当的修正。多原子分子的振动光谱要更加复杂。

红外光谱是纳米金属氧化物材料的一种重要表征方法，它可以提供纳米材料中的空位、间隙原子、位错、晶界和相界等方面的信息。

纳米材料的红外光谱与常规材料相比，通常表现出吸收峰的宽化以及蓝移或红移变化。这些变化是多种因素综合作用的结果。通常概括为三个方面：①量子尺寸效应导致蓝移。因为当晶粒减小到某一值时，会使费米能级附近的能级间隙变宽，从而引起吸收峰蓝移。②晶格畸变导致的变化。随着颗粒粒度的减小，界面所引起的对晶粒组元的负压力使晶粒微结构发生变化从而引起晶格畸变。畸变有两种情况，一是当晶粒减小到纳米级时，发生晶格膨胀，使平均键长增大，化学键力常数减小，键的振动频率减小，红外吸收峰红移。二是相反的情况，晶格畸变，晶格常数变小，键长的缩短会导致化学键力常数增大，从而引起红外吸收峰的蓝移。③表面效应导致的变化。随着粒径的减小，表面原子所占的比例增大，与体相原子比较，表面原子之间的距离较大，表面原子的键力常数相应就比较小，从而导致表面声子频率的减小，这样表面原子的弛豫效应就有可能导致红外光谱的红移。另外，由于表面原子配位不饱和，因此存在大量的悬空键，产生的离域电子在表面和体相之间重新分配，使键强度增加，化学键力常数增大，从而导致红外光谱的蓝移。

不同的纳米材料中这些影响因素是不一致的。当导致红移的因素占主导地位时，相应材料的红外光谱发生红移；当导致蓝移的因素占主导地位时，相应材料的红外光谱就发生蓝移；否则就出现红移和蓝移并存的现象。所以，考察一个特定纳米材料的红外光谱变化的原因，不能从单一的方面考虑，必须综合多种影响因素，并找出占主导地位的因素。

纳米氧化物的晶型是影响纳米材料红外光谱特征变化的重要因素之一。研究发现具有相同晶型的氧化物其纳米粉体的红外光谱变化具有相同的特征。同属刚玉型结构的纳米 $\alpha - Cr_2O_3$ 和纳米 $\alpha - Al_2O_3$，都出现了红外光谱蓝移的现象；同属于 NaCl 型的纳米 MgO 和 NiO，在红外光谱中都出现伸缩振动峰红移而弯曲振动峰蓝移的现象。

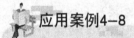 应用案例4-8

Cr₂O₃ 纳米微粒的红外光谱

图 4.26 所示为 Cr_2O_3 纳米微粒与常规 Cr_2O_3 的 FT-IR 谱图，比较可发现纳米微粒在 563cm⁻¹ 和 619cm⁻¹ 附近 Cr-O 键的伸缩振动特征吸收峰都明显发生蓝移，分别移动到 582.4cm⁻¹ 和 651.8cm⁻¹ 的位置，这与纳米微粒的吸收光谱蓝移现象一致。另外，由图中也可以观察到纳米材料的吸附水的伸缩振动吸收峰（3440cm⁻¹ 附近）和变形振动吸收峰（1636cm⁻¹ 附近）的峰强度增加，这是 Cr_2O_3 纳米微粒比表面积增加，吸附水能力增强的结果。

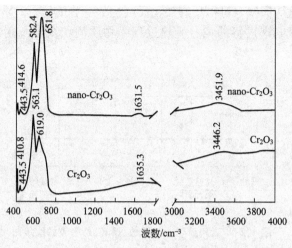

图 4.26　纳米 Cr_2O_3 和常规 Cr_2O_3 的 FT - IR 谱图

4.2.2　拉曼光谱

拉曼散射的发现是量子力学的重要成就之一。当光子与物质分子发生相互碰撞后，光子的运动方向要发生改变；如果光子仅改变运动方向而在碰撞过程中没有能量的交换（弹性碰撞），这种散射称为瑞利（Rayleigh）散射；如果光子在碰撞过程中不仅改变了运动方向，而且发生了能量的交换（非弹性碰撞），这种散射现象被命名为"拉曼效应"，相关的散射光谱称为"拉曼光谱"。同红外光谱一样，拉曼光谱也是用来研究分子的转动和振动能级的。

虽然 1928 年印度物理学家拉曼（C. VR Raman，1888—1970）就发现了拉曼散射，但由于拉曼散射的"先天不足"——散射强度只有瑞利散射的千分之一甚至百万分之一，其强度检测困难，因此拉曼光谱发展缓慢，无应用价值。直到激光技术问世之后，1964 年诞生了激光拉曼光谱仪，其利用大功率输出、单色性、相干性的激光源作为拉曼光谱仪器的光源（通常是 He - Ne 激光器 632.81nm），才使得拉曼光谱重新得到重视，有了迅速的发展。

按照极化原理，把一个原子或分子放到静电场中，感应出原子的偶极子 μ，原子核移向偶极子负端，电子云移向偶极子正端。分子在入射光的电场作用下正负电荷中心相对移动，极化产生诱导偶极矩，它正比于电场强度，有 $P=\alpha E$ 的关系，比例常数 α 是分子的极化率。拉曼光谱是分子的非弹性光散射现象所产生的，因此拉曼光谱反映的实际上是拉曼散射，拉曼散射的发生必须有相应极化率的变化时才能实现，这与红外光谱不同。具有红外活性的振动分子有偶极矩的变化，而产生拉曼光谱的条件是拉曼活性，即要求分子有极化率的变化。

红外和拉曼光谱研究分子结构及振动模式是相互补充的，拉曼光谱适用于同原子的非极性键的振动研究，如 C - C，S - S，N - N 键等，而不同原子的极性键适合于红外光谱研究，如 C=O、C—H、N—H 和 O—H 等在红外光谱上反映明显，分子对称骨架振动在红外光谱上几乎看不到，而从拉曼光谱中可获得丰富的信息。

图 4.27 有助于我们了解光的散射过程。在拉曼光谱中，新波数的谱线称为拉曼线或

拉曼带。记录分析这些谱线，可得到有关物质结构的一些信息。对纳米粉体和纳米陶瓷来说，都可以利用拉曼光谱进行晶相、受热过程中物质的相变以及超细粉末的尺寸效应等研究。

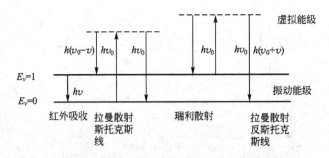

图 4.27　瑞利散射、拉曼散射和红外吸收的能级图

　　激光拉曼光谱可反映分子中某些化学键或者官能团振动能级的变化，通过分析纳米材料的拉曼光谱，可以了解相关纳米材料内部的结构，有助于了解纳米尺度物质性能。激光拉曼谱图在形态上和解释上较红外光谱简单，且图谱测量所需样品少。现代拉曼光谱仪已有显微成像系统，能进行微区分析，配备光纤后，可以实现远程检测。只需要把激光传到样品上，而无需把样品送到实验室。"遥测"技术使拉曼光谱在工业应用中极有前景。拉曼光谱的缺点是要求样品对激发辐射光透明。

　　目前，用拉曼光谱表征纳米微粒正受到越来越多的关注，很多纳米微粒的红外光谱并没有表现出尺寸效应，但它们的拉曼光谱却有显著的尺寸效应。如 ZrO_2、TiO_2 等纳米微粒的拉曼光谱与单晶或尺寸较大的颗粒明显不同。拉曼位移的原因很复杂，主要是表面效应造成，另外，非化学计量比以及量子限域效应也可能产生移动。

　　纳米微粒尤其是粒径小于 10nm 的纳米微粒的拉曼光谱的特点主要表现在：（1）拉曼峰向低频方向移动或出现新的拉曼峰；（2）拉曼峰的半高宽明显宽化，如图 4.28 所示 InP 纳米晶的拉曼光谱图。InP 为立方晶系闪锌矿结构（T_d^2(F43)），图中的两个散射峰的位置分别为 298.4cm^{-1} 和 336.8cm^{-1}，它们分别对应常规 InP 的晶体的 F_2(TO)＝304cm^{-1} 和 F_2(LO)＝345cm^{-1} 的振动峰，与块体材料相比，由于纳米微粒的尺寸效应，两峰都向低频方向发生较大的移动，表明粒度变小后，InP 块体材料的分子振动能降低。

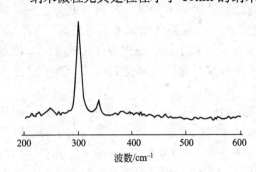

图 4.28　InP 纳米晶的拉曼光谱

　　拉曼光谱是材料科学中物质结构研究的有力工具，在相组成界面、晶界等课题中可以做很多工作。薄膜结构材料研究中拉曼光谱已成为薄膜的检测和鉴定手段，用拉曼光谱可以研究单、多、微和非晶的硅结构，还可以研究硼化非晶硅、氢化非晶硅、金刚石、类金刚石等薄膜的结构。超晶格材料研究中可通过测量超晶格中的应变层的拉曼频移计算出应变层的应力，根据拉曼峰的对称性，还可研究晶格的完整性。在半导体材料研究中，拉曼光谱可测出经离子注入后的半导体损伤分布。

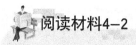

阅读材料4-2

金刚石薄膜质量的鉴定

用化学气相沉积(CVD)制造的金刚石薄膜是近年来获得广泛重视和迅速发展的新材料。它的禁带宽度为 5.5eV，所以从紫外到远红外的光学区域内都具有极好的光学透射性，同时具有极高的硬度和化学稳定性，是制备光学保护膜、增透膜的理想材料。此外金刚石内电子和空穴的迁移率很高，还可用来制造宽禁带高温半导体材料。金刚石薄膜一般为多晶结构，其组分对材料物理性质有很大的影响。常用金刚石薄膜制备方法有热解 CVD、直流等离子体 CVD、微波等离子体 CVD、热灯丝 CVD 等方法。CVD 方法制备的金刚石薄膜除了含 sp^3 键的金刚石相(拉曼特征峰为 $1332cm^{-1}$)外，还在不同程度上含有 sp^2 键的石墨相，石墨相在 $1550cm^{-1}$ 处有一个拉曼特征宽峰，因此利用拉曼光谱来确定 sp^2/sp^3 键价比，即金刚石相/石墨相组分比，是测定金刚石薄膜组分、鉴定金刚石薄膜质量的一种有效的方法。

■ 资料来源：王培铭，许乾慰. 材料研究方法. 北京：科学出版社，2003.

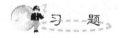

（1）比较纳米微粒与颗粒、晶粒、溶胶胶粒在概念上的差别。

（2）对于微乳液法制备的无机氧化物纳米微粒，其粒径尺寸分析可采用的方法有哪些？

（3）对于纳米薄膜中纳米颗粒大小的分析，选用哪些测量分析方法较方便？

（4）采用透射电镜法、激光光子相关谱法、原子力扫描显微镜法、X 射线衍射线宽化法四种不同方法测定 InP 粉体内纳米微粒的粒径的主要差别有哪些？

（5）材料粒子尺寸细化到纳米量级时，其 IR 振动光谱有哪些变化？

（6）用 X 射线衍射法测定溶胶-凝胶法制备的 ZnO 微粉的晶型时，发现位于 31.73°，36.21°和 62.81°的三个最强衍射峰发生宽化，对应的半峰宽分别为 0.386°，0.451°和 0.568°，试估算 ZnO 微粉中晶粒粒径(X 射线 $\lambda=0.154nm$)。

第5章

一维纳米材料

 本章教学要点

知识要点	掌握程度	相关知识
一维纳米材料的结构特点	掌握一维纳米材料的结构特点	纳米棒、纳米带、纳米管等一维纳米结构
一维纳米材料的性能及应用	掌握一维纳米材料的性能，了解一维纳米材料的应用	热稳定性及应用； 力学性能及应用； 电子传送特性及应用； 声子传送特性及应用； 光学特性及应用； 光电导性和光学开关特性及应用； 传感应用
一维纳米材料的制备方法	掌握一维纳米材料的多种制备方法	气相合成法、液相合成法、模板合成法

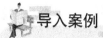导入案例

　　作为一维纳米材料的代表，碳纳米管由于 C–C 键的作用与无缝网络结构，是目前强度最高和弯曲性最好的材料之一。碳纳米管的杨氏模量高达 1TPa，有可能用于建造地球与月球的天梯。

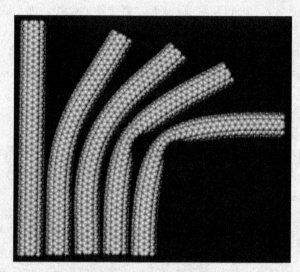

图 5.1　氢原子与单壁碳纳米管的结合

　　随着"纳米热"的兴起，一维纳米材料这一名词不时出现在有关科技报道中。究竟什么是一维纳米材料呢？所谓一维纳米材料，主要是指在径向上尺寸在 1～100nm 这个范围内，长度方向上的尺寸远高于径向尺寸，长径比可以从十几到上千上万，空心或者实心的一类材料。这种材料研究历史已达 40 年，早在 1970 年法国科学家就首次研制出直径为 7nm 的碳纤维。1991 年日本 NEC 公司的 Iijima 首次用高分辨电镜发现了碳纳米管。我国科学家解思深等实现了碳纳米管的定向生长，并成功合成了世界上最长的碳纳米管。碳纳米管的研究，推动了整个一维纳米材料的研究，为一维纳米结构的研究与应用开辟了崭新的方向，随着研究的不断深入，各种新颖的一维纳米材料如非碳纳米管、纳米棒、纳米丝和纳米同轴电缆、纳米带等相继被发现，引起了国际上的广泛关注。随着一维纳米材料家族成员的日益增多以及科学家对这些新型材料的实验研究，将为进一步研究纳米结构和一维纳米材料的性能，建立一维纳米材料的新理论，推进它们在纳米结构器件中的应用奠定基础。

5.1　一维纳米材料的结构特点

　　一维纳米材料可以根据其空心或实心以及形貌不同，分为以下几类：纳米管、纳米棒或纳米线、纳米带以及纳米同轴电缆等。
　　纳米管的典型代表就是碳纳米管，它可以看作由单层或者多层石墨面按照一定的规则

卷绕而成的无缝管状结构。其他的还有 Si、Se、Te、Bi、BN、BCN、WS_2、MoS_2、TiO_2 纳米管等。

纳米棒一般是指长度较短、纵向形态较直的一维圆柱状(或其横截面呈多角状)实心纳米材料;纳米线是指长度较长,形貌表现为直的或弯曲的一维实心纳米材料。不过,目前对于纳米棒和纳米线的定义和区分比较模糊。纳米线的典型代表有各种单质纳米线,如 Si 和 Ge 等;氧化物纳米线,如 SnO_2 和 ZnO 等;氮化物纳米线,如 GaN 和 Si_3N_4 等;硫化物纳米线,如 CdS 等;三元化合物纳米线,如 $BaTiO_3$ 和 $PbTiO_3$ 等。

纳米带与以上两种纳米结构存在较大的差别,其截面不同于纳米管或纳米线的接近于圆形,而是呈现四边形,其宽厚比分布范围一般为几到十几。纳米带的典型代表为氧化物,如 Ga_2O_3、ZnO、SnO_2 等。

纳米同轴电缆是指径向在纳米尺度的核/壳准一维结构,其代表产物有 C/BN/C、Si/SiO_x、SiC/SiO_2 等。

上述纳米线、纳米棒、纳米带、纳米管等一维纳米结构,由于其在介观物理学和纳米仪器制造中的特殊应用而得到人们的很大关注。通过一维纳米结构材料可以更好地观测到其电热传导性能和机械性能对维数和尺寸缩减率(量子尺寸效应)的依赖性。一维纳米材料还可被应用于制造纳米级别的电学、光电学、电化学、机电学方面的仪器。然而,相比量子点和量子阱,一维纳米结构的研究进展近年来较为缓慢,主要是因为制备过程中,尺寸规格、形态、化学组成的控制都有很大难度。尽管如此,某些实验室采用先进的纳米微蚀刻技术研发出了一维纳米材料。例如,采用电子束或聚焦离子束写入法,探针测试法以及 X 射线或极紫外光微影法,将这些技术方法进一步应用于实际,可更便捷地制备一维纳米材料。

5.2   一维纳米材料特性及其应用

与传统材料相比,一维纳米材料由于它们大的比表面积和量子尺寸效应,从而表现出独特的电学、光学、化学性质。在许多情况下,一维纳米材料的表现优于其他的多维材料。例如,圆柱状金纳米电极(直径 10nm)阵列对于电活性物质的循环伏安检测极限,比常规的金盘微电极要低三个数量级;同样,直径 30nm 的金属 Ni 纳米线阵列的矫顽力高达 680 奥斯特,而普通的金属 Ni 只有几十奥斯特。显而易见,维数、组成和结晶度可控的一维纳米材料代表了一类新兴的材料体系。

5.2.1   热稳定性

一维纳米材料的热稳定性对于它们在纳米级电学和光学器件上的应用至关重要。大量的文献都曾报道过,固体材料被加工成纳米材料后,其熔点会大大降低。在一系列研究中,El-Sayed 等人利用分光镜法观测分散在胶束溶液中的金纳米棒的光热熔化和形态转变过程,他们发现在中等能量的飞秒激光脉冲照射下,金纳米棒熔化成球形微粒。在较高能量的飞秒激光脉冲或次纳秒激光脉冲的照射下,这些纳米棒则破碎成更小的球形微粒。他们还发现,在水介质中熔化单一的金纳米棒(纵横比低于 4.1)需要不少于 60kJ 的平均能量。

Yang 等人采用原位高温电子透射显微法(TEM)观测了外裹碳层的 Ge 纳米线的熔化和重结晶过程。Ge 纳米线(直径为 10~100nm)是通过气相-液相-固相法(VLS 法)制备的,而后又包覆了厚度为 1～5nm 的碳层以防止高温下 Ge 融化出来形成液滴。在这个熔化—重结晶周期观察到两个突出的特征：其一是熔点明显地降低且与纳米线直径成反比；其二是大磁滞环现象与熔化—重结晶周期有关。

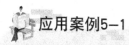

应用案例5-1

Ge 纳米线熔接

直径为 55nm、长度为 1μm 的 Ge 纳米线在 650℃（Ge 块的熔点为 930℃）时从两端开始熔化，然后是纳米线中间段，最后整条纳米线在 848℃ 完全熔化。经冷却后，发生重结晶现象时的温度（558℃）远小于刚开始熔化的温度。利用外裹碳层的 Ge 纳米线相对低熔点的这一优点，可以使用单一的纳米线进行切割、连接和熔接等操作。图 5.2 所示为两根外裹碳层的 Ge 纳米线之间的熔接过程的 TEM 快照。在这个实验中，两根纳米线同时熔化，当温度继续升高时，纳米线液态端相向流动，重结晶之后它们逐渐熔接成为一根单晶纳米线。

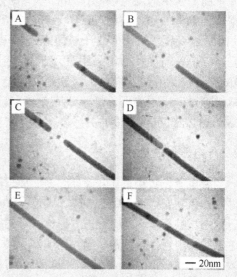

图 5.2　Ge 纳米线熔接过程(A→F)的 TEM

纳米线熔点显著降低这一特性有着很重要的应用。首先，合成无缺陷纳米线所需的退火温度比块状材料所需的温度小得多，因此可以在适中的温度对纯纳米线进行区域精制。其次，纳米线的低熔点使其可以在相对较低的温度下进行切割、连接、熔接，这为一维纳米结构装配到某些功能器件和电路中提供了重要的技术手段。此外，当纳米线长度尺寸越来越小时，其一些性质会变得敏感于温度的波动和残余应力的变化。这种瑞利不稳定性导致纳米线在直径足够小或组成原子的连接太弱的情况下，在室温下可经球状化破碎变成更短的片段，从而限制了它们的应用。

5.2.2　力学性能

了解纳米材料的力学性能对于在原子尺度上加工、改造这些材料很有意义，纳米材料从微米级尺度降低到纳米级，性质也会发生变化。例如，微米级材料随着颗粒大小的减小，结晶材料的硬度和屈服应力会显著增大，即存在着霍尔-佩奇效应（Hall‑Petch）。这一效应可以解释为单一颗粒的晶格被切分开来时，晶粒界面存在混乱堆积效应，但当颗粒尺度变小时，边界面积变大可有效地防止堆积效应，从而使材料变得更加坚硬。然而，在纳米尺度，人们发现了一些相反的行为，如纳米铜和纳米钯材料随着结晶的尺寸减小，其质地将会变得柔软。这种反常的行为被认为是由晶粒界面的变化引起的。研究发现，多晶材料的强度随着晶粒尺寸减小先增大再减小，达最高强度时，材料在此有一定的特征长度。纳米铜和纳米钯材料的特征长度分别在 19.3nm 和 11.2nm 左右。通常对零维纳米材料研究得出的结论可以进一步深化，用来描述一维纳米材料。

一般地，单晶一维纳米材料的强度明显要比其同类较大尺度材料的强度大很多。这个性质归因于单位长度瑕疵的减少（由侧面尺寸减小引起，瑕疵通常导致力学破坏）。在这个方面，上世纪 70 年代曾深入地研究了晶须在坚硬复合材料的合成中的应用（称为晶须技术）。几年前，Lieber 科研组最先将单一的结构独立的 SiC 纳米棒一端固定在固体基质表面，在原子力显微镜（AFM）下确定其机械性能（即弹性、强度、硬度），研究发现，纳米棒弯曲力是沿未固定端的位移的一个函数，进一步弯曲这些纳米棒会逐渐导致其断裂。根据这种测量方法，估测 SiC 纳米棒的杨氏模量为 610~660GPa。这个测量结果和取向的 SiC 同微米级晶须的理论估计平均值（小于 600GPa）比较吻合。SiC 纳米棒较高的杨氏模量表明，它们是一类作为增强组分用于合成高强度复合材料（与陶瓷、金属、聚合物母体复合）的很有前景的候选材料。实验还测得金属纳米线的键能大约是金属块键能的两倍。计算机模拟试验结果表明，纳米线有效的硬度总值与其本身端基链（纳米线和衬垫的接触部分）原子的分布有很直接的关系。

5.2.3 电子传送特性

随着电子设备小型化，传统的刻蚀加工制造技术通常称为"从上而下"的制造技术，在器件尺寸达到或接近 100nm 时，很明显会存在着一个制造成本问题，这逐渐成为限制运行速度急剧增长的基本问题。最近科研人员通过独特的"由下而上"的自组装方式，采用 CNTs 和纳米线作为组件，制造了新型纳米级仪器。这种仪器原型衍生出了各种实用仪器，包括电场效应晶体管（FETs）、半导体中的 p-n 结、双极结晶体管、互补倒相器和共振隧穿二极管。因此，"由下而上"的制造方式突破了传统的"从上而下"方式的局限性。随着单个器件的尺寸越来越小，构建材料的电子传送特性成为研究的焦点。研究表明，随着尺寸不断降低，至某一尺寸之下时，有些金属纳米线会由导体转变为半导体。例如，Dresselhaus 等人通过双探针观测一系列单晶 Bi 纳米线，发现这些纳米线在尺寸约 52nm 时发生金属—半导体转变。科研人员根据量子尺寸效应提出，这个体系的导带和价带反向移动逐渐形成能带隙。在这种特殊的材料中，载体迁移率也受到纳米线长轴和表面瑕疵引起的载体局限效应限制。金代表了一类以单一线形原子链的短纳米线形式被广泛研究其电子传送性能的金属。由于这类纳米线长度极短（通常为几个原子的长度，有时与点接触相关），在弹道范畴中，将其电导理解为电子横向动量的离散现象。此外还发现这种一维体系中的传送现象（电导量子化，以 $2e^2 h^{-1}$ 为单位）与材料本身是无关的。在半导体研究中，一项关于系列纳米级电子器件的测试（图 5.3）表明，细达 17.6nm 的 GaN 纳米线仍然可作为半导体使用。

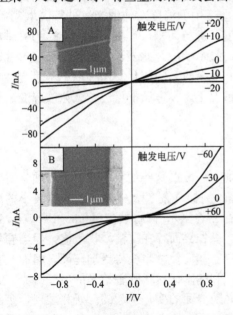

图 5.3 室温下 Te 掺杂(A)和 Zn 掺杂 (B)的 InP 纳米线的 I-V 曲线

这种"由下而上"的纳米电子组装方式具有两个吸引人的特征：

（1）纳米线组件尺寸很容易调整在 100nm 以下，这会使得集成电路片上元件的密集度更高。

（2）由纳米线组装结构的系统是无限制的，这为研究者提供了很大的多样性，可选择适合的材料装配所需的功能器件。

在纳米线组装器件应用这一方面，科研人员付出了很大的努力。为了将来"由下而上"制造技术的最终普及，还需要做大量实质性的工作，包括关于 3D 级组装工序以及材料合成工艺改进的研究。

5.2.4 声子传送特性

不同于广泛的电子传送研究，直到 20 世纪末期才出现有关一维纳米结构中声子传送的报道。当一维纳米材料直径减小到声子平均自由程范围时，边界散射作用致使导热性降低。理论研究表明，当硅纳米线直径小于 20nm 时，声子色散的关系可能会改变（由声子局限效应造成），声波速度将大大低于标准值。分子动力学模拟还表明，在 200～500K 的温度范围内，硅纳米线的导热性比硅块低两个等级。较低的热导电性可应用于如热电冷却和发电方面，但是不适用于如电子学和光学。

5.2.5 光学特性

和量子点一样，当纳米线的直径减小到一定值（玻尔半径）以下时，量子尺寸效应对其能级的影响就显得非常重要。Korgel 等人发现，与具有间接能带隙（约 1.1eV）的硅块相比，硅纳米线（以超临界正己烷为溶剂而制备）的吸收峰有着明显的蓝移。他们还观察到尖锐、分散的特征吸收光谱和相对较强的带边荧光光谱。这些光学特性极有可能是由量子尺寸效应引起的，同时，表面态也有一定的影响。此外，这些硅纳米线的各种变化会导致不同的光学特性。例如，[100] 取向纳米线在硅谱带的缓慢进行的声子协助光学转变中的 L－L 转变点表现出很强的特征，而 [110] 取向硅纳米线表现出明显的分子型转变。[100] 取向纳米线还表现出比 [110] 取向纳米线更高的激子能。

与量子点不同，纳米线所发出的光是高度向纵轴方向偏振的。Lieber 等人发现单一的 InP 纳米线的荧光光谱中，平行和垂直于其长轴方向的光谱强度明显不同。这种各向异性的偏振程度的大小可以根据纳米线和周围环境的介电性质的对比来定量地进行分析。Lieber 等进一步利用这种偏振特性制造对偏振灵敏的纳米级光电探测器，该仪器可应用于光学开关、近场成像以及高分辨探测等方面。

Alivisatos 等人试验了使用半导体纳米棒来提高太阳能电池的工作效率。他们通过混合 CdSe 纳米棒和聚噻吩获得混合材料来组装薄膜光电器件，通过控制纳米棒的纵横比调整该器件的本身特性。实验发现，在光电应用方面纳米棒均优于量子点，因为在非常低的负荷下，它们可以提供一个直接的电子传送途径。在 AM1.5 全球太阳能使用条件下，能源转换效率已高达 1.7%。

El－Sayed 等人及其他科研组对于由贵金属金、银制成的纳米棒的表面等离子体共振特性进行了广泛的研究，发现不同于其零维同类结构（如球状胶），贵金属的一维结构表现出相应于横向和纵向激振的两种 SPR 形式。金纳米棒的横向形式的波长基本固定在 520nm 左右，银纳米棒固定在 410nm 左右，通过控制长径比、纵向形式可从可见光区跨越到近红外线区。金纳米棒的长径比在 2.0～5.4 时还可发射荧光，产生的量子数是这种金属的 100 万倍。这些特性配合贵金属材料的生物惰性，使得金、银纳米棒成为制备色度计或色度传感器及体内光学成像对比增强试剂的理想材料。

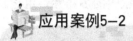应用案例5-2

ZnO 纳米线用于蓝光纳米激光器

ZnO 是一种宽能带隙（3.37eV）的半导体化合物材料，适用于紫外激光行为的蓝光光电应用。采用 VLS 法可在蓝宝石衬底上生长 ZnO 的纳米线阵列，在室温下可观测到由纳米线阵列所发出的紫外激光。在一个典型的激光实验装置中，ZnO 纳米线的一端被固定在蓝宝石和 ZnO 之间的外延界面上，另一端是六方相 ZnO 的（0001）晶面（图 5.4）。由于蓝宝石（1.8）、ZnO（2.5）和空气（1.0）三者折射率的关系，每根纳米线的两个端面都可以作为优良的平面镜而构成光学腔。这种自然形成腔/波导的装置示意了一种无需通过劈裂和蚀刻而获得纳米级光学共振腔的简单方法。用不同强度 Nd：YAG 激光器的四次谐波激发纳米线，可从垂直于端平面或沿着纳米线纵轴的方向收集到发射的蓝色激光。

图 5.4（c）所示为不同功率下描绘的发射光谱。当激发功率低于临界值时，波谱图包括一个半高宽为 17nm 的自发发射峰。这种自发发射主要来源于激子碰撞过程中的重组，其中一个激子重组产生一个光子。由于扩增频率接近增益谱中最大值，发射峰随着激发功率增大而变窄。一旦激发功率超过临界值（40kW·cm^{-2}）时，发射光谱中出现尖峰。这个尖峰的线宽可能比自发峰小 50 倍。功率超过临界值时，发射强度也随着功率的增加而迅速增加。线宽的缩小和强度的迅速增加都表明，激发来源于这些纳米棒。

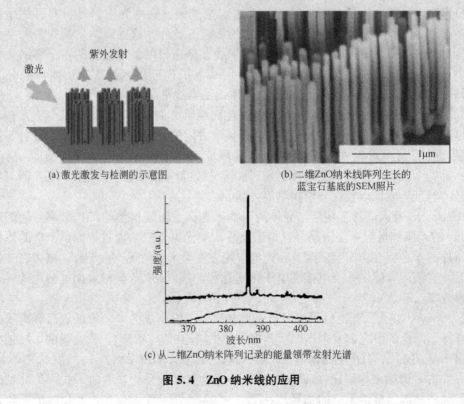

(a) 激光激发与检测的示意图

(b) 二维ZnO纳米线阵列生长的蓝宝石基底的SEM照片

(c) 从二维ZnO纳米阵列记录的能量领带发射光谱

图 5.4　ZnO 纳米线的应用

氧化锌纳米线的激发行为的无镜像观察表明，良好削面的单晶纳米线非常适用于形成共振光腔。这种以良好分离的纳米线作为自然的光学共振腔的想法还可以外推到其他半导体材料体系。如 GaN 纳米线也具有类似的特性。通过构造这些单一纳米线的 p-n 结，还能测试这些纳米线是否可能产生紫外和蓝色激光。多种化学构筑方法运用于一维纳米结构，丰富了制造微型激光器的候选材料。这些微型纳米激光器可以应用在纳米光子学和微分析等方面。

5.2.6 光电导性和光学开关特性

在纳米级器件中，开关对于存储以及逻辑等方面的应用至关重要。纳米级和分子级电气开关的应用已有了突破性的进展，如碳纳米晶体管。研究表明，通过控制单一半导体纳米线的光电导过程可构造高灵敏的电气开关。例如，ZnO 纳米线对紫外线非常敏感。这种光诱导下的绝缘体-导体的转变使得纳米线能够可逆地调换开和关两种状态。通过四探针测量发现单一氧化锌纳米线在黑暗中基本上是绝缘的，其电阻率大于 $3.5M\Omega \cdot cm^{-1}$。当这些纳米线暴露在波长低于 400nm 的紫外线光源下时，其电阻率立即降低了 4～6 个数量级。除了高敏感性，这些纳米线还表现出良好的波长选择性。图 5.5 所示为 ZnO 纳米线首先暴露在波长为 532nm(Nd 的二次谐波)的可见光中 200s，接着暴露在波长为 365nm 的紫外线下的变化，可发现其在绿光下没有光敏性，而暴露在强度不大(365nm)的紫外线下其导电性瞬间增大 4 个数量级。光敏度的测量表明，氧化锌纳米线最大敏感波长为 385nm，其值与 ZnO 的能带宽一致。

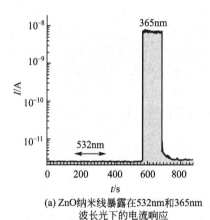

(a) ZnO纳米线暴露在532nm和365nm
波长光下的电流响应

(b) ZnO纳米线在高低导电态的可逆性转变

图 5.5 ZnO 纳米线的光敏波长选择性

ZnO 的光电灵敏过程一般由两部分组成：一个产生电子和空穴的固态过程和一个包括氧化物表面吸附在内的过程。在黑暗中，氧分子吸附在氧化物表面以离子形式捕捉 n 型氧化物半导体的自由电子($O_2(g)+e^- \rightarrow O^{-2}(ad)$)，从而在纳米线表面附近产生了一个电导率低的耗尽层。一旦暴露于紫外线中，空穴迁移到表面，并通过表面空穴重组释放所吸附的氧离子到表面($h\upsilon + O^{-2}(ad) \rightarrow O_2(g)$)。同时，光电子破坏了耗尽层，从而大大增加了纳米线的导电性。

研究表明高光敏纳米线可制作非常灵敏的紫外线探测器用于各个方面，如微量分析、检测和制作纳米光电子光学应用中的光控制开关状态的快速开关装置。

5.2.7 传感应用

一维纳米材料的电学输运性能随其所处环境、吸附物质的变化而改变。通过对其电学输运性能的检测，就可能对其所处的化学环境作出检测，因而可用于医疗、环境或安全检查中。非常大的表面积/体积比使得这些纳米材料具有对吸附在表面的物质极为敏感的电学性能。例如，Tao 等人采用一系列铜纳米线试验证明，这些铜纳米线具有通过自发的电化学过程产生的纳米缝隙，当有机分子被吸附到这些铜纳米线上时，由于被吸附物质的传导电子散射，导致量子化电导率减少到很小的值。在另一个试验中，Penner 等人用表面覆有聚合物薄膜的 Pd 纳米线制造了氢气传感器。由于每根纳米线沿其纵轴方向有很多断裂点，当氢气被吸收到晶格中，断裂点便会减少，另外这些纳米线的电阻受氢气浓度影响很大，响应时间会缩短至 75ms。除了金属纳米线，半导体纳米线也可用于化学和生物传感。例如，Lieber 等人通过改进半导体纳米线的表面特性，使其具有高灵敏性，用于制造pH 值和生命物质的实时传感器。这一原理根据的是加质子作用和减质子作用所引起的表面变化。这些传感器的尺寸小且具有高灵敏性，因此它们是用于以影像放映为基础的体内诊断的理想仪器。

最近 Yang 等人以单一单晶氧化物纳米线和纳米带基本元件制造了第一个室温光化学二氧化氮传感器。他们以二氧化锡纳米线为例说明了其观点。二氧化锡是一种有宽能带隙（3.6eV）的半导体。对于 n 型单晶二氧化锡，内部载体浓度取决于由于原子缺陷产生的平衡氧空位的化学计量偏差，而纳米二氧化锡的电导率由其表面状态决定，由于分子吸附，其表面可能会产生空间电荷层变化及频宽调制现象。二氧化氮是对对流层臭氧和雾的形成起着关键作用一种燃烧产物，我们通过材料的电导检测发现二氧化氮吸附在二氧化锡晶体表面，发挥着电子俘获器的作用。由于二氧化氮牢牢吸附在二氧化锡表面，以微粒或二氧化锡薄膜为元件的商用传感器都必须在 300～500℃ 的温度下工作，以提高表面分子的解吸附作用，以连续地"清洗"传感器。在大多数情况下这类氧化物传感器不利于进行高温下的操作，特别是在爆炸性环境下，纳米线材料的高灵敏性可以有效地降低传感器工作温度，从而拓宽应用环境。

5.2.8 场发射特性

众所周知，具有尖端的纳米管和纳米线是应用于冷极管电子场发射的优良材料。Lee 等人通过电流-电压测量，研究了 Si 和 SiC 纳米棒的场发射特性。这两种纳米棒都表现出良好且很强的发射场性能。Si 和 SiC 纳米棒的启动场强分别为 $15V \cdot \mu m^{-1}$ 和 $20V \cdot \mu m^{-1}$，电流密度为 $0.01mA \cdot cm^{-2}$，其性能可与由碳纳米管和金刚石构成的场致发射阴极相比。此外，碳化硅纳米棒不仅表现出相当强的电子场发射性，还有较好的稳定性。最近 Lee 等人采用低温化学气相沉积的方法生成了均相 ZnO 纳米棒，并对其场发射性能进行了研究。其中，启动场强为 $6V \cdot \mu m^{-1}$ 时，对应的电流密度为 $0.1\mu A \cdot cm^{-2}$。当电流达到 $mA \cdot m^{-2}$ 级时，对应的场强增至 $11V \cdot \mu m^{-1}$。由于制备方便，这些纳米棒很可能成为制造场发射显示器的主要材料。

5.3 一维纳米材料的制备方法

人们已发展了多种一维纳米材料的制备方法,如热蒸发沉积、分子束外延、脉冲激光沉积、化学气相沉积、溶胶—凝胶、水热合成、电化学沉积、电泳、模板合成等方法。一维纳米材料制备主要是利用"由下而上"的方法,通过物理、化学的方法获得材料组成的原子(离子)或分子,并在适当的制备条件下获得一维纳米结构,其制备的关键是在纳米材料生长过程中控制合适的条件,使材料只在一维方向上结晶生长。尽管由于获得材料组成原子(离子)或分子及制备条件控制的方法不同而形成了各种不同的制备方法,但关键的一维纳米结构生长机理是类似的。本书根据一维纳米材料制备过程的状态将制备方法分为三类:(1)气相法;(2)液相法;(3)模板法。

5.3.1 气相法

以气相反应为基础的气相法是制备无机一维纳米材料的重要方法之一,其制备理论与工艺逐步成熟。其生长机理主要有两种,一是气相-液相-固相(VLS)生长机理,二是气相-固相(VS)生长机理。

1. 气相-液相-固相机理

气相-液相-固相(VLS)机理,在一维纳米材料的制备方法中简称为 VLS 法,是 20 世纪 60 年代提出的晶须生长机理。20 世纪 90 年代美国哈佛大学 Liber 和伯克利大学 Yang 等人采用 VLS 法制备出了一维纳米材料。现在应用此法已可制备包括元素半导体(Si、Ge),Ⅲ-Ⅴ族半导体(GaN、GaAs、GaP、InP、InAs),Ⅱ-Ⅵ族半导体(ZnS、ZnSe、CdS、CdSe)及氧化物(ZnO、Ga_2O_3、SiO_2)等多种无机材料纳米线。

VLS 法是以液态金属团簇催化剂作为气相反应物的活性点,将所要制备的一维纳米材料的材料源加热形成蒸气,待蒸气扩散到液态金属团簇催化剂表面形成过饱和团簇后,在催化剂表面生长形成一维纳米结构。主要的生长机理如图 5.6 所示。该法需使用催化剂,它不仅作为纳米线(管)的成核点,还起着固定纳米线(管)周边悬键的作用。催化剂的选择和颗粒大小对纳米线(管)的生长起着至关重要的作用。

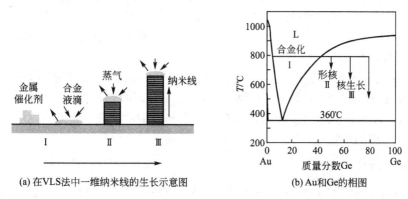

(a) 在VLS法中一维纳米线的生长示意图 (b) Au和Ge的相图

图 5.6 一维纳米线在 VLS 法中的生长机理

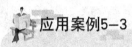

应用案例5-3

ZnO 纳米线制备

2001 年，杨培东等利用 Au 催化的化学气相沉积法在管式炉中，在蓝宝石(110)基底上外延生长出 ZnO 纳米线阵列。其具体生长方法是：首先在有掩模(方格)蓝宝石衬底上生长一层 Au 膜，然后以混合的 ZnO 粉与石墨粉作为原料，放入管式炉中部的氧化铝舟中，在高纯 Ar 气保护下将混合物粉末加热到 880～905℃，生成的 Zn 蒸气被流动 Ar 气输送到远离混合粉末的纳米线"生长区"，在生长区放置了提供纳米线生长的蓝宝石(110)基底材料。ZnO 只能在 Au 膜区外延生长，由于衬底(110)和 ZnO(0001)面间良好的匹配，ZnO 能垂直于衬底向上生长，最终得到直径为 20～150nm、长约 10μm 的 ZnO 纳米线。

Seung Chul Lyu 等人用 NiO 作催化剂，在 Ar 气保护下将石英舟内的 Zn 粉末加热到 450℃，得到直径为 55nm 左右、长度可达到几微米的 ZnO 纳米线。T. Y. Kim 等人研究发现，用 NiO 作为催化剂，在氮气保护下可生成针尖宽度为 20nm、长 3～4μm 的纳米针，而在氢气和氨气气氛下制得 ZnO 纳米线。

Y. Q. Chen 等人通过低温热蒸发自催化 VLS 生长机制合成 SnO₂ 纳米线。实验选择纯 SnO 粉作为热蒸发的源材料，在管式炉的刚玉管腔内进行热蒸发，热蒸发的温度设计为 680℃，结果发现蒸发产物为大量的 SnO₂ 纳米线。电镜观察到这些纳米线的一端常有一团球状 Sn 颗粒，这是 VLS 生长纳米线 SnO₂ 的典型特征。事实上，SnO 在高于 300℃ 的温度下就会发生分解反应，并会产生低熔点的 Sn，其化学反应式为

$$2SnO(g) \Longleftrightarrow Sn(l) + SnO_2$$

$$SnO_2(s) \Longleftrightarrow SnO(g) + \frac{1}{2}O_2$$

当高温分解产生的这些微纳米级的 Sn 液滴形成后，气相分子 SnO 和 O₂ 就会吸附在 Sn 液滴的表面，反应生成的 SnO₂ 随后又分解成 Sn、O 原子，溶解在 Sn 液滴中。随着 SnO₂ 分子不断地溶入，Sn 液滴中的 SnO₂ 含量将达到过饱和状态，导致 SnO₂ 的析出。如此，就在 Sn 液滴这个软模板(soft template)的限制下，通过 VLS 法逐渐长成 SnO₂ 纳米线。

Z. L. Wang 等人利用 Sn 催化的气相传输过程在氧化铝衬底上生长出 ZnO 纳米棒。他们以 ZnO、SnO₂ 和石墨粉的混合物作为原料，放入管式炉中部的氧化铝舟中，在 Ar 气保护下将混合物粉末加热到 1150℃，在氧化铝衬底上可生长出直径 20～40nm、长 40～80nm 的纳米棒阵列。

清华大学范守善用细小的 Fe₂O₃ 作催化剂，并用细小的氧化硅粉作为辅助生长剂，在氨气氛中加热 Al 粉、SiO₂ 粉和 Fe₂O₃/Al₂O₃ 粉到 1100℃ 并保温 1 小时，就制备出了 AlN 纳米线。其生长机理可以解释为含有 Fe 和 Si 的催化剂液滴吸收气相的 Al₂O(由 Al 和 SiO₂ 反应生成的产物)，从而生成了 AlN 纳米线。

2. 气相-固相(VS)法

气相-固相法的机理主要是指一种或几种原料在高温下形成蒸气或者本身就是气态，在低温时，使气相分子快速降温凝聚，达到临界尺寸后，即成核并生长。这种制备方法的

优点是不需要催化剂，不足之处是所需温度较高。不同晶体结构的材料都可以在一定条件下形成一维纳米结构，而在纳米线和纳米带的形成过程中，表面能最小化可能起到很重要的作用。温度和过饱和度是两个重要因素。高温和高过饱和度利于二维成核，导致形成片状结构，相反，低温和低过饱和度对一维纳米结构的生长有促进作用。

例如北京大学的俞大鹏等人采用简单物理蒸发法成功地制备了硅纳米线。其具体方法是，将经过 8h 热压的靶（95％Si，5％Fe）置于石英管内，石英管的一端通入氩气作为载气，另一端以恒定速率抽气，整个系统在 1200℃ 保温 20h 后，在收集头附近管壁上可收集到直径为 (15 ± 3)nm、长度从几十微米到上百微米的硅纳米线。他们认为该方法生成的硅纳米线芯部是直径约 10nm 的晶体硅，外层是厚度约 2nm 的硅的氧化物。

气相-固相法生长机理认为一维纳米材料的生长需要满足两个条件：①轴向螺旋位错，一维纳米材料的形成是晶核内含有的螺旋位错延伸的结果，它决定了一维纳米材料快速生长的方向；②防止侧面成核，首先一维纳米材料的侧面应该是低能面，这样，从其周围气相中吸附在低能面上的气相原子其结合能低、解析率高，生长会非常缓慢。

此外，侧面附近气相的过饱和度必须足够低，以防止造成侧面上形成二维晶核，引起径向（横向）生长。Hirth 和 Pound 提出，当下列等式成立时，二维成核便开始进行：

$$(p/p_e)_{crit} = \exp[\pi h \Omega \gamma^2 / (65 k_B^2 T^2)]$$

式中，p 为晶体表面附近气相压力（Pa），p_e 为晶体表面附近气相处于平衡状态时的压力（Pa），h 为普朗克常数（$6.63\times10^{-34} n^2$kg/s），γ 为晶体表面能（J/m³），Ω 为分子体积（m³），k_B 为波尔兹曼常数（1.38×10^{-23}J/K），T 为热力学温度（K）。

从理论上讲，在一维纳米材料于一维方向的生长过程中必须始终保持低于 $(p/p_e)_{crit}$ 的过饱和度以防止晶须侧面成核导致横向生长。表 5-1 给出了部分一维纳米材料生长过程中的 $(p/p_e)_{crit}$ 值。$(p/p_e)_{crit}$ 值确定了在给定系统中一维纳米材料的基本生长条件。

表 5-1　一维纳米材料在"气-固"生长过程中 $(p/p_e)_{crit}$ 值

纳米材料	计算值 $(p/p_e)_{crit}$	实验极限值 $(p/p_e)_{measured}$
Ag	5	约 10
Cd	14	约 20
CdS	4	约 2
Zn	6	约 3
ZnS	3	3～4
Au，Cr，Cu	3	小于 2
Fe，Ni	3	小于 2

一维纳米材料本质上是晶体在位错方向上延伸的结果。在一维纳米材料生长的过程中，由于各种制备原因，其轴向将存在一定数量的螺旋位错，如图 5.7 所示。AD 线表示与伯格斯向量 b 平行的螺旋位错线，A 为螺旋位错露头点。由螺旋位错在界面上的露头点所形成的台阶起自界面边缘终于晶面上位错的露头点，这种台阶为气相原子的沉积提供了有利的位置，因为沉积在台阶处的原子相对而言使晶体新增表面能较小（有时反而降低表面能），因此，螺旋位错的台阶是最易沉积气相原子的地方。图 5.8 所示为螺旋生长的一维纳米材料通过不断扩展而扫过晶面。当台阶生长横扫晶面时，因台阶任一点捕获气相原

子的机会是均等的，故位错中心处台阶扫过晶面角速度比离开中心处远的地方要大，结果便产生了一种螺旋塔尖状的晶体表面。

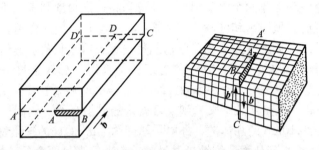

图5.7　一维纳米材料中螺旋位错的形成

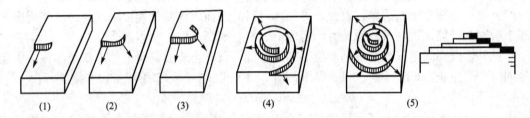

(1)　　　(2)　　　(3)　　　(4)　　　　　(5)

图5.8　一维纳米材料的螺旋生长机理

美国佐治亚理工学院的王中林等人利用 VS 法成功合成了 ZnO、SnO_2、In_2O_3、CdO 和 Ga_2O_3 等宽禁带半导体的单晶纳米带。其具体过程是将这些物质的粉末放在炉子的高温端，直接加热到低于所制备物质熔点 200～300℃进行蒸发，然后在低温端就收集到该物质的纳米带。这些带状结构纯度高、产量大、结构完美、表面干净，并且内部无缺陷，是理想的单晶线型薄片结构。纳米带的横截面是一个窄矩形结构，带宽为 30～300nm，厚5～10nm，而长度可达几毫米。

与碳纳米管以及 Si 和复合半导体线状结构相比，纳米带是迄今发现的具有结构可控且无缺陷的唯一宽带半导体准一维结构，且具有比碳纳米管更优越的结构和物理性能，这为丰富和发展一维纳米材料开辟了新的方向，图 5.9 所示为 ZnO 纳米带。纳米带是继纳米线、纳米管之后又一种新型的功能氧化物准一维纳米材料体系，其重大意义在于发现了一种新的具有独特形态而无缺陷的半导体氧化物体系，这在纳米物理研究和纳米器件应用中是非常重要的。这些带状结构材料纯度可高达 95% 以上，而碳纳米管的纯度仅能达到 70%左右。纳米带的优点有可能使它更早地被投入工业化生产。半导体氧化物带状结构可以使科学家用单根氧化物纳米带做成纳米级的气相和液相传感器，或纳米级的光电元件。研究人员还发现，半导体氧化物表现出有趣的"家族现象"。虽然现在只成功合成了 ZnO、SnO_2、In_2O_3、CdO、Ga_2O_3 和 PbO 等材料的纳米带，但王中林预测，半导体氧化物家族可能都可以制造纳米带。

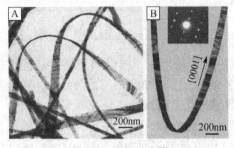

图5.9　ZnO 纳米带
（B 图中间小图为选区电子衍射图像）

5.3.2 液相法

气相法适合于制备各种无机半导体纳米线（管）、纳米带。而对于金属纳米线，利用气相法却难以合成。液相法可以合成包括金属纳米线在内的各种无机、有机纳米线材料，是另一种重要的合成一维纳米材料的方法。

对于晶体结构呈高度各向异性的晶体来说，它们依靠其晶体学结构特性的差异很容易从各向同性的液相介质中生长成一维线型结构。这样的例子包括硫族（氧除外）单质及化合物，一般具有六方密堆积链结构，如 Te、Se、$M_2O_2X_6$（M＝Li，Na；X＝Se，Te）等。人们常把这种在晶体学结构下自然生长成一维纳米结构的方法称为"晶体学结构控制生长方法"。

金属一般常为各向同性的晶体结构，因此要使金属晶体生长成一维线型结构，则需要在金属晶体成核、生长阶段破坏其晶体结构的对称性，通过生长过程中限制一些晶面的生长来诱导晶体的各向异性生长。Xia 和 Sun 课题组近年来报道一种液相合成金属银纳米线的方法，在这种方法中通过添加包络剂（capping reagent）可从动力学上控制金属银某些晶面的生长速率，以促进晶体的各向异性生长，最终形成银纳米线。这种制备方法具有一定的普适性，其核心生长原理就是"毒化晶面生长"机制。

1. "毒化"晶面控制生长

多元醇还原法（polyol process）常被人们用来合成各类金属纳米微粒。例如，夏幼南（Xia）研究组利用多元醇还原法，选择乙二醇作为溶剂和还原剂来还原 $AgNO_3$，同时选用聚乙烯吡咯烷酮 PVP（polyvinyl pyrrolidone）作为包络剂（capping reagent），选择性地吸附在 Ag 纳米晶的表面，以控制各个晶面的生长速度，使纳米 Ag 颗粒以一维线型生长方式生长。具体方法如下：先将 0.5mL $PtCl_2$ 溶液（溶剂为乙二醇，浓度为 $1.5×10^{-4}$ mol/L）加入到盛有 5mL 乙二醇的烧瓶中，于 160℃加热 4min，再往烧瓶中逐滴加入 2.5mL $AgNO_3$ 溶液（溶剂为乙二醇，浓度为 0.12mol/L）和 5mLPVP（M_w＝55000）（溶剂为乙二醇，浓度为 0.36mol/L），保温一段时间，即可生长出 Ag 纳米线。这种方法合成的 Ag 纳米线的生长机理如图 5.10 所示。

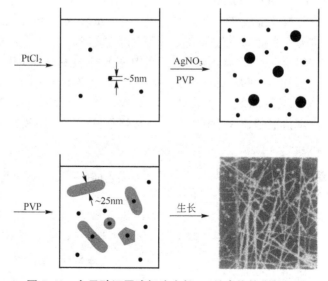

图 5.10　多元醇还原液相法生长 Ag 纳米线的生长机理

其中包含两个主要步骤：

（1）乙二醇还原 $PtCl_2$ 形成 Pt 籽晶核：

$$2HOCH_2—CH_2OH \longrightarrow 2CH_3CHO+2H_2O$$

$$2CH_3CHO+PtCl_2 \longrightarrow CH_3CO—COCH_3+Pt+2HCl$$

（2）在含 Pt 晶核的溶液中加入 $AgNO_3$ 溶液和 PVP 溶液，导致了 Ag 纳米晶核的形成和一维生长。

当 $AgNO_3$ 被乙二醇还原以后，Ag 原子通过均质成核以及在 Pt 晶核上的异质成核，形成具有一定尺寸分布的纳米 Ag 颗粒。其中，尺寸较大的纳米 Ag 颗粒通过"Ostwald 熟化机理"逐渐长大，而尺寸较小的纳米 Ag 则逐渐消失。PVP 是一种聚合物表面活性剂，即包络剂（capping reagent），它可以通过 Ag－O 和 Ag－N 配位键选择性地作用在纳米 Ag 的晶面上，通过和 Ag 晶面间的吸附和解附作用控制着各个晶面的生长速率。被 PVP 覆盖的某些晶面其生长速率将会大大减小，如此导致 Ag 纳米晶的高度各向异性生长，使纳米 Ag 颗粒逐渐生长成 Ag 纳米线。如果 PVP 的浓度太高，Ag 纳米微粒的所有晶面都可能被 PVP 覆盖，这样就会丧失各向异性生长，得到的主要产物将是 Ag 纳米颗粒，而不是一维 Ag 纳米线，如图 5.11 所示。

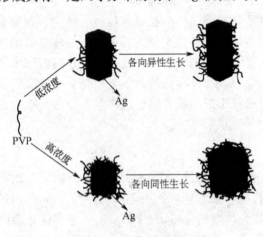

图 5.11 PVP 包络控制不同形态 Ag 纳米材料示意图

2. 溶液-液相-固相法（Solution‐Liquid‐Solid，SLS）

美国华盛顿大学 Buhro 等人采用溶液-液相-固相（SLS）法，在低温下合成了Ⅲ‐Ⅴ族化合物半导体（InP、InAs、GaP、GaAs）纳米线。这种方法生长的纳米线一般为多晶或单晶结构，纳米线的尺寸分布范围较宽，其直径为 20～200nm，长度约 $10\mu m$。这种低温 SLS 生长方法的机理非常类似于前面说过的高温 VLS 生长机理。一般制备过程如下：溶剂一般选碳氢溶剂（如甲苯、1，3‐二异丙苯等），其中的前驱物为三叔丁基茚（tri‐tert—butylindane）金属有机化合物或镓烷（gallane）。为了防止产物中残留一些金属有机低聚物，常在液相体系中加入一定量的质子性的试剂，如 MeOH、PhSH、Et_2NH 或 PhCOOH，这里 Me、Ph、Et 分别指甲基、苯基和乙基。在加热条件下，上述液相中涉及的金属有机物反应通式如下：

$$(t-Bu)_3M+EH_3 \xrightarrow[XH]{碳氢溶剂} ME+3(t-Bu)H$$

式中的 t‐Bu 为 tert‐butyl 的缩写，即叔丁基，XH 指质子性催化剂，M 和 E 分别指Ⅲ族 In、Ga 元素和Ⅴ族 P、As 元素，H 指氢元素。

图 5.12 为溶液-液相-固相（SLS）生长过程的示意图，以 InP 为例说明 InP 纳米线的 SLS 生长

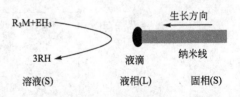

图 5.12 溶液-液相-固相（SLS）生长过程的示意图

机理。在低温加热条件下，溶液中的前驱物，$(t-Bu)_3M$(tri-tert-butylindane，三叔丁基茚)会热分解产生金属 In 液滴，这类 In 液滴将作为纳米线生长的液态核心。同时，化学反应产物 ME(InP)会不断溶入 In 液滴中。当溶至过饱和后，就会析出固相 InP，这样又会导致 In 液滴欠饱和，再继续溶入反应产物 ME 又导致过饱和析出，如此反复，就可在 In 液滴的约束下，长成一维纳米线。

5.3.3　模板法

模板法制备纳米线可以追溯到 1970 年。Possin 等人在用高能离子轰击云母形成的孔中，制备出了直径只有 40nm 的多种金属线。此后，模板法得到了迅速发展。目前，模板法可以分为硬模板法、软模板法和无模板法。

按硬模板材料可以分为多孔氧化铝膜模板法、聚合物膜模板法、碳纳米管模板法和生命分子模板法等。由于氧化铝膜模板一般具有孔径在纳米级的平行阵列孔道，其孔径和孔深度可以通过制备条件方便调控，而且相对于聚合物膜能经受更高的温度，更加稳定、孔分布也更加有序，因此已成为制备一维纳米材料最为有效的模板。Yang 等人在多孔氧化铝膜模板中用 16V 交流电沉积 10min 后，制备出了磁性铁纳米线阵列，经过 NaOH 处理溶掉模板后的 Fe 纳米线由于磁性相互作用而聚集，其直径与模板孔径基本一致。磁性纳米线阵列在研制新型存储器方面有重要应用前景。此外，用氧化铝模板通过电化学沉积法还成功制备了 Cu、Pt、Au、Fe、Co、Ni、聚吡咯、聚苯胺、CdS 等多种金属和导电高分子及半导体材料纳米线。Cao 等人先在氧化铝模板中组装聚苯胺纳米管，在其中用电化学法沉积金属铁、钴、镍等纳米线，再用热解方法将聚苯胺纳米管转化为碳纳米管，可得到精细纳米结构并对金属纳米线予以保护。

在软模板法方面，刘雪宁等人利用高分子聚合物聚乙二醇(PEG)作为大分子表面活性剂，在特定的胶束范围和介质体系中形成超分子模板，以它作为微反应器，利用 PEG 与无机物之间的协同作用，控制模板中的水解反应，在特定的试剂、浓度、比例和温度等条件下，制备出了具有球形、针/棒状纳米氧化锌粒子；利用萘磺酸、樟脑磺酸等表面活性剂或聚丙烯酸、聚苯乙烯磺酸等聚电解质作为软模板，合成了具有一维纳米结构的导电聚苯胺。一维纳米结构的聚苯胺的形成依赖于反应条件，如苯胺单体浓度、氧化剂和软模板的用量等。一般来说，苯胺浓度越低，越有利于生成聚苯胺的纳米管或纳米纤维；而高浓度的苯胺则倾向于形成颗粒状的聚苯胺。

与使用表面活性剂的软模板法相比，无模板法是指在合成过程中不使用任何硬模板或软模板。界面合成法就是无模板法中的一种。例如，苯胺单体先溶解在有机相(正己烷、苯、甲苯、CCl$_4$ 等)中，氧化剂溶解在酸性水溶液中，然后慢慢将两者转移到烧杯中，有机相和水相直接产生一个界面层。绿色的聚苯胺首先在界面层产生，再逐渐扩散到水相，直至整个水相被深绿色的聚苯胺填满。最后通过渗析或者过滤就可得到纳米纤维状的聚苯胺。

模板法制备纳米材料将在第 8 章纳米结构的制备与特性详细介绍。

 习　题

(1) 在电子器件构造中，对于一维纳米材料而言，"由下而上"的构造方式有何优势？

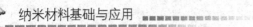
（2）基于一维纳米材料的传感器主要利用了一维纳米材料的哪些特性？

（3）在一维纳米材料生长中，气相法与液相法有什么相同点与不同点？

（4）为什么采用气相法能合成出金属纳米线？

（5）合成一维纳米材料的常见模板有哪些？

（6）比较分析一维纳米材料与零维纳米微粒光学特性的异同。

（7）举例简述一维纳米材料的功能应用。

第**6**章
纳米薄膜

本章教学要点

知识要点	掌握程度	相关知识
纳米薄膜的概念	了解纳米薄膜材料的基本概念及结构与分类	纳米薄膜的分类及结构特点
纳米薄膜的性能与应用	掌握纳米薄膜的物理、化学性能如导电性、巨磁电阻效应、光吸收量子尺寸效应等，并理解其应用	纳米薄膜的电学性能、光学性能和磁学性能
纳米薄膜的制备	掌握纳米薄膜材料的典型制备方法	真空蒸发镀膜，磁控溅射镀膜，LB膜及其技术，溶胶—凝胶薄膜

导入案例

在一场如何让太阳能电池更廉价和更高效的竞赛中，两种制造太阳能电池材料的纳米技术方法已经显示出了特别的前景。一种方法使用金属氧化物纳米颗粒(如二氧化钛)薄膜，掺入氮等其他元素。另一种方法利用可以强烈地吸收可见光的量子点——一类纳米尺寸的晶体，这些微小的半导体把电子注入到金属氧化物薄膜中，或者说把它"敏化"，从而增强太阳能的转换。掺杂和量子点敏化都增强了金属氧化物材料对可见光的吸收。图 6.1 所示为通过 N 掺杂技术形成的薄膜的原子力显微镜图像。

加州大学圣克鲁兹分校的化学教授张金中说，把这两种方法结合起来看来可以比单独使用任何一种方法产生更好的太阳能电池材料。张金中领导的一个来自加州、墨西哥和中国的研究小组制造出了一种掺氮并用量子点敏化的薄膜。在测试中，这种新的纳米复合材料的性能比预期的更好——似乎整个材料的功能大于两种单独成分的性能之和。

"我们起初以为我们能实现的最好结果是达到两者之和，而且如果没有弄对，我们可能得到更糟糕的结果。但是令人吃惊的是，这些材料的性能远远变得更好"，张金中说。

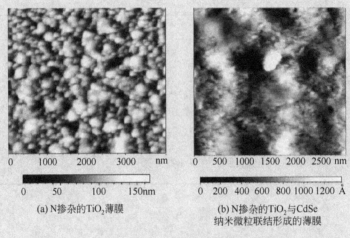

(a) N掺杂的TiO₂薄膜   (b) N掺杂的TiO₂与CdSe
纳米微粒联结形成的薄膜

图 6.1 通过 N 掺杂技术形成的薄膜的原子力显微镜图像

6.1 纳米薄膜的分类与结构

薄膜是一种物质形态，薄膜基质材料十分广泛，单质元素、化合物或复合物，无机材料或有机材料均可用于制作薄膜。薄膜与块状物质一样，可以是非晶态的、多晶态的或单晶态的。薄膜在工业上有着广泛的应用，从应用范围看，有用于气体分离的，有用于催化反应的，还有用于防腐蚀或装饰的，特别是很多薄膜可用于电子信息技术，功能各种各样。这不仅为电子制品的小型化、轻量化、高密度化和高可靠性发挥了决定性的作用，而且通过薄膜组合还可产生许多新的特殊功能，薄膜产业在现代电子工业领域中占有极其重要的地位。纳米薄膜作为一种新型功能薄膜，必将有着重要的研究意义和作用。

美国 Lux Research 公司 2004 年公布的调查结果显示：2014 年利用纳米技术的产品营

业额将达到 2.6 万亿美元，这一金额相当于整个制造业营业额的 15%。其中，纳米薄膜（厚度小于 100nm）目前的产值为 2.22 亿美元，占薄膜总产值的 19.7%，微电子产业、信息存储闪存产业、光学制品产业等是纳米薄膜产品的三大主要用户。新兴的纳米薄膜技术是基于纳米科技的涂覆和薄膜技术，是依据未来需求所开发出来的技术，它们由纳米微粒或自组装纳米材料结合而成，再将其转换成薄层沉积。现有的纳米薄膜和发展中的新兴纳米薄膜将达到薄膜材料总产值的 39%。

6.1.1 纳米薄膜的分类

纳米薄膜是指尺寸在纳米量级的颗粒（晶粒）构成的薄膜或者层厚在纳米量级的单层或多层薄膜，通常也称为纳米颗粒薄膜和纳米多层薄膜。纳米薄膜的性能强烈依赖于晶粒（颗粒）尺寸、膜的厚度、表面粗糙度及多层膜的结构，与普通薄膜相比，纳米薄膜具有许多独特的性能，如具有巨电导、巨磁电阻效应、巨霍尔效应、可见光发射等。例如，美国霍普金斯大学的科学家在 SiO - Au 的颗粒膜上观察到极强的巨电导现象，当金颗粒的体积百分比达到某个临界值时，电导增加了 14 个数量级；纳米氧化镁铟薄膜经氢离子注入后，电导增加了 8 个数量级。纳米薄膜可作为气体催化（如汽车尾气处理）材料、过滤器材料、高密度磁记录材料、光敏材料、平面显示材料及超导材料等，其独特的光学、力学、电磁学与气敏特性在重工业、轻工业、军事、石化等领域表现出广泛的应用前景，因而越来越受到人们的重视。目前，纳米薄膜的结构、特性、应用研究还处于起步阶段，随着研究工作的发展，更多的结构新颖、性能独特的纳米薄膜必将出现，应用范围也将日益广阔。

关于纳米薄膜的分类，目前有多种方法，大致可分为以下几种。

1. 按用途划分

纳米薄膜可按用途分为纳米功能薄膜和纳米结构薄膜。纳米功能薄膜是利用纳米微粒所具有的电、光、磁等方面的特性，通过复合的方法使新材料具有基体所不具备的特殊功能；而纳米结构薄膜主要是通过纳米微粒复合，对材料力学进行改性，以提高材料在机械方面的性能为主要目的。

2. 按层数划分

按纳米薄膜的沉积层数，可分为纳米单层薄膜和纳米多层薄膜。其中，纳米多层薄膜包括我们平常所说的"超晶格"薄膜，它一般是由几种材料交替沉积而形成的结构组分交替变化的薄膜，隔层厚度均为 nm 级。组成纳米（单层）薄膜和纳米多层薄膜的材料可以是金属、半导体、绝缘体、有机高分子，也可以是它们的多种组合，如金属-半导体、金属-绝缘体、半导体-绝缘体、半导体-高分子材料等，而且每一种组合都可衍生出众多类型的复合薄膜。

3. 按微结构划分

按纳米薄膜的微结构，可分为含有纳米微粒与原子团簇的基质薄膜和纳米尺寸厚度的薄膜。纳米微粒基质薄膜厚度可超出纳米量级，但由于膜内有纳米微粒或原子团的渗入，该薄膜仍然会呈现出一些奇特的调制掺杂效应；而纳米尺寸厚度的薄膜，其厚度在纳米量级，接近电子特征散射的平均自由程，因而具有显著的量子统计特性，可组装成新型功能器件，如具有超高密度与信息处理能力的纳米信息存储薄膜、具有典型的周期性调制结构的纳米磁性多层膜等。

4. 按组分划分

按纳米薄膜的组分，可分为有机纳米薄膜和无机纳米薄膜。有机纳米薄膜主要指的是高分子薄膜；而无机纳米薄膜主要指的是金属、半导体、金属氧化物等纳米薄膜。

5. 按薄膜的构成与致密性划分

按薄膜的构成与致密程度，可分为颗粒膜和致密膜。颗粒膜是纳米微粒粘在一起形成的膜，颗粒间可以有极小的缝隙，而致密膜则是连续膜。

6. 按应用划分

按纳米薄膜在实际中的应用，可分为纳米光学薄膜、纳米电学薄膜、纳米耐磨损与润滑膜、纳米磁性薄膜、纳米气敏薄膜、纳米滤膜等。

6.1.2　纳米薄膜的结构特点

1. 纳米颗粒膜的结构

纳米颗粒薄膜是纳米微粒镶嵌于薄膜母体中所构成的复合材料体系。它是由纳米微粒与另一异相物质包括孔隙、非晶质或其他材料等所组成，可分为纳米孔隙(nanoporous)与纳米复合(nonocomposite)两类薄膜，因此颗粒膜虽然外观上为二维体系，但实质上是以零维体系的纳米微粒为主。因此颗粒薄膜区别于合金和化合物，属于非均匀相组成的材料。满足这个条件的材料组合一般可分为金属-金属、金属-绝缘体、金属-半导体、半导体-半导体、超导体-绝缘体等类型，它们构成了一系列物理、化学性质可以人工剪裁的复合体系。除此之外，纳米颗粒薄膜的性质还与颗粒的尺寸、颗粒的间距、颗粒之间及颗粒与母体之间的相互作用、颗粒材料的体积百分比及界面构型等因素有着紧密的关系。通过控制成分和制备工艺，可以获得纳米量级的颗粒，从而使材料呈现尺寸效应。

中科院长春化学研究所曹立新等人用胶体化学法制备的 SnO_2 纳米颗粒膜的结构如图 6.2 所示，他们将 SnO_2 胶体表面的陈化膜转移出来，发现新鲜的膜体表面均匀，但经过一段时间以后，会出现小的胶体粒子畴，并逐渐增多变大。随着时间的增加颗粒畴间距缩小，形成大块膜。薄膜的致密程度及晶型与转移膜的悬挂状态和干燥时间有一定的联系。

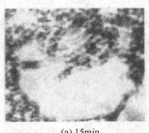 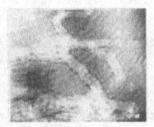

(a) 15min　　　　　　　　(b) 70min

图 6.2　新鲜的 SnO_2 水溶胶-空气界面陈化不同时间的
布儒斯特角显微镜(BAM)图像

纳米颗粒薄膜丰富的界面效应对其磁性质、电子输运特性和光学性质等都有着显著的影响。无论从基础研究角度还是实际应用角度，纳米颗粒薄膜都是值得重视的新型功能材料。

2. 纳米多层膜的结构

纳米多层膜中各层的成分都是由接近化学计量比的成分构成，从 X 射线衍射谱中可以看出，所有金属相及大多数陶瓷相都为多晶结构，并且谱峰有一定程度的宽化，表明晶粒是相当细小的，粗略的估算晶粒在纳米数量级，与子层的厚度相当。部分相呈非晶结构，但在非晶的基础上也会有局部晶化特征的出现。

多层膜的多层结构中，一般多层膜的结构界面平直清晰，看不到明显的界面非晶层，也没有明显的成分混合区存在。如美国伊利诺斯大学的科研人员合成的以蘑菇形状的高分子聚集体为结构单元，再自组装成纳米结构的超分子多层膜，如图 6.3 所示。

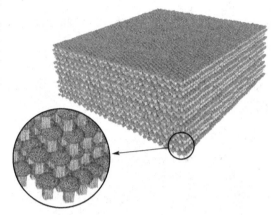

图 6.3 以蘑菇形状的高分子聚集体为结构单元再自组装成纳米结构的超分子多层膜

6.2 纳米薄膜特性及其应用

6.2.1 纳米薄膜的电学性能

研究表明，纳米薄膜的电学特性不仅与纳米薄膜的厚度有关，而且还与纳米薄膜中的颗粒的尺寸有关。当薄膜的厚度或者颗粒的尺寸减小至纳米量级时，导电性会发生显著变化，甚至材料原本的电学性能都会丧失。常规的导体(如金属材料)当尺寸减小到纳米量级时，其电学性能发生很大的变化。有研究人员在 Au/Al_2O_3 的颗粒膜上观察到电阻反常现象，随着纳米 Au 颗粒含量的增加，电阻不但没有减小，反而急剧增加[8]。Fauchet 等人用 PECVD 法制备了纳米晶 Si 膜，并对基电学性能进行了研究，他们观察到纳米晶 Si 膜的电导大大增加，比常规非晶 Si 膜提高了 9 个数量级。材料的导电性与材料颗粒的临界尺寸有关，当材料颗粒大于临界尺寸时，将遵循常规电阻与温度的关系，当材料颗粒小于临界尺寸时，它可能丧失材料原来的电性能。

6.2.2 纳米薄膜的光学性能

随着构成光学膜的颗粒尺寸的减小，晶界密度将增加，膜表面的不平度也将发生变化。所以，当尺寸减小到纳米量级时，薄膜的光学性能也将发生变化。通常纳米薄膜两个突出的特性是：

1. 吸收光谱的移动与宽化

由于具有小尺寸效应、量子尺寸效应以及界面效应，因而当膜厚度减小时，大多数纳米薄膜能隙将有所增大，会出现吸收光谱的蓝移与宽化现象。如纳米 TiO_2/SnO_2 纳米颗粒膜具有特殊的紫外-可见光吸收光谱，由于量子尺寸效应，其吸收光谱较块体发生了显著的"蓝移"与宽化，抗紫外线性能和光学透过性良好。纳米颗粒膜，特别是Ⅱ-Ⅵ族半导体 CdS_xSe_{1-x} 以及Ⅲ-Ⅴ族半导体 GaAs 的颗粒膜，都观察到光吸收带边的蓝移和宽化现象。有人在 CdS_xSe_{1-x}/玻璃的颗粒膜中观察到光的"退色"现象，即在一定波长的照射下吸收带强度发生变化的现象。

尽管如此，在另外一些纳米薄膜中，由于随着晶粒尺寸的减小，内应力增加以及缺陷数量增多等因素，材料的电子波函数出现了重叠或在能级间出现了附加能级，又使得这些纳米薄膜的吸收光谱发生了"红移"。

2. 光学非线性

光学线性效应是指介质在光波场(红外、可见、紫外以及 X 射线)作用下，当光强较弱时，介质的电极化强度与光波电场的一次方成正比的现象。光的反射、折射、双折射等都属于线性光学范畴。而光学非线性效应则是在强光场的作用下介质的极化强度中出现与外加光波电磁场的二次、三次以至高次方成比例的项，也就是说吸收系数和光强之间出现了非线性关系。

对于光学晶体来说，对称性的破坏、介电的各向异性都会引起光学非线性。对于纳米材料，小尺寸效应、宏观量子尺寸效应，量子限域和激子效应是引起光学非线性的主要原因。如果激发光的能量低于激子共振吸收能量，不会有光学非线性效应发生；只有当激发光能量大于激子共振吸收能量时，能隙中靠近导带的激子能级很可能被激子所占据，处于高激发态。这些激子十分不稳定，在落入低能态的过程中，由于声子与激子的交互作用，损失一部分能量，这是引起纳米材料光学非线性的主要原因。前面我们讨论过纳米微粒材料，纳米微粒中的激子浓度一般比常规材料大，小尺寸限域和量子限域显著，因而纳米材料很容易产生光学非线性效应。

弱光强的光波透过宏观介质时，介质中的电极化强度常与光波的电场强度具有近似的线性关系。但是，当纳米薄膜的厚度与激子玻尔半径相当或小于激子玻尔半径 a_0 时，在光的照射下，薄膜的吸收谱上会出现激子吸收峰。这种激子效应将连同纳米薄膜的小尺寸效应、宏观量子尺寸效应、量子限域效应一起使得强光场中介质的极化强度与外加电磁场的关系出现附加的二次、三次乃至高次项。也就是说纳米薄膜的吸收系数和光强之间出现了非线性关系，这种非线性关系可通过薄膜的厚度、膜中晶粒的尺寸大小来进行调整和控制。

如半导体 InGaAs 和 InAlAs 构成多层膜，通过控制 InGaAs 膜的厚度，可以很容易观察到激子吸收峰。这种膜的特点是每两层 InGaAs 之间，夹了一层能隙很宽的 InAlAs。对于总厚度 600nm 的 InGaAs 膜，在吸收谱上观察到一个台阶，无激子吸收峰出现。如果制成 30 层的多层膜，InGaAs 膜厚约 10nm，相当于 $\alpha_B/3$(α_B 为激子玻尔半径)，InGaAs 膜厚为 7.5nm，相当于 $\alpha_B/4$，这时电子的运动基本上被限制在二维平面上运动，由于量子限域效应，激子很容易形成，在光的照射下出现一系列激子共振吸收峰。共振峰的位置与激子能级有关。

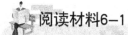

阅读材料6-1

透明导电的氧化铟锡(ITO)薄膜目前已广泛应用于平板显示、太阳能电池、发光二极管、特殊功能窗口涂层及其他光电领域中，但是由于其在价格和柔性等方面的限制，ITO薄膜成为发展柔性电子学的障碍之一。作为一维纳米材料的典型代表，单壁碳纳米管具有很多优异而独特的光学、电学和机械学特性，因此呈现出更广泛的应用前景。单壁碳纳米管薄膜由于在导电、透光和柔性方面都呈现出良好的特性，引起了人们的广泛关注，现已成为碳纳米管在光电器件中应用的新的研究热点。

科研人员目前发展了一种优化碳纳米管薄膜的技术，显著改善了薄膜的导电性，同时保证了良好的透光度。他们采用一种多步提纯的方法，将薄膜内一些残余物(如表面活性剂)除去，从而提高了薄膜导电性。另外，结合化学修饰的方法，他们提出了一种三明治碳纳米管薄膜结构。结果表明，薄膜的导电性得到进一步提高。以最终优化的碳纳米管薄膜代替ITO作为阳极，成功地制备了有机发光二极管，如图6.4所示。单壁碳纳米管(SWNT)的工作结深为4.5eV，同时PVK为5.8eV，这说明在SWNT和PVK之间有着巨大的空穴注入势垒，所以引入PEDOT层作为空穴注入缓冲层来改善空穴注入。以上研究成果有望为导电透明的碳纳米管薄膜在光电器件中的应用提供新的基础。

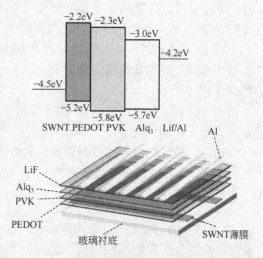

图6.4 以高电导的透明单壁碳纳米管薄膜制备的有机发光二极管

资料来源：中国科学院院刊(中文版)．2009(1)．

6.2.3 纳米薄膜的磁学性能

磁性是物质的基本属性。磁性材料是古老而用途十分广泛的功能材料。磁性材料与信息化、自动化、机电一体化、国防与国民经济的方方面面紧密相关。纳米磁性材料是20世纪70年代后逐步产生、发展、壮大而成为最富有生命力与宽广应用前景的新型磁性材料。纳米磁性材料的特性不同于常规的磁性材料，其原因是与磁相关联的特征物理长度恰好处于纳米量级，例如：磁单畴临界尺寸、超顺磁性临界尺寸、交换作用长度、以及电子平均自由程等大致上处于$1\sim100$nm量级，当磁性体的尺寸与这些特征物理长度相当时，就会呈现反常的磁学性质。

磁性材料的内能一般与其内部的磁化方向有关，这就是磁各向异性。造成磁各向异性的原因是晶体结构的有序性或磁性体的形状效应。由于磁性膜厚度很薄，其磁各项异性也与三维体材料有所不同。在薄膜材料中存在单轴磁各向异性，即只有薄膜内的某个特定方向易于磁化。由于薄膜的这一性质，已使它被成功地应用于磁记录介质。传统的磁记录介质是平面磁化的，这种介质的信息存储密度受到其自退磁效应的限制。为了提高记录介质信息的存储密度，人们希望能够制成具有垂直磁各向异性的记录介质。这种磁记录介质由于其自退磁效应的削弱将使信息存储密度大幅度提高。在研究中发现，当磁性膜的厚度减小到纳米量级时便会出现垂直磁各向异性，纳米级厚度的磁性薄膜的易磁化方向是薄膜的法向，即纳米磁性薄膜具有垂直磁化的特性。实际使用中，为了使这种薄膜有一定的厚度，一般采用多层膜结构。这种磁性纳米薄膜每两层为一个周期，其中的一层为铁磁性材料，一层为非铁磁性材料，国内外已使用多种材料制备了这种薄膜，如 Pd/Co、Au/Co、Co/Pt、Fe/Cu、Fe/Au 等。

在研究厚度在纳米量级的磁性薄膜的同时，纳米磁性颗粒膜的研究也在进行。这种模式是由强磁性的颗粒嵌在互不相固溶的另一种材料中形成的。如 $Fe_x(SiO_2)_{1-x}$ 颗粒膜，当 x 值较小时，铁以微颗粒的形式嵌在 SiO_2 膜中。在对这种薄膜的研究中发现当 Fe 的体积百分数处于 29%～60% 之间时，矫顽力产生反常增长。而当其体积百分数在 60%～100% 时，接近 Fe 的溅射膜值。当磁性材料在纳米膜中以分散的纳米微粒形式存在时，其磁性能会发生变化，而当其体积百分数超过一定值，Fe 的颗粒连接成网络后，其特性与连续膜的特性相似。

纳米薄膜的巨磁电阻效应(GMR)指的是纳米磁性薄膜的电阻率受材料磁化状态的变化而呈现显著改变的现象。

巨磁电阻的三个基本特征与普通金属恰好相反。它们分别是负的磁电阻(MR<0)，磁电阻很大(|MR|>20%)和各向同性。为了把负的磁电阻定义为一个正的物理量，对于巨磁电阻的比值引入下面的两种定义：

$$MR_1 = \frac{R(0) - R(H_s)}{R(0)} \tag{6-1}$$

$$MR_2 = \frac{R(0) - R(H_s)}{R(H_s)} \tag{6-2}$$

这里 $R(0)$ 为无外磁场下的电阻，$R(H_s)$ 为某一饱和磁场下的电阻。由于在巨磁电阻效应中 $R(0) > R(H_s)$，因而有 $0 < MR_1 \leqslant 1$ 和 $0 < MR_2 \leqslant \infty$，第二个定义 MR_2 实际上是把介于 0 和 1 之间的 MR_1 放大到 0 和无穷大之间。

经过纳米复合的涂层/薄膜具有优异的电磁性能。纳米结构的 Fe/Cr、Fe/Cu、Co/Cu 等多层膜系统具有巨磁阻效应，可望应用于高密度存储系统中的读出磁头、磁敏传感器、磁敏开关等。

阅读材料6-2

"看看你的计算机硬盘存储能力有多大，就知道他们的贡献有多大。"谈到 2007 年诺贝尔物理学奖得主时，中科院半导体所集成技术工程研究中心主任杨富华如是说。

2007 年 10 月 9 日，瑞典皇家科学院宣布，法国科学家阿尔贝·费尔和德国科学家彼得·格林贝格因先后独立发现了"巨磁电阻"效应，分享 2007 年诺贝尔物理学奖。

"这两位科学家在物理学界赢得诺贝尔物理学奖是众望所归、意料之中的事情。"中科院物理所研究员韩秀峰说。

韩秀峰表示,他们这项具有里程碑意义的开拓性工作,不仅引发了过去十几年中凝聚态物理新兴学科——磁电子学和自旋电子学的形成与快速发展,也极大地促进了与电子自旋性质相关的新型磁电阻材料和新型自旋电子学器件的研制和广泛应用。

杨富华介绍说,磁电阻效应是指在一定磁场下磁性金属和合金电阻发生变化,"巨磁电阻"效应是指在一定的磁场下电阻急剧变化,变化的幅度比通常磁性金属与合金材料的磁电阻数值高 10 余倍。20 世纪 90 年代,人们在多种纳米结构的多层膜中观察到了显著的"巨磁电阻"效应,巨磁电阻纳米多层膜在高密度读出磁头、磁存储元件上有广泛的应用前景。

"阿尔贝·费尔和彼得·格林贝格发现的'巨磁电阻'效应造就了计算机硬盘存储密度提高五十倍的奇迹。其研究成果在信息产业中的商业化运用非常成功。"杨富华说。

1994 年,IBM 公司研制成"巨磁电阻"效应的读出磁头,将磁盘记录密度一下子提高了 17 倍,从而在与光盘竞争中磁盘重新处于领先地位。硬盘的容量从 4G 提升到了当今的 600G 或更高。1997 年基于"巨磁电阻"效应的读出磁头研制成功,很快成为了标准技术。即使在今天,绝大多数读出技术仍然是"巨磁电阻"的进一步发展。

杨富华说,由于"巨磁电阻"效应,易使器件小型化、廉价化,除读出磁头外同样可应用于测量位移、角度等传感器中,可广泛地应用于数控机床、汽车测速仪、非接触开关和旋转编码器中,与光电等传感器相比,它具有功耗小、可靠性高、体积小、能工作于恶劣的工作条件中等优点。

6.3 纳米薄膜气相制备方法

为了获得各种具有某种特性或功能的纳米薄膜,人们已发掘了包括溶胶—凝胶法、L-B 膜法、电化学沉积法和化学气相沉积、低能团簇束沉积、真空蒸发、溅射沉积、分子与原子束外延、分子自组装等在内的诸多纳米薄膜制备方法。纳米薄膜的制备按制备工艺过程物质状态大致可分为两类:气相制备与液相制备。

6.3.1 薄膜气相生长机理

气相沉积是一种经典的薄膜制备方法,它有三个环节,即:需镀物料气化→气相输运→沉积成固相薄膜。它的主要特点在于不管原来需镀物料是固体、液体或气体,在输运时都要转化成气相形态进行迁移,最终到达工件表面沉积凝聚而成固相薄膜。气相沉积的基本过程包括以下三步:

(1)气相物质的产生。一种方法是使沉积物加热蒸发,这种方法称为蒸发镀膜;另一种方法是用具有一定能量的粒子轰击靶材料,从靶材上击出沉积物原子,称为溅射镀膜。

(2)气相物质的输运。气相物质的输运要求在真空中进行,这主要是为了避免气体碰撞妨碍沉积物到达基片。在高真空度的情况下(真空度不大于 $10^{-2}\,\mathrm{Pa}$),沉积物与残余气体分子很少碰撞,基本上是从源物质直线到达基片,沉积速率较快;若真空度过低,沉积物原子频繁碰撞会相互凝聚为微粒,使薄膜沉积过程无法进行,或薄膜质量太差。

（3）气相物质的沉积。气相物质在基片上的沉积是一个凝聚过程。根据凝聚条件的不同，可以形成非晶态膜、多晶膜或单晶膜。若在沉积过程中，沉积物原子之间发生化学反应形成化合物膜，称为反应镀。若用具有一定能量的离子轰击靶材，以求改变膜层结构与性能的沉积过程称为离子镀。

其中气相物质在基底表面的沉积生长是薄膜制备与性能控制的关键，膜的形成过程可以划分为以下四个主要阶段：成核、结合、形成沟道和连续薄膜。这四个阶段的示意图如图 6.5 所示。

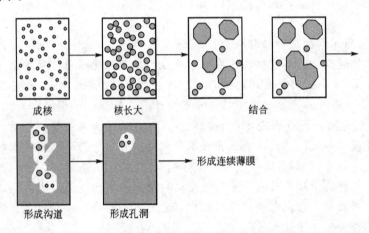

图 6.5　薄膜形成过程四个主要阶段示意图

1. 成核阶段

在这个阶段中，包括成核和核生长。气态原子、分子单体吸附在基底表面，形成大小不同的各种小原子团或临界核（开始成核），临界核由于捕获其周围的单体而长大（核长大），小于临界核的原子团存在吸附与脱附平衡，不能成核。在用物理气相沉积法制造薄膜同时用透射电镜观察成膜过程中发现，首先看到的是大小相当一致的核突然出现，其线度为 2～3nm，其形状是三维的，并且平行基片表面的两维大于垂直向的第三维。这说明核的生长主要是由于吸附单体在基片表面的扩散，而不是由于气相原子的直接碰撞。例如，以 MoS_2 为基片、在 400℃下成膜时，Ag 或 Au 膜的起始核密度约为 $5 \times 10^{14} m^{-2}$，最小扩散距离约为 50nm。

2. 结合阶段

对于很小的核，发生结合的时间小于 0.1s，并且结合后增大了高度，减少了在基片上所占的总面积。除此以外，结合前具有良好晶体形状的核在结合时变为圆形。若在进一步结合前尚有足够的时间，复合岛（即小核结合以后的小岛）会再次具有晶体形状。在小岛阶段，晶体多为三角形。而在结合以后，各岛常变为六角形。核结合时的类液体特性导致基片的未覆盖面积增大，结果会在结合后新出现的基片面积上发生二次成核。当结合的岛长大到约为 100nm 时，二次成核情况变得非常显著。这种情况一直延续到形成连续薄膜。研究者用球形质点的烧结理论，来解释在结合时核（或小岛）形状的变化及在烧结时改变颗粒形状的驱动力是表面张力，传质过程其驱动力是蒸发和凝结、体扩散和表面扩散。所有类液体特性的驱动力是表面能的降低。若表面能与晶体取向无关，它将使表面积减至最小。对成膜过程的观察表明，表面能主要在岛间结合时降低，而后由于优选界面的形成，使小岛具有一定的晶体形状，表面能再进一步减小。当新岛又与近邻部分结合时，其晶形立刻消失而变为圆形。这是因为在两岛接触时，允许相互迅速交换原子的情况下，原来的最小表面能构形突然破裂。三角形和六角形岛的各个角上的原子是最活跃的原子，因而各岛在结合时迅速成为圆形。

虽然结合的初始阶段很快，但是结合以后，在一个相当长的时间以内，新岛继续改变着它的形状。因而在结合时和结合以后，岛的面积不断发生着改变，在最初几秒内，由于结合，在基片上的覆盖面积减小，而后又逐渐增大。在结合之初，为了降低表面能，新岛的面积减小，高度增大。根据基片，小岛的表面能和界面能，小岛将有一个最低能量沟形，该形状具有一定的高径比。

3. 沟道阶段

结合以后，在岛生长过程中，它变圆的倾向减少，只是在岛再进一步结合处，它才继续发生大的变形。因此，岛被拉长，连接成网状结构的薄膜。在这种结构中遍布不规则的窄长沟道，其宽度约为 6～20nm。随着沉积的继续进行，在沟道中发生二次或三次成核。当核长大到和沟道边缘接触时，就连接到薄膜上。与此同时，在某些点处，沟道被桥接，并且以类液体形式很快被充填。结果，大多数沟道很快被消除，薄膜变为连续的，只是含有许多小的不规则孔洞。在孔洞内再发生二次或三次成核，有的核长大后结合到薄膜上。沟道的填充除了上述形式以外，还可看到沟道和桥接处的前沿向前运动，而后再逐渐加厚。

无论是核或岛结合时的类液体特性，还是沟道的很快消失，都是同一物理效应的表现，这个效应即是消除高表面曲率区，以便生成物总表面能为最小。

4. 连续薄膜阶段

在薄膜形成时，特别是在结合阶段，岛的取向会发生显著的变化。对形成外延膜，这种情况是相当重要的。形成多晶膜的机理类似于外延膜，除了在外延膜中小岛结合时必须相互有一定的取向以外。实验发现在结合时有一些再结晶现象，以致在薄膜中的晶粒大于初始核间的距离。即使基片处在室温下，也有相当程度的再结晶发生，每个晶粒的大小包括有 100 个或更多的起始核区域。由此可见，薄膜中的晶粒尺寸受控于核或岛相互结合时的再结晶，而不仅仅是受控于起始核密度。

要获得纳米薄膜主要有两种途径：(1)在薄膜的成核生长过程中控制小岛的生长，避免岛的结合，通常需要对基底冷却处理或设法降低气态原子能量，如用液氮冷却基底平台，降低蒸发温度、减小溅射功率等。在溅射工艺中，高的溅射气压、低的溅射功率下易于得到纳米结构的薄膜。在 CeO_{2-x}、Cu/CeO_{2-x} 的研究中，在 160W、20～30Pa 的条件下能制备粒径为 7nm 的纳米微粒薄膜。(2)在非晶薄膜晶化的过程中控制纳米结构的形成，如采用共溅射方法制备 Si/SiO_2 薄膜，在 700～900℃ 的 N_2 气氛下快速退火获得纳米 Si 颗粒。

为研究方便，人们把各种不同特点的气相沉积过程按照有无化学反应分为物理气相沉积和化学气相沉积两大类。

6.3.2 物理气相沉积法

在早期，人们把通过高温加热金属或化合物蒸发成气相，或者通过电子、离子、光子等荷能粒子的能量把金属或化合物溅射出相应的原子、离子、分子(气态)且在固体表面上不涉及到物质的化学反应(分解或化合)而沉积成固相膜的过程，称为物理气相沉积(Physical Vapor Deposition，PVD）。

物理气相沉积技术除传统的真空蒸发和溅射沉积技术外，还包括近 40 多年来蓬勃发展起来的各种离子束沉积、离子镀和离子束辅助沉积技术等。物理气相沉积的技术类型五花八门，但它们都必须实现气相沉积三个环节，即：镀料（靶材）气化→气相输运→沉积成膜。各种沉积技术类型的不同点，主要表现为上述三个环节中能量供给方式不同，固—气相转变的机制不同，气相粒子形态不同，气相粒子荷能大小不同，气相粒子在输运过程中能量补给的方式及粒子形态转变的不同以及沉积成膜的基本表面条件不同而已。

本节主要以真空镀膜、溅射镀膜两类技术介绍纳米薄膜的物理气相沉积制备方法。纳米薄膜的制备与常规薄膜的制备在设备和工艺上是相似的，主要差别是薄膜沉积厚度、薄膜粒子大小的不同。通常是通过基底温度，蒸发或溅射功率，真空室压强，沉积时间来控制薄膜粒子的尺寸和厚度。

1. 真空蒸发镀膜法

真空蒸发（vacuum evaporation）镀膜（简称蒸镀）是在真空条件下，用蒸发器加热蒸发物质，使之气化，蒸发粒子流直接射向基片并在基片上沉积而形成固态薄膜。

真空蒸发镀膜是发展较早的镀膜技术，应用较为广泛。从镀膜粒子的条件看，真空蒸发不如后来兴起的溅射和离子镀优越，但真空蒸发技术仍有许多优点，如设备与工艺相对比较简单，可沉积较纯净的膜层，可制备具有特定结构和性质的膜层等等。蒸镀仍然是当今非常重要的镀膜技术，特别是低熔点的铝膜制备。事实上，真空蒸镀技术已形成庞大的产业，在各行各业中都有广泛应用，占有重要的地位。

图 6.6 为真空蒸发镀膜原理示意图。和液体一样，固体在任何温度下也或多或少地气化（升华），形成该物质的蒸气。在高真空中，将镀料加热到高温，相应温度下的饱和蒸气就在真空室中散发，蒸发原子在各个方向的通量并不相等。基体设在蒸气源的上方阻挡蒸气流，且使基体保持相对较低的温度，蒸气则在其上凝固成膜。为了弥补凝固的蒸气，蒸发源要以一定的比例供给蒸气。

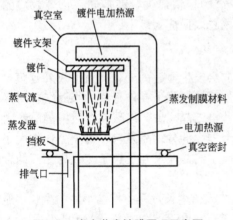

图 6.6　真空蒸发镀膜原理示意图

（图中标注：真空室、镀件电加热源、镀件支架、镀件、蒸气流、蒸发器、挡板、排气口、蒸发制膜材料、电加热源、真空密封）

根据蒸发镀的原理可知：通过采用单金属镀料或合金镀料就可在基体上得到单金属膜层或得到合金膜层。但由于在同一温度下，不同的金属具有不同的饱和蒸气压，其蒸发速度也不一样，蒸发速度快的金属将比蒸发速度慢的金属先蒸发完，这样所得的合金膜层成分就会与合金镀料的成分有明显的不同。为解决这个问题，通常可采用以下方法：

（1）采用单蒸发源时，使加热器间断的供给少量热量，产生瞬间蒸发；

（2）采用多蒸发源，使各种金属分别蒸发，气相混合，同时沉积。利用该法还可以得到用冶炼方法所得不到的合金材料薄膜。

真空蒸发镀膜从物料蒸发、输运到沉积成膜，经历的物理过程如下：

（1）采用各种能量方式转换成热能，加热镀料使之蒸发或升华，成为具有一定能量（0.1～1.0eV）的气态粒子（原子、分子或原子团）；

（2）离开镀料表面，具有相当运动速度的气态粒子以基本上无碰撞的直线飞行方式输运到基体表面；

（3）到达基体表面的气态粒子凝聚成核，生长成固相薄膜；

（4）组成薄膜的原子重组排列或发生化学键和。

真空蒸镀时，蒸发粒子动能仅为 $0.1 \sim 1.0 eV$，薄膜对基体的附着力较弱，为了改进结合力，一般采用：①在基板背面设置一个加热器，加热基体，使基板保持适当的温度，这既净化了基板，又使膜和基体之间形成一层薄的扩散层，增大了附着力；②对于蒸镀像 Au 这样附着力弱的金属，可以先蒸镀像 Cr、Al 等结合力高的薄膜作底层。但对于制备纳米微粒薄膜，通常要通过冷却降低基底温度以获得纳米微粒，并避免高温导致纳米微粒的快速长大。

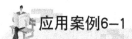 应用案例6-1

杨晶等人用真空热蒸发法合成制备 SnS_2 薄膜，研究不同 Sn 与 S 配比的蒸发粉末和热处理温度、时间、环境气氛等条件对 SnS_2 薄膜的物相结构、晶粒尺寸、表面形貌、光学特性的影响。真空蒸发使用的蒸发源为高纯钼舟（99.99%），蒸发材料是 Sn 和 S 单质的混合物。将作为基底的载玻片用四氯化碳、丙酮、乙醇擦净，再按四氯化碳、丙酮、无水乙醇依次进行超声清洗处理后，用冷、热、冷超纯水清洗后烘干，放入真空室的样品架上固定好，然后将用玛瑙研钵仔细研磨好的高纯 Sn（99.99%）与 S（99.999%）混合粉末置于钼舟中进行蒸发，蒸发系统真空度 $3.0 \times 10^{-3} Pa$，电流 150A。最后为改善薄膜的微结构等特性，在合适的条件下对薄膜进行热处理，即可获得纳米微粒的 SnS_2 薄膜。通过对薄膜进行结构、表面形貌和能谱分析，给出用 Sn:S 配比 1:1.5（at%）蒸发物沉积的薄膜，在氮气保护下经 430℃ 热处理 40min 后，得到沿（001）晶向择优生长的六角晶系 SnS_2 多晶薄膜，薄膜平均晶粒尺寸约为 77nm。随热处理温度的升高，薄膜平均晶粒尺寸明显增大。薄膜表面较致密、颗粒大小较均匀。对薄膜光学透射谱测量，得出 SnS_2 薄膜具有选择性光吸收性，直接光学带隙约 2.02eV。

2. 分子束外延镀膜法

分子束外延技术可以被认为是一种精确的超高真空蒸发技术。其设备结构示意图如图 6.7 所示。

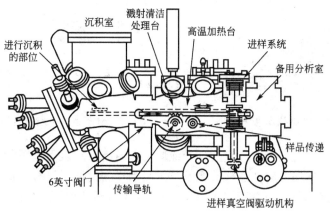

图 6.7 分子束外延设备结构示意图

分子束外延(Molecular Beam Epitaxy，MBE)是一种制备半导体多层超薄单晶薄膜的外延技术，从20世纪70年代至今已有40多年的历史。现代微电子及光电子技术发展的一个显著特点是：不断追求器件的小型化及充分利用各种量子效应，以进一步提高频率、速度及研制新型的器件。因此需要发展新型的、能精确控制生长过程的外延技术，以提供更大的自由度去制备人工新材料。分子束外延技术的出现，满足了人们长期以来对外延生长技术的更高要求。由于这种技术是在超高真空中生长薄膜，且薄膜的厚度和组分能够精确控制，可以生长出自然界没有的新型超晶格材料，因此深受人们的重视。它能在原子尺度上精确控制外延层厚度、组分、掺杂及异质结平整度，这是液相和其他气相外延技术望尘莫及的。

最初分子束外延技术用于生长GaAs、AlGaAs等Ⅲ-Ⅴ族化合物半导体，此后逐步推广，扩展到Ⅱ-Ⅵ族、Ⅳ族等半导体薄膜、金属薄膜、超导薄膜及介质薄膜等，成为一种普遍适用的薄膜外延技术。分子束外延技术具有以下特点：

(1) 可精确控制生长速率，一般为0.1～10个单原子层/秒，通过控制快门开关来实现束流的快速切换，完成层厚、组分、掺杂的原子尺度的控制。

(2) 由于MBE生长时远离热力学平衡态，可以在比较低的温度下生长，可以减少异质界面的相互扩散，实现突变结。

(3) 分子束外延的二维生长模式，可以使外延层表面具有原子级的平整度。

(4) 用其他的外延方法无法制备的某些非互熔材料，可以用分子束外延方法来实现。

(5) 与反射式高能电子衍射仪(RHEED)等原位分析仪器配备，可实现原位实时监测，可以提供表面形貌、生长速率等信息。

(6) 分子束外延的超高真空环境为各种表面分析方法的应用提供了条件。

分子束外延生长室的基本结构一般是分子束源炉，如图6.8所示，一般配置8～12个及配备相应的快门、样品台、反射式高能电子衍射仪、四极质谱仪及超高真空系统。

分子束外延生长是加热的组元的原子束或分子束入射到加热的衬底表面，与衬底表面进行反应的过程，它是从气相到凝聚相，再通过一系列表面过程而得到最终结果。图6.9为这一复杂过程的示意图。

图6.8　分子束源炉结构示意图

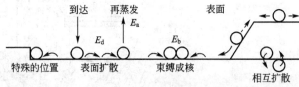

图6.9　分子束外延表面生长过程的示意图

在这一过程中首先是来自气相的分子或原子自由撞击到表面被吸附，被吸附的分子或原子在表面发生迁移和分解，迁移的原子与基底晶格表面原子结合，形成外延生长，而未进入晶格的原子因热脱附而离开表面，与基底晶格结合的原子在强表面张力作用下再进一步扩散形成单分子层外延生长。

阅读材料6-3

在制造超导器件的道路上，一个重要的目标就是要找到作为纳米尺度超导体的材料。这样的超薄超导体将在超导晶体管及最终的超快、节能电子学中发挥重要作用。

在2008年10月9日的《自然》杂志上，美国能源部布鲁克海文国家实验室的科学家报告说，他们成功利用多种铜氧化物材料，制造出了双层高温超导薄膜。尽管任何一层材料本身都不具有超导电性，但二者的界面2~3nm厚的范围内却展现出了一个超导区域。此外，研究人员还进一步证实，如果暴露于臭氧中，该双层材料的超导临界温度可以提升到超过50K，这是一个相对很高的温度，更可能有实际的应用价值。

领导布鲁克海文薄膜研究小组的物理学家Ivan Bozovic表示，"该研究确切证实了我们在极薄的纳米尺度上创造超导电性的能力。这为更长远的进展打开了局面。"Bozovic预计，未来关于非超导材料的不同组合及临界温度提升机制的进一步研究，将有望揭开凝聚态物理中的最大疑问之一———高温超导性背后的谜团。

早在2002年，Bozovic的小组就发现，由两种不同铜基材料形成的双层薄膜，其超导临界温度可以提高25%。不过，当时科学家并不清楚是什么导致了这种提升，以及样品展现出超导性的具体位置。

在最新的研究中，Bozovic等人利用自主设计制造的原子逐层排（atomic-layer-by-layer）分子束外延生长系统，将多种绝缘性、金属性和超导性铜基材料以所有可能的组合和层厚度相结合，总共合成出200多个单相双层或三层薄膜样品。Bozovic表示，"最大的技术挑战就是要确切证明，这种超导效应不是由两种候选材料之间简单混合形成的化学和物理性质都截然不同的第三层导致的。"在研究中，康奈尔大学的合作者已经通过先进的透射电子显微镜（transmission electron microscopy）排除了上述可能性。他们确定了样品的组成化学元素，证明了两层材料保持着差异性。

Bozovic表示，"现在谈论新研究可能产生的应用为时尚早。不过现阶段我们可以推测，这一成果让人们会在构建三端结超导器件（three-terminal superconducting devices，如超导场效应晶体管）上前进一步。"

Bozovic说："无论未来会有怎样的应用，新研究都极佳地证明了我们在亚纳米尺度上设计和操控材料，开发出特定或增强的功能的能力。"

▧ 资料来源：任宵鹏. 科学网. 2008-10-9.

3. 溅射镀膜法

溅射制膜是指在真空室中，利用荷能粒子轰击靶材表面，使被轰击出的粒子在基片上沉积的技术。

溅射现象早在19世纪就被发现。当入射离子的能量在100eV~10keV范围时，离子会从固体表面进入固体的内部，与构成固体的原子和电子发生碰撞。如果反冲原子的一部分到达固体的表面，且具有足够的能量，那么这部分反冲原子就会克服逸出功而飞离固体表面，这种现象称为离子溅射。

20世纪60年代利用溅射镀膜制成集成电路的钽（Ta）膜，开始了它在工业上的应用。1965年，IBM公司研究出射频溅射法，使绝缘体的溅射制膜成为可能。以后又发展了很多新的溅射方法，研制出多种溅射制膜装置如二极溅射、三极（包括四极）溅射、磁控溅射、对向靶溅射、离子束溅射等。在上述这些溅射方式中，如果在 Ar 中混入反应气体，如 O_2、N_2、CH_4、C_2H_2 等，则可制得靶材料的氧化物、氮化物、碳化物等化合物薄膜，这就是反应溅射。

溅射镀膜有两类设备。一种是在真空室中，利用离子束轰击靶表面，使溅射出的粒子在基片表面成膜，这称为离子束溅射。离子束要由特制的离子源产生，离子源结构较为复杂，价格较贵，只是在用于分析技术和制取特殊的薄膜时才采用离子束溅射。另一种是制备薄膜常用的辉光溅射，它是利用低压气体放电现象产生辉光等离子体，使处于等离子状态下的正离子在电场作用下高速轰击阴极靶材表面，并使溅射出的粒子在基片表面沉积。

图 6.10 所示为溅射过程中入射离子与靶材的相互作用。通常高能量的入射离子会对靶材产生三种作用：①产生溅射粒子，高能量的入射离子将能量转移给溅射原子或分子，同时产生二次电子发射，正、负离子发射，溅射离子中和后以原子形式返回，光子辐射等；②表面温升，靶材表面温度升高，产生原子蒸发、化学分解或反应；③靶材表面层改变，离子注入产生结构损伤（点缺陷、线缺陷）、热钉、扩散共混、非晶化和化合相。从靶材表面溅射出来的中性原子和分子就是沉积成膜的物料来源，其伴生的各种物化现象会对成膜过程有影响。溅射法属于物理气相沉积的一种，射出的粒子大多呈原子状态，常称为溅射原子。用于轰击靶的荷能粒子通常是氩离子，溅射法现在已经广泛地应用于各种纳米薄膜的制备。

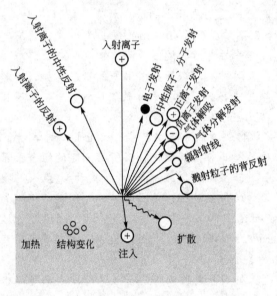

图 6.10　溅射过程中入射离子与靶材的相互作用

在溅射镀膜中，溅射产额是一个重要的参数。一般把对应一个入射离子所溅射出的中性原子数称为溅射产额。显然，溅射产额与入射离子的能量、靶的材质、入射角等密切相关。

图 6.11 为溅射产额与入射离子能量 W_i 的关系示意图。由图可见，当离子能量低于溅射阈值时，溅射现象不发生。对于大多数金属来说，溅射阈值在 20～40eV 之间。在离子能量 W_i 超过溅射阈值之后，随着离子能量的增加，在 150eV 之前溅射产额与入射离子能量 W_i 的平方成正比。在 150eV～1keV 范围内，溅射产额与入射离子能量 W_i 成正比。在 1～10kev 范围内，溅射产额变化不显著。能量再增加溅射产额反而显示出下降的趋势。

溅射产额依入射离子的种类和靶材的不同而异。入射离子中用 Ne、Ar、

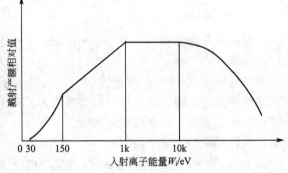

图 6.11　溅射产额与入射离子能量 W_i 的关系示意图

Kr、Xe 等惰性气体可得到高的溅射产额，在通常的溅射装置中，从经济方面考虑多用 Ar。各种靶材的溅射产额随原子序数变化呈周期性改变，Cu、Ag、Au 等溅射产额很高，而 Ti、Zr、Nb、Mo、Hf、Ta、W 等很小。与热蒸发原子所具有的热能(300K 大约为 0.04eV，1500K 大约为 0.2eV)相比，溅射原子的能量大，大约为 10eV。

溅射镀膜适用性非常之广。就薄膜的组成而言，单质膜、合金膜、化合物膜均可制作；就薄膜材料的结构而言，多晶膜、单晶膜、非晶膜均可制作；若从材料物性来看，可用于研制光、电、声、磁或优良力学性能的各类功能材料膜。下面以 SiC 为例，说明溅射制膜法的意义和工艺技术特点。

应用案例6-2

SiC 是一种优良的高温半导体材料，熔点超过 2700℃，硬度略逊于金刚石，用途很广。利用其耐热性可制作能在高温下工作的晶体管，利用单晶 SiC 禁带宽度宽的特点 (3.0eV)制成了蓝光的电致发光元件。SiC 的多晶膜在 100～500℃ 的温度范围内具有稳定的电阻温度特性，故用它制成的高温热敏电阻或宽温度范围热敏电阻都已实用化。此外，也可用作精密机械或装饰用的耐腐蚀、耐磨损镀层等。

通常 SiC 需在 1300～1800℃ 的高温条件下合成，如用 CVD 法以 SiH_4 和 C_3H_8 气体作为反应源物质，衬底温度应在 1330℃。但用溅射法，却可在 500℃ 上下得到 SiC 膜。在溅射法中，既可用 Ar 气放电直接射频溅射 SiC 靶，也可在 $Ar+CH_4$ 的辉光放电中反应性溅射 Si 靶。射频溅射 SiC 靶工艺参数见表 6-1。

表 6-1 射频溅射 SiC 靶工艺参数

溅射装置	RF 二级溅射仪	淀积温度	200 ～ 750℃
靶　子	直径 80mm，SiC 陶瓷	溅射功率	400 ～ 500W
放电气体	5.3Pa，Ar，6N	淀积速度	0.3 ～ 1μm/h
基　片	石英、Si 或 α-Al_2O_3		

关于溅射的方法和装置类型很多，下面对磁控溅射和射频溅射进行介绍。

1) 磁控溅射

磁控溅射是 20 世纪 70 年代迅速发展起来的一种高速溅射技术。磁控溅射的特点是引入了正交电磁场，在阴极靶面上建立一个环状磁靶，以控制二次电子的运动，离子轰击靶面所产生的二次电子在阴极暗区被电场加速之后飞向阳极。实际上，任何溅射装置都有附加磁场以延长电子飞向阳极的行程，其目的是让电子尽可能多的产生几次碰撞电离，从而增加等离子体密度，提高溅射效率。只是磁控溅射所采用的环形磁场对二次电子的控制更加严密。磁控溅射离化率提高了 5%～6%，对很多材料，溅射速率达到了电子束蒸发的水平。

磁控溅射的原理图如图 6.12 所示。磁控溅射所利用的环状磁场迫使二次电子跳跃式地沿着环状磁

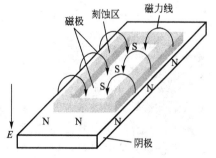

图 6.12 磁控溅射原理图

场的磁力线做螺旋运动。相应地，环状磁场控制的区域是等离子体密度最高的部位，在磁控溅射时，可以看见，溅射气体氩气在这部位发出强烈的淡蓝色辉光，形成一个光环，处于光环下的靶材是被离子轰击最严重的部位，会溅射出一条环状的沟槽。环状磁场是电子运动的轨道，环状的辉光和沟槽将其形象地表现了出来。

溅射产生的二次电子在阴极位降区内被加速成为高能电子，在环状磁场作用下它们并不能直接飞向阳极，而是在电场和磁场的联合作用下进行近似摆线的运动。在运动中高能电子不断地与气体分子发生碰撞，并向后者转移能量，使之电离而本身成为低能电子。这些低能电子沿磁力线漂移到阴极附近的辅助阳极而被吸收，不与基片接触。这样电离产生的正离子能十分有效地轰击靶面，基片又免受高能电子的轰击，有效降低了基底温升。同时，二次电子在靠近靶的封闭等离子体中做螺旋运动，路程足够长，电子要经过大约上百米的飞行才能到达阳极，碰撞频率大约为 $10^7 s^{-1}$，因此气体离化率大大增加，溅射效率提高 10 倍以上。

磁控溅射靶的溅射沟槽一旦穿透靶材，就会导致整块靶材报废，所以靶材的利用率不高，一般低于 40%，这是磁控溅射的主要缺点。

2）射频溅射

20 世纪 60 年代利用射频辉光放电，开始能够制取从导体到绝缘体的任意材料的膜，而且在 70 年代得到了普及。直流溅射是利用金属、半导体靶制取薄膜的有效方法，但当靶是绝缘体时由于撞击到靶上的离子会使靶带电，靶的电位上升，结果离子不能继续对靶进行轰击，致使溅射终止。射频是指无线电波发射范围的频率，为了避免干扰电台工作，溅射专用频率规定为 13.56MHz。在射频电源交变电场作用下，气体中的电子随之发生振荡，电子在被阳极吸收之前，能在阴、阳极之间的空间来回振荡，因而有更多的机会与气体分子产生碰撞电离，使气体电离为等离子体，因此射频溅射可以在较直流溅射更低的气压下进行。

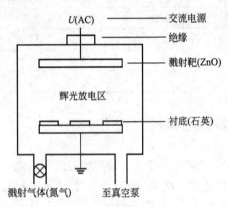

图 6.13 射频溅射装置

射频溅射的两个电极接在交变的射频电源上，似乎没有阴极与阳极之分。但实际上射频溅射装置的两个电极并不是对称的。放置基片的电极与机壳相连，并且接地，这个电极相对安装靶材的电极而言，是一个大面积的电极。它的电位与等离子相近，几乎不受离子轰击。另一电极相对于等离子体处于负电位，是阴极，受到离子轰击，用于装置靶材。射频溅射装置如图 6.13 所示。

射频溅射的主要特点就是可以溅射任何固体材料，包括导体、半导体、绝缘体材料制作的靶材。

应用案例6-3

Lawrence Livemore 国家实验室的 Bawbee 等人利用真空溅射技术制成了层状交替金属复合材料。该技术是经氩离子将金属表面的原子激发出来，并沉积成层状。只要控制离子束交替冲击不同金属表面，就可以制成由几百、几千层不同金属组成的复合材料，每一层只有 0.2nm 厚。他们研制的镍/铜合金复合材料的强度达到理论值的 50%，并正研究将强度提高到理论值的 65%～70%，该金属/金属复合材料可用于抗腐蚀涂层。

美国 B. G. Potter 和德国慕尼黑工大 Koch 研究组都采用溅射法制备纳米半导体镶嵌在介质膜内的纳米复合薄膜。Baru 等人利用 Si 和 SiO₂ 组合靶进行射频磁控溅射获得了 Si/SiO₂ 纳米镶嵌复合薄膜发光材料。日本东北大学工学院的研究人员运用射频磁控溅射法，使用 Nd₁₃Fe₇₀B₁₇ 制备了 Nd-Fe-B-Fe 多层膜和 Nd-Fe-B 单层膜。溅射法镀制薄膜原则上可溅射任何物质，可以方便地制备各种纳米材料，是应用较广的物理沉积纳米复合薄膜的方法。

6.3.3　化学气相沉积法

化学气相沉积(Chemical Vapor Deposition，CVD)方法是利用气态物质在固体表面上进行化学反应，生成固态沉积物。化学气相沉积方法作为常规的薄膜制备方法之一，目前较多地被应用于纳米微粒薄膜材料的制备，包括常压、低压、等离子体辅助气相沉积等。利用气相反应，在高温、等离子或激光辅助等条件下控制反应气压、气流速率、基片材料温度、沉积时间等因素，可控制纳米微粒薄膜的成核生长过程；或者通过薄膜后处理，控制非晶薄膜的晶化过程，可获得纳米结构的薄膜材料。CVD 工艺在制备半导体、氧化物、氮化物、碳化物纳米薄膜材料中得到广泛应用。

最初，利用易挥发的液体 TiCl₄ 稍加热获得气体 TiCl₄ 气，和 NH₃ 气一起导入高温反应室，让这些反应气体分解反应，再在高温固体表面上进行遵循热力学原理的化学反应，生成 TiN 和 HCl，HCl 被抽走，TiN 沉积在固体表面上即成为硬质固相薄膜。人们把这种通过含有构成薄膜元素的挥发性化合物与气态物质，在固体表面上进行化学反应且生成非挥发性固态沉积物的过程，称为化学气相沉积。图 6.14 为生长 TiN 薄膜材料的一种典型的气相沉积示意图。

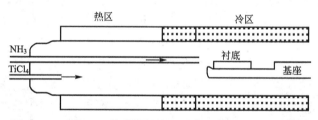

图 6.14　生长 TiN 薄膜材料的一种典型的气相沉积示意图

一般来说，只要把常规的薄膜制备装置或工艺参数进行适当的改进，控制必要的参数就可以获得纳米复合薄膜。例如，使用等离子体化学气相沉积技术(PCVD)，由于等离子体中的电子温度高，有足够的能量通过碰撞过程使气体分子激发、分解和电离，因而大大提高了反应活性，能在较低的温度下反应获得纳米级的晶粒，且晶粒尺寸易于控制；也可以精确控制反应温度和反应时间来控制晶粒的大小，从而获得纳米薄膜材料。

通常 CVD 的反应温度范围大约为 900～2000℃，它取决于沉积物的特性。化学气相沉积作为一种在沉积金属和化合物涂镀层中极为有用的薄膜沉积技术，和其他薄膜沉积技术相比，它具有的优点是：

(1) 设备简单，操作维护方便，灵活性强，只需把原料做些改变，便可沉积制备性能各异的单一或复合镀层；

(2) 适合涂镀各种复杂形状的部件，例如可涂镀带有盲孔、沟、槽的工件；

（3）涂镀层致密均匀，可以较好地控制镀层的密度、纯度、结构和晶粒度；

（4）因沉积温度高，涂镀层与基体结合强度高。

与物理气相沉积（PVD）法相比，化学气相沉积最突出的特点是沉积工艺温度太高（一般 900～1200℃），被处理的工件在如此高的温度下会变形，会出现基体晶粒长大，基材性能下降。因此要在沉积后增加热处理工艺来加以补救，特别是对于工具钢、模具钢的处理。降低一般 CVD 法的沉积温度，一直是 CVD 法改进提高的重要方向。通过金属有机化合物在较低温度的分解来实现低温沉积称为金属有机化合物 CVD（MOCVD）。等离子体增强 CVD（PECVD）及激光 CVD（LCVD）中气相化学反应由于等离子体的产生或激光的辐照得以激活，将反应温度降低，同样可实现低温沉积。如用 TiCl$_4$ 和 CH$_4$ 加热活化沉积 TiC 涂镀层是在 900～1050℃，而给同样的工艺路线采用等离子活化，可降低沉积温度至 500～600℃，这样就可沉积制备带有涂镀层的高速钢刀具；用 CO$_2$ 激光来激发反应气体 BCl$_3$，可使硼化物的沉积温度降低，而且沉积速率提高。下面分别介绍几种 CVD 沉积新技术。

1. 金属有机化学气相沉积

金属有机化学气相沉积（MOCVD）又称金属有机化学气相外延（MOVPE），是目前应用十分广泛的气相外延生长技术。它是 Manasevit 于 1968 年提出来的一种制备化合物半导体薄膜单晶的方法。从 20 世纪 80 年代以来得到了迅速的发展，显示出在制备薄层异质材料特别是生长量子阱和超晶格方面的优越性。MOCVD 采用Ⅲ族、Ⅱ族元素的有机化合物和Ⅴ族、Ⅵ族元素的氢化物作为源材料，以热分解或合成反应方式在衬底上进行气相外延，生长Ⅲ-Ⅴ族，Ⅱ-Ⅵ族化合物半导体及其多元固溶体的薄层单晶。

MOCVD 设备主要由四个部分组成：源输运系统，反应室系统，控制系统，尾气处理和安全保障系统。反应室是 MOCVD 的一个重要子系统，根据反应物引入方式的不同可分为垂直和水平两种类型的反应室。垂直反应室的反应物是从顶部引入，向下吹到平放在石墨基座的衬底上，而水平反应室中反应物的气流方向则是平行于水平放置的石墨基座的，这两种反应室均可以通过使基座旋转来改善外延层的均匀性。为减少有机源和氨气的预反应，一般需要将有机源和氨气分别通入反应室。例如，Thomas Swan 的 MOCVD 反应室采用了喷头技术：有机源和氨气通过网格状紧密排列的细注入管（约 100 个/平方英寸）分别通入反应室，每一个通有机源的气孔均被氨气气孔包围，每个氨气气孔也均被有机源气孔包围，同时衬底与喷头的距离很短，只有 10mm，这样既可减少有机源和氨气的预反应，又能使它们混合充分，并提高了有机源和氨气的利用率，如图 6.15 所示。

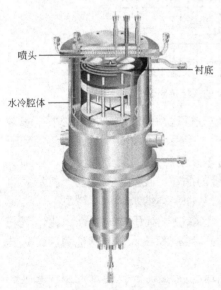

喷头
衬底
水冷腔体

**图 6.15　Thomas Swan 的
MOCVD 反应室示意图**

一般而言，MOCVD 生长中的基本过程分为热力学过程和动力学过程。热力学决定整个生长过程的驱动力，如最大生长速率、化学配比、杂质掺入、合金组分及表面重构。动力学决定不同步骤进行的速率。MOCVD 中薄膜的生长过程包含以下几个主要阶段：

（1）反应物气体混合物输运到外反应室；

（2）反应物分子通过扩散，穿过边界层到达衬底表面；

（3）吸附分子间或吸附物与气体分子间发生化学反应，生成晶体原子和气体副产物；

（4）生成的晶体原子沿衬底表面扩散到衬底表面上晶格的扭曲或台阶处，结合进晶体点阵；

（5）副产物从表面脱附扩散穿过边界层进入主气流中，被排出系统。

MOCVD 技术也有一些缺点，如源材料昂贵且都是易燃、易爆和毒性大的物质，生长需要控制的参数较多等。

2. 等离子体辅助化学气相沉积（PECVD）

用等离子体技术使反应气体活化进行化学反应，在基底上生成固体薄膜的方法称为等离子体化学气相沉积，它是在原来已成熟的薄膜技术中应用了等离子体技术而发展起来的。近二三十年来，PECVD 进展非常快。在半导体工业中，这种技术已成为大规模集成电路干式工艺中的重要环节。PECVD 薄膜反应室主要有平板电容型和无极射频感应线圈式两种。平板型又可分为直流、射频和微波电源三种。

PECVD 薄膜的性质，不仅与沉积方式有关，而且还取决于沉积工艺参数。这些参数包括：电源功率、反应室几何形状与尺寸、负偏压、离子能量、基材温度、真空泵抽气速率、反应室气体压力及工作气体的比例等。仔细控制各工艺参数，才能得到性能良好的薄膜。与基于热化学的 CVD 法相比较，PECVD 法可以大大降低沉积温度，从而不使基板发生相变或形变，而且成膜质量高。用 CVD 法在硅片上沉积 Si_3N_4 薄膜，需要 $900\,℃$ 以上的高温，而用 PECVD 法仅需约 $350\,℃$，而如采用微波等离子体，还可降至 $100\,℃$。利用辉光放电等离子体化学气相沉积法，可在柔软的有机树脂上沉积一层非晶硅薄膜，宛如人的皮肤，能自由变形，可用于高灵敏度的压力传感器探测元件。

3. 激光化学气相沉积（LCVD）

激光化学气相沉积（LCVD）是将激光应用于常规 CVD 的一种新技术，通过激光加热活化反应分子而使常规 CVD 技术得到强化，工作温度大大降低，在这个意义上 LCVD 类似于 PECVD。LCVD 技术是用激光束照射封闭于气室内的反应气体或基板，诱发化学反应，生成物沉积在置于气反应室内的基板上。CVD 法需要对基板进行长时间的高温加热，因此不能避免杂质的迁移和来自基板的自掺杂。LCVD 的最大优点在于沉积过程中不直接加热整块基板，可按需要进行沉积，空间选择性好，甚至可使薄膜生成限制在基板的任意微区内；沉积速度比 CVD 快。

LCVD 和 PECVD 虽然有很多相似之处，但也存在一些重要差别，其各自的技术特点见表 6-2。

表 6-2　LCVD 和 PECVD 工艺技术特点

LCVD	PECVD
窄的激发能量分布	宽的激发能量分布
完全确定的可控的反应体积	大的反应体积
高度方向性的光源可在精确的位置上进行沉积	可能产生来自反应室壁的污染
气相反应减少	气相反应有可能
单色光源可以实现特定物质的选择性激发	传统等离子体技术的气态物质激发，无选择性
能在任何压强进行	在限定的(低的)气压下进行

（续表）

LCVD	PECVD
辐射损伤显著下降	绝缘膜可能受辐射损伤
光分解 LCVD 中，气体和基体的光学性能重要	光学性能不重要

应用案例6-4

南开大学徐步衡等人利用金属有机化学气相沉积（MOCVD）生长技术，采用二乙基锌（DEZ）作 Zn 源和 H_2O 作 O 源，制备出了光电特性稳定的低电阻率、高透过率的绒面 ZnO 薄膜，并使用 B_2H_6 为掺杂气体对 ZnO 薄膜进行了 n 型掺杂。制备条件为：衬底温度 160℃，DEZ 的流量为 $342\mu mol/min$，H_2O 流量为 $500\mu mol/min$，反应气压为 $5\times133.32Pa$，B_2H_6 流量为 5sccm，掺杂手段为气体掺杂。沉积薄膜面积为 $10cm\times10cm$、厚度为 550nm 时，方块电阻为 $40\Omega/口$，透过率大于 85%。研究者发现当衬底温度为 140℃时，（002）峰比较明显，表明 ZnO 薄膜是由小晶粒组成的镜面一样的表面，而增长至 160℃时，ZnO 薄膜的（002）峰显著变小，表明薄膜表面为类金字塔形的绒面。随着掺杂气体 B_2H_6 流量的增大，电阻率开始下降，迁移率开始上升，载流子浓度开始上升并且在 B_2H_6 流量为 5sccm 处到达顶点，在 B_2H_6 流量超过 5sccm 后，迁移率和载流子浓度都随着 B_2H_6 流量的继续增大而减小。

6.4 纳米薄膜液相制备方法

6.4.1 自组装法

分子自组装（molecular self-assembly）是分子在均衡条件下通过非共价键作用而自发地缔结成结构稳定的聚集体（图 6.16）。在一定条件下的自组装，自发产生复杂有序且具有特定功能的聚集体（超分子）组织的过程称为分子自组织（molecular self-organization）。上述概念自从 20 世纪 80 年代被提出以来，人们已从双液态隔膜（BLM）技术发展到了 SBLM 技术，已在分子组装有序分子薄膜方面取得了丰硕的成果。如 Yang 等人采用多孔纳米结构自组装技术将正硅酸乙酚（TEOS）与氯代十六烷基三甲基溴化铵的酸性水溶液混合，然后让其在新鲜解理云母表面上于 80℃下成核生长，得到了取向生长连续的介孔 SiO_2 薄膜。美国伊利诺斯大学的工作者成功合成了蘑菇形状的高分子聚集体，并以此为结构单元，自组装了具有纳米结构的超分子多层膜。

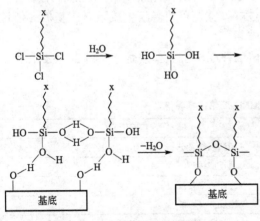

图 6.16　有机硅烷单层膜在基底
表面自组装过程示意图

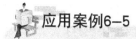
应用案例6-5

　　王林斗等人制备了SnO_2纳米薄膜样品，其基片的功能化方法为：将清洁的单晶硅基片放入ψ(浓硫酸：双氧水)=3∶1的溶液中，于80℃下浸泡30min，使其生成表面氧化薄层，实现表面羟基化。以环己烷为溶剂，配制出0.005mol/L的巯基丙磺酸钠(MPS)溶液；将基片浸入到配好的溶液中3h，取出后依次用氯仿、去离子水和丙酮冲洗，在氮气环境下干燥，此时MPS已经组装在基片表面。再将基片置于H_2O_2/HAc(体积比为1∶5)的溶液中，于45℃下浸泡45min，以使MPS的头基—SH被氧化成—SO_3H功能性基团。基片取出后依次用丙酮、去离子水、氯仿冲洗，真空干燥。这时基片便完成了表面功能化。以$SnCl_4$溶液作为反应前驱体溶液，因$SnCl_4$极易水解，必须保证极小的pH值以避免水解沉淀。同时为能够有效沉积出SnO_2薄膜，要求前驱体溶液中的Sn^{4+}过饱和。将两片功能化后的基片放入(2mmol/L $SnCl_4$)/(0.4mol/L HCl)溶液中，于80℃下分别反应6h和24h。取出后用蒸馏水超声波洗涤10min，干燥后即成为纳米SnO_2薄膜样品。对表面功能化处理后的硅片进行SnO_2薄膜沉积，发现使用自组装法可以获得致密、完整的金红石结构的均匀SnO_2薄膜。纳米SnO_2薄膜对可燃性气体具有很高的敏感性，可用于气敏元件的制作。

6.4.2　溶胶-凝胶法

　　溶胶-凝胶法制备薄膜起步于20世纪70年代，由于其反应条件温和、产品纯度高及结构可控等特点，在化学方面，主要用在无机氧化物分离膜、金属氧化物催化剂、杂多酸催化剂和非晶态催化剂等的制备。在制备氧化物薄膜的溶胶-凝胶方法中，有浸渍提拉法(dipping)、旋覆法(spinning)、喷涂法(spraying)及简单的刷涂法(painting)等。其中旋覆法和浸渍提拉法在实验室最常用。

　　浸渍提拉法主要包括三个步骤：浸渍、提拉和热处理，即首先将基片浸入预先制备好的溶胶中，然后以一定的速度将基片向上提拉出液面，这时在基片的表面上会形成一层均匀的液膜，紧接着随着溶剂的迅速蒸发，附着在基片表面的溶胶迅速凝胶化并同时干燥，从而形成一层凝胶薄膜，当该膜在室温下完全干燥后，将其置于一定温度下进行适当的热处理，最后便制得了氧化物薄膜。每次浸渍所得到的膜厚约为5～30nm，为增大薄膜厚度，可进行多次浸渍提拉循环，但每次循环之后都必须充分干燥和进行适当的热处理。

　　旋覆法包括两个步骤，即旋覆与热处理。基片在匀胶台上以一定的角速度旋转，当溶胶液滴从上方落于基片表面时，在离心力的作用下它就被迅速地涂覆到基片的整个表面。同浸渍法一样，溶剂的蒸发使得旋覆在基片表面的溶胶被迅速凝胶化，室温下干燥获得薄膜进行一定的热处理便得到所需的氧化物薄膜。

　　与旋覆法相比，浸渍提拉法更简单些，但它易受环境因素的影响，膜厚较难控制，如液面的波动、周围空气的流动以及基片在提拉过程中的摆动与振动等因素，都会造成膜厚的变化。特别是当基片完全拉出液面后，由于液体表面张力的作用，会在基片下部形成液滴，并进而在液滴周围产生一定的厚度梯度。同样，在基片的顶部也会有大量的溶胶粘附在夹头周围，从而产生一定的厚度梯度。所有这些都会导致厚度的不均匀性，影响到薄膜的质量。浸渍提拉法不适用于小面积薄膜(尤其是基底为圆片状)的制备，旋覆法却相反，它特别适合于在小圆片基片上制备薄膜。

采用溶胶-凝胶方法制备纳米薄膜具有以下几个特点：

（1）工艺设备简单，不需要任何真空设备或其他昂贵的设备，便于应用推广；

（2）通过各种反应物溶液的混合，很容易获得所需的均匀相多组分体系，且易于实现定量掺杂，有效地控制薄膜的成分；

（3）制备薄膜所需温度低，反应条件温和；

（4）容易在不同形状、不同材料的基底上制备薄膜，这是其他工艺难以实现的；

（5）这种方法在纳米尺度上反应，可以制备出具有纳米结构特征的材料；

（6）节省原料，制备成本比较低。

对于溶胶-凝胶薄膜工艺来说，在干燥过程中大量溶剂的蒸发将引起薄膜的严重收缩，这通常会导致龟裂。这是该工艺的一大缺点。但人们发现当薄膜厚度小于一定值时，薄膜在干燥过程中就不会龟裂，这可解释为当薄膜小于一定厚度时，由于基底粘附作用，在干燥过程中薄膜的横向(平行于基片)收缩完全被限制，而只能发生沿基片平面法线方向的纵向收缩。在溶胶—凝胶薄膜工艺中，影响薄膜厚度的因素很多，主要包括溶胶的黏度、浓度、密度、提拉速度(或旋转速度)及提拉角度，还有溶剂的黏度、密度、蒸发速率以及环境的温度、干燥条件等。

实验结果表明，在浸渍提拉法中，膜厚 d 与溶液黏度 η 和提拉速度 v 的依赖关系可表示为

$$d = k[\eta v/(\rho g)]^a \tag{6-3}$$

式中，k 为系数，ρ 为溶胶的相对密度，g 为重力加速度，指数 a 接近于 $1/2$，通常介于 $1/2$ 与 $2/3$ 之间。

应用案例6-6

主要原料为结晶乙酸铅、乙二醇乙醚、钛酸丁酯等，溶胶-凝胶法制备 $PbTiO_3$ 薄膜的工艺过程如图 6.17 所示。

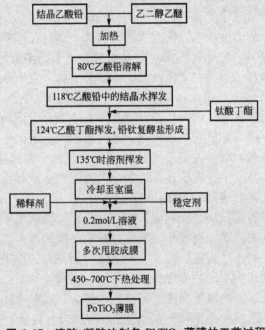

图 6.17 溶胶-凝胶法制备 $PbTiO_3$ 薄膜的工艺过程

采用溶胶-凝胶法制备薄膜的工艺与一般的溶胶-凝胶法制备纳米粉体的工艺过程不同。在制备粉体时，凝胶化过程与干燥过程是分步进行的，而在薄膜工艺中，由于其过程的特殊性，使得凝胶化过程与干燥过程相互交迭，同时发生，薄膜的制备工艺是由溶胶状态开始，把特定组分的溶胶均匀涂覆在基片表面，由于溶剂的快速蒸发而迅速凝胶化，并非是通过溶胶的缓慢缩合反应而实现凝胶化，因此其溶胶-凝胶转变过程要比一般的工艺快得多。

溶胶-凝胶法是一种经济、方便、有效的薄膜制备方法。利用溶胶-凝胶工艺，可以制备多孔陶瓷膜，γ - Al_2O_3、TiO_2、SiO_2、ZrO_2、CeO_2 等纳米微粒薄膜及 γ - Al_2O_3 - TiO_2、Al_2O_3 - CeO_2 等二元复合膜。通过此法也可以对陶瓷膜进行修饰。Goldsmith 等人用 Sol - gel 方法在 4nm 的氧化铝管状陶瓷膜表面制得了孔径 0.5nm 的 SiO_2 修饰膜，这些多孔陶瓷膜可用于膜分离、水质净化、催化剂等领域。

6.4.3　电化学沉积法

电化学沉积方法作为一种十分经济而又简单的传统工艺手段，可用于合成具有纳米结构的纯金属、合金、金属-陶瓷复合涂层以及块状材料。电化学沉积薄膜，早在 19 世纪早期就已出现了银和金的镀覆专利，不久后又发明了镀镍技术，电镀铬工艺至今已有一个世纪的历史。电化学沉积技术包括直流电镀、脉冲电镀、无极电镀、共沉积等。其纳米结构的获得，关键在于制备过程中晶体成核与生长的控制。电化学方法制备的纳米材料在抗腐蚀、抗磨损、磁性、催化、磁记录等方面均具有良好的应用前景。

电化学沉积是一种氧化还原过程。近年来，应用电化学沉积的方法成功制备了金属化合物半导体薄膜、高温超导氧化物薄膜、电致变色氧化物薄膜及纳米金属多层膜等。

电化学沉积大多数情况下是按阴极还原机理进行的，而只有少数氧化物的电化学沉积按阳极氧化沉积机理进行。阴极还原机理的电化学沉积过程为：需要沉积的阳离子和阴离子溶解到水溶液或非水溶液中，同时溶液中含有易于还原的一些分子或原子团，在一定的温度、浓度和溶液的 pH 值等实验条件下，控制阴极电流和电压就可以在电极表面沉积出所需的薄膜。

电化学沉积方法制备薄膜按照电能的供给方式可以分为恒电流法和恒电位法；而按照沉积设备的不同可分为单槽法和双槽法。电化学沉积法虽然工艺简单，但影响因素却相当复杂，薄膜性能不仅取决于电流、电压、温度、溶剂、溶液的 pH 值及其浓度，还受离子强度、电极的表面态等影响，因此如何调节各参数之间的关系从而利用电化学沉积法制备高性能的薄膜将是研究的重点。

纳米微粒复合镀是在电化学沉积的基础上发展起来的一种纳米薄膜制备方法。纳米微粒复合镀层具有广阔的应用前景。如纳米钴基复合镀层具有良好的抗氧化性和自润滑性能；用纳米 Ag - La_2O_3 复合镀层代替纯银制备低压电器触头可节银 60%；化学镀纳米 Ni - P - SiC 镀层的耐磨性可超过硬铬几倍甚至几十倍，在耐磨性要求较高的场合非常有意义，可显著提高磨损件的使用寿命。

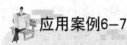

应用案例6-7

天津大学的武卫兵等人采用电化学沉积法，以水作溶剂，在透明导电 ITO 玻璃上制得 p-CuSCN 薄膜，并探讨了 $(CuSCN)_2$ 在水溶液中的不稳定性及 EDTA（乙二胺四乙酸）络合对提高 $CuSO_4$ 和 KSCN 水溶液稳定性的作用，还对所制备的薄膜进行了光学性能等测试。研究结果表明，未加 EDTA 络合剂时，$CuSO_4$ 和 KSCN 在水溶液中将分解成 CuSCN 和 $(SCN)_x$；加入 EDTA 可以制得稳定的 Cu_2SO_4 和 KSCN 的水溶液；在 $-400mV$ 恒电位下，于 EDTA 与 Cu^{2+} 的摩尔比为 1∶1 的水溶液中制备出在可见光区透光性好，禁带宽度为 3.7eV，晶粒具有纳米尺度的致密的 p-CuSCN 薄膜。其中 EDTA 络合机制掩蔽硫氰酸根粒子与铜离子的结合，获得了用于制备 CuSCN 薄膜的稳定的水基电沉积溶液。CuSCN 在不同的温度下遵循不同电化学沉积机理。在较低温度下，电化学沉积过程以电子隧穿的成核机理为主导，在较高温度下，则以空穴在价带中传输的晶粒生长机理为主导。通过控制沉积的温度和沉积电位可以控制薄膜的晶粒尺寸和致密度。制得的 p-CuSCN 薄膜可应用于纳米晶太阳能电池的 p 型材料。

6.4.4 LB 膜法

利用分子活性在气液界面上形成凝结膜，将该膜逐次叠积在基片上形成分子层（或称膜）的技术由 Kaharine Blodgtt 和 Irving Langmuir 在 1933 年发现，这一技术称为 Langmuir-Blodgett (LB) 技术。

LB 技术最早是用来制备双亲性（amphiphilic）的有机有序单分子膜的，后来逐渐发展为可以制备双亲性的聚合物膜。近来，随着纳米科技的发展，人们越来越希望将获得的纳米材料有序可控地排列起来，以满足纳米材料在光学、电子、生物等不同科技领域中的应用。LB 技术的基本原理是利用成膜分子间范德瓦尔斯力作用，通过滑障的推挤所施加的作用力使分子的排列更为有序紧密，然后转移到基底上成膜。因此利用 LB 技术来组装纳米材料，有望获得厚度可控、稳定性好且有序的纳米结构薄膜。

用 LB 膜法制备有序纳米材料薄膜具有许多优点：可以制备单层纳米膜，也可以逐层积累，形成多层膜或超晶格结构，组装方式可任意选择；可以选择不同的纳米材料，积累不同的纳米材料形成交替或混合膜，使之具有多种功能；成膜可在常温常压下进行，不受时间限制，基本不破坏成膜纳米材料的结构；LB 膜技术在控制膜层厚度及均匀性方面远比常见制膜技术（如化学气相沉积法、自组装法）优越；可有效地利用纳米材料自组装能力，形成新物质；LB 膜结构容易测定，易于获得纳米级别上的结构与性能之间的关系；可以制备理论上无缺陷的薄膜。这些优点使得 LB 技术成为操纵、排列纳米材料的主要方法之一。该方法主要分为三类：

1. 液面直接排布法

该方法是将包裹有表面活性剂等功能基团的纳米材料（图 6.18）溶于可挥发性溶剂（如乙烷、氯仿等）中，直接在亚相（水面）上铺展，过一段时间等溶剂挥发完以后，通过滑

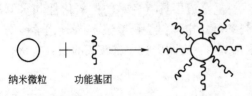

纳米微粒　功能基团

图 6.18　有机功能基团包裹 Au、Ag 等纳米微粒的示意图

障的推挤使纳米材料紧密排列,最后转移到固体基底(硅片、玻璃片等)上获得纳米薄膜(图 6.19)。该方法的优点是制备方法简单,易于控制。

2. 间接合成法

间接合成法是在亚相中加入金属阳离子,先形成复合金属离子的 LB 单层膜或多层膜,然后通过化学反应或物理方法使金属离子转变为纳米微粒,形成纳米薄膜。该方法的优点是反应温和,速度易于控制,可形成结构规整的纳米晶(图 6.20)。

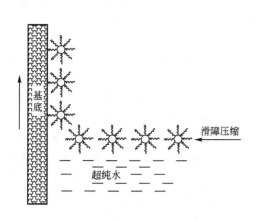

图 6.19 液面排布法示意图

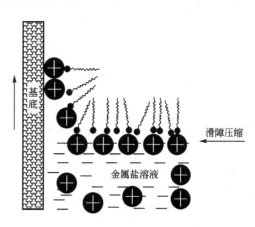

图 6.20 间接合成法示意图

3. 静电吸附法

静电吸附法首先用溶胶法制备包裹有机层的纳米材料,然后在粒子表面上修饰—COO⁻ 或—NH³⁺等带电离子基团(图 6.21),并以此纳米微粒的水溶胶为亚相,上面铺展能够与其发生作用的长链有机分子,通过静电吸附作用,利用 LB 技术将纳米微粒组装到 LB 膜的亲水层之间,从而形成夹心式的有机与无机交替的 LB 纳米多层膜(图 6.22)。

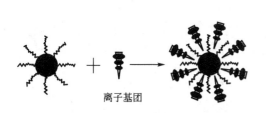

图 6.21 有机包裹的纳米微粒吸附 长链有机分子示意图

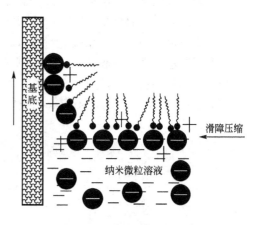

图 6.22 静电吸附法示意图

应用案例6-8

哈工大冀鸽等人选用 $SnCl_4 \cdot 5H_2O$ 和 $SbCl_3$ 为基本原料，采用共沉淀法制得了掺锑氧化锡(ATO)沉淀，经胶溶制得 ATO 纳米水溶胶，将其溶于纯水并作为亚相，采用 LB 膜技术制备了 10mm×30mmATO 复合膜，烧结处理后制得 ATO 超薄膜。主要过程如下：将 $SnCl_4 \cdot 5H_2O$ 和 $SbCl_3$ 按一定的配比(本实验中 Sb_2O_3 ∶ SnO_2 ＝3∶50)溶于 2mol/L 的盐酸中，过滤除去杂质，制得酸式混合原料。将 25gNaOH 溶于 250mL 去离子水中，移入 500mL 三口烧瓶中，于恒温水浴槽中建立 60℃ 恒温。向恒温的溶液中缓慢滴加酸式混合原料，至终点 pH 值为 2。反应 15min，真空抽滤并用去离子水和无水乙醇分别洗涤，滤饼在室温下干燥。称取 0.06g 的沉淀于烧杯中，逐滴滴加 2mol/L 的 HCl 100mL，在 60℃ 恒温状态下保持 20min，并自然冷却 2h 后可得黄色透明的 ATO 溶胶。量取定量的 ATO 溶胶前驱体溶于超纯水中制得一定浓度的溶胶稀溶液作为亚相，滴加铺展液(0.28mg/mL 的硬脂酸/氯仿溶液)，调整温度为 25.0℃，亚相 pH 值为 3.0，转移膜压为 32mN/m，滑障速度为 6mm/min，提拉速度为 5mm/min，在此条件下在处理过的基片上拉制不同层数的 Y 型(交替生长)复合膜(10mm×30mm)。基片的处理方法为：单晶硅片在 piranha(70mL 浓硫酸与 30mL 双氧水混合)中煮沸 30min，用于 XRD 分析；石英基片分别在氯仿、丙酮、乙醇中超声洗涤 10min，处理为亲水表面，用于紫外-可见光吸收光谱及原子力显微镜检测。XRD 表明 650℃烧结下制备出的 ATO 粒子为四方金红石结构的 SnO_2，且有掺杂相锑存在，紫外吸收光谱表明 LB 膜有很好的纵向均匀性，层与层之间未发生聚集现象，成膜均匀，且有很好的重复性。所制得的 ATO 纳米材料可广泛应用在建筑玻璃、液晶显示器、透明电极及太阳能利用等领域中。

 习 题

(1) 什么是纳米薄膜？纳米薄膜的结构特点有哪些？

(2) 举例说明纳米薄膜分别在电学和光学方面的应用。

(3) 巨磁阻效应对磁记录介质的发展有何重要意义？

(4) 简要说明薄膜气相生长的过程及各阶段的特点。

(5) 溅射法与真空镀膜法相比，在制备纳米薄膜方面有何特色？

(6) 化学气相沉积方法与物理气相沉积方法有哪些不同点？

(7) 溶胶-凝胶法制备纳米薄膜有何优点？

第7章 纳米固体材料

 教学要点

知识要点	掌握程度	相关知识
纳米固体材料的微结构	掌握纳米固体材料的结构特点、界面结构模型和结构缺陷	纳米固体材料的结构特点；纳米固体材料界面结构的类气态模型、有序模型和结构特征分布模型；纳米固体材料中的位错、三叉晶界、空位、空位团和孔洞等缺陷
纳米固体材料微结构的表征	掌握纳米固体的X射线衍射结构分析、高分辨透射电镜观察；熟悉常见的纳米固体材料微结构的表征方法	纳米固体材料的X射线衍射结构分析、高分辨透射电镜观察、正电子湮没研究、核磁共振研究、电子自旋共振研究、拉曼光谱研究、结构的内耗研究等
纳米固体材料的性能及应用	掌握纳米固体材料的基本性能并了解其应用	Hall-Petch关系、强度和硬度、弹性模量、塑性和韧性、超塑性等力学性能及应用；比热容、热膨胀、热稳定性等热学性能及应用；电阻和电导、介电特性、压电效应等电学性能及应用；饱和磁化强度、磁性转变、超顺磁性、居里温度等磁学性能及应用；紫外-可见光吸收、红外吸收、紫外到可见光的发射谱等光学性能及应用
纳米固体材料的制备方法	掌握纳米金属材料和纳米陶瓷材料制备的基本方法	惰性气体蒸发原位加压法、高能球磨法、非晶晶化法等制备纳米金属材料的方法；无压烧结、热压烧结、微波烧结等制备纳米陶瓷材料的方法

通常陶瓷材料具有高硬度、耐磨、抗腐蚀等优点，但又具有脆性和难以加工等缺点，纳米陶瓷在一定程度上却可增加韧性，改善脆性。如将纳米陶瓷退火使晶粒长大到微米量级，则其又将恢复通常陶瓷的特性。因此可以利用纳米陶瓷的特性对陶瓷进行挤压与轧制加工，随后进行热处理，使其转变为通常陶瓷，或进行表面热处理，使材料内部保持韧性，但表面却显示出高硬度、高耐磨性与抗腐蚀性。电子陶瓷发展的趋势是超薄型（厚度仅为几微米），为了保证均质性，组成的粒子直径应为厚度的 1% 左右，因此需用纳米颗粒为原材料。随着集成电路、微型组件与大功率半导体器件的迅速发展，对高热导率的陶瓷基片的需求量日益增长，高热导率的陶瓷材料有金刚石、碳化硅、氮化铝等，用超微氮化铝所制成的致密烧结体的导热系数为 $100\sim220\text{W}/(\text{K}\cdot\text{m})$，较通常产品高 $2.5\sim5.5$ 倍。用纳米微粒制成的精细陶瓷有可能用于陶瓷绝热涡轮复合发动机、陶瓷涡轮机、耐高温耐腐蚀轴承及滚球等。利用铁磁纳米材料具有很高矫顽力的特点，可制成磁性信用卡、磁性钥匙及高性能录像带等。利用纳米材料等离子共振频率的可调性可制成隐形飞机的涂料。纳米材料的表面积大，对外界环境（物理的和化学的）十分敏感，在制造传感器方面是有前途的材料，目前已开发出测量温度、热辐射和检测各种特定气体的传感器，在生物和医学中也有重要应用。复合纳米固体材料也是一个重要的应用领域。例如，含有 20% 纳米微粒的金属陶瓷是火箭喷气口的耐高温材料；金属铝中含进少量的陶瓷纳米微粒，可制成质量小、强度高、韧性好、耐热性强的新型结构材料。纳米微粒亦有可能作为渐变（梯度）功能材料的原材料。例如，材料的耐高温表面为陶瓷，与冷却系统相接触的一面为导热性好的金属，其间为陶瓷与金属的复合体，使其间的成分缓慢连续地发生变化，这种材料可用于温差达 1000℃ 的航天飞机隔热材料、核聚变反应堆的结构材料。

请思考以下问题：

（1）你身边有哪些纳米固体材料？

（2）为什么当微粒尺寸进入纳米量级时，材料的力学、热学、电学、磁学和光学性质会发生根本性变化？

纳米固体材料，有时也简称为纳米材料。它是由颗粒或晶粒尺寸为 $1\sim100\text{nm}$ 的粒子凝聚而成的三维块体。一般来说，各种材料的颗粒或晶粒尺寸减小到 $1\sim100\text{nm}$ 时，都具有与常规材料不同的性质。

本章介绍纳米固体材料的微结构及其研究方法、纳米固体材料的性能与应用、纳米固体材料的制备方法等。

7.1 纳米固体材料的微结构

材料的性质与材料的结构息息相关，研究纳米固体材料的微结构对进一步理解纳米固体材料的性质是十分重要的。纳米固体材料的基本构成是纳米微粒及它们之间的界面。由于纳米微粒尺寸小，界面所占的体积分数几乎可与纳米微粒所占的体积分数相当，因此不能像对待微米以上级材料那样，简单地把纳米固体材料的界面看成是一种缺陷，它已成为纳米固体材料的基本构成之一，对纳米固体材料的性能起着举足轻重的作用。

本节详细介绍纳米固体材料的结构特点、纳米固体材料的界面结构模型、纳米固体材料的缺陷及对纳米固体材料微结构的表征。

7.1.1　纳米固体材料的结构特点

采用透射电子显微镜(TEM)、X 射线衍射(XRD)、正电子湮没、穆斯堡尔谱等表征手段对纳米固体材料的结构研究表明：

(1) 纳米晶体固体材料是由晶粒组元(所有原子都位于晶粒内的格点上)和晶界组元(所有原子都位于晶粒之间的界面上)所构成；

(2) 纳米非晶固体材料是由非晶组元和界面组元所构成；

(3) 纳米准晶固体材料是由准晶组元和界面组元所构成。

晶粒组元、非晶组元和准晶组元统称为颗粒组元，晶界组元和界面组元统称为界面组元。界面组元与颗粒组元的体积之比，可由下式得到

$$R = 3\delta/d \tag{7-1}$$

式中，δ 为界面的平均厚度，通常包括 $3 \sim 4$ 个原子层，d 为颗粒组元的平均直径。

由此，可求得界面原子所占的体积分数为

$$C_t = 3\delta/(d+\delta) = 3\delta/D \tag{7-2}$$

式中，D 为颗粒的平均直径，且 $D = \delta + d$。

界面部分的平均原子密度比同成分的晶体少 $10\% \sim 30\%$，而典型的非晶体密度大约为同成分晶体密度的 $96\% \sim 98\%$。也就是说，界面密度的减少大约是非晶体密度减少的 $5 \sim 10$ 倍。同时，界面的原子间距差别也较大，导致最近邻原子配位数的变化。

假设微粒为立方体，则单位体积内的界面面积 S 为

$$S_t = C_t/\delta \tag{7-3}$$

单位体积内包含的界面数为

$$N_f = S_t/D^2 \tag{7-4}$$

如果颗粒组元的平均直径 d 为 5nm，界面的平均厚度 a 为 1nm，则由上述公式可得界面体积分数 C_t 近似等于 50%，单位体积内的界面面积 S_t 近似等于 $500 \text{m}^2/\text{cm}^3$，单位体积内包含的界面数 N_f 近似等于 $2 \times 10^{19}/\text{cm}^3$。这样庞大的界面将对纳米固体材料的性能产生重要的影响。

纳米晶体固体材料界面的原子结构取决于相邻晶粒的相对取向及晶界的倾角。如果晶粒的取向是随机的，则晶界将具有不同的原子结构，这些结构可由不同的原子间距加以区分。界面组元是所有这些界面结构的组合，如果所有界面的原子间距各不相同，则这些界面的平均结果将导致各种可能的原子间距取值。因此，可以认为界面组元的微观结构与长程有序的晶态不同，也与短程有序的非晶态不同，是一种新型的结构。

纳米非晶固体材料的结构与纳米晶体固体材料不同，它的颗粒组元是短程有序的非晶态，界面组元内原子排列更混乱，是一种无序程度更高的纳米材料。上述计算纳米晶体固体材料界面的公式，原则上也适用于纳米非晶固体材料。

7.1.2　纳米固体材料的界面结构模型

纳米固体材料的结构研究，主要应该考虑：颗粒的尺寸、形态及分布，界面的形态、

原子组态或键组态，颗粒内和界面内的缺陷种类、数量及组态，颗粒和界面的化学组成，杂质元素的分布等。其中界面的微观结构是影响纳米固体材料性能的最重要的因素。与常规材料相比，庞大体积的界面对纳米材料的性能负有重要的责任。对纳米固体材料界面结构的研究一直是一个热点课题。许多人依据自己的实验事实和计算结果提出了一些关于纳米固体材料界面结构的看法，有些是针锋相对、互相矛盾的，现在仍然处于争论阶段，尚未形成统一的结构模型。下面就简单介绍一下描述纳米固体材料界面结构的几个模型。

1. 类气态模型

类气态模型是 Gleiter 等人于 1987 年提出的关于纳米晶体固体材料的界面结构模型。该模型认为纳米晶体界面内的原子排列，既没有长程有序，也没有短程有序，是一种类气态的、无序程度很高的结构。这个模型与近年来关于纳米晶体界面结构研究的大量事实有出入。自 1990 年以来文献上不再引用该模型，Gleiter 本人也不再坚持这个模型。但是，应该肯定这个模型的提出在推动纳米材料界面结构的研究上起到一定的积极作用。

2. 有序模型

有序模型认为纳米材料的界面原子排列是有序的。很多人都支持这种看法，但在描述纳米材料界面结构有序程度上尚有差别。

Thomas 和 Siegel 根据高分辨透射电子显微镜(TEM)的观察，认为纳米材料的界面结构和常规粗晶材料的界面结构本质上没有太大差别。Eastman 等人对纳米材料的界面进行了 X 射线衍射(XRD)和 X 射线吸收精细结构分析(EXAFS)的研究，在仔细分析多种纳米材料的实验结果基础上，提出了纳米材料的界面原子排列是有序的或者是局域有序的。Ishida 等人用高压高分辨 TEM 观察到了纳米晶 Pd 的界面中局域有序化的结构，并观察到只能在有序晶体中出现的孪晶、层错和位错亚结构等缺陷。根据这些实验事实，他们提出纳米材料的界面是扩展有序的。Lupo 等人 1992 年采用分子动力学和静力学计算了在 300K 时纳米 Si 的径向分布函数，结果发现纳米 Si 和单晶 Si 在径向分布函数上有差别，当界面原子之间的间距 $r_a \leqslant d/2(d$ 为粒径)时，径向分布函数类似多晶，但前者的全双体分布函数峰的幅度随原子间距单调地下降，而后者则是起伏的。当界面原子间距大于颗粒的半径时，纳米材料的径向分布函数与非晶态的相同。据此，他们提出纳米材料的界面有序是有条件的，主要取决于界面的原子间距和颗粒大小，当 $r_a \leqslant d/2$ 时，界面为有序结构，反之，界面为无序结构。

3. 结构特征分布模型

结构特征分布模型的基本观点是：纳米材料的界面不是单一的、同样的结构，界面结构是多种多样的。在庞大体积的界面中，由于在能量、缺陷、相邻晶粒取向及杂质偏聚上的差别，使得纳米材料的界面结构存在一个分布，它们都处于无序到有序的中间状态。有的是无序，有的是短程有序，有的是扩展有序，有的甚至是长程有序。这个结构特征分布受制备方法、温度、压力等因素的影响很大。随着退火温度的升高或压力的增大，有序或扩展有序界面的数量增加。该模型可以把目前用各种方法观察到的界面结构上的差异都统一起来。

有人观察到界面结构是有序的，有人观察到界面结构是短程有序的，还有的观察到有些界面是无序的。这恰好说明了纳米材料结构的多样性，存在一个结构特征分布。一个十分重要的实验事实是有人用高分辨电镜观察了纳米 Pd 块体的界面结构，在同一个试样中既看到了有序的界面，也观察到了原子排列十分混乱的无序界面。

7.1.3 纳米固体材料的结构缺陷

缺陷是指实际晶体结构中偏离了理想晶体结构的区域。纳米材料结构中的平移周期遭到了很大的破坏，偏离理想晶格的区域很大。这是因为纳米材料界面原子排列比较混乱，界面中原子配位不全使得缺陷增加。另外，纳米粉体压成块体后，由于颗粒尺寸很小，大的表面张力使晶格常数减小（特别是颗粒的表面层），晶格常数的变化也会使缺陷增加。这就是说，纳米材料实际上是缺陷密度十分高的一种材料。但是，纳米材料中的缺陷种类、缺陷的行为和组态、缺陷的运动规律是否与常规晶体一样？对常规晶体所建立起来的缺陷理论在描述纳米材料时是否适用？纳米材料中是否存在常规晶体中从未观察到的新的缺陷？纳米材料中哪一种缺陷对材料的力学性质起主导作用？这些问题至今尚未搞清，是亟待从实验上和理论上加以解决的重要课题。

根据缺陷在空间分布的情况，纳米材料的结构缺陷可分为以下三类：点缺陷（空位、空位对、空位团、溶质原子、杂质原子等）、线缺陷（位错、刃型位错、螺型位错、混合型位错等）、面缺陷（层错、相界、晶界、三叉晶界、孪晶界等）。下面重点介绍对纳米材料性能影响较大的几种缺陷：位错、三叉晶界、空位、空位团和孔洞。

1. 纳米材料中的位错

纳米材料诞生不久，有人认为纳米材料中存在大量点缺陷而无位错，理由是位错增殖的临界切应力 τ_c 与 Frank - Read 源的尺度成反比。一般来说，Frank - Read 源的尺度远小于晶粒尺寸，而纳米材料中的晶粒尺寸十分小，如果在纳米微粒中存在 Frank - Read 源的话，其尺寸就更小，这样开动 Frank - Read 源的临界切应力将非常大，粗略估计它比常规晶体的 τ_c 大几个数量级，这样大的临界切应力一般很难达到。因此，位错增殖在纳米晶内不会发生，所以在纳米晶体内很可能无位错。即使有位错，位错密度也很低。

另一种观点认为：除了存在点缺陷外，纳米材料晶粒组元甚至在靠近界面的晶粒内存在位错，但位错的组态、位错运动行为都与常规晶体不同。例如，没有位错塞积，由于位错密度低而没有位错胞和位错团，位错运动自由程很短。

目前，许多人用高分辨透射电镜分别在纳米晶 Pd 中观察到位错、孪晶、位错网络等。这就在实验上以无可争辩的事实揭示了在纳米晶内存在位错、孪晶等缺陷。图 7.1 所示为纳米晶 Pd 中的位错和孪晶的高分辨图像。

纳米材料中晶粒尺寸对位错组态有影响。俄罗斯 Gryaznov 等人从理论上分析了纳米材料的小尺寸效应对晶粒内位错组态的影响，对多种金属纳米晶体的位错组态发生突变的临界尺寸进行了计算。他们认为：当晶粒尺寸与德布罗意波长或电子平均自由程差不多时，由于量子尺寸效应，使许多物理性质发生变化。当粒径小于某一临界尺寸时，位错不稳定，趋向于离开晶粒；当粒径大于此临界尺寸时，位错稳定地处于晶粒中。对于单个小晶粒，他们把位错稳定的临界尺寸称为特征长度 L_p，它可通过下式求得

$$L_p \approx KGb/\sigma_p \tag{7-5}$$

式中，K 为常数，G 为剪切模量，b 为伯格斯矢量，σ_p 为点阵摩擦力。同一种材料，粒子的形状不同可以使得位错稳定的特征长度也不同，表 7-1 列出了一些具有滑移界面的金属纳米晶体的位错稳定的特征长度，以及 G、b 和 σ_p 值。

(a) 低角度晶界中的位错像
(如"⊥"所示)

(b) 晶界内位错像(如"⊥"所示)

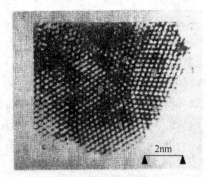

2nm

(c) 晶界内的五重孪晶

图 7.1　纳米晶 Pd 中的位错和弯晶的高分辨图像

表 7-1　具有滑移界面的金属纳米晶体的位错稳定的特征长度，以及 G、b、σ_p 值

材料	G/GPa	b/nm	$\sigma_p/(10^{-2}\text{GPa})$	球形粒子 L_p/nm	圆柱形粒子 L_p/nm
Cu	33	0.256	1.67	38	24
Al	28	0.286	6.56	18	11
Ni	95	0.249	8.7	16	10
α–Fe	85	0.245	45.5	3	2

2. 纳米固体材料中的三叉晶界

三叉晶界是三个或三个以上相邻晶粒之间的交叉区域。纳米材料中的三叉晶界体积分数高于常规多晶材料，因而对力学性能影响很大。

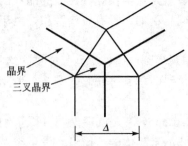

晶界

三叉晶界

Δ

图 7.2　三叉晶界示意图(三叉晶界为垂直纸面的三棱柱，Δ 为晶界厚度)

Palumbo 等人考虑晶粒为多面体，三叉晶界为三个或多个相邻的晶粒中间的交叉区域，假设它为三棱柱，如图 7.2 所示。他们把整个界面分成两部分，一是三叉晶界区，二是晶界区，这两个部分的体积总和称为晶间区体积。本章前面介绍到的计算界面体积分数的公式(7-2)实际上是指晶间区体积分数，而不是指这里所提到的晶界区的体积分数。晶间区是指每个多面体的厚度为 $\delta/2$ 的表"皮"区域。对粒径为 D 的纳米晶块体的总晶间体积分数可表示为

$$V_i^{ic} = 1 - [(D-\delta)/D]^3 \tag{7-6}$$

晶界区为厚度等于 $\delta/2$ 的六角棱柱，它由多面体晶粒的表面伸向晶粒内部 $\delta/2$ 深度。晶界体积分数为

$$V_i^{gb} = [3\delta(D-\delta)^2]/D^3 \tag{7-7}$$

由式(7-6)和式(7-7)两式可求得三叉晶界总体积分数为

$$V_i^{tj} = V_i^{ic} - V_i^{gb} = 1 - [(D-\delta)/D]^3 - [3\delta(D-\delta)^2]/D^3 \tag{7-8}$$

上述式(7-6)、式(7-7)和式(7-8)在 $D>\delta$ 时有效。当 $D<10nm$ 时，由式(7-6)计算的总晶间区体积分数与 Gleiter 等人采用公式 $C_t=3\delta/D$ 计算的结果一致。

三叉晶界体积分数对晶粒尺寸的敏感度远远大于晶界体积分数。当粒径 d 从 100nm 减小到 2nm 时，三叉晶界体积分数增加了三个数量级，而晶界体积分数仅增加约一个数量级。这就意味着三叉晶界对纳米晶块体材料性能的影响将是非常大的。研究表明，三叉晶界处原子扩散快、运动性好。这是因为三叉晶界实际上就是旋错，旋错的运动就会导致界面区的软化，这种软化现象使纳米晶体材料整体的延展性增加。

Bollman 曾经指出，三叉晶界可描述为螺旋位错结构，它的结构依赖于相邻晶粒特有的晶体学排列。随相邻晶粒取相混乱程度增加，三叉晶界中的缺陷增多。

3. 纳米固体材料中的空位和空位团及孔洞

在纳米材料中，界面(包括晶界和三叉晶界)体积分数比常规多晶大得多，界面中的原子悬键较多，使得空位、空位团和孔洞等点缺陷增加。

单空位主要存在于晶界上，是由纳米固体颗粒在压制成块体时形成的。因为纳米材料庞大的界面内原子排列比较松散，压制过程中很容易造成点阵缺位并在界面中随机分布。

空位团主要分布在三叉晶界上。它的形成一部分归结为单空位的扩散凝聚，另一部分是在压制块体时形成的。空位团一般都很稳定，在退火过程中，即使晶粒长大了，空位团仍然存在。这是因为在退火过程中三叉晶界不能被消除。

孔洞一般处于晶界上。孔洞存在的数量(孔洞率)决定了纳米材料的致密程度。孔洞随退火温度的升高和退火时间的加长会收缩，甚至完全消失，这个过程主要靠质量迁移来实现。

目前关于纳米材料的致密化问题有两种观点。一种观点认为是由纳米微粒的团聚现象在压制成型过程中硬团聚很难被消除，这样就把硬团聚体中的孔洞残留在纳米材料中，即使高温烧结也很难消除掉。因此不加任何添加剂的烧结，纳米相材料的致密度只能达到约 90%。另一种观点认为纳米微粒表面很容易吸附气体，在压制成型过程中很容易形成气孔，一经烧结，气体跑掉了，自然会留下孔洞，这是影响纳米相材料致密化的一个重要原因。

Gleiter 用真空蒸发原位加压法制备的金属纳米晶块体，致密度达到 90%～97%，孔洞一类缺陷大大降低，界面组元的平均原子密度只比晶内的少 8%，这就说明用这种方法制备的纳米晶材料是很致密的。但对纳米相材料，界面组元的平均原子密度要比晶内的低 20%，这也说明了纳米相材料用一般压制和烧结方法很难获得高致密度。这主要归结为孔洞的存在，因而孔洞率的问题是决定纳米材料致密化的关键。

7.1.4　纳米固体材料微结构的表征

纳米固体材料的界面结构对性能有重要影响，其界面到底有什么特点？与常规材料和非晶材料有什么差别？这一直是人们十分感兴趣的问题。为了探索纳米固体材料界面结构的微观特征，可以利用多种分析测试手段来表征界面原子排列、缺陷等结构信息，其中主要有：X 射线衍射结构分析(XRD)、高分辨透射电镜(TEM)、穆斯堡尔(Mössbauer)谱、正电子湮没(PAS)、核磁共振(NMR)、电子自旋共振(ESR)、拉曼(Raman)光谱、内耗研究等。

1. X 射线衍射结构分析

1987 年德国萨尔(Säärland)大学新材料研究组 Gleiter 等人首先用 X 射线衍射研究了纳米 Fe 微晶界面的结构。图 7.3(a)所示为悬浮于石蜡基体上的超细 Fe 微粒的 X 射线衍射曲线，这与通常的 bcc 结构的 α-Fe 的衍射结果是一致的。压实后纳米铁微晶的 X 射线衍射强度(图 7.3(b))则可分解成两部分：其晶体组元(5~6nm 的 Fe 晶粒)的贡献由图图 7.3(a)示出；界面组元的贡献由总衍射强度(图 7.3(b))减去晶体组元的贡献得到，如图 7.3(c)所示。这部分衍射强度(图 7.3(c)中曲线 C)不同于非晶 Fe 的衍射(图 7.3(c)中曲线 E)，却类似于具有气态结构的铁样品的散射(图 7.3(c)中曲线 D)，而这一成分是由界面原子贡献的。由此 Gleiter 等人得到了纳米固体材料界面结构的类气态模型。

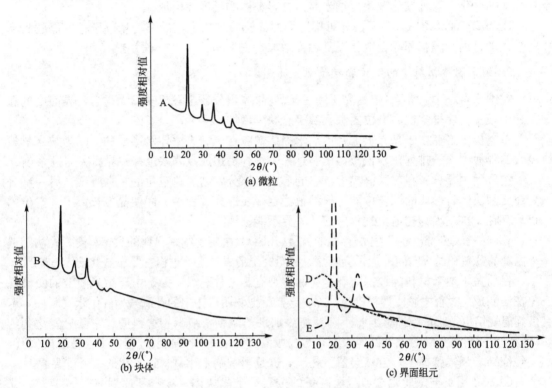

图 7.3 纳米晶 Fe 的微粒、块体和界面组元的 X 射线衍射曲线
其中曲线 E 为非晶 Fe，曲线 D 为气态 Fe，曲线 C 为界面组元，其强度由曲线 B—曲线 A 得到

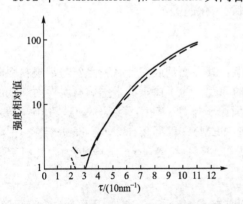

图 7.4 粗晶和纳米微晶 Pd 的 X 射线衍射背景
(虚线为粗晶多晶，实线为纳米微晶)

1992 年 Fitzsimmons 和 Eastman 共同合作在美国 Argon 实验室对纳米 Pd 晶体进行了 X 射线衍射研究。他们在实验数据处理方法上不同于 Gleiter 等人。其特点是对布拉格衍射的强度采用洛仑兹函数代替了传统的高斯函数；用一个二次方程加上一个洛仑兹函数来拟合了 16 个布拉格衍射峰；并把纳米微晶 Pd 与粗晶多晶的衍射背景进行比较，结果如图 7.4 所示。当散射矢量幅度 $\tau(=4\pi\sin\theta/\lambda)>40\text{nm}^{-1}$ 时，纳米晶与粗晶的衍射背景无多大差别，当 $\tau<40\text{nm}^{-1}$ 时，两者衍射有些差别，这主要归结为低强度衍射拟合过程中的误差。这说明纳米材料结构

是有序的，他们还根据对德拜-沃勒(Debye－Waller)因子的计算得出纳米晶 Pd 试样的德拜-沃勒因子比粗晶 Pd 大，即纳米材料 Pd 试样中原子的均方位移比粗晶大约 27%(室温下)。如果考虑到界面过剩体积对纳米晶 Pd 的原子均方位移做主要贡献，那么纳米材料晶界内增强的原子振动或者有序原子弛豫的结果，就会导致洛伦兹布拉格峰之间产生较强尾部散射强度。这就意味着界面原子是趋于有序的排列，而不是作混乱的运动。类气态模型依据的 X 射线衍射实验最主要的疏忽是没有把纳米晶的背景衍射强度与粗晶的进行比较。如果按这个模型考虑，纳米材料界面原子运动距离相当之大(包括最近邻原子)。由此计算的背景强度应相当高，这并不符合实际情况。纳米微晶和粗晶比较，实验结果证明二者的衍射背景相差不多，即界面结构并没有太大差别，这说明 Gleiter 等人的计算结果和类气态模型都不合理。

在否定类气态模型的基础上，Eastman 等人进一步结合纳米晶 Pd 的氢化行为研究和 X 射线吸收精细结构分析(EXAFS)的实验结果提出了纳米晶 Pd 的界面为有序或局域有序结构。他们将晶粒为 10nm 的纳米晶 Pd 试样放在 5.5kPa 的高压氢气下充氢，结果观察到一个十分有趣的现象，即 $\alpha - Pd$ 连续地转变为 $\beta - PdH_x$，这个过程一直到完全转变成 $\beta - PdH_x$ 为止，这可由 X 射线衍射谱随充氢时间增加而连续变化来证实，如图 7.5 所示。其中图 7.5(a)为充氢前的 X 射线衍射图，很明显，试样为 $\alpha - Pd$。经过一段时间的充氢后 X 射线衍射图变成图 7.5(b)，由图可以看出，试样中同时存在 $\alpha - Pd$ 和 $\beta - PdH_x$。随着进一步充氢，试样全部转化成 $\beta - PdH_x$(图(c))。$\alpha - Pd$ 完全转变成 $\beta - PdH_x$ 的现象说明纳米 Pd 的界面不是扩展的无序晶界。这是因为扩展的无序晶界会阻止 $\alpha - Pd$ 转变成 $\beta - PdH_x$，这就进一步证明了纳米晶 Pd 的界面是有序的。Eastman 等人对纳米 Pd 块体、粉体和粗晶多晶 Pd 的 EXAFS 实验表明，纳米晶 Pd 块体的 EXAFS 幅度比粗晶的低(图 7.6)，但纳米 Pd 粉体的 EXAFS 幅度比纳米晶 Pd 块体的还要低。粉体中界面占的体积分数极小，可以忽略不计。由此他们推断 EXAFS 幅度的降低，并不是由界面原子混乱

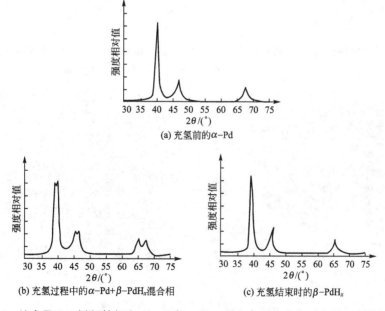

(a) 充氢前的α-Pd

(b) 充氢过程中的α-Pd+β-PdH$_x$混合相

(c) 充氢结束时的β-PdH$_x$

图 7.5　纳米晶 Pd 试样(粒径为 10nm)在 5.5kPa 的氢气压中充氢过程的 X 射线衍射图

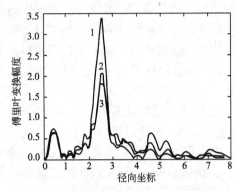

图 7.6　Pd 的 EXAFS 傅里叶变换幅度
与径向坐标关系

曲线 1 为粗晶多晶 Pd；曲线 2 为纳米晶
Pd 块体；曲线 3 为纳米 Pd 粉体

排列所引起的，并根据这一实验事实否定了纳米材料界面是无序的观点。

2. 高分辨透射电镜观察

高分辨透射电镜为直接观察纳米微晶的结构尤其是界面的原子结构提供了有效的手段。Thomas 等人对纳米晶 Pd 的界面结构进行了高分辨电镜的观察，没有发现界面内存在扩展的无序结构，原子排列有序程度很高，和常规粗晶材料的界面没有明显的差别(图 7.7)。Ishida 对纳米 Pd 试样的高分辨电镜观察发现，在晶粒中存在孪晶，纳米晶靠近界面的区域有位错亚结构存在。图 7.8 所示为纳米晶 Pd 界面结构的高分辨电镜图像和示意图。结果表明，纳米晶 Pd 的界面基

本上是有序的。Ishida 把它称为扩展的有序结构。Siegel 等人对 TiO_2（金红石）纳米固体材料的界面进行了高分辨电镜观察，没有发现无序结构存在。李斗星用先进的 $400E$ 高分辨电镜在纳米 Pd 晶体同一试样中既看到了界面原子的有序排列，也看到了混乱原子排列的无序界面，如图 7.9 所示。这些都是十分重要的实验事实。

图 7.7　纳米晶 Pd 的高分辨电镜图像

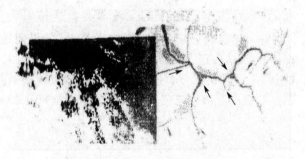

图 7.8　纳米晶 Pd 界面结构的高分辨电镜图像和示意图
（影线区为位错亚结构，箭头表示内应力方向）

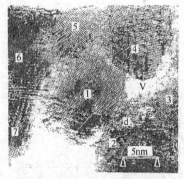

(a) 晶粒1、4、5、6、7间晶界有序
(V为空洞, d为无序晶界)

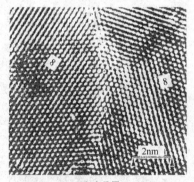

(b) 有序晶界

图 7.9　纳米晶 Pd 界面高分辨图像

这里应该指出，在用电子显微镜研究纳米材料界面结构时，有以下两个问题应该考虑，否则难以确定高分辨电镜对纳米材料界面的观察结果是否代表了纳米材料界面的真实结构。

（1）在试样制备过程中的界面结构弛豫问题。减薄是制备电镜试样的重要步骤。纳米材料的界面由于自由能高，本身处在不稳定的状态，当试样减薄到可以满足电镜观察所需要的厚度时，由于应力弛豫导致了纳米材料界面结构的弛豫，这样，高分辨电镜所观察的结果很可能与初始态有很大的差异。

（2）电子束诱导的界面结构弛豫。高分辨电镜中电子束具有很高的能量，照射到薄膜表面上很可能导致试样局部区域发热而产生界面结构弛豫现象。纳米材料界面内原子扩散速度很快，激活能很低，原子弛豫运动所需的激活能很低，即使在低温下电子束轰击也会对纳米材料界面的初态有影响。

根据上述分析，大量高分辨电镜对纳米材料界面结构的观察结果都揭示了纳米材料界面是有序的。这是不是由上述两点原因导致的必然结果，而并不能反映纳米材料界面结构的初始状态，一直是人们十分关注的问题。尽管如此，高分辨电子显微镜技术仍然是一个能给出纳米材料界面的结构的直观、生动图像的有力手段。仔细分析前面的观察结果便发现，即便是属于有序的界面，它们在结构的细节上仍然存在差异，偶尔也观察到结构无序的界面，这说明纳米材料界面并不都是一样的结构。在薄膜中看到了这样的差别，那么完全可以想象在三维的块状纳米材料中的界面结构更是多种多样。

3. 正电子湮没研究

正电子射入凝聚态物质中，在与周围达到热平衡后通常要经历一段时间才会与电子湮没（一作湮灭），这段时间称为正电子寿命 τ。在含有点阵空位、位错核心区和空洞等的不完整晶格中，由于在这些空位型缺陷中缺少离子实，电子的再分布会在这些缺陷处造成负的静电动势，因此空位、位错和空洞这样的缺陷会强烈地吸引正电子，而使正电子处于被束缚状态（捕获态）。处于自由态和捕获态的正电子都会和电子湮没，同时发射出 γ 射线。正电子湮没谱（PAS）为不同正电子寿命 Δt（指从正电子产生到湮没之间的时间）与湮没事件数之间的关系图谱，通过对此图谱的分析可得到在不同空位型缺陷中与电子湮没的正电子寿命 τ，以及材料电子结构或缺陷结构的有用信息。因此，正电子湮没谱学为研究纳米微晶物质的结构提供了一种有效手段。

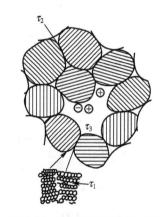

图 7.10 纳米微晶材料中晶粒排置的二维结构示意图
（影线表示晶面的取向，下面的插图给出了界面原子结构示意图）

在正电子寿命谱中，不同的寿命值分别对应于不同的缺陷种类（定性分析），而它们的强度分别代表各种缺陷的相对数量（定量分析）。正电子寿命谱研究表明，纳米金属微晶物质中存在着界面中的单空位尺寸的自由体积、界面交叉处的微空隙及构成纳米金属微晶结构元素的大空隙等，图 7.10 就是这些结构的示意图，图中 τ_1、τ_2 和 τ_3 分别对应于纳米微晶材料界面中的单空位尺寸的自由体积、界面交叉处的微空隙及构成纳米微晶结构元素的大空隙。正电子湮没谱的研究从而进一步证实纳米微晶物质具有与晶态和非晶态均不相同的结构特点。

致密度的问题是纳米固体材料绕结过程中最重要的

研究内容，它是关系到纳米材料应用的关键问题。纳米材料在烧结中如何完成致密化的过程与材料中的空位、空位团、空洞在烧结过程中的变化密切相关。利用正电子湮没技术便能获得上述信息。

美国 Argon 实验室的 Siegel 和我国科技工作者对纳米 TiO_2 块体烧结过程中结构的变化开展了正电子湮没寿命谱的研究。纳米 TiO_2 块体是通过蒸发和原位加压法制备的，原始粒径为 12nm，具有金红石结构。他们通过正电子寿命谱的解谱发现，有三种寿命 τ_1、τ_2 和 τ_3，其中 τ_1 为短寿命，τ_2 为中等寿命，τ_3 为长寿命，它们的强度（I_1、I_2 和 I_3）分别代表了三种缺陷的相对数量。τ_1 是正电子在纳米 TiO_2 界面的单空位中湮没的寿命；τ_2 为正电子在界面的空位团（大于 10 个单空位）中湮没的寿命；τ_3 为正电子在界面中尺寸较大的孔洞中湮没的寿命。图 7.11 所示为烧结过程中三种寿命及其相应强度的变化。在低于 773K 烧结时，τ_1 和 τ_2 基本不变，τ_3 下降，而 I_1 先上升后下降，I_2 先下降后上升，I_3 先上升后下降，但变化幅度不大。这说明在此温度范围内空位团的尺寸并未发生变化，而孔洞尺寸在收缩。到 773K 时，单空位数量减少，空位团数量增加，孔洞数量下降。这意味着在这个过程中部分单空位崩塌形成空位团，使 τ_2 寿命的缺陷数量增加，部分孔洞因收缩而完全消失。在 773K 至 1073K 温度范围烧结时，I_1 先下降后上升，I_2 单调下降，I_3 先上升后下降，而相应的 τ_1 和 τ_2 减小，τ_3 增大。在这时 τ_1 已从 226ps 减小到自由正电子寿命 146.6ps，这表明强烈的热振动和晶界扩散使单空位在晶界上湮灭，I_1 的下降也说明了这个问题；由于部分空位团相互聚合形成大的孔洞，这就导致 τ_3 增加和开始 I_3 的增大，其中部分空位团的收缩使 τ_2 下降，空位团因上述两个过程的耗损，使 I_2 单调下降；经过 1273K 退火，具有 τ_2 和 τ_3 寿命的缺陷仍然存在，但数量有所减少，特别是空位团的数量下降较多，这时试样趋于致密，达 93% 的致密度。这意味着即使在 1273K 烧结，孔洞仍然存在，TiO_2 块体并未完成致密化过程，因此纳米 TiO_2 不加添加剂进行常压烧结很难达到更高的致密度。

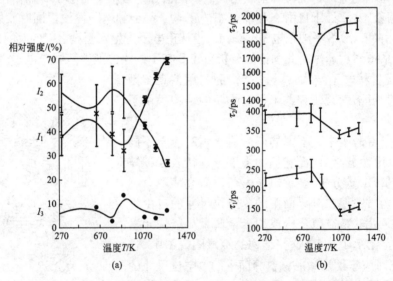

图 7.11　纳米 TiO_2 块体正电子湮没寿命 τ_1、τ_2 和 τ_3 及其相对强度随退火温度的变化曲线

4. 核磁共振研究

核磁共振（NMR）是具有磁矩的粒子（原子、离子、原子核等）在外磁场作用下自旋能级发生塞曼分裂，共振吸收一定频率的射频辐射的物理过程。通过对这种带有磁矩的粒子在塞曼能级之间跃迁产生的吸收谱的分析就能获得固体结构特别是近邻原子组态、电子结构和固体内部运动的丰富信息，这就是核磁共振技术。这种技术为研究纳米材料的微观结构提供了强有力的手段。

前面已提到纳米固体材料具有许多常规材料不具备的特性，这些特性的出现与"小尺寸效应"，"表面/界面效应"，"量子尺寸效应"和"宏观量子隧道效应"密切相关。这里值得提出的是，除了上述因素外，原子组态和电子结构对纳米材料性能的影响也是十分重要的。但至今很少见到用核磁共振技术来研究纳米材料这些微观结构的报道。

目前我国科技工作者已经用核磁共振技术对纳米固体材料和纳米粉体的微结构进行了研究，在纳米 Al_2O_3 的粉体和块体的核磁共振研究上已取得一些结果。图 7.12 所示为不同温度退火的纳米 Al_2O_3 粉体的 ^{27}Al 核磁共振谱。由图可看出，当退火温度小于 1023K 时，各个共振谱上均出现两个峰，其中 P_1 峰很低，它是由试样中残余的金属 Al 产生的。P_2 峰为一个很高的主峰，它是由 Al_2O_3 中的 ^{27}Al 产生的共振峰，它的线形很接近于高斯分布曲线。

对纳米 Al_2O_3 块体的核磁共振实验给出了与粉体相似的结果。图 7.13 所示为原始未退火的和在 823K 退火的纳米 Al_2O_3 块体与对应粉体的 ^{27}Al 核磁共振谱。可以看出在相同热处理条件下 P_2 峰的线形、半高宽度（FWHM）和化学位移 δ 等参数基本相同，这表明纳米 Al_2O_3 块体的庞大界面内 Al 核的近邻和次近邻原子组态、分布、距离基本与颗粒内相同，而纳米材料的界面组元与颗粒组元在结构上的差别主要是在大于次近邻的范围。这表明纳米 Al_2O_3 块体的界面在近程范围是有序的，而不是类气态结构。

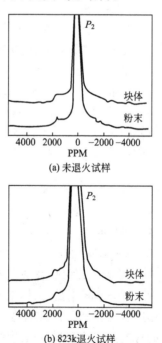

(a) 未退火试样

(b) 823k退火试样

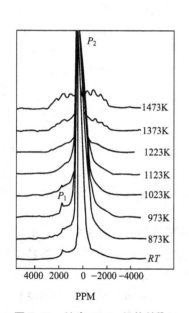

图 7.12 纳米 Al_2O_3 粉体的 ^{27}Al 核磁共振谱随退火温度的变化

图 7.13 纳米 Al_2O_3 块体和粉体的 ^{27}Al 核磁共振谱的比较
注：P_2 峰的半高宽度 FWHM 和化学位移 δ 可通过观察比较 P_2 峰线形得到

5. 电子自旋共振研究

电子自旋能级在外加静磁场 H 作用下会发生塞曼分裂，如果在垂直于磁场的方向加一交变磁场，当它的频率满足 $h\nu$ 等于塞曼能级分裂间距时，处于低能态的电子就会吸收交变磁场的能量跃迁到高能态，原来处于高能态的电子，也可以在交变磁场的诱导下跃迁到低能态，这就是电子自旋共振（ESR）。由于在热平衡下，处于低能态的电子数多于处于高能态的电子数，所以会发生对交变磁场能量的净的吸收。观察到 ESR 吸收所用的交变磁场的频率通常在微波波段。

对于试样中含有较多未成键电子的情况，ESR 现象很容易被观察到，因而 ESR 对研究未成键电子数、悬挂键的类型、数量及键的结构和特征是有效的。

ESR 的主要参数有 3 个：g 因子、共振线宽 ΔH 和谱线的积分强度。各种未成键电子的性质及键的类型等可由 g 因子来进行评估。ESR 的共振线宽 ΔH 可通过 ESR 谱线的线型求得，且 ΔH 与电子自旋弛豫时间有着密切的关系，可由如下经验公式表示：

$$\Delta H \approx (\gamma \cdot \tau_s)^{-1} \tag{7-9}$$

式中，γ 为电子的旋磁率，τ_s 为电子自旋弛豫时间。

谱线的积分强度通常与磁化率呈正比，纳米微粒的磁化率与粒子所包含的电子奇偶数有关。利用 ESR 的测量可以了解纳米材料的顺磁中心、未成键电子及键的性质和键的组态。如何用 ESR 谱的参数研究纳米材料的微结构，首先需要找出 ESR 的参数的变化和纳米材料微结构之间的关系。

（1）g 因子。g 因子是磁矩与角动量的比，单位用无量纲的玻尔磁子表示。对于自旋和轨道运动，g 因子分别等于 2 和 1。固体中，由于电子轨道运动与晶体场作用较强，轨道运动与自旋分离开来，分离得越完全，g 因子越接近自由电子的 g 值 2.0023。一般来说 g 因子直接反映了被测量对象所包含的自由电子或者未成键电子的状态。对一个复杂的体系，通常实验上测得的 g 因子是一个平均值，它是多个 g 因子的张量叠加，因此实验上通常经过线形的分析把一个复杂的 ESR 信号分解为若干个信号，每一个信号将对应一个特定的 g 因子，以便对一个复杂体系的微结构进行了解。对于纳米材料，由于颗粒尺寸小，界面组元和晶内组元对 g 因子的贡献有差别，与常规材料相比，在 ESR 信号上就会产生 g 因子的位移（Δg）。因此，从 g 因子的变化情况可以了解纳米微粒或纳米材料结构的特征。

（2）自旋哈密顿量 H。自旋哈密顿量决定了 ESR 信号的强弱。对于纳米微粒来说，尺寸也将对 ESR 信号有影响。粒径小于 100nm 的碱金属，ESR 信号很容易观察到，原因是哈密顿量很弱，而纳米的 Ag 粒子，只有在很低的温度时才能观察到 ESR 信号，这是因为纳米 Ag 粒子的自旋哈密顿量很大。

（3）线型。从 ESR 的共振吸收线的线宽和线形可以得到大量的未成键电子结构的信息。谱线的宽度不仅与电子自旋和外加磁场间的相互作用有关，而且与电子自旋和样品内环境间的相互作用有关。因此，线宽的信息反映了自旋环境；累积强度代表了在共振条件下样品所吸收的总能量，这个强度是用谐振曲线下部的总面积来表征的，用来测定样品中的自由基的浓度，即每克物质中不成对自旋的数目。

电子自旋共振对未成键价电子十分敏感，悬键即为存在未成键电子的结构，因而利用 ESR 谱可以清楚地了解悬键的结构。一般认为，如果存在单一类型的悬键，ESR 的信号是对称的。如果出现不对称，则可以肯定存在几种类型的悬键结构，ESR 信号是这几种悬键 ESR 信号的叠加。例如，图 7.14 所示的常规晶态 Si_3N_4 的 ESR 谱是对称的，而图 7.15 给出的纳米非晶氮化硅块体在不同退火温度下的 ESR 谱均表现为非对称，随退火温度的提高，对称性有所改善。这反映了纳米态和常规态的键结构有很大的差别，纳米非晶氮化硅由于界面组元存在配位不全，包含了大量的悬键和不饱和键。对纳米非晶氮化硅键结构的 ESR 研究结果如下：(1)纳米非晶氮化硅悬键数量很大，比微米量级氮化硅高 2~3 个数量级；(2)纳米非晶氮化硅存在几种类型的悬键，在热处理过程中以不同形式结合、分解，最后只存在稳定的 Si - SiN$_3$ 悬键。

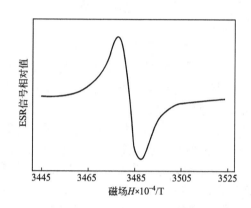

图 7.14　常规晶态 Si_3N_4 的 ESR 谱

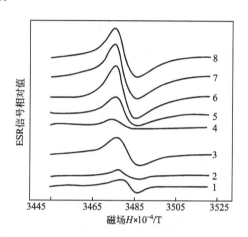

图 7.15　纳米非晶氮化硅块体经不同
温度热处理后的 ESR 谱

曲线 1~8 分别对应未处理和经 473K、673K、873K、1073K、1273K、1473K、1573K 热处理

6. 拉曼光谱研究

当光照射到物质上时，散射光中除了有与激发光波长相同的弹性成分(瑞利散射)外，还有一部分比激发光的波长长和短的非弹性散射，后一现象统称为拉曼(Raman)效应。由分子振动、固体中的光学声子等元激发与激发光相互作用产生的非弹性散射称为拉曼散射。拉曼散射与晶体的晶格振动密切相关，只有一定的晶格振动模式才能引起拉曼散射。因此拉曼散射谱可以研究固体中的各种元激发的状态。

纳米材料中的颗粒组元和界面组元由于有序程度有差别，两种组元中对应同一种键的振动模式也会有差别，对于纳米氧化物材料，欠氧也会导致键的振动与相应的粗晶氧化物不同，这样就可以通过分析纳米材料和粗晶材料拉曼光谱的差别来研究纳米材料的结构和键态特征。

关于纳米材料与常规多晶材料在拉曼谱上表现的差异(谱线数目、位置、峰高)有两种解释：一是氧空位的影响；二是颗粒度的影响。

Parker 认为，氧空位是影响纳米 TiO_2 拉曼谱的根本原因。他们首先将样品在 Ar 气中分别经 473K、673K 和 873K 烧结，这时晶粒度已由 12nm 长到 20nm，对应的拉曼谱线不发生任何移动。而在氧气中进行同样烧结，拉曼谱线就发生了明显的变化。其次，他们还在 10^{-4}Pa 的真空炉内烧结样品，使 TiO_2 转变为 TiO_{2-x}，这时可以看到主要拉曼线向开始位置移动。从这两个实验事实可以看到：TiO_2 拉曼线与晶粒度无关，氧空位是引起纳米 TiO_2 拉曼线移的主要原因。

当纳米材料颗粒尺寸减小到某一临界尺寸其界面组元所占的体积百分数可以与颗粒组元相比拟时，界面对拉曼谱的贡献会导致新的拉曼峰出现。张立德、牟季美等人对纳米 SnO_2 块体材料的拉曼谱随颗粒尺寸的变化进行了研究，结果如图 7.16 所示。图中给出了不同颗粒尺寸所对应的拉曼谱，曲线 1 对应未经热处理的样品，颗粒度为 5nm，曲线 2 至 8 分别对应经 473K、673K、873K、1073K、1323K 及 1623K 热处理 6h 的样品和粗晶未处理试样，颗粒度分别为 5、8、25、40、80、200nm 及大于 $1\mu m$。对于颗粒尺寸小于 8nm 的试样，其拉曼谱上存在 P_1 和 P_2 峰，它们之间的峰位差约 70cm^{-1}。对于未经热处理的试样，P_1 峰明显高于 P_2 峰的强度（见曲线 1）。在 473K 退火时，P_1 与 P_2 的峰位不变，强度变得几乎相同。673K 退火，晶粒尺寸长大到 8nm，P_1 峰完全消失，只剩下 P_2 峰。进一步增加退火温度，P_2 峰位不变，强度增加，峰形变锐，与粗晶粒 SnO_2 的拉曼谱基本类似。上述结果表明当晶粒尺寸小于某一临界值时，P_1 峰的出现很可能是界面组元的贡献。

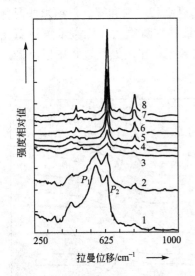

图 7.16 不同热处理条件的纳米 SnO_2 块体和粗晶试样的拉曼谱曲线

1—未经热处理；2～7—分别经 473K、673K、873K、1073K、1323K 及 1623K 热处理 6h；8—粗晶未处理试样

7. 结构的内耗研究

内耗是物质的能量耗散现象。一个自由振动的固体，即使与外界完全隔离，它的机械能也会转化成热能，从而使振动逐渐衰减。这种由于内部的某种原因使机械能逐渐被消耗的现象称为内耗。内耗作为一种手段可以用来研究材料内部的微结构和缺陷及它们之间的交互作用。它的最重要特点是在非破坏的情况下可灵敏地探测材料的微结构，因此有人把它称作"原子探针"。

纳米材料由于它的基本构成与常规材料不同，因而它的微结构特别是界面的结构、缺陷都有它独特的特征。纳米材料在形成过程中经受了很大的压力，原始材料内部畸变能较高，庞大比例的界面的高界面能使它处于亚稳态，易出现原子、缺陷和界面等的动态行为（如界面黏滞性变化、界面结构弛豫等）。在这方面，用直接观察手段（如 TEM）来研究纳米材料的结构有一定的困难，X 射线衍射也只能给出静态的结果。对纳米材料结构中动态行为的研究，采用内耗方法就比较有效，可以给出用其他手段不能给出的信息。下面介绍用内耗方法研究材料界面黏滞性的一些结果。

一般常规的多晶材料晶界具有黏滞性。早在 1947 年葛庭燧在多晶 Al 中第一次观察到晶界内耗峰，并把它的产生归结为晶界的黏滞性滑移。由于晶界黏滞性流动引起的能量损耗，可近似地认为符合：能量＝相对位移×沿晶界滑移的阻力。在一定的温度范围，位移和滑移阻力都较为显著时，将出现内耗峰。

图 7.17 给出了不同测量频率下纳米微晶 Pd 的内耗 Q^{-1} 随温度的变化。图中内耗 Q^{-1} 在温度 300K 以上时随温度的升高而陡峭上升，可以通过晶界的黏滞性滑动模型来解释，图中高温端除晶界内耗外，还有附加内耗产生，这种附加内耗与冷加工有关，由于纳米微晶在加压过程中，在高压下经历了大量挤压形变，因而附加内耗很大并使晶界内耗峰的极大值转变为折点。减去背景后，得到的晶界内耗肩峰示于图 7.17 中。图中还可见，随着测量频率的上升，峰值在 520K 的内耗峰向高温方向发生了平移，这代表了界面损耗过程的热活性，由此可定出 520K 的弛豫过程的激活能 H 为 1.3eV。

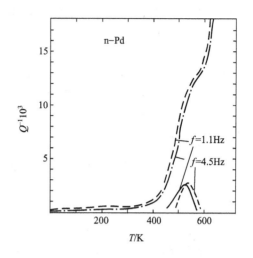

图 7.17 在 640K 温度下退火后的纳米微晶 Pd 在两种不同频率下的内耗 Q^{-1} 随温度的变化

粗晶粒的金属晶界内耗峰的弛豫强度(内耗峰的 1/2 峰高)一般比纳米材料晶界内耗峰的弛豫强度高一个数量级。按传统的看法似乎纳米材料晶界滑动性很差，其实这种看法是不正确的。由于纳米材料尺寸小，晶界内相对位移变得很小，加之纳米材料界面内原子扩散很快，特别是三叉晶界处为纳米材料晶界原子扩散提供了捷径，这使得晶界滑移阻力变得很小。综合考虑这两个因素必然导致纳米材料晶界弛豫强度大大下降。这一点从纳米材料晶界内耗峰的峰温比常规粗晶 Pd 大大降低可得到证实。如果纳米材料晶界滑移很困难的话，峰温应出现在较高的温度，而实际情况正相反，这说明纳米晶 Pd 的晶界滑移相对来说是很容易发生的。仔细观察纳米晶 Pd 的晶界内耗峰宽大于具有单一弛豫过程的德拜峰宽，这表明，纳米材料的晶界弛豫不是单一的弛豫过程，而是多个弛豫过程的叠加，这就进一步证实了纳米材料中的晶界类型并不完全一样，在结构上存在一个分布。这就支持了纳米材料界面是多种结构特征分布模型的说法。

7.2 纳米固体材料的性能及应用

7.2.1 纳米固体材料力学性能及应用

近年来纳米固体材料诞生以后，引起了人们极大的兴趣，这种由有限个原子构成小颗粒、再由这些小颗粒凝聚而成的纳米固体材料在力学性质方面有什么新的特点，它与颗粒尺寸的关系和粗晶多晶材料所遵循的规律是否一致，已成功描述粗晶多晶材料力学行为的理论对纳米固体材料是否还适用，这些问题是人们研究纳米固体材料力学性质时必须解决的关键问题。20 世纪 90 年代，关于纳米固体材料力学性能的研究，观察到了一些新现象，发现了一些新规律，提出了一些新看法，如 Coch 等人对前期关于纳米材料的力学性能的研究总结出以下四条与常规粗晶材料不同的结果：

(1) 纳米材料的弹性模量较常规粗晶材料的弹性模量降低了 30%～50%；

（2）纳米纯金属的硬度或强度是大晶粒（大于 $1\mu m$）金属硬度或强度的 2～7 倍；

（3）纳米材料可具有负的 Hall - Petch 关系，即随着晶粒尺寸的减小，材料的强度降低；

（4）在较低的温度下，如室温附近，脆性的陶瓷或金属间化合物在具有纳米晶时，由于扩散相变机制而具有塑性或超塑性。

下面就几个比较重要的问题分别给予介绍。

1. Hall - Petch 关系

Hall - Petch 关系是建立在位错塞积理论基础上，经过大量实验的证实，总结出来的多晶材料的屈服应力（或硬度）与晶粒尺寸的关系，即

$$\sigma_y = \sigma_0 + Kd^{-1/2} \tag{7-10}$$

式中，σ_y 为屈服应力，σ_0 为移动单个位错所需的克服点阵摩擦的力，K 为常数，d 为平均晶粒尺寸。如果用硬度来表示，式（7-10）对应于下式

$$H = H_0 + Kd^{-1/2} \tag{7-11}$$

Hall - Petch 关系是一个普适的经验规律，对各种粗晶材料都是适用的，K 值为正数，也就是说，随着晶粒尺寸的减小，屈服强度（或硬度）都是增加的，它们都与 $d^{-1/2}$ 成线性关系。

对多种纳米材料的硬度和晶粒尺寸关系的研究结果表明，其中有三种不同的规律。

（1）正 Hall - Petch 关系（$K>0$）。对用蒸发凝聚、原位加压制备的纳米 TiO_2，用机械合金化（高能球磨）制备的纳米 Fe 和 Nb_3Sn_2，用金属 Al 水解法制备的 $\gamma - Al_2O_3$ 和 $\alpha - Al_2O_3$ 纳米固体材料等试样，进行维氏硬度试验，结果表明，它们均服从正 Hall - Petch 关系，与常规多晶试样一样遵守同样规律。

（2）反 Hall - Petch 关系（$K<0$）。这种关系在常规多晶材料中从未出现过，但对许多种纳米材料都观察到这种反 Hall - Petch 关系，即硬度随纳米晶粒的减小而下降。例如，对用蒸发凝聚原位加压法制成的纳米 Pd 晶体及用非晶晶化法制备的 Ni - P 纳米晶进行的硬度实验结果表明，它们遵循反 Hall - Petch 关系。

（3）正-反混合 Hall - Petch 关系。最近对多种纳米材料进行的硬度试验都观察到了硬度随晶粒直径的平方根的变化并不线性地单调上升或下降，而是存在一个拐点（临界晶粒尺寸 d_c），当晶粒尺寸 $d>d_c$ 时，呈正 Hall - Petch 关系（$K>0$），当 $d<d_c$ 时，呈反 Hall - Petch 关系（$K<0$）。这种现象是在常规粗晶材料中从未观察到的新现象。例如，由蒸发凝聚原位加压法制得的纳米晶 Cu 即是如此。

上述现象的解释已不能依赖于传统的位错理论。纳米固体材料与常规多晶材料之间的差别关键在于界面占有相当大的体积分数，对于只有几纳米的小晶粒，由于其尺度与常规粗晶粒内部位错塞积中相邻位错间距 l_c 相差不多，加之这样小尺寸的晶粒即使有 Frank - Read 位错源也很难开动，不会有大量位错增殖问题，因此，位错塞积不可能在纳米小颗粒中出现。这样，用位错的塞积理论来解释纳米晶体材料所出现的这些现象是不合适的，必须从纳米晶体材料的结构特点来寻找新的模型，建立能圆满解释上述现象的理论。

目前，对于纳米固体材料的反常 Hall - Petch 关系的解释有如下几种观点。

（1）三叉晶界的影响。纳米晶体材料中的三叉晶界体积分数高于常规多晶材料。随着

纳米晶粒径的减小，三叉晶界数量增殖比界面体积分数的增殖快得多。根据 Palumbo 等人的计算，当晶粒尺寸由 100nm 减小到 2nm 时，三叉晶界体积增殖速度比界面增值高约两个数量级。研究表明，三叉晶界处原子扩散快、动性好，三叉晶界实际上就是旋错，旋错的运动就会导致界面区的软化，这种软化现象使纳米晶体材料整体的延展性增加。用这种观点可以很容易解释纳米晶体材料的反 Hall - Petch 关系，以及 K 值的变化。

（2）界面的作用。随纳米晶粒直径的减小，高密度的晶界导致晶粒取向混乱，界面能量升高，界面原子动性大，这就增加了纳米晶体材料的延展性，即引起软化现象。

（3）存在临界尺寸。Gleiter 等人认为，在一个给定的温度下，纳米材料存在一个临界尺寸，低于这个尺寸，界面黏滞性流动增强，引起材料的软化；高于这个尺寸，界面黏滞性流动减弱，引起材料硬化。

总的来说，上述看法都还不够成熟，尚未形成比较系统的理论。对这一问题的解决在实验上还需做大量的工作。

2. 强度和硬度

纳米材料的强度和硬度大于同成分粗晶材料的强度和硬度已成为共识。纳米 Pd、Cu 等块体试样的硬度试验表明，纳米材料的硬度一般是同成分的粗晶材料硬度的 2～7 倍。

根据断裂强度的经验公式可以推断材料的断裂与晶粒尺寸的关系，这个公式可表示如下：

$$\sigma_c = \sigma_0 + K_c d^{-1/2} \tag{7-12}$$

式中，σ_c 为断裂强度，σ_0 与 K_c 为常数，d 为粒径。从上式可知，当晶粒尺寸减到足够小时，断裂强度应该变得很大，但实际上对材料的断裂强度的提高是有限度的，这是因为颗粒尺寸变小后材料的界面大大增加，而界面与晶粒内部相比一般看作是弱区，因而进一步提高材料断裂强度必须把着眼点放在提高界面的强度上。

Watanabe 在 Al - Sn 合金材料强度的研究中指出，当颗粒减小到微米级时，材料的界面强度增加，理由是在这种情况下特殊晶界（低能重位晶界）大大增加。当颗粒尺寸进一步减小到纳米级时，材料的断裂强度是否能大幅度提高呢？Gleiter 等人观察到纳米 Fe 多晶体（粒径为 8nm）的断裂强度比常规 Fe 的高 12 倍。含量为 $1.8\%C$ 的纳米 Fe 晶体的断裂强度为 $600kg/mm^2$，相应的粗晶材料为 $50kg/mm^2$。这表明在 Fe 的纳米晶体中占 38% 体积的界面与晶粒内部一样具有很强的抗断裂能力。

未经烧结的纳米陶瓷的生坯强度和硬度都比常规陶瓷材料低得多，其原因是纳米陶瓷生坯致密度很低。生坯的相对密度随压力的增加而增加，但最大也只有 50%。粒径越小相对密度越低，这说明纳米陶瓷生坯界面原子密度很低、缺陷较多、很不致密。为了提高纳米陶瓷的致密度，增强断裂强度，通常采用两个途径，一是进行烧结；二是通过加入添加剂进一步提高烧结致密度，常用的添加剂有 Y_2O_3、SiO_2、MgO 等。

3. 弹性模量

弹性模量的物理本质即其为原子间结合强度的标志。可以认为，弹性模量 E 和原子间的距离 a 近似存在如下关系：$E = k/a^m$（k，m 为常数）。纳米微晶的弹性模量 E 与切变模量 G 均比大块试样的相应值要小得多，原因主要在于纳米微晶界面组元的弹性模量比大块晶体的相应值要小得多。通常认为，弹性模量的结构敏感性较小，因此界面组元弹性模量的减小可能是由于界面内原子间距增大的结果。

纳米氧化物固体材料的模量与烧结温度有密切的关系。室温下未经烧结的原始试样的模量低于粗晶的模量，随着烧结温度的升高而增大。这是由于，未经焙烧的纳米晶界面的键结合是很弱的，主要原因是由于大体积分数的界面内存在着配位数不全的非饱和键和悬键，这导致了界面模量下降，这与纳米金属的结果一致。随着烧结温度的增加，界面的键组态发生变化，由于氧化，部分氧原子与不饱和键和悬键相结合，界面结合力开始增强，界面的原子密度增加，这就使模量上升。继续升高烧结温度，界面的缺氧状态得到很大的改善，由于配位数增加使界面中的非饱和键和悬键大大减少，加之由于颗粒尺寸的长大，界面体积分数大大下降，与此同时界面中的原子密度也大大增加，从而导致模量的剧增。纳米氧化物材料的这一特点在纳米金属材料中尚未观察到。这个工作的意义在于通过模量与焙烧温度关系的研究对选择最佳烧结温度十分有用。上述结果也进一步说明了高模量的纳米固体材料所对应的颗粒尺寸并不是越小越好，而是有一个最佳的范围。

4. 塑性和韧性

纳米材料的特殊结构及庞大体积分数的界面，使它的塑性、冲击韧性和断裂韧性与粗晶材料相比有了很大改善。一般材料在低温下常常表现为脆性，但是纳米材料在低温下就能显示良好的塑性和韧性。

Karch 等人研究了 CaF_2 和 TiO_2 纳米晶体(纳米微晶陶瓷)的低温塑性变形。样品的平均晶粒尺寸约为 8nm。纳米晶体 CaF_2 的塑性变形导致样品形状发生正弦弯曲，并通过向右侧的塑性流动而成为细丝状。在 353K 下对纳米晶体 TiO_2 样品进行类似实验也产生正弦塑性弯曲。当 TiO_2 纳米晶体样品发生塑性弯曲时，发现形变致使裂纹张开，但裂纹并没有扩展。而对 TiO_2 单晶样品进行同样条件的实验，样品则当即发生脆性断裂。对 TiO_2 纳米晶体及常规多晶样品在 293K 进行压痕硬度实验，常规多晶样品产生许多破裂。如果应变速率大于扩散速率，则 TiO_2 纳米晶体将发生韧性向脆性的转变。

从理论上分析，纳米材料应有比常规材料高的断裂韧性，这是因为纳米材料中的界面的各向同性及在界面附近很难有位错塞积，从而大大减少了应力集中，使微裂纹的产生和扩展的几率大大降低。这一点被 TiO_2 纳米晶体的断裂韧性实验所证实。

5. 超塑性

超塑性是指在一定应力下伸长率超过 100% 的塑性变形。20 世纪 70 年代首先在金属中发现了超塑性，80 年代又发现在陶瓷中也有超塑性。陶瓷的加工成型和陶瓷的增韧问题一直是人们所关注的、亟待解决的关键问题，陶瓷超塑性的发现为解决这个问题打开了新途径，因此，有人把陶瓷超塑性的发现称为陶瓷科学的第二次飞跃。

陶瓷材料的超塑性主要是界面的贡献。一般来说，陶瓷材料的超塑性对界面数量的要求有一个临界范围。界面数量太少，没有超塑性，这是因为这时颗粒大，大颗粒容易成为应力集中的位置，并为孔洞的形成提供了主要的位置。界面数量过多，虽然可能出现超塑性，但由于强度的下降，也不能成为超塑性材料。最近研究表明，陶瓷材料出现超塑性的颗粒临界尺寸范围约为 $200 \sim 500nm$。

界面的流变性是超塑性出现的重要条件，它可以由下式表示：

$$\dot{\varepsilon} = A\sigma^n / d^p \tag{7-13}$$

式中，$\dot{\varepsilon}$ 为应变速率，σ 是附加应力，d 为粒径，n 和 p 分别为应力和应变指数，A 为与温度和扩散有关的系数。对超塑性陶瓷材料，n 和 p 典型的数字范围为 $1\sim3$。由式(7-13)不难看出，A 越大，$\dot{\varepsilon}$ 越大，超塑性越大。A 是与晶界扩散密切相关的参数。我们知道，当扩散速率大于形变速率时，界面表现为塑性，反之，界面则表现为脆性。因而界面中原子的高扩散性是有利于陶瓷材料的超塑性的。

界面能及界面的滑移也是影响陶瓷超塑性的重要因素。在拉伸过程中，产生高超塑性时，界面并不发生迁移，也不发生颗粒的长大，而仅仅是界面内部原子的运动，从宏观产生界面的流变。原子流动性越好，界面黏滞性越好。这种性质的界面对拉伸应力的影响极为敏感，而低能界面具有上述特性。界面缺陷，如孔洞、微裂纹等会造成界面结构的不连续性，破坏了界面黏滞性滑动，不利于陶瓷超塑性的产生。晶界特征分布(即各种类型的界面所占的比例和几何配置)也对陶瓷超塑性有影响。较宽的晶界特征分布不利于陶瓷超塑性的产生，这是因为不同的晶界类型在能量上相差很大，高能晶界在拉伸过程中为晶粒生长提供了较高的驱动力，并且也使晶界具有相对低的黏合强度。

关于陶瓷材料超塑性的机制至今并不十分清楚，目前有两种说法，一是界面扩散蠕变和扩散范性，二是晶界迁移和黏滞流变。这些理论都还很粗糙，仅仅停留在经验地、唯象地描述上。进一步搞清陶瓷超塑性的机理是陶瓷物理学的一个重要研究课题。

6. 力学性能的应用

纳米固体材料由于其独特的结构，在力学方面表现出一些奇异的特性，可以作为高温、高强、高韧性、耐磨、耐腐蚀的结构材料。

近年的研究结果表明，当金属材料的晶粒度由微米级减小到纳米级时，不但硬度大大提高，而且其韧性及抗磨损性能也得到显著的提高。实验表明，粒径达 8nm 的铁的强度为常规材料的数倍，其硬度是常规材料的近千倍。中科院金属研究所曾成功地将纳米铁经反复锻压使其形变高达 300%。在纳米尺度下，还有可能使通常不可混溶的成份形成合金，制成质量小、韧性好的"超级钢"。

长期以来，为解决陶瓷在常温下的易碎问题不断寻找陶瓷增韧技术，如今纳米陶瓷的出现轻而易举地解决了这个难题。实验证明，纳米 TiO_2 在 $800\sim1000\,℃$ 热处理后，其断裂韧性比常规 TiO_2 多晶和单晶都高，而其在常温下的塑性形变竟高达 100%。目前各种发动机采用的材料都是金属，而未来发动机发展的方向，是人们一直期望的能用性能优异的高强陶瓷取代金属。纳米陶瓷的出现为人们打开了希望之门。纳米陶瓷的超高强度、优异的韧塑性使其取代金属用来制作机械构件成为可能。另外，中科院上海硅酸盐研究所制成的纳米陶瓷在 $800\,℃$ 下还具有良好的弹性。

随着航空航天技术及汽车工业的发展，对于具有低密度、高比强度(强度/质量比)、耐高温等特点的轻质材料的需求越来越迫切。Mg_2Si 由于具有低密度($1.99g/cm^3$)、高熔点($1083\,℃$)及高对称性的简单晶体结构(反萤石结构)，极有希望被用来制造适合在中等温度范围内使用的发动机的关键部件(如汽缸、活塞等)。同时，Mg_2Si 为窄带隙半导体，具有高热电势率和低热导率，是一种很有前途的中温热电材料。但与其他金属间化合物一样，常规 Mg_2Si 存在着严重的脆性问题，在室温至 $450\,℃$ 的延展率几乎为零，难以对其进行加工和应用。而微结构的纳米化可提高晶粒在形变过程中的转动能力及增加晶界滑移对整个应变的贡献，从而有可能改善其脆性。

表 7-2 给出了纳米 SiC 和 Si_3N_4 作为结构材料的一些用途。

表 7 - 2 纳米 SiC 和 Si₃N₄ 作为结构材料的用途

工业领域	使用环境	用　途	主要优点
石油工业	高温，高液压，研磨	喷嘴，轴承，密封阀片	耐磨
化学工业	强酸，强碱	密封，轴承，泵零件，热交换器	耐磨，耐蚀，气密性
	高温氧化	气化管道，热电偶套管	耐高温腐蚀
汽车，飞机，火箭	发动机燃烧	燃烧器部件，涡轮转子，火箭喷嘴	低摩擦，高强度，耐热震
汽车，拖拉机	发动机油	阀系列元件	低摩擦，耐磨
机械，矿业	研磨	喷砂嘴，内衬，泵零件	耐磨
热处理，炼钢	高温气体	热电偶套管，辐射管，热交换器	耐热，耐蚀，气密性
造纸工业	纸浆，废液	密封，套管，轴承，成形板	耐磨，耐蚀，低摩擦
核工业	含硼高温水	密封，轴套	耐辐射
微电子工业	大功率散热	封装材料，基片	高热导，高绝缘
激光	大功率高温	反射屏	高刚度，稳定性
工具	加工成形	拉丝模，成形模	耐磨，耐蚀

7.2.2　纳米固体材料热学性能及应用

1. 比热容

比热容主要由熵来贡献。在温度不太低的情况下，电子熵可忽略，体系熵主要由振动熵和组态熵贡献。纳米材料的界面结构中原子分布比较混乱，与常规材料相比，界面体积分数较大，因而纳米材料熵对比热容的贡献比常规粗晶材料大得多，因此可以推测纳米材料的比热容比常规材料高得多，实验结果也证实了这一点。

Rupp 等人测量了晶粒尺寸分别为 6nm 和 8nm 的纳米晶 Pd 和 Cu 的比定压热容 C_p。在 150～300K 温度范围内，纳米晶 Pd 比多晶 Pd 的 C_p 增大了 29%～54%；纳米晶 Cu 比多晶 Cu 的 C_p 增大 9%～11%。

纳米 α - Al₂O₃ 的比热容与温度呈线性关系，如图 7.18 所示。随着温度的升高，比热容线性增大。对应粒径为 80nm 的 Al₂O₃ 的比热容，比常规粗晶的比热容高 8% 左右。

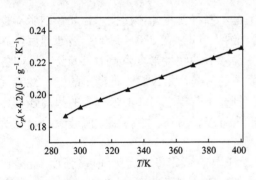

图 7.18　纳米 α - Al₂O₃ 块体的比定压热容与测量温度的关系（粒径为 80nm）

2. 热膨胀

材料的热膨胀与晶格非线性振动有关，如果晶体点阵作线性振动就不会发生膨胀现象。纳米晶体在温度变化时非线性热振动可分为两个部分：一是晶粒内的非线性热振动；二是晶界的非线性热振动。后者的非线性热振动较前者更为显著。可以说占体积分数很大的界面对纳米晶体热膨胀的贡献起主导作用。

纳米 Cu(8nm) 晶体在 110K 到 293K 的温度范围内它的膨胀系数为 $31 \times 10^{-6} K^{-1}$，而单晶 Cu 在同样温度范围的膨胀系数为 $16 \times 10^{-6} K^{-1}$，可见纳米晶体材料的热膨胀系数比常规晶体几乎大一倍。纳米材料热膨胀系数的增强主要来自晶界组分的贡献。有人对 Cu 和 Au(微米级)多晶晶界膨胀实验证实了晶界对热膨胀的贡献比晶内高 3 倍，这也间接地说明了含有大体积分数的纳米晶体为什么热膨胀系数比同类多晶常规材料高的原因。

根据纳米和微米 $\alpha - Al_2O_3$ 晶体的热膨胀与温度的关系(图 7.19)可以测得颗粒尺寸为 80nm 时 $\alpha - Al_2O_3$ 的热膨胀系数为 $9.3 \times 10^{-6} K^{-1}$，105nm 时为 $8.9 \times 10^{-6} K^{-1}$，$5 \mu m$ 时为 $4.9 \times 10^{-6} K^{-1}$。可见随着颗粒增大，热膨胀系数减小。纳米固体 $\alpha - Al_2O_3$(80nm)的热膨胀系数在测量温度范围内几乎比 $5 \mu m$ 的粗晶 $\alpha - Al_2O_3$ 多晶体高一倍。

纳米非晶氮化硅块材热膨胀和温度的关系在室温到 1273K 范围出现了十分有趣的现象，可分为两个线性范围，转折的温区为 723K 到 893K，如图 7.20 所示。从室温到 723K，热膨胀系数为 $5.3 \times 10^{-6} K^{-1}$；从 893K 到 1273K，热膨胀系数为 $72.8 \times 10^{-6} K^{-1}$。与常规晶态 Si_3N_4 陶瓷(热膨胀系数为 $2.7 \times 10^{-6} K^{-1}$)相比，纳米非晶氮化硅块体的热膨胀系数高 $1 \sim 26$ 倍。其原因主要归结为纳米非晶氮化硅块体的结构与常规 Si_3N_4 有很大的差别，前者是由短程有序的非晶态小颗粒构成的，它们之间的界面占很大的比例，界面原子的排列较之非晶颗粒内部更为混乱，这样结构的固体原子和键的非线性热振动比常规 Si_3N_4 晶态在相同条件下显著得多，因此它对热膨胀的贡献也必然很大。

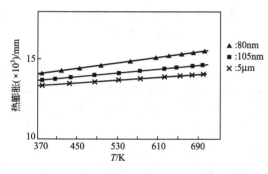

图 7.19 纳米和微米 $\alpha - Al_2O_3$ 晶体的
热膨胀与温度的关系

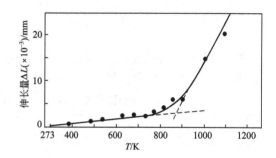

图 7.20 纳米非晶氮化硅块体的
热膨胀与温度的关系

3. 热稳定性

纳米固体材料的热稳定性是一个十分重要的问题，它关系到纳米固体材料优越性能究竟能在什么样的温度范围使用。能在较宽的温度范围获得热稳定性好的(颗粒尺寸无明显长大的)纳米固体材料是研究者急需解决的关键问题之一。纳米材料庞大比例的界面一般能量较高，这就为颗粒长大提供了驱动力，纳米材料通常处于亚稳态。

通常加热退火过程将导致纳米微晶的晶粒长大，与此同时，纳米微晶物质的性能也向通常的大晶粒物质转变。但当退火温度较低时，晶粒尺寸将保持相对稳定。随着退火温度的增加，晶粒生长的速度加快。晶粒尺寸随退火时间的变化可由如下经验公式给出：

$$d = kt^n \tag{7-14}$$

式中，d 为晶粒直径，k 为速率常数，t 为退火时间，指数 n 的大小代表着晶粒生长的快慢。图 7.21 所示为在 $448 \sim 837K$ 温度范围内对纳米微晶 Ni_3C 进行退火过程中晶粒的生长状况。由图可见，n 随着温度的升高而增大。在退火温度为 448K 时，晶粒大小几乎没有变化。此外，纳米微晶物质在固态反应形成化合物过程中也会引起晶粒长大。

对纳米相材料(纳米氧化物，纳米氮化物)的退火实验进一步观察到其颗粒尺寸在相当宽的温度范围内并没有明显长大，但当退火温度 T 大于 T_c 时(T_c 为临界温度)，晶粒突然长大。纳米非晶氮化硅在室温到 1473K 之间以任何温度退火，颗粒尺寸都基本保持不变(平均粒径为 15nm)，在 1573K 退火时颗粒已开始长大，1673K 退火颗粒长到 30nm，1873K 退火，颗粒急剧上升，达到 80～100nm(图 7.22)。

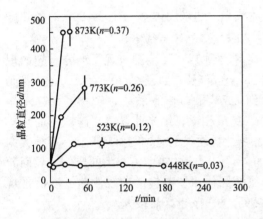

图 7.21　各种不同退火温度下 Ni₃C 纳米微晶的晶粒尺寸随退火时间的变化

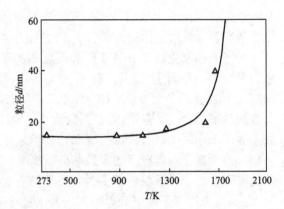

图 7.22　纳米非晶氮化硅颗粒粒径与退火温度之间的关系

把纳米相材料颗粒尺寸随温度长大的规律综合到一起发现一个十分有趣的现象，这就是在某一温度区间内颗粒长大服从 Arrhenius 关系。图 7.23 所示为纳米 ZnO、MgO/WO$_x$、TiO$_2$ 和 Fe 的晶粒尺寸与退火温度的倒数之间的关系。可以看出，在高温区晶粒快速生长时满足 Arrhenius 关系，其中纳米 Fe 颗粒热稳定的温度范围较窄，纳米相复合材料较宽，纳米单相材料位于它们之间。这就是说，纳米晶材料晶粒尺寸热稳定的温度范围较窄，纳米相复合材料颗粒尺寸热稳定的温度范围较宽。这是由于如下四个方面的原因。

1) 晶粒长大激活能

由图 7.23 中线形区直线的斜率很容易求出晶粒长大的表观激活能，直线的斜率越大，激活能越大。比较这四种材料直线的斜率，不难看出纳米 Fe 晶粒生长激活能最小，纳米 ZnO 次之，纳米 TiO$_2$ 比纳米 ZnO 的激活能稍大些，纳米复合材料 MgO/WO$_x$ 的晶粒长大激活能最大。这说明纳米金属晶体的晶粒相对来说长大比较容易，热稳定的温区较窄，而纳米相复合材料 MgO/WO$_x$ 晶粒长大由于激活能较高而变得较困难，热稳定化

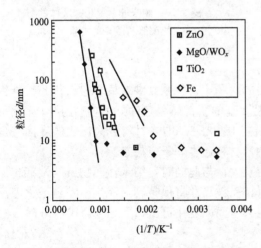

图 7.23　纳米 ZnO、MgO/WO$_x$、TiO$_2$ 和 Fe 晶粒尺寸与退火温度 T 之间的关系

温区范围较宽。

2）界面迁移

抑制界面迁移就会阻止晶粒长大，提高热稳定性。晶界的迁移可以分解为元过程的叠加。一种晶体缺陷或一组原子从一个平衡组态翻越势垒到达另一个平衡组态，就构成了晶界运动的元过程。翻越势垒是一个热激活过程，如果没有驱动力，正向和反向运动的概率是相同的，不产生宏观的晶界迁移。在驱动力下使势垒产生不对称的偏移，正向和反向概率不相等，就显示出晶界的迁移。这里驱动力主要来自于热驱动力（如加热）。界面能量高及界面两侧相邻两晶粒的差别大有利于晶界的迁移。纳米晶材料晶粒为等轴晶、粒径均匀、分布窄，保持纳米材料各向同性就会大大降低界面迁移的驱动力 ΔF，不会发生晶粒的异常长大，这有利于热稳定性的提高。

3）晶界结构弛豫

纳米相材料由于压制过程中晶粒取向是随机的，晶界内原子的排列、键的组态、缺陷的分布都比晶内混乱得多，晶界通常能量高。前面说过，高能晶界将提供晶粒长大的驱动力，很可能引起晶界迁移，但实际上并不因为晶界能量高而引起晶界迁移。因为在升温过程中首先是晶界产生结构弛豫，导致原子重排，趋于有序，以降低晶界自由能。这是由于晶界结构弛豫所需能量小于晶界迁移能，升温过程中提供的能量首先消耗在晶界结构弛豫上，从而使纳米相材料晶粒在较宽范围内不明显长大。

4）晶界钉扎

纳米相材料溶质原子或杂质原子的晶界偏聚使晶界能降低，偏聚的驱动力来源于原子或离子的尺寸因素和静电力，利用这一特点往往向纳米材料中添加稳定剂，使其偏聚到晶界，降低晶界的静电能和畸变能，客观上对晶界起了钉扎作用，使其迁移变得困难，晶粒长大得到控制，这有利于提高纳米材料热稳定性。

4. 热学性能的应用

纳米固体材料由于其微粒颗粒小、表面原子比例高、表面能高、表面原子近邻配位不全、化学活性大，因而其烧结温度和熔点都有不同程度的下降。常规 Al_2O_3 烧结温度在 1650℃ 以上，而在一定的条件下，纳米 Al_2O_3 可在 1200℃ 左右烧结。利用纳米固体材料的这一特性，可以在低温下烧结一些高熔点材料，如 SiC、WC、BC 等。复相材料由于不同相的熔点及相变温度不同而烧结困难，但纳米微粒的小尺寸效应和表面效应，不仅使各相熔点降低，各相转变温度也会降低。在低温下就能烧结成性能良好的复相材料。纳米固体低温烧结特性还被广泛用于电子线路衬底、低温蒸镀印制和金属陶瓷的低温接合等。

此外，利用纳米微粒构成的海绵体状和轻烧结体可制成多种用途的器件，广泛应用于各种过滤器、活性电极材料、化学成分探测器和热变换器，如备受人们关注的汽车尾气净化器。有报道说，以色列科学家成功地用 Al_2O_3 制备出耐高温的保温泡沫材料，其气孔率高达 94％，能承受 1700℃ 的高温。

7.2.3 纳米固体材料电学性能及应用

由于纳米材料中存在庞大体积分数的界面，使平移周期在一定范围内遭到严重破坏，颗粒越小，电子平均自由程越短，偏离理想周期场越严重。因此，纳米材料的电学性能（如电导、介电性、压电性等）与常规材料存在明显的差别。

1. 电阻和电导

Gleiter 等人对纳米晶 Cu、Pd、Fe(晶粒尺寸 6～25nm)等块体的电阻与温度的关系及电阻温度系数与晶粒尺寸的关系进行了系统的研究。结果发现,纳米晶块体的比电阻比常规材料高,且随晶粒尺寸的减小而增大、随温度的升高而升高。随晶粒尺寸的减小,纳米晶块体的电阻温度系数下降。当晶粒小于某一临界尺寸(电子平均自由程)时,电阻温度系数还可能由正变负。而常规金属与合金的电阻温度系数恒为正值。

为了解释纳米金属与合金在电阻上的这种新特性,我们首先分析一下在纳米金属和合金材料中电子输运的特点。电子在周期势场中以波的形式传播。电子的波函数可以看作是前进的平面波和各晶面的反射波的叠加。在一般情况下,各反射波的位相之间没有一定的关系,彼此相互抵消。从理想上可以认为周期势场对电子的传播没有障碍,但实际晶体中存在原子在平衡位置附近的热振动、杂质、缺陷及晶界。这样,电子在实际晶体中的传播由于散射使电子运动受障碍,这就产生了电阻。

纳米材料中大量界面的存在,使大量电子的运动局限在小晶粒范围。晶界原子排列越混乱,晶界厚度越大,对电子散射能力就越强。界面这种高能垒是使电阻升高的主要原因。纳米材料从微观结构来说,对电子的散射可分两部分:一是颗粒(晶内)组元;二是界面(晶界)组元。当晶粒尺寸与电子平均自由程相当时,界面组元对电子的散射有明显的作用。当晶粒尺寸大于电子平均自由程时,颗粒组元对电子的散射占优势,颗粒尺寸越大,电阻和电阻温度系数越接近常规粗晶材料,这是因为常规粗晶材料主要是以晶内散射为主。当晶粒尺寸小于电子平均自由程时,界面组元对电子的散射起主导作用,这时电阻与温度的关系及电阻温度系数的变化都明显偏离粗晶情况,甚至出现反常现象。例如,电阻温度系数变负值就可以用界面对电子散射占主导地位加以解释。我们知道,一些结构无序的系统,当电阻率趋向一“饱和值”时,电阻随温度上升而增加的趋势减弱,电阻温度系数减小,甚至由正变负。对于纳米固体,界面占据庞大的体积分数,界面中原子排列混乱,这就会导致总的电阻率趋向饱和值。另外,粒径小于一定值时,量子尺寸效应的出现,会导致颗粒内部对电阻率的贡献大大提高,这就是负温度系数出现在纳米固体试样中的原因。

纳米固体材料的交流电导 $\sigma(\omega)$ 随温度的升高呈现先下降后又上升的非线性和可逆变化,且比常规固体材料的交流电导要高。电导随温度的升高而下降是由于原子排列混乱的界面及颗粒内部原子热运动增加对电子散射作用增强所致。随着温度进一步升高,对电导起重要作用的庞大界面中的原子排列趋向有序变化,对电子散射作用减弱,使电导上升。另外,纳米固体材料能隙中可能存在许多附加能级(缺陷能级),有利于价电子进入导带成为导电电子,也使电导上升。

2. 介电特性

纳米材料在结构上与常规材料存在很大差别,其介电特性有自己的特点,主要表现在介电常数和介电损耗对颗粒尺寸有很强的依赖关系,电场频率对介电行为有极强的影响。

纳米材料的介电常数或相对介电常数随测量频率减小而增大。而相应常规材料的介电常数或相对介电常数较低,在低频范围的上升趋势远低于纳米材料。在低频范围,介电常数明显随纳米材料的颗粒尺寸而变化。即颗粒很小时,介电常数较低;随粒尺寸增大,介电常数先增加而后降低。纳米 α-Al_2O_3 和纳米 TiO_2 块体试样出现介电常数最大值的粒径分别为 84nm 和 17.8nm。

纳米材料的介电常数随电场频率的降低而升高，并显示出比常规粗晶材料高的介电性。根据介电理论，电介质显示高的介电性必须满足下面的条件：在电场作用下电介质极化的建立能跟上电场的变化，极化损耗小甚至没有损耗。纳米材料随着电场频率的下降，介质的多种极化都能跟上外加电场的变化，介电常数增大，这是由以下几种极化机制引起的。

（1）空间电荷极化。在纳米固体的庞大界面中存在大量的悬键、空位及空洞等缺陷，引起电荷在界面中分布的变化。在电场的作用下，正负电荷分别向负极和正极移动，电荷移动的结果使其聚积在界面的缺陷处，形成电偶极矩，即呈现空间电荷极化。同时，具有晶格畸变和数量较多的颗粒内部同样也会产生空间电荷极化。空间电荷极化的特征是极化强度随温度上升呈单调下降。纳米 Si 和纳米非晶氮化硅的介电常数随温度上升而呈单调下降，这就表明空间电荷极化是导致介电性提高的主要因素之一。

（2）转向极化。纳米材料中存在较多的空位、空位团等缺陷。纳米微粒内和庞大界面内存在相当多数量的氧离子空位或氮离子空位，这两种离子带负电，它们的空位往往带正电。这种带正电的空位与带负电的氧离子或氮离子形成固有的电偶极矩，在外加电场的作用下，它们将改变方向形成转向极化。转向极化的特征是极化强度随温度上升出现极大值。纳米非晶氮化硅的介电常数温度谱上出现介电峰，因此，转向极化也是导致纳米材料介电性提高的重要因素之一。

（3）松弛极化。松弛极化包括电子松弛极化和离子松弛极化。电子松弛极化是由弱束缚电子在外加电场的作用下，由一个阳离子结点向另一个阳离子结点转移而产生的。离子松弛极化是由弱束缚离子在外加电场的作用下，由一个平衡位置向另一个平衡位置转移而产生的。在纳米材料庞大的界面组元中，离子松弛极化起主要作用；而在颗粒组元中，电子松弛极化起主要作用。松弛极化的主要特征是介电损耗与频率、温度的关系曲线中均出现极大值。纳米材料在低频范围介电常数增强效应与颗粒组元的尺寸有很大关系，即随着粒径的增加，介电常数先增加后减小，在某一临界尺寸出现极大值。这是由于随颗粒尺寸增加，颗粒组元对介电性能的贡献越来越大，界面组元的贡献越来越小，电子松弛极化的贡献越来越大，而离子松弛极化的贡献越来越小，这必然导致在某一临界尺寸出现介电常数极大值。

综上所述，一种纳米材料往往同时有几种明显的极化机制，它们对介电有较大的贡献，特别是空间电荷极化、转向极化和松弛极化对介电常数的贡献比常规材料往往高很多，因此纳米材料呈现出较高的介电常数。

3. 压电效应

压电效应是指某些晶体受到机械作用(应力或应变)，在其两端出现符号相反的束缚电荷的现象。压电效应的实质是由晶体介质的极化引起的。按照固体理论，在 32 种点群的晶体中，只有 20 种没有对称中心的点群才具有压电效应。在受到外加压力后，电偶极矩的取向、分布等发生变化，在宏观上产生电荷积累而呈现压电效应。

研究表明，未经退火和烧结的纳米非晶氮化硅块体具有强的压电效应，而常规非晶氮化硅不具有压电效应。

常规非晶氮化硅的短程结构如图 7.24 所示。图中 Si 原子的键角为 109.8°，很接近正

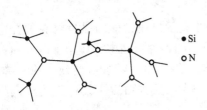

图 7.24 常规非晶氮化硅的短程结构

四面体的109.47°，N 原子的键角为 121°，也很接近于平面三角形的 120°。这种中心对称较好的 Si 原子的四面体结构不可能产生压电性，无规则取向的 N 原子平面三角形结构也不能产生压电性。因此，常规非晶氮化硅是不会产生压电效应的。

对纳米非晶氮化硅的径向分布函数（RDF）和电子自旋共振（ESR）结构研究表明，Si 和 N 等悬键的总数量比常规非晶氮化硅高 2～3 个数量级。因此，纳米非晶氮化硅的短程结构偏离了常规非晶氮化硅四面体结构。这种偏离主要出现在庞大界面中。在未经退火和烧结的纳米非晶氮化硅界面中，存在大量的悬键，导致界面中电荷分布的变化形成局域电偶极矩。在受到外加压力后，电偶极矩的取向、分布等发生变化，在宏观上产生电荷积累而呈现压电效应。经退火和烧结的纳米非晶氮化硅，由于高温加热使界面原子排列的有序度增加，空位、空洞减少，导致缺陷电偶极矩减少，因此不呈现压电效应。

4. 电学性能的应用

纳米材料在电学方面主要可作为导电材料、超导材料、电介质材料、电容器材料、压电材料等。

(1) 导电材料。所有纳米金属材料都导电，这里指的是具有电子电导或离子电导的纳米陶瓷材料。这类材料大多属于固体电解质，也称为快离子导体（又称超离子导体，它区别于一般离子导体的最基本特征是在一定的温度范围内具有能与液体电解质相比拟的离子电导率（$0.01\Omega\cdot cm$）和低的离子电导激活能（不大于 $0.40eV$）。快离子导体材料按其导电离子的类型，可分为阳离子导体和阴离子导体。

(2) 超导材料。有些纳米金属（如 Nb、Ti 等）和合金（如 Nb-Zr、Nb-Ti 等）具有超导性（超导临界温度最高只有 23K）。而纳米氧化物超导材料的临界温度可达 100K 以上。超导材料具有许多优良的特性，如完全的导电性和完全的抗磁性等。因此，高温超导材料的研制成功与实用，将对人类社会的生产、对物质结构的认识等方面产生重大的影响，可能带来许多学科领域的革命。

(3) 压电材料。ZnO 陶瓷压敏电阻器广泛应用于电子、信息、自动化、半导体器件和航天器件等领域。研究表明 ZnO 纳米陶瓷显示出与普通 ZnO 陶瓷不同的性能。ZnO 陶瓷是典型的由晶粒大小、晶界结构控制其宏观性能的材料。晶粒的细化，晶界数量的大幅度增加，可提高氧化锌压敏电阻器的电性能，使材料的强度、韧性和超塑性大为提高，并对材料的电、热、光学等性能产生重要影响。对部分烧结的纳米 ZnO 阻抗谱的研究表明，纳米 ZnO 陶瓷有效介电常数比普通 ZnO 陶瓷高出 5～10 倍，并具有优良的非线性伏安特性。

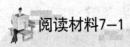 阅读材料7-1

纳米压电陶瓷

近年来，各国都积极研究和开发新的压电功能陶瓷。纳米技术的发展已经使陶瓷粉体、纤维、薄膜和块体进入了一个崭新的领域，研究的重点大都是从老材料中发掘新效应，开拓新应用，从控制材料组织和结构入手，寻找新的压电材料。由于纳米陶瓷呈现出许多优异的特性，引起了人们的广泛关注。目前材料工作者正在摸索制备具有高致密度的纳米陶瓷的工艺，其中包括 PZT 材料的纳米化控制、纳米 PZT 材料的制备工艺、纳米 PZT 材料特性的评价方法等。高性能的电子陶瓷材料一个重要的发展趋势是：用纳米粉体作为原材料生产诸如陶瓷电容器、压电陶瓷等产品，将纳米材料应用到陶瓷工艺中去，生产纳米复合或纳米改性的高技术陶瓷。

资料来源：雷淑梅，等. 压电陶瓷材料的研究现状与发展趋势.

佛山陶瓷，2005(3). 第 37 页.

7.2.4 纳米固体材料磁学性能及应用

材料的磁学性能与其组分、结构和状态有关。一些磁学性能如磁化强度、磁化率等与材料的晶粒大小、形状、第二相分布及缺陷密切相关；另一些磁学性能如饱和磁化强度、居里温度等则与材料中的相及其数量等有关。

纳米材料与常规材料在结构上特别是在磁结构上有很大差别，因此在磁性方面会显示其独特的性能。常规磁性材料的磁结构是由许多磁畴构成的，畴间由畴壁隔开，磁化是通过畴壁运动来实现的。而纳米晶中不存在这种畴结构，一个纳米晶粒即为一个单磁畴。磁化由两个因素控制：一是晶粒的各向异性，每个晶粒的磁化都趋向于排列在自己易磁化的方向；二是相邻晶粒间的磁交互作用，这种交互作用使得相邻晶粒朝向共同磁化方向磁化。除磁结构和磁化特点不同外，纳米晶材料颗粒组元小到纳米级，具有高的矫顽力、低的居里温度；颗粒尺寸小于某一临界值时，具有超顺磁性；磁化率与粒径的关系取决于颗粒中电子数的奇偶性等。同时，纳米材料的界面组元与粗晶材料有很大差别，使界面组元本身的磁性具有独特性能。例如，界面的磁各向异性小于晶内，居里温度低于常规材料等。

1. 饱和磁化强度

材料的铁磁性随原子间距的变化而变化。纳米晶 Fe 与常规非晶态 Fe 和粗晶多晶 α-Fe 一样都具有铁磁性，但纳米晶 Fe 的饱和磁化强度 M_s 比常规非晶态 Fe 和粗晶多晶 α-Fe 都低。在 4K 时，其饱和磁化强度 M_s 仅为常规粗晶 α-Fe 的 30%。

Fe 的饱和磁化强度 M_s 主要取决于短程结构。常规非晶态 Fe 和粗晶多晶 α-Fe 具有相同的短程有序结构，因此它们具有相同的 M_s。而纳米晶 Fe 界面的短程有序与常规非晶态 Fe 和粗晶多晶 α-Fe 有差别，如原子间距较大等，这就是引起纳米晶 Fe 的饱和磁化强度 M_s 下降的原因。M_s 的下降说明庞大的界面对磁化不利。

2. 磁性转变

由于纳米材料颗粒尺寸很小，这就可能使一些抗磁体转变为顺磁体。如金属 Sb 通常为抗磁性的($\chi < 0$)，其 $\chi = -1.3 \times 10^{-5}/g$，但纳米微晶 Sb 的 $\chi = 2.5 \times 10^{-5}/g$，表现出顺磁性。某些纳米晶顺磁体当温度下降至某一特征温度(Neel 温度)T_N 时，转变成反铁磁体，这时磁化率 χ 随温度降低而减小，且几乎同外加磁场强度无关。

3. 超顺磁性

穆斯堡尔谱研究表明，纳米 α-Fe_2O_3 粉体(7nm)和块体的穆斯堡尔谱都显示了超顺磁峰，但块体的超顺磁峰大大减小。对于纳米块体，界面体积分数很大，界面的磁各向异性比晶内的弱，使磁有序的弛豫时间变小，磁有序较容易实现，因此超顺磁峰降低。

而对于纳米 $\gamma - Fe_2O_3$ 粉体（8nm），其穆斯堡尔谱与块体没有明显差别。这是由于 $\gamma - Fe_2O_3$ 颗粒表面原有的各向异性很强，块体界面中的各向异性也很强，因此磁有序的弛豫时间较大，磁有序较难实现，因此粉体与块体的超顺磁峰基本相同。

4. 居里温度

居里温度指铁磁质转变为顺磁质时的温度，铁磁质在高于居里温度时变为顺磁质。不同的铁磁质居里温度不同，如铁是 769℃，镍是 358℃，钴是 1131℃。

Valiev 等人观察到纳米晶材料的居里温度更低。例如，粒径为 70nm 的 Ni 块体，居里温度比常规粗晶 Ni 约低 40℃。他们认为居里温度的降低纯粹是由于大量的界面引起的。但是，85nm 的 Ni 微粒本身的居里温度比常规粗晶 Ni 低 8℃，因此，认为纳米块体 Ni 比常规粗晶 Ni 居里温度低是由界面组元和晶粒组元共同引起的比较合理。

5. 磁学性能的应用

具有铁磁性的纳米材料（如纳米晶 Ni、Fe_2O_3、Fe_3O_4 等）可作为磁性材料。铁磁材料可分为软磁材料（既容易磁化又容易去磁）和硬磁材料（磁化和去磁都十分困难）。除此之外，纳米铁氧体磁性材料还可作为旋磁材料、矩磁材料和压磁材料。

纳米固体材料的磁性能主要来源于尺寸效应，即主要是由于纳米固体晶粒细小的贡献，而界面对磁性的贡献较小。已经研制的 FeSiB - CuNb 纳米晶软磁合金具有高达 1.25T 的 B_s 值及高达 10^5 的初始磁导率，与 Co 基非晶相当的低铁损值，是迄今为止最优良的软磁材料。随着高密度记录技术的发展，磁头和磁记录介质材料成为纳米固体材料应用的又一个新领域。例如，单畴临界尺寸的强磁颗粒 Fe - Co 合金和氮化铁有很高的矫顽力，用它制成的磁记录材料不仅音质、图像和信噪比好。而且记录密度比目前的 $\gamma - Fe_2O_3$ 高 10 倍以上。此外，纳米固体材料还可用于磁致冷系统，如磁性纳米固体材料 $Gd_3Ga_{3.25}Fe_{1.75}O_{12}$ 在 6～30K 之间磁致冷效率明显提高，还可将有效工作温度由 15K 提高到 30K 以上，这使纳米固体材料有可能成为一种新的致冷材料。

7.2.5 纳米固体材料光学性能及应用

材料的光学性能与其内部的微观结构特别是电子态、缺陷态和能级结构有密切的关系。纳米材料在结构上与常规材料有很大差别，突出表现在小尺寸颗粒和有庞大体积分数的界面，界面原子排列和键的组态的无规则性较大，使纳米材料的光学性能出现一些与常规材料不同的新现象。

1. 紫外-可见光吸收

相对常规粗晶材料，纳米固体的光吸收带往往会出现蓝移或红移。一般来讲，粒径的减小引起的量子尺寸效应会导致光吸收带的蓝移。而引起红移的因素很多，归纳起来有以下五方面：①电子限域在小体积中运动；②随粒径减小，内应力 p（$p = p2\gamma/r$，r 为粒子半径，γ 为表面能）增加，导致电子波函数重叠；③能级中存在附加能级，如缺陷能级，使电子跃迁时的能级间距减小；④外加压力使能隙减小；⑤空位、杂质的存在使平均原子间距 R 增大，从而晶体场强度 D_q（$\propto 1/R^5$）减弱，结果能级间距变小。每个光吸收带的峰位则由蓝移和红移因素共同作用来确定,蓝移因素大于红移因素时会导致吸收带蓝移,反之,导致红移。

纳米固体除了上述紫外-可见光光吸收特征外,有时纳米固体会呈现一些比常规粗晶强的甚至新的光吸收带,这是因为庞大的界面的存在,界面中存在大量的缺陷,如空位、空位团和夹杂等,这就很可能形成一些高浓度的色心,使纳米固体呈现一些强的或新的光吸收带。纳米 Al_2O_3 块体就是一个典型的例子,经 1100℃ 热处理的纳米 Al_2O_3 具有 α 相结构,粒径为 80nm。在波长为 200~850nm 范围内,漫反射光谱上出现六个光吸收带,其中五个吸收带的峰位分别为 6.0eV、5.3eV、4.8eV、3.75eV 和 3.05eV,还有一个是分布在 2.25~2.5eV 范围内的非常弱的吸收带。这种光吸收现象与 Al_2O_3 晶体(粗晶)有很大的差别。Levy 等人观察到,未经辐照的 Al_2O_3 晶体只有两个光吸收带,它们的峰位为 5.45eV 和 4.84eV,但在核反应堆中经辐照后,他们观察到七个光吸收带出现在 Al_2O_3 晶体中,这些带的峰位分别为 6.02eV、5.34eV、4.84eV、4.21eV、3.74eV、2.64eV 和 2.00eV。与上述纳米 Al_2O_3 块体的光吸收结果相比较可以看出,只有经辐照损伤的 Al_2O_3 晶体才会呈现多条与纳米 Al_2O_3 相同的光吸收带。大量实验结果证明粗晶 Al_2O_3 中 6.0eV、5.4eV 和 4.8eV 的光吸收带是由 F^+ 心(氧空位被单电子占据)引起的,3.75eV 为缺陷色心所致,3.0eV 至 3.1eV 的光吸收带是由空穴心引起的,2.25eV 吸收带是由 Cr^{3+} 引起的。因此,由于辐照损伤,使 Al_2O_3 晶体中产生许多氧空位和空穴,这些缺陷转化成 F^+ 心和空穴型心导致 Al_2O_3 晶体呈现许多光吸收带。纳米 Al_2O_3 固体未经辐照就呈现许多与经辐照的 Al_2O_3 晶体相同的光吸收带,这是由于庞大界面中的大量氧空位和空穴转化成色心所致。

2. 红外吸收

对纳米固体红外吸收的研究,近年来比较活跃,主要集中在纳米氧化物、纳米氮化物和纳米半导体材料上。下面举例介绍这方面工作进展。在对纳米 Al_2O_3 红外吸收的研究中观察到在 400~1000cm^{-1} 波数范围里有一个宽而平的吸收带,当热处理温度从 834K 上升到 1473K 时,这个红外吸收带保持不变,颗粒尺寸从 15nm 增加到 80nm,纳米 Al_2O_3 结构发生了变化($\eta\text{-}Al_2O_3 \xrightarrow{1273K} \gamma+\alpha\text{-}Al_2O_3 \xrightarrow{\geqslant 1373K} \alpha\text{-}Al_2O_3$),对这个宽而平的红外吸收带没有影响。与单晶红宝石相比较,纳米 Al_2O_3 块体的红外吸收现象有明显的宽化。在单晶 Al_2O_3 的红外吸收谱中,400~1000cm^{-1} 波数范围内红外吸收带不是一个"平台",而是出现了许多精细结构(许多红外吸收带),在纳米结构块体中这种精细结构消失。值得注意的是,在不同相结构的纳米 Al_2O_3 粉体中观察到了红外吸收的反常现象。即在常规 $\alpha\text{-}Al_2O_3$ 中应该出现的一些红外活性模,在纳米 Al_2O_3 粉体($\alpha+\gamma$ 和 $\alpha\text{-}Al_2O_3$)中却消失了,然而常规 $\alpha\text{-}Al_2O_3$ 粉体被禁阻的振动模在纳米态出现了。即便是在纳米 Al_2O_3 粉中出现了与红宝石和蓝宝石相同的活性模,它们对应的波数位置也出现了一些差异,其中对应红宝石和蓝宝石的 637cm^{-1} 和 442cm^{-1} 的活性模,在纳米 Al_2O_3 粉体中却"蓝移"到了 639.7cm^{-1} 和 442.5cm^{-1}。另外,在对非晶纳米氮化硅块体的红外吸收谱研究中,观察到了频移和吸收带的宽化。

关于纳米固体材料红外吸收谱的特征及蓝移和宽化现象已有一些初步的解释,概括起来有以下几点:

(1)小尺寸效应和量子尺寸效应导致蓝移。小尺寸效应主要是建立在键的振动基础之上。由于纳米结构颗粒组元尺寸很小，表面张力较大，颗粒内部发生畸变使键长变短，使纳米材料平均键长变短。纳米非晶氮化硅块体的 X 射线径向分布函数研究以及纳米氧化铁的 EXAFS 实验均观察到上述现象。这就导致了键振动频率升高，引起蓝移。另一种看法是量子尺寸效应导致能级间距加宽，利用这一观点也能解释同样的吸收带在纳米态下较之常规材料出现在更高的波数范围。

（2）晶场效应。对纳米固体材料随热处理温度的升高红外吸收带出现蓝移的现象主要归结于晶场增强的影响。这是因为在退火过程中纳米材料的结构会发生下面一些变化，一是有序度增强，二是可能发生由低对称到高对称相的转变，总的趋势是晶场增强，激发态和基态能级之间的间距也会增大，这就导致同样吸收带在强晶场下出现蓝移。

（3）尺寸分布效应。对纳米固体材料在制备过程中要求颗粒均匀，粒径分布窄，但很难做到粒径完全一致。由于颗粒大小有一个分布，使得各个颗粒表面张力有差别，晶格畸变程度不同，因此引起纳米固体材料键长有一个分布，这是引起红外吸收带宽化的原因之一。

（4）界面效应。纳米固体材料界面体积分数占有相当大的权重，界面中存在空洞等缺陷，原子配位数不足，失配键较多，这就使界面内的键长与颗粒内的键长有差别。就界面本身来说，庞大比例的界面的结构并不是完全一样的，它们在能量上、在缺陷的密度上、在原子的排列上很可能都有差异，这也导致界面中的键长有一个很宽的分布，以上这些因素都可能引起纳米固体材料红外吸收带的宽化。

分析纳米固体材料红外吸收带的蓝移和宽化现象不能孤立地仅仅引用上述看法的个别观点，要综合地进行考虑。总之，纳米固体材料红外吸收的微观机制研究还有待深入，实验现象也尚须进一步系统化。

3. 紫外到可见光的发射谱

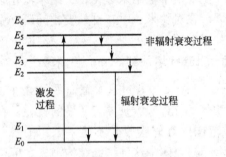

图 7.25　激发和发光过程示意图
E_0 为基态能级；$E_1 \sim E_6$ 为激发态能级

从紫外到可见光范围内材料的发光问题一直是人们感兴趣的热点课题。所谓的光致发光是指在一定波长光照射下，被激发到高能级激发态的电子重新跃入低能级被空穴捕获而发光的微观过程。从物理机制来分析，电子跃迁可分为两类：非辐射跃迁和辐射跃迁。当能级间距很小时，电子跃迁可通过非辐射性级联过程发射声子，如图 7.25 所示，在这种情况下是不能发光的。只有当能级间距较大时，才有可能发射光子，实现辐射跃迁，产生发光现象。如图中从 E_2 到 E_1 或 E_0 能级的电子跃迁就能发光。

纳米固体材料的颗粒很小，小尺寸会导致量子限域效应，界面结构的无序性使激子特别是表面激子很容易形成；界面所占的体积很大，界面中存在大量缺陷，如悬键、不饱和键和杂质等，这就可能在能隙中产生许多附加能隙；由于纳米固体材料中平移周期的破坏，在常规材料中适用的电子跃迁选择定则对于纳米材料很可能不适用。这些都会导致纳米固体材料的发光不同于常规材料，有自己新的特点。下面以纳米 TiO_2 的发光为例进行说明。

对于常规 TiO_2 晶体的发光现象人们已经进行了一些探索研究，其发光现象如下：在 4.8K 的低温时，在紫外到可见光范围内出现一个很锐的发光峰（位置在 412nm）和一个很宽的发光带（范围在 450～600nm）；该发光现象对温度极为敏感，当温度从 4.8K 上升到

12K 时，412nm 处的锐发光峰立刻消失，并且在可见光范围的荧光宽带强度迅速下降，12K 时的发光强度仅仅是 4.8K 时的发光强度的 35％；在室温下从未观察到任何发光现象。而经硬酯酸包敷的纳米 TiO_2 粒子在室温下就呈现了光致发光现象，发光带的峰位在 540nm，该发光现象是由大量表面束缚激子所致，由纳米 TiO_2 粒子形成的纳米固体在室温下并不发光。

为什么纳米固体材料的发光谱与常规态有很大差别，出现了常规态从未观察到的新的发光带？对这个问题的研究应从纳米固体材料本身的特点来进行讨论。一般来说，研究纳米态的发光现象应该考虑下面四方面问题：

（1）关于电子跃迁的选择定则问题。常规的晶态材料具有平移周期，在 k 空间描述电子跃迁必须遵守垂直跃迁的定则，非垂直跃迁一般来说是被禁止的。电子从激发态跃迁到低能级形成发光带的过程就要受到选择定则的限制。而纳米固体材料中存在大量原子排列混乱的界面，平移周期在许多区域受到严重的破坏，因此用 k 空间来描述电子的能级状态并不适用，选择定则对纳米态的电子跃迁也可能不再适用。在光的激发下纳米态所产生的某些发光带就是在常规材料中由于受选择定则的限制而不可能出现的发光现象。

（2）量子限域效应。正常情况下纳米半导体材料界面中的空穴浓度比常规材料高得多，同时由于组成纳米材料的颗粒尺寸小，电子运动的平均自由程短，空穴约束电子形成激子的概率比常规材料高得多，结果导致纳米材料含有激子的浓度较高，颗粒尺寸越小，形成激子的概率越大，激子浓度越高。由于这种量子限域效应，在能隙中靠近导带底形成一些激子能级，这些激子能级的存在就会产生激子发光带。纳米材料激子发光很容易出现，而且激子发光带的强度随颗粒的减小而增加。在相同实验条件下，激子发光带是不可能在常规材料中被观察到的。

（3）缺陷能级。纳米固体材料庞大体积分数的界面内存在大量不同类型的悬键和不饱和键，它们在能隙中形成了一些附加能级（缺陷能级）。它们的存在会引起一些新的发光带，而常规材料中悬键和不饱和键出现的概率小，浓度也低得多，以致于能隙中很难形成缺陷能级。纳米材料能隙中的缺陷能级对发光的贡献也是常规材料很少能观察到的新的发光现象。

（4）杂质能级。某些过渡族元素（Fe^{3+}、Cr^{3+}、V^{3+}、Mn^{2+}、Ni^{2+} 等）在无序系统会引起一些发光现象，纳米晶体材料中所存在的庞大体积分数的有序度很低的界面很可能为过渡族杂质偏聚提供了有利的位置，这就导致纳米材料能隙中形成杂质能级、产生杂质发光现象。一般来说杂质发光带位于较低的能量位置，发光带比较宽。这是在常规晶态材料中很难被观察到的。

4. 光学性能的应用

当纳米微粒的粒径与超导相干波长、玻尔半径及电子的德布罗意波长相当甚至更小时，其量子尺寸效应将十分显著，使得纳米固体材料呈现出与常规粗晶材料不同的光学特性。已有的研究表明，利用纳米固体材料的特殊光学性质制成的光学材料将在日常生活和高科技领域内具有广泛的应用前景。

利用纳米材料对光的吸收表现出的"蓝移"现象，制成紫外吸收材料，可用作半导体器件的紫外线过滤器。利用纳米材料对紫外的吸收特性而制作的荧光灯管不仅可以减少紫外线对人体的损害，而且可以提高灯管的使用寿命。此外，纳米红外反射材料在灯泡工业上有很好的应用前景；作为光存储材料时，纳米材料的存储密度也明显高于常规粗晶材料；将其应用在纺织物中，与粘胶纤维相混合，制成的功能粘胶纤维具有抗紫外线、抗电磁波和抗可见光的特性，可用来制作宇航服。

7.3 纳米固体材料的制备方法

7.3.1 纳米金属材料的制备

通过传统金属材料的制备方法如冶炼、铸造、轧制、锻压、热处理等，很难得到纳米金属材料。目前比较成熟的纳米金属材料的制备方法主要有：惰性气体蒸发原位加压法、高能球磨法和非晶晶化法等。

1. 惰性气体蒸发原位加压法

惰性气体蒸发原位加压法是由 Gleiter 等人首先提出的，他们用该方法成功地制备了 Fe、Cu、Au、Pd 等纳米晶金属块体和 Si-Pd、Pd-Fe-Si、Si-Al 等纳米金属玻璃。惰性气体蒸发原位加压法属于"一步法"，即制粉和成形是一步完成的。"一步法"的步骤是：①制备纳米颗粒；②颗粒收集；③压制成块体。为了防止氧化，上述步骤一般都是在真空或惰性气体保护下进行的。

惰性气体蒸发原位加压装置如图 7.26 所示。该装置主要由三部分组成：第一部分为纳米粉体的获得；第二部分为纳米粉体的收集；第三部分为粉体的压制成形。制备过程是在超高真空室内进行的。首先通过分子涡轮泵使其达到 0.1×10^{-3} Pa 以上的真空度，然后充入低压惰性气体(He 或 Ar)。把欲蒸发的金属置于坩埚中，通过钨电阻加热器或石墨加热器等加热蒸发，产生金属蒸气。由于惰性气体的对流，使金属蒸气向上移动，在充液氮的冷却棒(冷阱，77K)表面沉积下来，用聚四氟乙烯刮刀刮下，经漏斗直接落入低压压实装置。纳米粉末经轻度压实后，由机械手送至高压原位加压装置压制成块体。压力为 1～5GPa，温度为 300～800K。由于惰性气体蒸发冷凝形成的金属和合金纳米微粒几乎无硬团聚，所以即使在室温下压制，也能获得相对密度高于 90% 的块体，最高相对密度可达 97%。因此，此种制备方法的优点是纳米微粒具有清洁的表面，很少团聚成粗团聚体，块体纯度高，相对密度也较高。

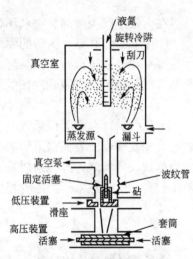

图 7.26 惰性气体凝聚和原位加压装置示意图

2. 高能球磨法

Shingu 等人首先用高能球磨法制备出 Al-Fe 纳米晶材料，为纳米材料的制备找到了一条实用化的途径。近年来该法已成为制备纳米材料的一种重要方法。

高能球磨法是利用球磨机的转动或振动使硬球对原料进行强烈的撞击、研磨和搅拌，把金属或合金粉末粉碎成纳米微粒，然后经压制成形(冷压和热压)获得纳米块体的方法。

高能球磨法制备纳米晶需要控制以下几个参数和条件，即正确选用硬球的材质(不锈钢球、玛瑙球、硬质合金球等)，控制球磨温度与时间，原料一般选用微米级的粉体或小尺寸条带碎片。球磨过程中颗粒尺寸、成分和结构变化通过对不同时间球磨的粉体的 X 射线衍射、电镜观察等方法来进行监视。

利用高能球磨法不仅可以制备纳米晶纯金属，还可成功地制备互不相溶体系的固溶体、纳米金属间化合物及纳米金属-陶瓷粉复合材料。

将相图上几乎不互溶的元素制成固溶体，是常规熔炼方法根本无法实现的。利用机械合金化法已成功制备出多种纳米固溶体，例如 Fe-Cu 合金、Ag-Cu 合金、Al-Fe 合金、Cu-Ta 合金和 Cu-W 合金等。利用高能球磨法目前已制备出 Fe-B、Ti-Si、Ti-B、Ti-Al、Ni-Si、V-C、W-C、Pd-Si、Ni-Mo、Nb-Al、Ni-Zr 等纳米金属间化合物。采用高能球磨法可把纳米 Y_2O_3 粉体复合到 Co-Ni-Zr 合金中，使矫顽力提高两个数量级；把纳米 CaO 或纳米 MgO 复合到金属 Cu 中，其电导率与 Cu 基本一样，但强度大大提高。

高能球磨法制备的纳米块体材料的主要缺点是：晶粒尺寸不均匀，容易引入杂质。但高能球磨法产量高，工艺简单，可制备常规方法难以获得的高熔点的金属或合金纳米材料。

3. 非晶晶化法

该方法是用单辊急冷法将金属熔体制成非晶态合金，然后在不同温度下进行退火，使其晶化。随晶化温度上升，晶粒开始长大。

卢柯等人率先采用非晶晶化法成功地制备出纳米晶 Ni-P 合金条带。具体的方法是用单辊急冷法将 $Ni_{80}P_{20}$(at%)熔体制成非晶态合金条带，然后在不同温度下进行退火使非晶带晶化成由纳米晶构成的条带，当退火温度小于 610K 时，纳米晶 Ni_3P 的粒径为 7.8nm，随着温度的上升，晶粒开始长大(图 7.27)。

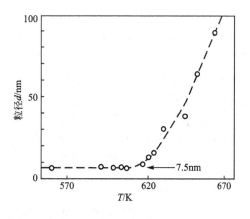

用非晶晶化法制备的纳米材料的塑性对晶粒的粒径十分敏感，只有晶粒直径很小时塑性较好，否则纳米材料将变得很脆。因此，只有那些成核激活能小、而长大激活能大的非晶态合金采用非晶晶化法才能获得塑性较好的纳米晶合金。目前，采用非晶晶化法可以获得 Ni-P、Ti-Al、Fe-Co、Cu-Ni-Sn-P、Zr-Al-Ni-Cu、Fe-Si-B、Co-Cu-B 等纳米合金。

图 7.27 非晶晶化法制备的 Ni-P 纳米晶条带的晶粒尺寸随退火温度的变化

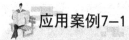 **应用案例7-1**

高能球磨法诱发 $Fe_{78}Si_{13}B_9$ 非晶合金产生纳米晶化

$Fe_{78}Si_{13}B_9$ 合金采用纯度高于 99.5%(原子百分数)的元素粉末通过中频真空感应炉熔炼，采用单辊急冷法制备 $Fe_{78}Si_{13}B_9$ (Metglas 2605)非晶合金条带，带宽 6mm，厚 20μm。然后将非晶带剪成碎片进行高能球磨。实验采用高速摆振球磨机、不锈钢球磨罐和磨球，球料比为 $10:1$，罐密封抽真空后再充氩气保护。球磨 $100h$，取 15 次样品，并采用 XRD 和 TEM 表征样品的微观结构。

在球磨 3h 后，形成晶粒尺寸为 $2\sim10nm$ 的 $\alpha-Fe$ 相。非晶态结构的改变与球磨的强度密切相关。球磨强度越高，非晶态合金开始发生机械诱发晶化所需要的球磨时间越短。

$Fe_{78}Si_{13}B_9$ 非晶合金机械诱发纳米晶化过程中成核机制为均匀成核，晶粒生长机制为从小尺寸晶核开始的三维生长。

非晶合金机械诱发纳米晶化主要原因是剧烈的变形和局部高温。局部高温可以促使成核以及 $\alpha-Fe$ 相的生长，而剧烈变形不仅可以通过促进元素的短程扩散从而促进成核，并且由于剧烈变成抑制了长程扩散，所以可以将晶化限制在纳米晶范围。

7.3.2　纳米陶瓷材料的制备

纳米陶瓷材料的制备一般采用"两步法"：即首先要制备纳米尺寸的粉体，然后成形和烧结。用机械破碎的方法很难得到纳米级陶瓷粉体，必须用其他的物理或化学方法制备。目前研究表明，用物理上的蒸发-凝聚，化学上的气相或液相反应、分解等方法是制备纳米陶瓷粉体的有效方法，具体制备方法详见第 3 章。对理想纳米陶瓷粉体的要求是：纯度高、尺寸分布窄、几何形状归一、晶相稳定、无团聚。

纳米陶瓷粉体制备好后，即可以成形制成坯体。坯体中的粉末粒子可分为三级：(1)纳米粉末；(2)由纳米粉末组成的团聚体；(3)由团聚体组成的大颗粒。与此相对应，坯体中的气孔也分为三级：(1)分布于纳米粉末间的微孔；(2)分布于团聚体间的小孔；(3)分布于大颗粒间的孔洞。

烧结过程就是粉末粒子长大和气孔消失的过程。粉末团聚体对烧结过程有很大影响。烧结时，团聚体内的纳米粉末优先烧结。团聚体的直径越大，烧结后颗粒尺寸越大。纳米粉末之间的烧结是通过同类型表面相互结合而实现的。团聚体小时，这种优先烧结不会干扰正常的烧结过程。随后进行的是团聚体之间的烧结，该过程对致密化具有重大影响。烧结机理是表面扩散和蒸发-凝聚。

要想得到高质量的纳米陶瓷材料，最关键的是材料是否高度致密，为了达到这一目的，主要采用以下几种工艺路线。

1. 无压烧结

无压烧结工艺过程是将无团聚的纳米粉末，在室温下模压成块状试样，然后在一定的温度下烧结使其致密化。无压烧结工艺简单，不需特殊的设备，因此成本低。但烧结过程中，易出现晶粒快速长大及大孔洞的形成，结果不能实现致密化，使得纳米陶瓷材料的优点丧失。

为防止无压烧结过程中晶粒长大，可在主体粉中加入一种或多种稳定剂，使得烧结后晶粒无明显长大，并能获得高致密度纳米陶瓷材料。在纳米 ZrO_2 粉中掺入 5Vol% 的 MgO，通过无压烧结法可成功制得高密度陶瓷，工艺过程如下：将纳米 ZrO_2+MgO 粉放入酒精中经 $8\sim10min$ 超声波粉碎和混合，在低温下干燥，通过 200MPa 等静压将粉末压成块体，然后进行烧结。在 1523K 烧结 1h 的试样相对密度达 95%（纳米试样密度/理论密度，如单晶的密度）。掺 MgO 的纳米 ZrO_2 晶粒长大的速率远低于未掺稳定剂 MgO 的 ZrO_2 试样（图 7.28）。90Vol% Al_2O_3+10Vol% ZrO_2 的粉末经室温等静压后，经 1873K、

1h 烧结后相对密度可达 98%。

关于加稳定剂能有效地控制纳米晶粒长大的机制至今尚不清楚。对于这个问题有两种解释：Brook 等人认为，杂质偏聚到晶界上并在晶界建立起空间电荷，从而钉扎了晶界，使晶界动性大大降低，阻止了晶粒的长大。在这种情况下晶界动性 M_{sol} 可表示为

$$M_{sol} = M\left(\frac{1}{1 + M\alpha C_0 a^2}\right) \quad (7-15)$$

式中，M 为无掺杂时晶界的动性，a 为原子间距，C_0 为掺杂浓度，α 表征含有掺杂

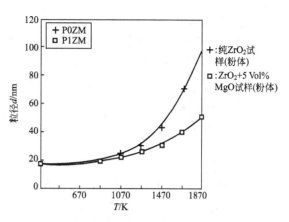

图7.28 升温过程粒径的长大

粒子的晶界间的交互作用。Bennison 和 Harmer 不同意这种解释，他们曾报道掺有 MgO 的 Al_2O_3 中晶粒长大被抑制，但未观察到 MgO 在晶界的偏析。他们认为由于 MgO 的掺入改变了点缺陷的组成和化学性质，从而阻止了晶粒的生长。

2. 热压烧结

无团聚的粉体在一定压力和温度下进行烧结，称为热压烧结。该工艺与无压烧结相比，其优点是对于许多未掺杂的纳米粉体，通过热压烧结可制得较高致密度的纳米陶瓷材料，并且晶粒无明显长大。但该工艺要求的设备比无压烧结复杂，操作、工艺也较复杂。例如，要求压力机上配备一套能同时加热和加压的模具及加热系统，这就使成本提高。

Averback 等人用"两步法"制备了纳米 TiO_2 金红石和纳米 ZrO_2 的生坯。为了使生坯的密度达最大值，他们将已压实的粉体在 623K、约 1MPa 下进行氧化，然后在 423K、1.4GPa 压力下使生坯的密度达 70%～80% 理论密度。生坯经不同温度烧结 24h 后的相对密度、平均粒径与烧结温度的关系见图 7.29 和图 7.30。图 7.29 表明，热压烧结（△）与无压烧

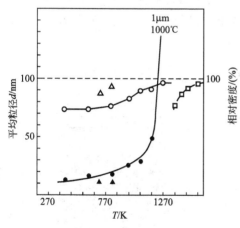

图7.29 纳米相 TiO_2 块体的相对密度、粒径与烧结温度的关系

密度：O 代表 n-TiO_2，$p=0GPa$，△代表 n-TiO_2，$p=1GPa$；□代表常规 TiO_2。晶粒度：●代表 n-TiO_2，$p=0GPa$；▲代表 n-TiO_2，$p=1GPa$

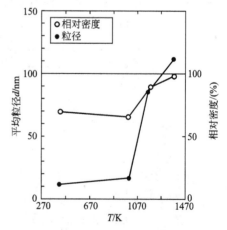

图7.30 无压烧结过程中纳米相 ZrO_2 的相对密度、粒径与烧结温度的关系

结(O)试样相比较，前者在较低的烧结温度(约770K)下密度达95%，粒径只有十几纳米，后者在接近1270K时才能达到同样的密度，但粒径急剧长大至约$1\mu m$。图7.30也同样表明，对ZrO_2进行无压烧结时，当相对密度大于90%时，粒径已由原始的10多纳米增至100多纳米。由此可以说明热压烧结法能获得粒径无明显长大的高致密度的无稳定剂的纳米相陶瓷。同时还可以看出，纳米粉烧结能力大大增强，致密化的烧结温度比常规材料低几百K。

在热压烧结过程中导致试样致密化的总烧结力(致密化驱动力)可表示如下：

$$\sigma_s = 2\gamma/r + \sigma_a \tag{7-16}$$

式中，σ_s为总烧结应力，γ为表面能，σ_a为附加应力，r为微粒半径。热压烧结时，由于致密化驱动力的增加，从而提高了致密化速率，使最后密度接近理论密度。需要注意的是，只有选择适当的附加应力才能实现高致密化。Höfler等人详细地调查了纳米TiO_2在973K热压烧结过程中试样的应变、粒径、密度的变化，附加应力分别为57MPa和93MPa，结果如图7.31所示。由图中可看出，应力为57MPa时，由于试样中产生致密化和某些晶粒的长大，致使应变速率单调地下降。密度达91%时，应变速率达到一阈值，即应变速率为零。附加应力增加为93MPa时，蠕变过程又重新开始，直到密度上升为97%为止。这种阈值行为在不同温度下的试验中以及在纳米ZrO_2试样中也被观察到。这种现象说明在热压烧结过程中只有选择适当的附加应力才能实现高致密度，即附加应力应大于阈值应力才能使密度大幅度提高。对于纳米材料在热压烧结过程中出现的阈值行为，Höfler等给以如下解释：热压烧结过程中试样的应变行为可用描述常规材料致密化的蠕变方程加以修正后来描述，即在该方程中引入一个与密度有关的函数$f(\rho)$，因此纳米材料的蠕变(应变)速率为

$$\frac{\partial\varepsilon}{\partial t} = A\frac{\sigma^n}{d^q}\exp\left(\frac{Q}{RT}\right)f(\rho) \tag{7-17}$$

式中，A和q为常数，σ为附加应力，R为气体常数，Q为绝对温度T时的激活焓，d为平均粒径，ρ为相对密度，n为应力指数，它主要取决于试样的开始密度ρ_0，ρ_0越大n越大。n对温度不太敏感，温度升高，n仅略有增加趋势。因此，纳米材料的蠕变过程不能用解释常规材料蠕变的扩散模型或位错攀移和滑移模型来解释，而应当用一个与位错无关的模型来说明阈值行为。模型的基本想是：热压烧结过程中的应变如图7.32所示，晶粒

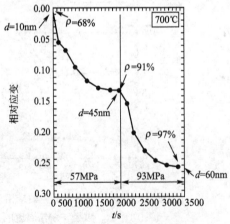

图7.31　圆柱形纳米TiO_2块体
在973K下热压烧结过程中
应变与时间的关系

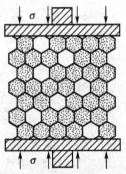

图7.32　在附加应力作用下晶粒相互
滑移模型(晶粒滑向孔洞而产生的
附加表面导致阈值应力的存在)

沿图中箭头所指的方向作相对的滑移，晶粒向孔洞的滑移就会产生新的附加表面积，这种表面积的产生所需的功由附加应力提供。当压制试样的应力做的功等于晶粒相互滑移产生的新表面积的能量时，就呈现出应变的阈值行为，这时的附加应力称为阈值应力。当应力高于阈值应力时才会使应变重新开始。

3. 微波烧结

纳米陶瓷材料烧结过程中，在高温停留很短时间，纳米相晶粒就长大近一个数量级。因此，要想使晶粒不过分长大，必须采用快速升温、快速降温的烧结方法。而微波烧结技术可以满足这个要求。微波烧结的升温速度快（500℃/min），升温时间短（2min），解决了普通烧结方法不可避免的纳米晶异常长大问题。并且在进行微波烧结时，从微波能转换成热能的效率很高，可达80%～90%，能量可节约50%左右。

微波是频率非常高的电磁波，300MHz～300GHz的微波对应的波长为1mm～1m。微波烧结的原理是利用在微波电磁场中材料的介质损耗，使陶瓷材料整体加热到烧结温度而实现致密化。由于微波加热利用了陶瓷本身的介电损耗发热，所以陶瓷既是热源，又是被加热体。整个微波装置只有陶瓷制品处于高温，而其余部分仍处于常温状态。微波烧结工艺的关键是如何保证烧结温度的均匀性，以及如何防止局部过热问题。可以通过改进电磁场的均匀性、改善材料的介电性能和导热性能以及采用保温材料保护烧结等方法解决。需要注意的是，微波加热具有选择性，当外加微波频率与物质的特定吸收频率相等时，物质对微波产生最强烈的吸收，此频率称为该物质的微波峰值吸收频率，峰值吸收频率决定于物质的结构，因此，不同材料的微波峰值吸收频率不同。

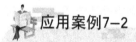

应用案例7-2

纳米羟基磷灰石的微波烧结

由 $Ca_{10}(PO_4)_6(OH)_2$ 构成的羟基磷灰石（HA）是骨骼和牙齿的主要矿物成。羟基磷灰石具有极好的生物相容性，常用于骨骼的移植。然而，由于这种陶瓷材料的脆性，使其应用受到一定的限制。已有研究表明，纳米晶体结构能提高陶瓷材料的机械性能。采用微波烧结法，可于1100℃下在短至30min内就能轻易烧结，密度达到理论值的97%。对烧后试样的微观结构分析表明，致密化后得到的晶体材料晶粒尺寸仍能保持纳米级。

所用纳米晶羟基磷灰石粉末原料是利用 $Ca(OH)_2$ 和 H_3PO_4 通过水沉淀法制备的。先将 $Ca(OH)_2$ 和 H_3PO_4 按化学计量比溶于蒸馏水中混合，并添加 NH_4OH 以使溶液pH值控制在10左右，然后将所得胶状悬浮体连续搅拌3～4h，再放置2h后，用布氏漏斗过滤，并将所得滤饼置于烘箱于80℃下干燥24h，最后用聚氨基甲酸乙酯球磨瓶（采用氧化锆球磨介质）将其球磨3h，即得所需原料。

先单向施加10MPa的压力将HA粉末压制成直径为20mm的圆片，再用冷等静压法（150MPa）压制20min，然后用微波炉烧结。烧结前应将HA压片夹在二块SiC之间，并用氧化铝纤维包裹，烧结温度范围为1000～1300℃（每次间隔50℃），所有试样的烧结时间均为30min。烧结过程中，试样温度通过高温计来测定，并根据测定值，相应地调整微波系统的功率，以维护所需的烧结温度。

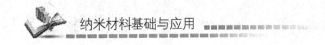

采用 X 射线衍射法分析了按上述方法所合成的 HA 粉末的相组成，粉末晶粒尺寸采用扫描电子显微镜测定。对于烧结后 HA 压片密度，采用水浸法测得其密度为 $3.156g/cm^3$。

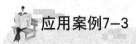

应用案例7-3

纳米氧化铝陶瓷的热压烧结和微波烧结

热压烧结是在高温下加热粉体的同时施加单向轴应力，使烧结体的致密化主要依靠外加压力作用下而完成物质的迁移。热压烧结可分为真空热压烧结、气氛热压烧结和连续热压烧结等。热压烧结与常压烧结相比，烧结温度低得多。氧化铝的普通烧结，必须烧至1800℃，而热压（20MPa）只需烧至1500℃左右即可。由于在较低的温度下烧结，就抑制了晶粒的生长，所得到的烧结体致密、晶粒较细、气孔率低、强度较高。彭晓峰等人采用热压工艺制备了高性能纳米氧化铝陶瓷，1450℃/30min 热压获得的氧化铝晶粒尺寸为 500nm，抗弯强度为（500±45）MPa；1550℃/30min 热压获得的断裂韧性为（5.7±0.5）$MPa \cdot m^{1/2}$ 的氧化铝陶瓷。

微波烧结是利用微波与介质相互作用，因介电损耗而使陶瓷坯体的表面和内部同时加热的一种烧结方法。与普通烧结不同，热量是同时传递到坯体的内外，几乎 100% 的能量转化为热量，温度场均匀，热应力小，具有高效节能的优点。此外，在微波烧结时，材料将吸收的微波能转化为内部分子的动能和势能，使粒子的动能增加，烧结活化能降低，扩散系数提高，从而促进材料的致密化过程，因此晶粒还来不及长大就已经被烧结致密化，这对于抑制晶粒的长大是很有效的。相比之下，传统烧结时热量是通过对流、传导和辐射传递的，热量是由外到内，达到完全致密化的时间长，所以很容易导致晶粒的长大。运用微波烧结法，可以在比常规烧结温度低100～150℃、仅用 10～15min 的情况下烧结获得纳米氧化铝陶瓷，且相对密度达到 99%。

 **习 题**

（1）比较纳米固体与常规固体的结构特点。

（2）简述纳米固体材料的结构缺陷种类及它们对纳米固体材料性能的影响。

（3）简述常用纳米金属固体材料的制备方法及各自特点。

（4）简述纳米陶瓷材料的制备方法，并说明如何提高纳米陶瓷的致密度并限制晶粒长大。

（5）与常规粗晶材料相比，纳米固体材料的力学性能有哪些不同？

（6）在纳米固体材料中出现反常 Hall-Petch 关系的原因有哪些？

（7）导致纳米固体材料紫外-可见光吸收光谱红移的因素有哪些？

（8）如何解释在纳米固体材料红外吸收谱中出现的蓝移和宽化现象？

第**8**章
纳米结构的制备与特性

教学要点

知识要点	掌握程度	相关知识
纳米结构材料	掌握纳米结构材料的类型及其结构特点	纳米结构类型，纳米纤维，纳米结构薄膜，纳米阵列，纳米介孔材料的概念
纳米结构材料的性能	了解纳米结构材料的物理化学特性及其应用领域	纳米阵列的电、磁、光学性能及其应用，介孔材料
纳米结构材料的制备	掌握纳米结构材料的制备方法(软模板法、硬模板法)及工艺流程	光刻技术、自组装技术、模板合成技术
介孔材料的制备	掌握介孔材料的制备机理，了解介孔材料的合成方法及其工艺路线	纳米介孔结构的特点、介孔形成机理

导入案例

纳米结构在自然界里是相当普遍的，从闪闪发光的贝壳到致密坚实的牙齿，无不是大自然自组装而成的纳米结构的产物。在美国《商业周刊》上曾经有这样一段精彩的描述："研究小组中的一位新成员在圣巴巴拉加州大学的一间化学实验室里悄无声息、富有成效地忙碌着。她准确无误地铺下一层超薄有机基质。在这层基质上，她把连结在一起的方解石晶体按原子逐个排列好。这两层物质构成一个精巧的晶格。但是，盖伦·斯塔基教授和丹尼尔·莫尔斯教授研制新材料的这间实验室没有洁净室、真空箱和齿轮，而且，这位'小组新成员'并不是普通的研究人员，她是一种软体动物——鲍鱼。像大自然的许多创造物一样，鲍鱼经过几百万年的进化获得了一种形式奇特的分子机器来构筑她的外壳。这种机器使当今最好的制造工具也相形见绌。"自组装现象在生物体系中普遍存在，是形成千姿百态复杂的生物物质的原因之一。

图 8.1　趋磁性细菌体内的纳米指南针

图 8.1 所示为趋磁性细菌体内的纳米指南针，这是发生在自然界里的纳米技术的另一个实例。这些细菌体内的"纳米指南针"使得他们得以沿一个特定的磁场方向运动，而这些纳米指南针正是由一系列的磁性纳米微粒自组装成的纳米链构成的。

纳米结构是以纳米尺度的物质单元为基础，按一定的规律构筑或营造的一种新体系。基本构筑单元包括纳米微粒、纳米管、纳米线、纳米棒、纳米丝和纳米尺寸的孔洞等。纳米结构的出现，把人们对纳米材料出现的基本物理效应的认识不断引向深入。无序堆积而成的纳米块体材料，由于颗粒之间的界面结构的复杂性，很难把量子尺寸效应和表面效应等奇特理化效应的机理搞清楚。纳米结构可以把纳米材料的基本单元（纳米微粒、纳米丝、纳米棒等）分离开来，这就使研究单个纳米结构单元的行为、特性成为可能。更重要的是人们可以通过各种手段对纳米材料基本单元进行控制，可控制纳米结构中纳米基本单元之间的间距，进一步认识它们之间的耦合效应。因此，探索纳米结构出现的新现象、新规律有利于人们进一步建立新原理，也为构筑纳米材料体系的理论框架奠定基础。

8.1　纳米结构及其分类

8.1.1　纳米结构的分类

目前文献中提到的纳米结构类型很多，主要有纳米薄膜（nano-thin film），纳米阵列（nano-array）及介孔材料，其他还有很多不常见的纳米结构，如纳米笼（nanocages）、纳米纤维（nanofiber）、纳米花（nanoflower）、纳米泡沫（nanofoam）、纳米网（nanomesh），纳米针膜（nanopin film），纳米环（nanoring）、纳米壳（nanoshell）、纳米线（nanowires）等。图 8.2 所示为上述部分纳米结构的电镜照片。

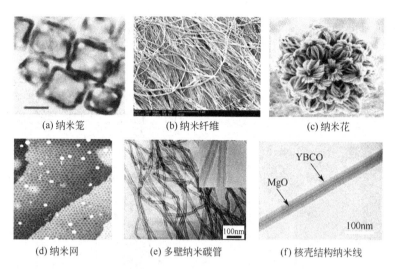

(a) 纳米笼	(b) 纳米纤维	(c) 纳米花
(d) 纳米网	(e) 多壁纳米碳管	(f) 核壳结构纳米线

图8.2　几种纳米结构的电镜照片

纳米结构组装体系的分类，从结构形式上可分为：①一维纳米结构，包括第5章提到的纳米丝、纳米管等；②二维纳米结构，包括纳米有序薄膜，纳米丝、纳米管的阵列结构；③三维纳米结构，如纳米胶体晶体、纳米笼、纳米花、纳米泡沫、纳米介孔材料等。从纳米结构体系构筑过程中的驱动力是外因还是内因可分为两类：①自组装纳米结构；②人工构筑纳米结构。

本章主要介绍纳米结构薄膜、纳米阵列及纳米介孔材料。

8.1.2　纳米结构薄膜

目前对纳米结构薄膜材料的概念以及分类还没有明确的定义。一般认为纳米结构薄膜是采用纳米微粒为基本单元(也可能以其他有机物为骨架)进行组装或者在材料表面直接进行刻印等方法而形成的有序纳米薄膜。有序纳米薄膜材料是指由纳米微粒、纳米孔或分子构筑的，在长程范围内具有一定排布规律且有序稳定的纳米结构薄膜，可以是单层膜，也可以是多层膜。

图8.3所示为单分散Au和聚苯乙烯(PS)纳米微粒薄膜的电镜照片，图8.3(a)是在十六烷基三甲基溴化胺(CTAB)存在的条件下，利用种子生长法合成的单分散纳米金薄膜，薄膜由形状规则、尺寸单一的金纳米颗粒单层排布而成，立方体金纳米颗粒的边长为(33±2)nm。图8.3(b)是采用自组装法，在一定温度(60～100℃) 下，随着水分蒸发PS微球在悬浮液的表面进行组装而得到的聚苯乙烯(PS)薄膜。

(a) 单分散Au纳米薄膜	(b) 单分散PS纳米薄膜

图8.3　单分散纳米微粒薄膜电镜图

8.1.3 有序纳米阵列

高度取向的纳米结构阵列是以纳米颗粒、纳米线、纳米管为基本单元，采用物理和化学方法在二维或三维空间内构筑的纳米体系。以纳米线阵列为例，其基本结构在三维和二维空间表示如图8.4所示，纳米线阵列在二维空间上呈规则有序排列，且彼此保持一定间距，在三维空间上实际上是二维结构的长程有序分布，其合成流程如图8.5所示。

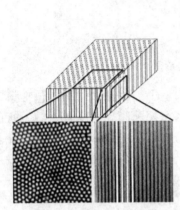

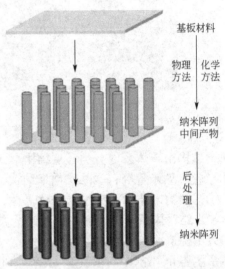

基板材料

物理　化学
方法　方法

纳米阵列
中间产物

后处理

纳米阵列

图8.4　纳米阵列的三维表示　　　　图8.5　纳米阵列制备流程示意图

高度取向的纳米结构阵列具有尺寸分布均匀、长径比可调制等特点。常见的金属及其合金纳米线阵列有Fe、Co、Ni、Au、Pt、Pb、Cd、Bi、Cu、CoPt、FePt、CoCu、FeNi、FeCo、CoNi、PdNi、FeCoNi等，无机化合物纳米线阵列有ZnO、SnO_2、TiO_2、Cu_2O、SiO_2、MnO_2、WO_3、V_2O_5、GeO_2、In_2O_3、Fe_2O_3、$PbTiO_3$、$BiFeO_3$、$CoFe_2O_4$、ITO、AZO、Si_3N_4、SiC、MoS_2等，半导体纳米线阵列有Si、ZnS、InP、FeS、CdS、CdSe、GaN、AlN、InN等，聚合物纳米线阵列有聚吡咯、聚苯胺、聚三甲基噻吩等。此外还有纳米碳管阵列。

纳米线阵列结构的性质与其尺寸和形状有很大关系。因此，发展简便的、形状和尺寸可控的合成方法尤其重要。纳米阵列结构很容易通过电、磁、光等外场实现对其外场的控制，从而使其成为设计纳米超微器件的基础。纳米线阵列的合成方法主要有硬模板法、软模板法、电化学还原法、种子生长合成法、微流控法、L-B膜法等。

高度取向的纳米阵列结构除了具有一般纳米材料的性质外，它的量子效应突出，具有比无序纳米材料更加优异的性能。目前，有序纳米材料结构已经在垂直磁记录、微电极束、光电元件、润滑、传感器、化学电源、多相催化等许多领域开始得到应用。

8.1.4 介孔材料

通常将多孔材料按照孔径的大小可分为：微孔(孔径小于2nm)，介孔(孔径2～50nm)和大孔(孔径大于50nm)材料。介孔材料是一种孔径介于微孔与大孔之间的具有巨大表面积和三维孔道结构的新型材料，介孔材料具有其他多孔材料所不具有的优异特性。通常介孔材料孔径分布窄、介孔形状多样、孔径尺寸在较宽范围(2～50nm)可调、孔壁组成和性质可调控，具有较大的比表面积和孔道体积，孔道结构有序度高；此外还可通过优化合成条件得到高热稳定性和水热稳定性。因此，在催化、吸附、分离及光、电、磁等许多领域有着广泛应用。目前采用水热法、模板法、微波合成等方法已成功制备出的纳米沸石，包括纳米 ZSM－5 沸石、纳米 TS－1 沸石、纳米 silicalite－1 沸石、纳米 β 沸石、纳米 γ 沸石、纳米 X 沸石、纳米 A 沸石、纳米 HS 沸石、纳米 BETA 沸石等。

按照孔的有序程度，介孔材料可以分为无序介孔材料和有序介孔材料。无序介孔材料中的孔形形状复杂、不规则并且互为连通，孔形常用墨水瓶形状来近似描述，细颈处相当于孔间通道。

有序介孔材料是以表面活性剂形成的超分子结构为模板，利用溶胶-凝胶工艺，通过有机物-无机物界面间的定向作用，组装成孔径在 2～30nm 之间孔径分布窄且有规则孔道结构的无机多孔材料，包括 MCM－41(六方相)、MCM－48(立方相)和 MCM－50(层状机构)，如图 8.6 所示。

 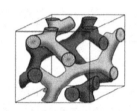 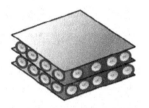

(a) 定向排列柱形孔(MCM-41)　　　(b) 三维相互连通孔(MCM-48)　　　(c) 平行排列层状孔(MCM-50)

图 8.6　介孔材料孔结构示意图

有序介孔材料的合成早在 1971 年就已经开始，只是在 1992 年 Mobil 公司报道 M41S 系列的有序介孔氧化硅铝材料以后才引起人们的注意，并被认为是有序介孔材料合成的开始。

按照化学组成分类，介孔材料主要有硅系和非硅系两大类。

硅基介孔材料孔径分布狭窄，孔道结构规则。硅系材料可用于催化、分离提纯、药物包埋缓释、气体传感等领域。硅基介孔材料包括 MCM 系列、SBA－n 系列、MSU 系列。其中 MCM(Mobil Composition of Matter)系列最为著名，它是 Mobil 公司的研究人员开发的系列分子筛，包括 MCM41(Hexagonal)，MCM48(Cubic)和 MCM50(Lamellar)等。SBA－n 系列(Santa Barbara USA)是加州大学 Stucky 等人研制的系列介孔分子筛，包括 SBA－1(Cubic)、SBA－2(3－D Hexagonal)、SBA－3(2－D Hexagonal)、SBA－15(2－D Hexagonal)。MSU 系列是由密歇根大学(Michigan State University)Pinnavaia 等人研制的系列介孔分子筛，其中 MSU－X(MSU－1、MSU－2、MSU－3)为六方介孔结构，有序程度较低，XRD 谱图的小角区仅有一个宽峰。MSU－V、MSU－G 具有层状结构的囊泡结构(Multilamellar Vesicles)。

非硅系介孔材料主要包括过渡金属氧化物、磷酸盐和硫化物等。由于介孔材料骨架原子的限制比沸石的小得多，理论上讲，任何氧化物或氧化物的复合物，无机化合物甚至金属都可以成为介孔材料化合物，事实上，也已经有多种非硅介孔材料被合成出来，如

TiO_2、ZrO_2、Al_2O_3、Ga_2O_3等。由于它们一般存在着可变价态，因而有可能为介孔材料开辟新的应用领域，展示硅基介孔材料所不能及的应用前景。非硅系介孔材料的典型代表是人造纳米沸石，其晶粒大小在 $1\sim100nm$ 之间，相比天然沸石而言具有以下特点：

（1）外表面积增大，使更多的活性中心得到暴露，有效地消除了扩散效应，使催化剂效率得到充分发挥，从而可使大分子的反应性能得到改善；

（2）表面能增高，使沸石的吸附量增大、吸附速度加快，从而使沸石的有效吸附能力得到改善；

（3）孔道短，其晶内扩散阻力小，加之巨大的外表面积使纳米沸石有更多的孔口暴露在外部，这既有利于反应物或产物分子的快速进出，又可防止或减少因产物在孔道中的聚积而形成结核，提高反应的周转率和沸石的使用寿命。

8.2　纳米结构的性能及其应用

8.2.1　纳米结构的电学性能与应用

纳米线阵列的导电性预期将大大小于大块材料。这主要是由以下原因引起的。第一，当单个纳米线线宽小于块体材料电子平均自由程的时候，载流子在边界上的散射现象将会显现。例如，铜的平均自由程为 40nm。对于宽度小于 40nm 的铜纳米线来说，平均自由程将缩短为线宽。

第二，因为尺度的原因，纳米线还会体现其他特殊性质。在碳纳米管中，电子的运动遵循弹道输运（意味着电子可以自由地从一个电极穿行到另一个）的原则。而在纳米线中，电阻率受到边界效应的严重影响。这些边界效应来自于纳米线表面的原子，这些原子并没有像那些在大块材料中的那些原子一样被充分键合。这些没有被键合的原子通常是纳米线中缺陷的来源，使纳米线的导电能力低于块体材料。随着纳米线尺寸的减小，表面原子的数目相对增多，因而边界效应更加明显。同时纳米线的电导率会经历能量的量子化。例如，通过纳米线的电子能量只会具有离散值乘以朗道常数 $G(G=2e^2/h$，这里 e 是电子电量，h 是普朗克常数）。电导率由此被表示成通过不同量子能级通道的输运量的总和，因此线越细，能够通过电子的通道数目越少。

如果把纳米线连在电极之间，通过在拉伸时测量纳米线的电导率，那么会发现当纳米线长度缩短时，它的电导率也以阶梯的形式随之缩短，每阶之间相差一个朗道常数 G。

由于低电子浓度和低等效质量，这种电导率的量子化在半导体中比在金属中更加明显。如在 25nm 的硅纳米线中观测到了量子化的电导率，导致阀电压的升高。

一些早期的实验显示它们可以被用于下一代的计算设备。第一个重要的步骤是用化学的方法对纳米线掺杂，实现在纳米线上来制作 P 型和 N 型半导体。下一步是找出制作 PN 结的方法，如物理方法，把一条 P 型线放到一条 N 型线之上；或化学方法，沿一条线掺不同的杂质。再下一步是构造逻辑电路。目前与、或、非门都已经可以由纳米线交叉来实现。

8.2.2 纳米结构的磁学性能与应用

当磁性材料的结构尺寸与磁性相关的物理长度（如磁单畴尺寸、超顺磁性临界尺寸、交换作用长度等）相当或恰好处于纳米量级时，磁性材料就会呈现反常的"介观磁性"。纳米线阵列由于其独特的线状结构且相互平行排列，具有高度取向性，在各个方向上的退磁能有明显差异，因而产生极强的形状各向异性能，而有着不同于纳米颗粒的磁性能，不能仅用尺寸大小来衡量。在形状各向异性能作用下，垂直于纳米线方向为难磁化轴，而平行于纳米线方向为易磁化轴。磁晶各向异性和形状各向异性是决定纳米线磁性能的两个主要因素，对于纳米线阵列，还需要考虑其线与线之间的静磁耦合相互作用。磁晶各向异性由样品的晶体结构决定，因而材料的晶体结构不同，则磁晶各向异性也不同。这种复杂磁性的产生是由于材料内部存在多种能量相互竞争的结果。纳米线的形状（长径比）、组成成分、晶体结构、线阵参数、晶体缺陷等各方面都对其磁性能有重要影响。

（1）长径比：通过研究不同直径的合金纳米线阵列得知，当纳米线直径增大到一定程度时，垂直于纳米线方向的矫顽力会大于平行于纳米线方向的矫顽力，这种磁性能的转变正是由于占主导地位的能量发生改变所致。

（2）组成成分：不同材料、不同晶体结构，也会影响各自磁性能常数不同，而表现不同的磁性能。Fe、Co 都属于立方晶体结构，其磁晶各向异性常数小，如单质 $\alpha-Fe$ 纳米线的磁晶各向异性常数 $K_1 = 4.2 \times 10^4 \, erg/cm^3$，fcc 结构的 Co 纳米线阵列，其磁晶各向异性常数 $K_1 = 6.3 \times 10^4 \, erg/cm^3$，两者相差不大，相比 Co 纳米线阵列形状各向异性能（$\delta_{Ms} = 6 \times 10^5 \, erg/cm^3$）大小可忽略。对于 hcp 结构的 Co 纳米线阵列，磁晶各向异性常数 $K_1 = 5 \times 10^5 \, erg/cm^3$，略小于 Co 纳米线的形状各向异性能，因此最终磁性能的大小由两者相互竞争使易磁化轴方向的变化来决定。

（3）晶体结构：同种材料，晶体结构不同，表现出的磁性能也不同。材料制备中的工艺条件及后处理等都会影响晶体结构，导致磁性能的复杂化。

（4）静磁耦合相互作用：纳米线阵列的线与线之间存在着相互作用力，作用在单根纳米线上的总耦合场等于其他纳米线作用的总和，它使磁化矢量沿垂直于纳米线方向排列。M. Vazque 等人将纳米线近似为球链，通过理论推导得出静磁能与 r（r 为纳米线直径与纳米线间中心距的比值）的平方成正比，矫顽力与 r 成正比。

磁性纳米结构中具有代表性的就是磁性金属纳米线阵列。采用模板法或者自组装法合成 Fe、Co、Ni 及其合金纳米线阵列是目前研究的热点。图 8.7 所示为采用阳极氧化铝（Anodic Aluminum Oxide，简称 AAO）模板法制备的 Co 纳米线阵列的磁滞回线。

对 Fe、Co、Ni 纳米线阵列的磁性能研究发现，它们都具有非常好的磁各向异性，当磁场平行于纳米线时，易于磁化，

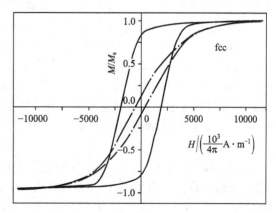

图 8.7 室温下 Co 纳米线阵列的磁滞回线

并且矫顽力最大，矩形比最高；当磁场垂直于纳米线时，难磁化，且矫顽力小。这是因为纳米线直径只有 $30\sim40$nm，接近材料的单畴尺寸，这时材料的矫顽力明显增大。平行于纳米线和垂直于纳米线的退磁因子分别是 0 和 2π，当没有外加磁场时，形状各向异性倾向于使磁化强度沿着纳米线方向排列，因此磁化轴沿着平行纳米线方向。纳米线阵列的磁性能可以通过合金化来进行调控，如把 Fe、Co、Ni 按照不同配比形成合金，制备不同合金的纳米线阵列。研究发现，一般情况下合金纳米阵列呈多晶态，具有特定晶面的择优取向和明显的磁形状各项异性。张立德等人的研究发现，$Fe_{69}Co_{31}$ 纳米线经过 550℃ 退火后剩磁比 M_r 和矫顽力 H_c 分别为 94% 和 3600Oe，比退火前提高了近 30%，主要是由于退火增加了纳米线的结晶度和减少了纳米线中的缺陷。

磁性金属纳米线阵列由于具有天然的形状各向异性，其易磁化方向沿着纳米线的长度方向，而且其直径依据所采用的模板孔径大小，从 $1\sim300$nm 范围内变化不定，处于磁性材料的单畴尺寸范围内，几何结构独特，具有单畴磁体才具有的一些特殊性质，如高矫顽力、高矩形比等，因而在垂直磁记录方面具有潜在的应用前景。利用磁纳米线形状各向异性的存储特性，当线间距为 10nm 时记录密度预计可达 400Gb/in²，相当于每平方英寸可存储 20 万部红楼梦。这一技术现正向商品化方向发展，预计年产值可达 400 亿美元。

8.2.3 纳米结构的光学性能与应用

纳米材料在结构上与常规晶态和非晶态材料有很大差别，突出地表现在小尺寸颗粒和有庞大的体积分数的界面，界面原子排列和键合状态有较大无规则性。这就使纳米材料的光学性质出现了一些不同于常规材料的新现象。主要表现为：

(1) 线性光学性质，如纳米材料的强吸收和发光特性。在纳米 Al_2O_3、Fe_2O_3、SnO_2 中均观察到了异常红外振动吸收，纳米晶粒构成的 Si 膜的红外吸收中观察到了红外吸收带随沉积温度增加出现频移的现象，非晶纳米氮化硅中观察到了频移和吸收带的宽化且红外吸收强度强烈地依赖于退火温度等现象。对于以上现象的解释一般基于纳米材料的小尺寸效应、量子尺寸效应、晶场效应、尺寸分布效应和界面效应。而 CdS、CuCl、ZnO、SnO_2、Bi_2O_3、Al_2O_3、TiO_2、Fe_2O_3、CaS、$CaSO_4$ 等当它们的晶粒尺寸减小到纳米量级时，也同样观察到常规材料中根本没有的发光观象。对纳米材料发光现象的解释主要基于电子跃迁的选择定则、量子限域效应、缺陷能级和杂质能级等方面。

李新建等人采用水热腐蚀技术在单晶 Si 衬底上制备出了大面积均匀的硅微米/纳米结构复合体系——硅纳米孔柱阵列（Si-NPA），其光学性能如图 8.8 所示，图中显示 Si-NPA 具有广谱的高吸收率特性，其平均积分反射率小于 4%。而在太阳能电池研究领域所关注的 $400\sim1000$nm 波段范围内，Si-NPA 的平均积分反射率更是小于 2%，远低于目前单晶 Si 太阳能电池工艺中通过复杂的绒面技术和减反射膜技术所能够达到的 5% 的积分反射率。因此，单就光吸收效率而言，Si-NPA 有望成为提高太阳电池光电转化效率的一种新的硅结构。

自从 Huang 等人发现在蓝宝石衬底上定向生长的 ZnO 纳米线可以被用作纳米激光器以来，合成一维高度有序的 ZnO 纳米结构引起了材料科学家的极大兴趣。周少敏等人采用物理气相沉积的方法，在较低的温度下（500℃）制备出了高度有序的单晶氧化锌纳米线阵列。用 SPEX F212 型荧光光谱仪分析发现样品在紫外线激发下有很强的绿光发射（峰值波长约 500nm)和稍弱的紫外线发射(峰值波长约 380nm),如图 8.9 所示。这种具有高密度氧空位的纳米线阵列是光学纳米器件的理想材料。

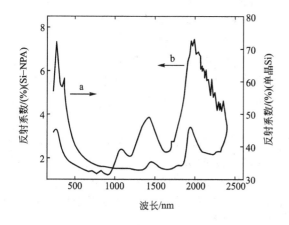

图 8.8　在 400～2400nm 波长范围的
紫外-可见-近红外积分反射谱
a 为 Si - NPA；b 为单晶 Si

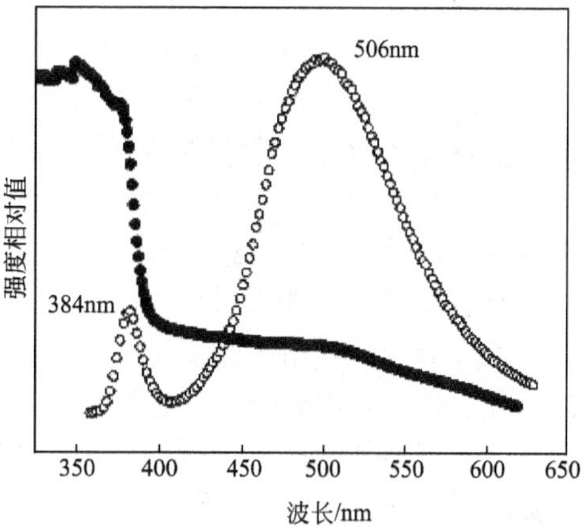

图 8.9　ZnO 纳米线阵列的室温光致发光谱
(空心点)和吸收谱(实心点)

　　基于乳液方法制备的单分散 8 -羟基喹啉铝六方柱状纳米结构聚集体在紫外线照射下发出 512nm 的绿光。相比较,单个纳米棒的荧光发射峰位蓝移到 485nm。长春应化所汪尔康等人利用溶液中离子自组装技术得到了一系列新颖的纳米结构,并实现了对发光分子吡啶钌的有效固定,得到的传感材料具有非常好的电化学发光性能和稳定性,该复合材料有望在蛋白质和基因的检测方面发挥重要的作用。利用量子点在低的正电动势条件下的电化学发光实现了对 2 -(二丁氨基)乙醇的高灵敏度检测。

　　(2) 非线性光学性质。纳米材料由于自身的特性,光激发引发的吸收变化一般可分为两大部分:由光激发引起的自由电子-空穴对所产生的快速非线性部分;受陷阱作用的载流子的慢非线性部分。纳米材料非线性光学效应可分为共振光学非线性效应和非共振非线性光学效应。非共振非线性光学效应是指用高于纳米材料的光吸收边的光照射样品后导致的非线性效应。共振光学非线性效应是指用波长低于共振吸收区的光照射样品而导致的光学非线性效应,其源于电子在不同电子能级的分布而引起的电子结构的非线性,电子结构的非线性使纳米材料的非线性响应显著增大。由于能带结构的变化,纳米晶体中载流子的迁移、跃迁和复合过程均呈现与常规材料不同的规律,因而具有不同的非线性光学效应。例如,利用界面反应原理可以合成尺寸均一的稀土氟化物纳米结构阵列,阵列的形貌可以通过反应条件调控;对其进行 Er^{3+}/Yb^{3+} 掺杂,实现了不同于块体材料的多色上转换荧光。这种上转换纳米材料可能会在发展微型光电子器件尤其是在固体发光、光子晶体、光学存储及光波导等领域中存在着潜在的应用价值。

8.2.4　介孔材料的应用

　　介孔材料特别是有序介孔材料在分离提纯、生物材料、催化、新型组装材料等方面有着巨大的应用潜力。主要表现在以下几个方面。

L

1. 化学化工领域

介孔分子筛具有高的比表面积和规则有序的孔道结构，是催化剂的优良载体。杂多酸、胺类、金属氧化物和过渡金属络合物等催化剂都可以通过材料的表面改性负载到介孔孔道中，介孔分子筛在催化领域中主要应用于催化氧化反应，催化加氢反应，聚合、缩合反应，烷基化反应，异构化反应，催化裂化及光催化反应等方面。有序介孔材料直接作为酸碱催化剂使用时，能够改善固体酸催化剂上的结炭，提高产物的扩散速度，转化率可达 90%，产物的选择性达 100%。除了直接酸催化作用外，还可在有序介孔材料骨架中掺杂具有氧化还原能力的过渡元素、稀土元素或者负载氧化还原催化剂制造接枝材料。这种接枝材料具有更高的催化活性和择形性。

有序介孔材料由于孔径尺寸大，还可应用于高分子合成领域，特别是聚合反应的纳米反应器。由于孔内聚合在一定程度上减少了双基终止的机会，延长了自由基的寿命，而且有序介孔材料孔道内聚合得到的聚合物的分子量分布也比相应条件下一般的自由基聚合窄，通过改变单体和引发剂的量可以控制聚合物的分子量，并且可以在聚合反应器的骨架中输入或者引入活性中心，加快反应进程，提高产率。

在高技术材料领域，有序介孔材料可用于储能材料和功能纳米客体在介孔材料中的组装，如组装有发光性能的客体分子，用于发光；组装光化学活性物质，制备出比常规光学材料更优异的新型介孔结构的光学材料，如中科院上海硅酸盐研究所施剑林组制备的具有超快非线性光学响应的介孔复合薄膜。

在均匀介孔孔道中通过高分子聚合，然后用化学方法除去介孔孔壁，可形成具有规则介孔孔道结构的导电高分子材料，利用纳米介孔材料规整的孔道作为"微反应器"和利用它的载体功能合成出异质纳米颗粒或量子线复合组装体系具有特别的优势。由于孔道尺寸的限制和规整作用而产生的小尺寸效应及量子效应，已观测到这类复合材料可以显示出特殊的光学特性和电、磁性能，如改性后的介孔氧化锆材料显示出特殊的室温光致发光现象。

2. 生物医药领域

一般生物大分子如蛋白质、酶、核酸等，当它们的分子质量大约在 1 万～100 万之间时尺寸小于 10nm，相对分子量在 1000 万左右的病毒其尺寸在 30nm 左右。有序介孔材料孔径可在 2～50nm 范围内连续调节和无生理毒性的特点使其非常适用于酶、蛋白质等的固定和分离。实验发现，由葡萄糖、麦芽糖等合成的有序介孔材料既可成功地将酶固化，又可抑制酶的泄漏，并且这种酶固定化的方法可以很好地保留酶的活性。

生物芯片的出现是近年来高新技术领域中极具时代特征的重大进展，是物理学、微电子学与分子生物学综合交叉形成的高新技术。有序介孔材料的出现使这一技术实现了突破性进展，在不同的有序介孔材料基片上能形成连续的结合牢固的膜材料，这些膜可直接进行细胞/DNA 的分离，以用于构建微芯片实验室。

药物的直接包埋和控释也是有序介孔材料很好的应用领域。有序介孔材料具有很大的比表面积和比孔容，可以在材料的孔道里载上卟啉、吡啶，或者固定包埋蛋白等生物药物，通过对官能团修饰控释药物，提高药效的持久性。利用生物导向作用，可以有效、准确地击中靶子如癌细胞和病变部位，充分发挥药物的疗效。Vallet - Regi 等人用硅羟基和客体分子如药物分子的弱相互作用，选择消炎止痛药布洛芬研究药物在介孔材料中的输送机理，发现 MCM-41 能够吸收和释放有机药物分子，负载药物的材料浸泡在模拟的体液中时，药物被缓慢释放。

3. 环境和能源领域

有序介孔材料作为光催化剂用于环境污染物的处理是近年研究的热点之一。例如，介孔 TiO_2 比纳米 TiO_2 具有更高的光催化活性，因为介孔结构的高比表面积提高了与有机分子接触，增加了表面吸附的水和羟基，水和羟基可与催化剂表面光激发的空穴反应产生羟基自由基，而羟基自由基是降解有机物的强氧化剂，可以把许多难降解的有机物氧化为 CO_2 和水等无机物。此外，在有序介孔材料中进行选择性的掺杂可改善其光活性，增加可见光催化降解有机废弃物的效率。

目前生活用水广泛应用的氯消毒工艺虽然杀死了各种病菌，但又产生了三氯甲烷、四氯化碳、氯乙酸等一系列有毒有机物，其严重的"三致"效应（致癌、致畸形、致突变）已引起了国际科学界和医学界的普遍关注。通过在有序介孔材料的孔道内壁上接校 γ-氯丙基三乙氧基硅烷，得到功能化的介孔分子筛 CPS-HMS，该功能性介孔分子筛去除水中微量的三氯甲烷等效果显著，去除率高达 97%。经其处理过的污染水中三氯甲烷等浓度低于国标，甚至低于饮用水标准。

有序介孔材料在分离和吸附领域也有独特应用。在湿度为 20%～80% 范围内，有序介孔材料具有可迅速脱附的特性，而且吸附作用控制湿度的范围可由孔径的大小调控。Song 等人用聚乙烯胺（PEI）修饰 MCM-41 介孔分子筛从包含 CO_2、N_2、O_2 的模拟废气中吸附分离出 CO_2 气体，由于 PEI 的修饰，增强了吸附和分离 CO_2 的能力。Hiyoshi 等人通过嫁接法合成了氨基硅烷修饰的 SBA-15 介孔分子筛，并检测了其对 CO_2 的吸附特征，发现随着氨基硅烷表面密度的增大，吸附效率也增大。同传统的微孔吸附剂相比，有序介孔材料对氩气、氮气、挥发性烃和低浓度重金属离子等有较高的吸附能力。在介孔材料的孔内壁上构造各种功能基团，可选择性吸附水中的金属离子。Xu 等人采用对氯丙基三甲氧基硅烷在有序介孔分子筛表面自组装，通过亲核取代反应在其表面制备出巯基乙酰氧基功能膜，发现其对水中重金属离子具有选择性吸附作用，能去除水体中铅汞镉。

在储能方面，有序介孔材料具有宽敞的孔道，可以在其孔道中原位制造出碳管或 Pd 等材料，增加这些储能材料的易处理性和表面积，使能量缓慢地释放出来，达到传递储能的效果。

8.3 纳米结构的制备

制备纳米结构体系涉及纳米加工技术，从目前的研究来看，大体可分为两种方法：(1)自组装法；(2)人工构筑法。纳米结构自组装是指通过较弱的作用力如氢键、范德瓦尔斯力和弱的离子键等，把原子、离子或分子连接在一起构筑成一个纳米结构或纳米结构图案。人工构筑法是指用物理或化学方法，将单个的纳米微粒、纳米线或管组装在一起构成纳米结构薄膜或者直接在基底表面形成纳米结构。按照美国世界技术评价中心的定义，纳米结构的实现过程如图 8.10 所示。

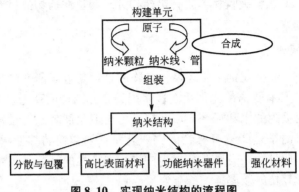

图 8.10　实现纳米结构的流程图

8.3.1　纳米结构的人工加工技术

纳米结构的合成已有很多报道，通常可以通过"top-down"和"bottom-up"路线来实现。本小节主要介绍"top-down"路线来制备纳米结构的几种方法，主要包括光刻技术、束流加工技术、STM 和纳米压印技术。

1. 光刻技术

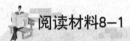

阅读材料8—1

光刻是芯片制造中最关键的制造工艺，由于光学曝光技术的不断创新，它一再突破人们预期的光学曝光极限，使之成为当前曝光的主流技术。1991 年美国 SVG 公司又推出了步进扫描曝光机。为了提高分辨力，光学曝光机的波长不断缩小，从 436mm、365mm 的近紫外（NUV）进入到 246mm、193mm 的深紫外（DUV）。1997 年美国 GCA 公司推出了第一台分步重复投影曝光机，被视为曝光技术的一大里程碑，人们出于对后光学技术可能难以胜任 2011 年的 50nm 波长担心，正大力研发下一代非光学曝光（NGL）。

资料来源：姚达，刘欣，岳世忠. 半导体光刻技术及设备的发展趋势. 半导体技术，2008，33(3)：193～196

光刻技术是集成电路制造中利用光学-化学反应原理和化学、物理刻蚀方法，将电路图形传递到单晶表面或介质层上，形成有效图形窗口或功能图形的工艺技术。

广义上讲，光刻工艺包含光复印和刻蚀工艺两个主要方面：①光复印工艺，指经曝光系统将预制在掩模版上的器件或电路图形按所要求的位置，精确传递到预涂在晶片表面或介质层上的光致抗蚀剂薄层上；②刻蚀工艺，指利用化学或物理方法，将未掩蔽的抗蚀剂薄层从晶片表面或介质层除去，从而在晶片表面或介质层上获得与模版图形完全一致的抗蚀剂薄层。光刻与印刷术中的平版印刷的工艺过程类似，因此也被称为光掩模（photomasking），掩模（masking），照相平版印刷（photolithography）或缩微平版印刷术（microlithography）。基质一般是硅晶体的芯片，也可以是其他半导体的芯片。玻璃、蓝宝石或者金属也可以作为基质。

在狭义上，光刻工艺仅指光复印工艺，其流程如图 8.11 所示。其主要步骤如下。

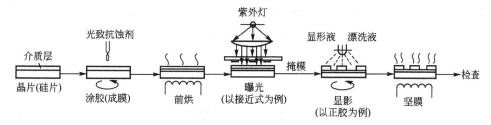

图8.11 光复印工艺的主要流程

1) 准备基质

在涂布光阻剂之前，硅片一般要进行处理，需要经过脱水烘焙蒸发掉硅片表面的水分，并涂上用来增加光刻胶与硅片表面附着能力的化合物（目前应用比较多的是六甲基乙硅氮烷 hexa-methyl-disilazane，HMDS）以及三甲基甲硅烷基二乙胺（tri-methyl-silyl-diethyl-amime，TMSDEA）。

2) 涂布光阻剂（photo resist）

将硅片放在一个平整的金属托盘上，托盘内有小孔与真空管相连，硅片就被吸在托盘上，这样硅片就可以与托盘一起旋转。涂胶工艺一般分为三个步骤：①将光刻胶（如 PMMA 抗蚀胶）溶液喷洒在硅片表面；②加速旋转托盘（硅片），直到达到所需的旋转速度；③达到所需的旋转速度之后，保持一定时间的旋转。由于硅片表面的光刻胶是借旋转时的离心力作用向着硅片外围移动，故涂胶也称做甩胶。经过甩胶之后，留在硅片表面的光刻胶不足原有的 1%。

3) 软烘干

软烘干也称前烘。在液态的光刻胶中，溶剂成分占 65%～85%，甩胶之后虽然液态的光刻胶已经成为固态的薄膜，但仍有 10%～30% 的溶剂，容易玷污灰尘。通过在较高温度下进行烘焙，可以使溶剂从光刻胶中挥发出来（前烘后溶剂含量降至 5% 左右），从而降低了灰尘的玷污。同时还可以减轻因高速旋转形成的薄膜应力，从而提高光刻胶的附着性。在前烘过程中，由于溶剂挥发，光刻胶厚度也会减薄，一般减薄的幅度为 10%～20% 左右。

4) 光刻

光刻过程中，光刻胶中的感光剂发生光化学反应，从而使正胶的感光区、负胶的非感光区能够溶解于显影液中。正性光刻胶中的感光剂 DQ 发生光化学反应，变为乙烯酮，进一步水解为茚并羧酸（Indene - Carboxylic - Acid，ICA），羧酸对碱性溶剂的溶解度比未感光的感光剂高出约 100 倍，同时还会促进酚醛树脂的溶解。于是利用感光与未感光的光刻胶对碱性溶剂的不同溶解度，就可以进行掩模图形的转移。

5) 显影（development）

经显影，正胶的感光区、负胶的非感光区溶解于显影液中，光刻后在光刻胶层中的潜在图形，显影后便显现出来，在光刻胶上形成三维图形。为了提高分辨力，几乎每一种光刻胶都有专门的显影液，以保证高质量的显影效果。

6) 硬烘干

也称坚膜。显影后，硅片还要经过一个高温处理过程，主要作用是除去光刻胶中剩余的溶剂，增强光刻胶对硅片表面的附着力，同时提高光刻胶在刻蚀和离子注入过程中的抗蚀性和保护能力。在此温度下，光刻胶将软化，形成类似玻璃体在高温下的熔融状态。这会使光刻胶表面在表面张力作用下圆滑化，并使光刻胶层中的缺陷(如针孔)因此减少，借此修正光刻胶图形的边缘轮廓。

7) 刻(腐)蚀或离子注入

利用坚膜的保护作用，使用物理或者化学的方法对基质材料进行处理，其中离子注入是将杂质原子经过离子化变成带电的杂质离子，并使其在电场中加速，获得一定能量后，直接轰击到基质内，使之在体内形成一定的杂质分布，起到掺杂的作用。

8) 去胶

刻蚀或离子注入之后，已经不再需要光刻胶作保护层，可以将其除去，称为去胶。去胶分为湿法去胶和干法去胶，其中湿法去胶又分有机溶剂去胶和无机溶剂去胶。有机溶剂去胶，主要是使光刻胶溶于有机溶剂而除去；无机溶剂去胶则是利用光刻胶本身也是有机物的特点，通过一些无机溶剂，将光刻胶中的碳元素氧化为二氧化碳而将其除去；干法去胶，则是用等离子体将光刻胶剥除。

除这些主要的工艺外还可能包括其他辅助的过程，比如利用大面积的均匀腐蚀来减小基质的厚度，或者去除边缘不均匀的过程等等。一般在生产半导体芯片或者其他元件时一个基质需要多次重复光刻。

光刻技术除了在亚微米尺度的广泛应用外，在纳米结构的制备方面也崭露头角。各种不同的技术如电子束光刻、离子束光刻、STM 光刻、X 射线光刻、近距探针光刻、近场光刻等均被用作直径小于 10nm，长径比大于 100 的纳米线制备。Yin 等人提出了关于光刻法制备 Si 纳米线的通用途径，如图 8.12 所示。其中纳米结构特征是通过用 UV 光固化的透明 PDMS 相转移掩模来形成，光通过相掩模被调制成近场，从而在 PDMS 掩模上形成零光强的阵列。因此纳米结构被转移到光固化树脂膜上，再用离子束刻蚀或湿化学刻蚀法将图案转移到光固化膜底部的基板上。最后用过腐蚀方法将 Si 纳米结构从基板上剥离。图 8.13 所示为用近场光刻图案转移和反应离子束刻蚀得到的 Si 纳米结构图案，经 850℃ 空气中氧化 1h 后在 HF 中剥离的 Si 纳米线 SEM 图。

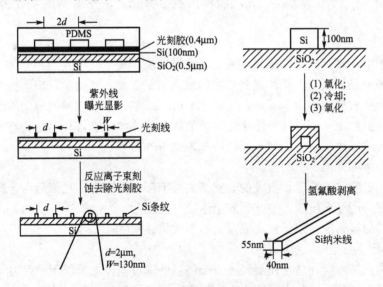

图 8.12 单根 Si 纳米线的光刻工艺

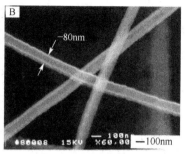

图 8.13　单根 Si 纳米线的 SEM 图

2. 束流刻蚀

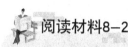阅读材料8-2

　　电子束(EB)具有波长短、分辨力高、焦深长、易于控制和修改灵活的特点,广泛应用于光学和非光学曝光的掩模制造。电子束直写能在圆片上直接做图,但其生产率很低,限制了使用,在下一代非光学曝光技术(NGL)中,能否使 EB 的高分辨与高效率得到统一,是 EB 开发商追求的目标。

　　美国硅谷的离子诊断(Ion Diagnostic)公司开发了微型电子束矩阵,可同时平行直写,称电子束曝光系统(MELS),它设计了 201 个电子光学柱,每柱 32 电子束,用于 300mm 晶片的曝光。电子束的产生采用微细加工方法制造的场致发射冷阴极,每束供电 15nA,每柱供电 480nA。用三腔集成制造系统,生产率可达 90 片/时,MELS 的目标是 70nm 高效曝光,并争取延伸到 35nm。

　　▷　资料来源:王颖. Ee~BES-40A 光栅扫描电子束曝光机控制系统的改进研究.

山东大学,2005:20~23

　　束流刻蚀是通过具有一定能量的电子束、离子束与固体表面相互作用来改变固体表面物理、化学性质和几何结构的精密加工技术,加工精度可达微米、亚微米甚至纳米级。比较成熟并已得到实用的有电子束曝光、离子束掺杂和离子束刻蚀。

　　1) 电子束曝光

　　电子束曝光指用具有一定能量的电子束照射抗蚀剂,经显影后在抗蚀剂中产生图形的一种微细加工技术。对于正性抗蚀剂,在显影后经电子束照射区域的抗蚀剂被溶解掉,而未经照射区域的抗蚀剂则保留下来;对负性抗蚀剂则情况相反。这样就在抗蚀剂中形成了需要制作的图形,电子束曝光有扫描和投影两种工作方式。电子束的波长极短(当加速电压为 20kV 时,波长小于 0.1Å),衍射效应可以忽略,又能聚得很细,所以电子束曝光的分辨力比光学曝光高。用扫描电子束曝光可制作各种掩模板,也能在基片上直接作图,其电子光学系统如图 8.14 所示。电子枪采用钨丝或六硼化镧阴极,它发射的电子束在阳极附近形成

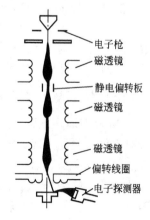

图 8.14　电子束电子光学系统

右侧标注:电子枪、磁透镜、静电偏转板、磁透镜、磁透镜、偏转线圈、电子探测器

一个最小截面。这个最小截面经 2～3 级磁透镜缩小成像，便得到一束聚得很细的电子束，在靶面上的束斑直径在 100Å 至几个微米之间。电子束的通断由静电偏转板控制。在静电偏转板的下面有一个光阑。当偏转板不加电压时，电子束就通过光阑中心的小孔打到靶面上，偏转板加上电压后电子束就偏离光阑中心的小孔而被切断。电子束的扫描由磁偏转和静电偏转系统控制。在电子计算机的控制下，电子束能在单元扫描面积内制作任意图形。

2）离子束刻蚀

离子束刻蚀指用具有一定能量的离子束轰击带有掩模图形的固体表面，使不受掩蔽的固体表面被刻蚀，从而将掩模图形转移到固体表面的一种微细加工技术。离子束刻蚀有两种。一种是利用惰性气体离子(如氩离子)在固体表面产生的物理溅射作用来进行刻蚀，一般即称为离子束刻蚀。这种刻蚀方向性好，刻蚀精度高，可刻蚀任何材料，包括化学活性很差的材料。但是离子刻蚀的选择性差，因为刻蚀速率主要取决于被刻蚀材料的溅射率，所以对基片材料和对掩模材料的刻蚀速率一般相差不大，而且还存在再淀积等缺点。另一种是反应离子束刻蚀，即利用反应离子(如氯或氟离子)和固体表面材料的化学反应和物理溅射双重作用来进行刻蚀。反应离子束刻蚀是离子束刻蚀技术的进一步发展，不但消除了再淀积现象，在刻蚀的选择性和刻蚀速率方面也有很大提高。

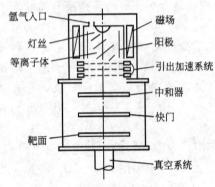

图 8.15　离子束刻蚀系统示意图

离子束刻蚀系统的基本原理如图 8.15 所示。在离子源中，惰性气体氩(压力为 $1～10^{-2}\,\mathrm{Pa}$)被电离而形成等离子体，引出加速系统是一组具有不同电位的多孔栅极，用来抑制电子并引出离子束。在引出加速系统和靶面之间有一个热灯丝中和器，它发射电子使离子束中和，从而避免正离子轰击绝缘体表面产生电荷积累，减小正离子空间电荷的发散作用，使离子束的均匀性得到改善。反应离子束刻蚀机的原理和离子束刻蚀机相似，只是为了避免反应离子的化学腐蚀作用，离子源的结构经过一定的改进或者采用冷阴极离子源。

在离子束流刻蚀工艺中，理想的刻蚀工艺必须具有以下特点：①各向异性刻蚀，即只有垂直刻蚀，没有横向刻蚀，这样才能保证精确地在被刻蚀的薄膜上复制出与抗蚀剂上完全一致的几何图形；②良好的刻蚀选择性，即对作为掩模的抗蚀剂和处于其下的另一层薄膜或材料的刻蚀速率都比被刻蚀薄膜的刻蚀速率小得多，以保证刻蚀过程中抗蚀剂掩蔽的有效性，不致发生因为过刻蚀而损坏薄膜下面的其他材料；③加工批量大，控制容易，成本低，对环境污染少，适用于工业生产。

3. STM/AFM 加工

STM 基本原理是基于量子力学的隧道效应和三维扫描。它是用一个极细的尖针，针尖头部为单个原子去接近样品表面，当针尖和样品表面靠得很近，即小于 1nm 时，针尖头部的原子和样品表面原子的电子云发生重叠。此时若在针尖和样品之间加上一个偏压，电子便会穿过针尖和样品之间的势垒而形成 10nA 的隧道电流。通过控制针尖与样品表面间距的恒定，并使针尖沿表面进行精确的三维移动，就可将表面形貌和表面电子态等有关表面信息记录下来。

扫描隧道显微镜具有很高的空间分辨力，横向可达 0.1nm，纵向可优于 0.01nm，除了用于研究物质表面的原子状态外，还可利用扫描隧道显微镜实现对表面的纳米加工，如直接操纵原子或分子，完成对表面的刻蚀、修饰以及直接书写等。近年来，将 STM 光刻技术与固体器件工艺技术结合起来，已制得长 $2\mu m$、宽 120nm 的 Au/Pd 合金薄膜电阻。通过 STM 中的电子诱导淀积，已在 Si 表面上淀积出宽度为 20nm 左右的金属点和线。1990 年 IBM 的 Eigler 研究小组在超高真空和低温环境(4K)下，用 STM 成功地移动了吸附在 Ni(110) 表面上的 Xe 原子，并用这些 Xe 原子排成"IBM"图样，其中每个字母的长度为 5nm。这一研究开创了 STM 单原子操纵的先例，显示出该技术在纳米加工领域无与伦比的加工精度。利用相同的方法，他们将 36 个钴原子排成了椭圆形的量子围栏，观察到了著名的"量子幻影"(Quantum Mirage)现象，这是将纳米技术带进电子世界的核心部分。

Gao 等人利用 STM 技术在 m‐NBMN/DAB 有机复合功能薄膜材料上得到了直径为 1.3nm 的信息存储点阵，对应存储密度高达 10^{13} bit/cm^2；在单体有机薄膜 3‐phenyl‐1‐ureidonitrile(PUN) 中写入了排列非常规则、结构稳定的 6×8 大面积信息点阵，信息点的大小减小至 0.8nm。图 8.16 所示为在 PNBN 单体有机薄膜上进行信息记录点写入的 STM 图像，图中的每一个亮点对应的是信息记录点，信息记录点的尺寸小于 1nm，信息点写入机率大于 90%。信息记录点的写入是通过在 STM 针尖和 HOPG 衬底之间施加电压脉冲来完成的。

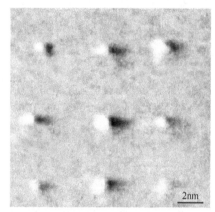

图 8.16 在 PNBN 单体有机薄膜上进行信息记录点写入的 STM 图像

STM 对绝缘样品无能为力。为此，Binnig、Quate 和 Gerber 等人发明了类似于 STM 的原子力显微镜(Atomic Force Microscope，AFM，1986)。AFM 除了能对物质表面进行高分辨形貌成像外，还可以进行 AFM 纳米加工与操纵。基于原子力显微镜的纳米加工主要利用原子力探针同样品表面之间的各种物理、化学、机械作用力进行。由于 AFM 探针的曲率半径小，且探针与样品之间的距离很近，所以在探针与样品之间可形成高度局域化的场，如力场、电场等，因此可以对样品表面进行修饰或在基底上制备出各种纳米结构。AFM 纳米加工与操纵的主要方式有：机械刻蚀、场致蒸发、局域电化学氧化、针尖诱导局域氧化等。

机械刻蚀是指利用 AFM 的针尖与样品之间的相互作用力，在样品表面刮擦、压痕、提拉或推挤粒子产生纳米尺度的结构。根据作用机制不同，机械刻蚀可归纳为两种方式：一种为机械刮擦，主要利用 AFM 的探针机械压力搬移样品表面材料。该方式要求针尖材料的硬度大于样品，使其不至于磨损严重。另一种为机械操纵，类似于原子操纵，利用 AFM 的针尖移动在样品表面上弱吸附的粒子，从而达到构筑表面纳米结构的目的。

根据作用对象的不同，AFM 机械刻蚀又可分为直接表面刻蚀和活性层刻蚀，后者包括有机抗蚀剂(PMMA)、LB 膜、自组装膜(SAM)等的刻蚀。Magno 和 Bennett 利用原子力显微镜针尖在 Ⅲ‐Ⅴ族半导体表面上直接刻划，得到了 20nm 宽、2nm 深的沟槽；

Bouchiat 等人利用 AFM 针尖对硅片上的高分子膜进行机械刻蚀，制造出了单电子晶体管；Xu 等人则在金基底的 SAM 表面利用 AFM 机械刻蚀，得到优于 10nm 的纳米结构。Hosoki 等人在室温下，应用电脉冲的方法成功地移走 MoS₂ 表面上的原子，书写出"'PEACE' 91 HCRL"图样，每个字尺寸均小于 1.5nm。北京大学的 Song 和陈海峰等人也采用 AFM 在 Au‐Pd 合金膜上通过机械刻蚀的方式，加工出了世界上最小的唐诗，如图 8.17 所示。朱

图 8.17　Au‐Pd 合金上用 AFM 机械刻蚀写成的唐诗(10μm×10μm)

晓阳等人利用原子力显微镜(AFM)接触模式机械刻蚀的方法，在双层金属 Pt/Cu 电极表面进行纳米结构的构筑，能得到结构尺寸可任意控制的纳米图案。采用光刻法在硅基底表面上制得的双层金属微电极，硅表面上氧化层 SiO₂ 的厚度大概为 200nm，电极组成材料上层为 Pt(厚度 3nm)，下层为 Cu(厚度 6nm)。在 AFM 针尖上施加力刻划出了矩形图阵列和简单的字母，如图 8.18(a)和图 8.18(b)所示，矩形结构的尺寸为 500nm×1000nm，深度为 3nm，针尖载荷为 400nN，扫描次数为 10 次，探针移动速率为 0.5μm/s；字母的边缘清晰，最小线宽达到 50nm。

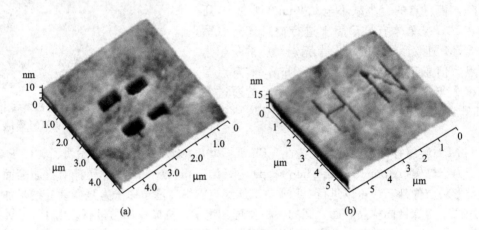

(a)　　　　　　　　　　　(b)

图 8.18　AFM 刻蚀形成的矩形图阵列和字母的三维图

4. 纳米压印

纳米压印又称纳米压印光刻技术(Nano‐Imprinted Iithography，NIL)，始于普林斯顿大学纳米结构实验室的 Stephen Y. Chou 教授。图 8.19 为纳米压印技术示意图。通过将具有纳米图案的模版以机械力(高温、高压)压在涂有高分子材料的硅基板上，等比例压印复制纳米图案，然后进行加热或紫外照射，实现图形转移。其加工分辨力只与模版图案的尺寸有关，而不受光学光刻的最短曝光波长的物理限制。NIL 技术已经可以制作线宽在 5nm 以上的图案。纳米压印技术真正地实现了纳米级别的图形印制，不使用光线或者辐射使光刻胶感光成形，而直接在硅衬底或者其他衬底上利用物理学机理构造纳米级别的图形。

纳米压印技术是软刻印术的发展，它采用绘有纳米图案的刚性压模将基片上的聚合物薄膜压出纳米级图形，再对压印件进行常规的刻蚀、剥离等加工，最终制成纳米结构和器

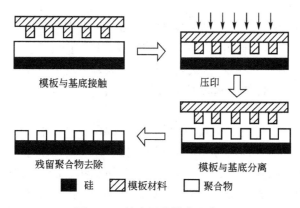

模板与基底接触   压印

残留聚合物去除   模板与基底分离

■ 硅   ▨ 模板材料   □ 聚合物

图8.19 纳米压印技术示意图

件。它可以大批量重复性地在大面积上制备纳米图形结构，并且所制出的高分辨力图案具有相当好的均匀性和重复性。该技术还有制作成本极低、简单易行、效率高等优点。

纳米压印技术主要包括热压印（HEL）、紫外压印（UV‐NIL）、步进‐闪光压印（S‐FIL）和微接触印制（μ‐CP）。

1）热压印

热压印法的工艺过程分三步：压模制备、压印过程、图形转移。其基本过程是用电子束刻印术或其他先进技术，把坚硬的压模毛坯加工成一个压模；然后在用来绘制纳米图案的基片上旋涂一层聚合物薄膜，通常是 PDMS 薄膜，将其放入压印机加热并且把压模头压在基片上的聚合物薄膜上，再把温度降低到聚合物凝固点附近并且把压模与聚合物层相分离，就在基片上做出了凸起的聚合物图案（还要稍作腐蚀除去凹处残留的聚合物）；图形转移是对上一步做成的压印件，用常规的图形转移技术，把基片上的聚合物图案转换成所需材质的图案。

压模头通常采用高硬度、大压缩强度、高抗拉强度、高热导率、低热膨胀系数和耐腐蚀的材料，如 Si、SiO_2、氮化硅和金刚石等。压模的制作通常用高分辨电子束刻印术（EBL），其过程是：先将做压模的硬质材料制作成平整的片状毛坯，再在毛坯上旋涂一层电子束曝光抗蚀剂，并用电子束刻印术刻制出纳米图案，然后用刻蚀、剥离等常规的图形转移技术，把毛坯上的图案转换成硬质材料的图案。用纳米压印术制作纳米器件所用的基片常用的有 Si 片、SiO_2/Si 片、镀有金属底膜的 Si 片等。

热压印的操作步骤包括：

（1）聚合物被加热到它的玻璃化温度以上，使其处于相应高弹态，在一定压力下，就能迅速发生形变。

（2）施加压力。在模具和聚合物间施加压力使聚合物填充到压模模具中的空腔内。压力不能太小，否则不能完全填充腔体。

（3）模压过程结束后，整个叠层被冷却到聚合物玻璃化温度以下，以使图案固化，提供足够大的机械强度。

（4）脱模。在聚合物薄膜层形成与压膜头互补的纳米图形。

（5）后处理。压印后，原聚合物薄膜被压得凹下去的那些部分便成了极薄的残留聚合物层，为了露出它下面的基片表面，必须除去这些残留层，除去的方法是各向异性反应离子刻蚀。

图案转移有两种主要方法，一是刻蚀技术，另一种是剥离技术。刻蚀技术以聚合物为掩模，对聚合物下面层进行选择性刻蚀，从而得到图案。剥离工艺一般先采用镀金工艺在表面形成一层金层，然后用有机溶剂进行溶解，有聚合物的地方要被溶解，于是连同它上面的金一起剥离，没有聚合物的基底表面保留镀金层。

2）紫外压印

在大多数情况下，石英玻璃压模（硬模）或 PDMS 压模（软模）被用于紫外压印工艺。该工艺的流程如下：被单体涂覆的衬底和透明压模装载到对准机中，通过真空被固定在各自的卡盘中，当衬底和压模的光学对准完成后，开始接触。透过压模的紫外曝光促使压印区域的聚合物发生聚合和固化成形。接下来的工艺类似于热压工艺。

紫外压印的进一步发展是步进-闪光压印。1999 年，步进-闪光压印发明于 Austin 的 Texas 大学，它可以达到 10nm 的分辨力。步进-闪光压印法与纳米热压印术相比，主要是在"压印过程"这一步有所不同。它不是把加热后的聚合物层冷却，而是用紫外线照射室温下的聚合物层来实现固化。该方法旋涂在基片上的聚合物在室温下就有较好的流动性，压印时无需加热；所用压模对紫外线是透明的，通常用 SiO_2 或金刚石制成，并且压模表面覆盖有反粘连层。

步进-闪光压印法的工艺过程如下：先在硅基片上旋涂很薄的一层有机过渡层，再把室温下流动性很好的聚合物——感光有机硅溶液旋涂在基片有机过渡层上作为压印层。在压印机中把敷涂层的基片与上面的压模对准，把压模下压使基片上感光溶液充满压模的凹图案花纹，用紫外线照射使感光溶液凝固，然后退模。

3）微接触印刷

微接触印刷术（microcontact Printing，简称 μ-CP）第一步是将光刻方法与自组装膜技术结合起来，先制备母模，即在硅片等材料上以紫外线或 X 射线辐照，诱发材料分子结构的化学变化而产生潜象，然后用刻蚀方法使潜象变成凹凸结构的精细图案，例如直径为 d、周期为 p 的方形列阵。第二步是将硅片上的精细图案通过浇铸聚二甲基硅氧烷（PDMS），加热固化后剥离，则硅片母模上精细图纹就转移到具有弹性的 PDMS 上，此即所谓弹性图章（Elastomeric Stamp）。第三步将 PDMS 上的图案作为印章，利用烷基硫醇盐例如 $HS(CH_2)_{15}X(X=CO_2H，SO_3H，OH)$ 的乙醇溶液为"墨水"，将 PDMS 图案以微弱力接触在镀金、银或钯的衬底上，脱去 PDMS，墨水中的硫醇盐（在 PDMS 图案的凸纹处）与金反应，生成具有极性基团为端基的自组装单分子层膜，这时镀金衬底的图案就与母模图纹相一致。第四步用硫醇 $HS(CH_2)_{15}CH_3$ 的乙醇溶液钝化没有与弹性图章接触的区域（PDMS 图案的凹处），则在镀金衬片上又形成另一个带有非极性—CH_3 为末端基自组装单分子层的区域。这样就将母模精细图案以极性区和非极性列阵的单分子层膜方式排布在金膜衬底上。

微接触印刷不但具有快速、廉价的优点，而且它还不需要洁净间的苛刻条件，甚至不需要绝对平整的表面。微接触印刷还适合多种不同表面，具有操作方法灵活多变的特点。缺点是目前还处在亚微米尺度，印刷时硫醇分子的扩散将影响对比度，并使印出的图形变宽。通过优化浸墨方式、浸墨时间，尤其是控制好压模上墨量及分布，可以使扩散效应下降。表 8-1 所列为上述几种纳米压印技术的比较。

表 8-1 纳米压印技术的比较

工艺	热压印	紫外压印	微接触印刷
温度	高温	室温	室温
压力 F/kN	0.002～40	0.001～0.1	0.001～0.04
最小尺寸	5nm	10nm	60nm
深宽比	1～6	1～4	无
多次压印	好	好	差
多层压印	可以	可以	较难
套刻精度	较好	好	差

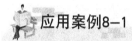 应用案例8-1

多孔氧化铝纳米结构的压印法制备

(1) Si_3N_4 压印图案的制作。压印图案的制作流程如图 8.20 所示，图案模具材料采用 Si(100) 片(图 8.20(a))。首先，用热氧化法在 Si 表面形成 SiO_2(图 8.20(b))，接着在 SiO_2 表面涂覆 PMMA 抗阻材料，再用深紫外(波长 248nm)光刻技术在 PMMA 抗阻材料表面形成孔径 300nm、点阵常数 500nm 的二维六边形阵列图形(图 8.20(c))。将图案活性部分用显影剂显影(图 8.20(d))。然后在 KOH 溶液中进行各向异性腐蚀以形成倒金字塔结构(图 8.20(e))。再将图案中非活性部分在丙酮中去除，随后在 HF 中将 SiO_2 去除。用化学气相沉积方法在具有图案的 Si 表面沉积 300～500nm 的 Si_3N_4 层(图 8.20(g))。为可靠键合，在 Si_3N_4 层表面制作旋涂玻璃(图 8.20(h))，为得到稳固的图案，可以再在旋涂玻璃表面键合一层 Si 基底，形成 $Si/Si_3N_4/Si$ 结构(图 8.20(i))。最后，将

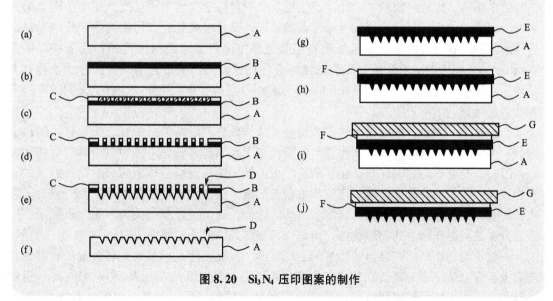

图 8.20 Si_3N_4 压印图案的制作

图 8.21　制作的 Si_3N_4 压印头图案

刻蚀有图案的 Si 层用研磨和选择性旋转腐蚀方法去除(图 8.20(j))，得到倒金字塔形印压头阵列，如图 8.21 所示。

（2）图案转移到 Al 基上。采用小型液压系统，用 $5kN/cm^2$ 的压力将图案转移到 Al 基上，压印后的铝表面形成 50nm 的凹坑，如图 8.22 所示。

（3）压印 Al 的氧化。氧化采用 195V 直流电压，电解液为磷酸。氧化后的多孔氧化铝膜如图 8.23 所示。

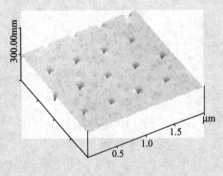

图 8.22　转移到 Al 基上的图案

图 8.23　压印多孔氧化铝膜表面 SEM 图

8.3.2　纳米结构的自组装

纳米结构自组装是物理学、化学、生物学、材料科学在纳米尺度交叉而衍生出来的新的学科领域，它为新材料的合成带来了新的机遇，最重要的是它可能成为下一代纳米结构器件的基础。它合成出来的纳米结构自组装体系本身就是极细微尺度的微小器件，例如 Wagher 等人利用四硫富瓦烯(TTF)的独特氧化还原能力，通过自组装方式合成了具有电荷传递功能的配合物"分子梭"(molecularshuttle)，具有开关功能，这就是人们正在追求和探索的新型纳米电子器件。

自组装是一种无外来因素条件形成超分子结构或介观超结构的过程。按照作用的尺度来分，可分为分子自组装和纳米团簇自组装；按工作原理来分，可分为热力学自组装和编码自组装。目前编码自组装只存在生物系统中。纳米结构自组装体系的形成是通过弱的和较小方向性的非共价键如氢键、范德华力和弱的离子键协同作用，把原子、离子或分子连接在一起，构筑成一个纳米结构或纳米结构的花样。自组装过程的关键不是大量原子、离子、分子之间弱作用力的简单叠加，而是一种整体的、复杂的协同作用。

一般认为，纳米结构自组装体系的形成有两个重要条件：一是有足够数量的非共价键或氢键存在，这是因为氢键和范德华力等非共价键很弱(0.1~5kcal/mol)，只有足够量的弱键存在，才可能通过协同作用构筑成稳定的纳米结构体系；二是自组装体系能量较低，否则也很难形成稳定的自组装体系。

人工自组装往往采用模板分子，它通常是能产生溶致液晶的两亲分子，也就是表面活性剂类分子。这些双亲分子进一步组装成超分子构造，包括胶束、胶团、双层系统、囊泡、各种中介相(六方相、立方相、层状相及其反相中介相)等。对于更大尺度的组装来说(介观及宏观自组装)，由纳米及微米级甚至更大的粒子进一步装配出介观甚至宏观的超结构，这往往要求基元尺寸的均匀性和其表面的化学活性。

1. 分子自组装

1946 年，Zisman 发表了在洁净的金属表面通过表面活性剂的吸附(即自组装)制备单分子膜的方法。首次人为地利用分子自组装技术合成材料是由 Sagiv 于 1980 年报道的。他将羟基化的 Si 片浸入十八烷基三氯硅烷(OTS)的稀溶液中，首先 OTS 分子吸附在基底表面，然后发生水解作用，Si‐Cl 键被 Si‐O‐Si 网状结构代替形成单层超薄有序的自组装膜，其形成过程如图 8.24 所示。

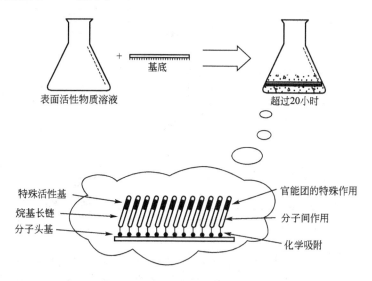

图 8.24 自组装膜的形成过程示意图

分子自组装指分子与分子在平衡条件下，依赖分子间非共价键力自发地结合成稳定的分子聚集体的过程。营造分子自组装体系主要划分成三个层次：第一，通过有序的共价键，首先结合成结构复杂的、完整的中间分子体；第二，由中间分子体通过弱的氢键、范德瓦尔斯力及其他非共价键的协同作用，形成结构稳定的大的分子聚集体；第三，由一个或几个分子聚集体作为结构单元，多次重复自组织排成纳米结构体系。

通过分子自组装技术可以制备各种不同尺寸的纳米团簇。目前文献报道的纳米团簇组装方法有两类：一类是利用胶体的自组装特性使纳米团簇组装成胶态晶体；另一类是利用纳米团簇与组装模板之间的分子识别来完成纳米团簇的组装。Murray 等人用胶体晶体法完成了纳米团簇的组装，将包敷三辛基氧膦和三辛基膦的 CdSe 纳米颗粒先用辛醇与辛烷的混合溶剂溶解，然后通过降低压力使辛烷挥发，CdSe 纳米颗粒表面的表面活性剂与辛醇作用，使 CdSe 纳米颗粒规则排列，类似于晶体结构，被称为胶体晶体。用这种方法组装的纳米团簇有序排列范围可达到微米尺寸。

分子自组装的特征有：原位自发形成、热力学稳定；无论基底形状如何均可形成均匀一致的、分子排列有序的、高密堆积和低缺陷的覆盖层；另外还可人为通过有机合成来设计分子结构和表面结构以获得预期的物理和化学性质。

典型的分子自组装方法有：

1) LB 膜

LB 膜技术是制备有机分子超薄膜的传统方法，出现在 20 世纪初，并得到了广泛的发展。它的基本原理是将带有亲水头基和疏水长链的两亲分子在亚相表面铺展形成单分子膜（L 膜），然后将这种气液界面上的单分子膜在恒定的压力下转移到基片上，形成 LB 膜，如图 8.25 所示。

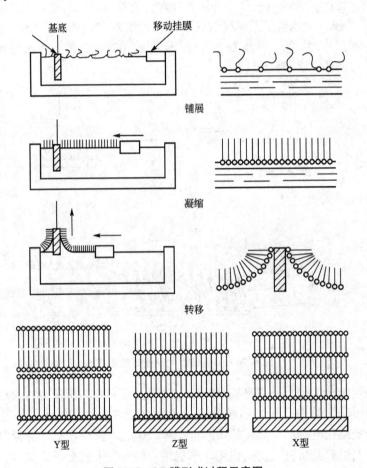

图 8.25　LB 膜形成过程示意图

LB 法实质上是一种人为控制的特殊吸附方法，可以在分子水平上实现某些组装设计，完成一定空间次序的分子组装。它在一定程度上模拟了生物膜的自组装过程，是一种比较好的仿生膜结构，目前仍然是有序有机超薄膜领域中制备单分子膜和多层分子膜较为常用的分子组装技术。但是 LB 膜自身存在着一些难以克服的缺点，限制了它的实际应用。如 LB 膜中的分子与基片表面、层内分子之间以及层与层之间多以作用较弱的范德瓦尔斯力相结合，因此，LB 膜是一种亚稳态结构，对热、化学环境、时间以及外部压力的稳定性较弱；膜的性质强烈地依赖于转移过程；LB 膜的缺陷多，对成膜分子的结构要求特殊（必须为双亲分子），设备要求高。

2) 硫醇自组装膜

硫醇类自组装膜是最有代表性和研究最多的自组装膜体系。硫醇自组装膜主要包括三部分：分子头基，烷基链和取代端基。具体而言，化学吸附在基底表面上的头基在二维平面空间具有准晶格结构，为第一重有序；长链结构的自组装分子在轴方向通过烷基链间的范德瓦尔斯力相互作用有序排列，为第二重有序；镶嵌在烷基链内或其末端的特殊官能团有序排列，为第三重有序。图 8.26 列举了几种能够形成自组装膜的有机硫化物的类型。目前常用的有机硫化合物多为烷基硫醇和二烷基二硫化物。

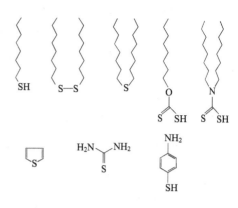

图 8.26 部分能形成自组装膜的有机硫化物

一般认为硫醇自组装膜成膜过程中存在两步动力学过程：

第一步，开始的组装速率非常快，只需几秒至几分钟的时间，自组装膜的接触角便接近其最大值，膜厚达到最大值时的 80%～90%。这一步可认为是扩散控制的 Langmuir 吸附，组装速率强烈依赖于烷基硫醇的浓度。例如，当烷基硫醇的浓度为 1mmol/L 时，这一步的完成时间只需要 1min；当烷基硫醇的浓度为 1μmol/L 时，则需要 100min。

第二步的组装速率非常慢，在几小时之后，接触角、膜厚才达到其最大值，形成有序完好的自组装膜。这一步称为表面结晶过程，它较为复杂，可以认为是表面重组过程。更准确地说，组装的第二步骤是硫醇衍生物的头基在基底表面上的物理吸附转变到化学吸附的过程，也是成膜分子由无序到有序、由单重有序到多重有序的复杂过程。

2. 胶体自组装纳米结构

胶体具有自组装的特性，而纳米微粒或团簇又很容易在溶剂中分散形成胶体溶液，因此，只要具备合适的条件，就可以将纳米微粒、团簇组装起来形成有规则的排布。如果将纳米微粒、团簇"溶解"于适当的有机溶剂中形成胶体溶液，就可进一步组装得到纳米微粒或团簇的超晶格。

这一自组装过程所需要的条件是：①硬球排斥；②统一的粒径；②粒子间的范德华力；④体系逐渐的稳定。其中条件①和③是纳米胶体体系本身固有的性质，条件②主要通过纳米微粒或团簇制备条件的控制和适当分离方法来实现。因此，实际组装过程中的可操作因素主要是胶体溶液体系稳定的控制。影响体系稳定性的重要因素包括粒径、团簇包敷分子的性质、溶剂的种类和纳米微粒或团簇的"浓度"等。

1) 金属胶体粒子的自组装

经表面处理后的金属胶体表面嫁接了官能团，可以在有机环境下形成自组装纳米结构。1996 年，美国普度大学首先用表面包有硫醇的纳米 Au 微粒形成悬浮液，该悬浮液在高度取向的热解石墨、MoS_2 或 SiO_2 衬底上构筑密排的自组织长程有序的单层阵列结构，Au 纳米微粒之间通过有机分子链连接起来。他们采用含有十二烷基硫醇表面包敷的金纳米微粒的有机试剂滴在一光滑的衬底上，当有机试剂蒸发掉后，纳米微粒之间的长程力使它们形成密排堆垛的单层，如图 8.27 所示。

2000 年，IBM 公司的科学家利用类似的方法，在油酸等表面活性剂存在的环境中还原铂盐并分解羰基铁，制得单分散的铂铁合金(PtFe)纳米微粒，如图 8.28 所示。这些合金粒子组分稳定，尺寸在 3～10nm 可调，在表面活性剂的作用下，这些粒子自组织成三维的超晶格结构，这种自组织结构无论在力学上还是化学上都很稳定，有可能用于高密度可逆磁存储。

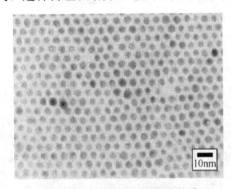

图 8.27　Au 胶体粒子的组装膜

图 8.28　$Fe_{52}Pt_{48}$ 自组装纳米微粒高分辨扫描照片

2) 半导体胶体粒子的自组装

Bawendi 等人将包敷 TOPO(三辛基氧膦)和 TOP(三辛基膦)的 CdSe 纳米团簇在一定压力和温度下溶解于辛烷与辛醇的混合溶剂中，然后降低压力使沸点较低的辛烷逐渐挥发，由于包敷 TOPO 和 TOP 的 CdSe 纳米团簇在辛醇中的溶解度较小，就使得纳米团簇的胶态晶体从溶液中"析出"。经高分辨电镜分析，这样组装得到的超晶格其有序排列范围可达数微米尺寸。

8.3.3　纳米结构的模板法制备

模板法就是化学家们找到的纳米微粒合成"窍门"。模板法合成与制备纳米微粒的原理实际上非常简单。设想存在一个纳米尺寸的笼子(纳米反应器)，让原子或分子的成核和生长限定在该"纳米反应器"中进行。在反应充分进行后，"纳米反应器"的大小和形状就决定了作为产物的纳米微粒的尺寸和形状。无数多个"纳米反应器"的集合就是模板法中的"模板"。

模板合成法制备纳米结构材料具有下列特点：

(1) 可制备各种材料，例如金属、合金、半导体、导电高分子、氧化物、碳及其他材料的纳米结构；

(2) 可以获得其他手段例如平板印制术等难以得到的直径极小的纳米管和丝(3nm)，还可以改变模板柱形孔径的大小来调节纳米丝和管的直径；

(3) 模板孔径大小一致，可合成分散性好的纳米丝和纳米管以及它们的复合体系，例如 p-n 结、多层管和丝等单分散的纳米结构材料；

(4) 模板法不仅用来合成纳米管状或线状结构材料，而且还用来合成形状类似于毛刷结构的材料；

(5) 制备工艺简单，对环境和设备条件要求不高，环境污染少，成本低。

1. 模板的种类

模板大致可以分为两类：软模板和硬模板。

(1) 软模板。软模板是由表面活性剂分子聚集而成的胶团、反胶团、囊泡等。利用表面活性剂在溶液中的定向排列，形成微孔或独特结构，以其为模板引导和调控纳米微粒的定向生长，可制备出理想的纳米结构材料或定位生成指定基团或结构的纳米材料，如 LB 膜、脂质体等。

目前，表面活性剂的这种特性已被广泛用于纳米结构材料的合成和制备中。人们利用表面活性剂的模板效应，可以设计新的纳米结构或具有新性能的纳米材料，合成出理想的纳米结构和纳米功能结构。在多元醇液相还原方法中，常用的表面活性剂包括有机高分子物质、阴离子或阳离子表面活性剂(如 PVP、CTAB、SDS、DBSA 等)。

表面活性剂是一类应用极为广泛的物质，它同时含有疏水基团(如烷烃基)和亲水基团(如羧基、氨基等)，很少的用量就可以大大降低溶剂的表(界)面张力，并能改变系统的界面组成与结构。表面活性剂溶液浓度超过一定值，会从单体(单个离子或分子)缔合成为胶态聚集物，即形成胶团，同时溶液性质发生突变。表面活性剂形成胶团的浓度亦即性质发生突变时的浓度，称为临界胶团浓度，如图 8.29 所示。表面活性剂形成的胶团可以分为正相胶团和反相胶团。亲油端在内、亲水端在外的"水包油型"胶团称为正相胶团，直径大约为 5~100nm；亲水端在内、亲油端在外的"油包水型"胶团称为反相胶团，直径约为 3~60nm。因为反应物通常配制成水溶液，所以常使用反相胶团作为模板来合成与制备不同的纳米结构材料。

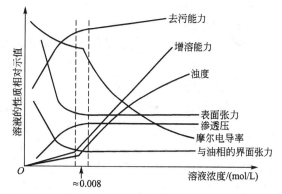

图 8.29　表面活性剂在临界胶团浓度处发生性质突变

根据表面活性剂基团的组成，可将表面活性剂分为阴离子型表面活性剂(如羧酸盐、磺酸盐、硫酸酯盐、磷酸酯盐等)、阳离子型表面活性剂(如铵盐型、季铵盐型、吡啶盐型、多乙烯多铵盐等)、两性表面活性剂(如氨基酸、甜菜碱等)、非离子型表面活性剂(如聚乙二醇或聚氧乙烯、多元醇等)和高分子表面活性剂(分子量在数千到一万以上的具有表面活性的物质)，见表 8-2。

表 8-2　表面活性剂的分类

按离子型分类		按亲水基的种类分类	
离子型表面活性剂	阴离子型表面活性剂	$R-COONa$	羧酸盐
		$R-OSO_3Na$	硫酸酯盐
		$R-SO_3Na$	磺酸盐
		$R-OPO_3Na$	磷酸酯盐
	阳离子型表面活性剂	RNH_3Cl	伯胺盐
		R_2NH_2Cl	仲铵盐
		R_3NHCl	叔胺盐
		$R_4N^+ \cdot Cl^-$	季铵盐
	两性表面活性剂	$R-NHCH_2-CH_2COOH$	氨基酸型
		$R(CH_3)_2N^+-CH_2COO^-$	甜菜碱型
非离子表面活性剂		$R-O-(CH_3CH_2)_nH$	聚氧乙烯型
		$R-COOCH_2(CH_2OH)_2$	多元醇型

采用 PVP 高分子物质作为诱导剂和保护剂，在乙二醇作溶剂和还原剂的体系中可制备不同形貌的银纳米结构，通过 PVP 模板可将还原生成的银原子选择性吸附到 PVP 表面而使银晶体各向异性生长，通过控制工艺条件最终可以获得各种形貌的银纳米结构材料。除此之外，其他高分子表面活性剂如 PEG（聚乙二醇）、PAN（聚丙烯腈）、PVA（聚乙烯醇）、PEO（聚氧乙烯）等也用于替代 PVP 而参与纳米材料特别是银纳米材料的制备。用模板法制备纳米结构时，所使用的模板除了高分子模板，还有单分子模板、简单有机分子模板以及生物分子模板（如 DNA 模板）。

（2）硬模板。许多天然的或人造的多孔材料可以充当"硬模板"，用来合成和制备纳米微粒。沸石分子筛是一类大家熟知的天然多孔材料，其特点是具有纵横交错、四通八达的孔道，孔径尺寸比较均一。人工硬模板主要有多孔氧化铝、介孔沸石、蛋白、MCM - 41、纳米管、多孔 Si 模板、金属模板以及经过特殊处理的多孔高分子薄膜等。硬模板与软模板的共性是都能提供一个有限大小的反应空间，区别在于硬模板提供的是静态的孔道，物质只能从开口处进入孔道内部，而软模板提供的则是处于动态平衡的空腔，物质可以透过腔壁扩散进出。

1）多孔氧化铝模板（AAO）

氧化铝模板的制备经历了一个漫长的历史过程。早在 1953 年，美国铝公司铝研究室的 F. Keller 等就报道了利用电化学方法制备多孔氧化铝膜，并利用电子显微技术研究了多孔氧化铝膜的结构特征。但由于工艺的局限性，他们合成的氧化铝膜的通道的分布是无序的。1995 年日本京都大学化工系的 H. Masuda 用两步法合成了双通氧化铝模板，这种氧化铝膜是由高度有序六角密排的多通道阵列组成的。进入 20 世纪 90 年代，随着自组装纳米结构体系研究的兴起，这种带有高度有序的纳米级的阵列孔道成为理想的纳米结构材料制备模板，受到人们的高度重视。人们将 AAO 作为模板来制备纳米材料和纳米阵列复合结构，并在磁记录、电子学、光学器件以及传感器等方面取得良好的研究成果。

（1）氧化铝模板的结构特点。多孔氧化铝的结构如图 8.30 所示。图 8.30（a）为 Keller 提出的阳极氧化铝膜具有紧密排列的六边形结构单元及膜的多孔结构示意图，图 8.30（b）为实测的阳极氧化铝膜 SEM 图像。紧靠铝基体表面是一层薄而致密的阻挡层或障碍层（barrier layer），上面是较厚的多孔层，厚度一般在几微米至几百个微米，氧化铝模板的孔结构是六角密堆排列，孔径在纳米尺度（5～200nm），且孔径均匀，孔延伸方向与基体表面垂直，彼此之间相互平行，孔密度（$10^9 \sim 10^{11}$）/cm²。

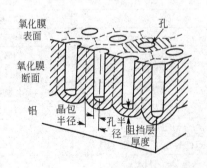

图 8.30　氧化铝模板结构的理想模型及 SEM 图片

（2）氧化铝模板的制备工艺。目前大部分模板的制备均采用 H. Masuda 提出的工艺，即两步法。第一步为铝表面预处理，由于铝板晶粒大小参差不齐，晶体中存在形变结构，缺陷较多，内应力较大，同时表面不平整，划痕较多，因此在进行阳极氧化制备氧化铝模板前，须对铝板进行必要的预处理，包括除油、浸蚀、抛光等。第二步为铝阳极氧化，铝片经处理后，在电解液中进行阳极氧化。具体步骤如下：

① 超声清洗。在超声波清洗之前将买来的铝片置于洗洁精水溶液中以除去表面的灰尘。然后将铝板放入乙醇、二氯甲烷和丙酮的混合溶液中，放入超声波清洗器作超声清洗30 分钟，而后用去离子水冲洗干净。超声清洗的时间可根据样品表面的洁净度来调整，经过清洗后铝片表面应洁净无油渍。

② 退火。在 500℃对 Al 进行 3h 的保温退火处理。采用真空炉进行退火处理，可以避免在高温退火过程中样品发生氧化现象。退火后的样品其内应力完全消除，再结晶过程得以充分进行，得到粗大的等轴晶粒。这些等轴晶粒的大小可达几个毫米，为后面的阳极氧化提供一个相对均一的基板条件。

③ 电化学抛光。经过超声波清洗和退火后的样品表面状态得到了明显的改善，但是表面上仍然存在点坑、划痕等缺陷，所以试验采用电化学抛光法对样品表面进行进一步的处理。典型的电化学抛光工艺如下。

溶液：H_2SO_4，H_3PO_4 和 H_2O（其质量比为 2：2：1）；

温度：70～80℃；

电压：10～12V；

抛光时间：5～10min。

抛光后样品表面呈镜面，但有时会出现纵向条纹和气孔。

④ 阳极氧化。采用两步阳极氧化法制备多孔氧化铝模板。将经过预处理的铝板作为阳极，在酸性溶液中恒压条件下进行两次阳极氧化，制备多孔氧化铝模板。阴极可选用惰性电极，如 Cu、Pb、石墨等。

⑤ 扩孔处理。可根据需要，通过磷酸腐蚀对制得的孔洞大小及孔道形貌进行调整。典型的工艺如下：溶液为 H_3PO_4（6wt%），温度为 40～50℃。

上述过程制备的多孔氧化铝模板如图 8.31 所示。从图 8.31 中可以看出纳米孔呈圆形，整个膜胞为正六边形，排列高度有序，在较大区域内严格呈正六边形紧密结构分布，整个通道相互平行，垂直于铝基体。其形成过程可用图 8.32 所示模型来描述。

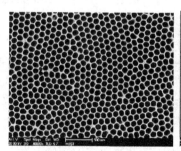 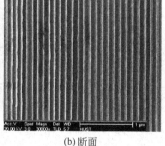 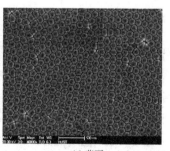

| (a) 正面 | (b) 断面 | (c) 背面 |

图 8.31　多孔氧化铝模板的 SEM 图片

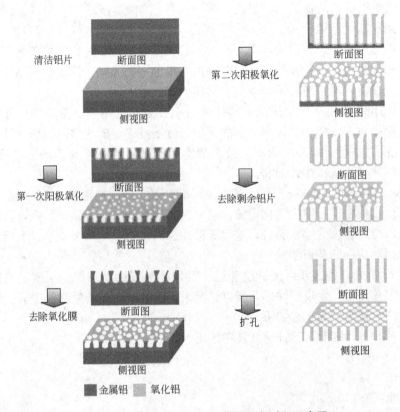

图 8.32 双通型阳极氧化铝模板制备过程示意图

（3）氧化铝模板的形成机理。对于多孔氧化膜模板的形成机理目前在学术界仍然没有定论，主要的假说有两种，即 Jessensky 提出的机械应力致体积膨胀模型和 Parkhutik 提出的电场助溶模型。目前关于多孔氧化铝的形成机理多采用 Jessensky 和 Parkhutik 两种机制的综合作用机制。现代观点认为电解液中的 O^{2-}/OH^- 离子从铝金属表面溶解出 Al^{3+}，在铝金属表面先形成一致密氧化铝层，而均匀分布的外加电场作用在氧化铝层表面

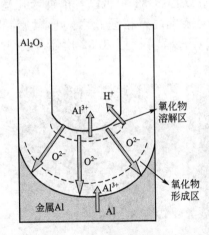

图 8.33 多孔氧化铝形成过程机制（离子迁移过程）

开始产生细缝，并随着时间而增加且均匀分布在表面上，电场集中在这些细缝使得 Al-O 键极化且因热效应加快反应速度产生部分区域溶解现象，所以在细缝的地方将有更多的 Al^{3+} 离子被迅速溶出，细缝尖端的电场由于侧向分量的影响而发生横向扩张，使得铝金属不再只向下溶解而会慢慢扩大，便开始形成最初的孔洞；电场的作用使 O^{2-}/OH^- 离子从电解液中不断沿着孔洞进入铝金属溶出 Al^{3+}，形成中空凹槽状的氧化铝层，同时与电解液接触界面的氧化铝也会被溶解，如图 8.33 所示；氧化层的溶解速度与形成速度成为一种动态平衡，使得氧化铝层能维持一定厚度，且由于电场集中在孔洞下的氧化铝层上，使得此处的氧化铝层溶解速度较快，通道因此得以继续向下延长，此处

即为模板之阻挡层；模板的厚度渐渐增加，最后在阳极端的铝箔表面产生自组织的六边形最密堆积阵列形状的氧化铝多孔膜。

2）"离子径迹"聚合物模板

利用聚合物模板法来制备纳米线已经成为近年来兴起的新的制备方法。径迹—蚀刻聚合物膜（polymeric track-etch membrane）是国外 20 世纪 70 年代发展起来的一种新型微孔滤膜。所用膜材料一般是聚碳酸酯、聚酯及其他聚合物材料。这种膜通常是利用核反应堆中的热中子使铀- 235 裂变，裂变产生的碎片穿透有机高分子膜，在裂变碎片经过的路径上留下一条狭窄的辐照损伤通道。这些通道经氧化后，用适当的化学试剂蚀刻，即可把薄膜上的通道变成圆柱状微孔。

径迹—蚀刻制备聚合物模板包括两个步骤：

（1）重离子辐照。聚合物模板所用高分子有机膜多为聚酯（PET）和聚碳酸酯（PC）膜，高能重离子在通过聚合物时损失能量，并引起靶原子的激发和电离，在许多固体中，导致永久的辐照损伤。由于重离子的高电荷态，伴随着高的能量转移，在离子路径周围产生特殊的、不可逆的化学和结构变化的柱状径迹，其直径只有几个纳米，称为潜径迹。但并非有机薄膜经过任何离子辐照都可用以制备核孔膜，能否制备出理想的模板与重离子在有机模中的能量损失有关。高分子有机薄膜在经过特定种类和能量的离子辐照后能否发生蚀刻，存在一个蚀刻的阈值能量，也就是能否发生径迹蚀刻的最低能损值。一旦低于这个阈值，沿着离子径迹的位置就不能发生蚀刻。

在进行重离子辐照时，对重离子的种类和能量有一定要求，要使离子能量损失不仅高于蚀刻阈值，而且能量损失越大，将来蚀刻孔的孔径直径越均匀。所以大都选用原子序数大、高能量的重离子来对有机膜进行辐照。

（2）核辐射径迹膜的蚀刻。把带有潜径迹的有机膜放在蚀刻液中进行蚀刻，不同的区域会有不同的蚀刻速率，主要包括：径迹蚀刻速率 v_t 和体蚀刻速率 v_g。其中，径迹蚀刻速率 v_t 大于体蚀刻速率 v_g 正是形成核孔的条件，这两种蚀刻速率的比值决定了核孔的形状。在各种膜中，如果 v_t/v_g 值很大，则最终形成柱状孔，径迹尺寸从几纳米开始随时间增长，可达到几百纳米。

在蚀刻前对膜进行蚀刻预处理——紫外线敏化，可以使 v_t/v_g 值提高。经过蚀刻预处理的有机膜放在 NaOH 溶液中进行蚀刻，核孔膜的孔径跟蚀刻的时间、蚀刻液的浓度和温度有关，如 PC 和 PET 膜的最佳蚀刻温度为 $50\sim70℃$，为使蚀刻出的孔壁光滑，在蚀刻液中加入一些甲醇做为光滑剂。

目前的聚合物模板，通过控制核反应堆的辐照条件和蚀刻条件，可以得到不同孔密度和孔径的薄膜，孔径范围从十几到几百纳米，孔隙率可达到 10^9 个/平方厘米，如图 8.34 所示。由于核辐照辐射角的发散性，使孔与其表面不垂直，倾斜角有的甚至达 34°。同时聚合物模板的孔洞的分布无规律、不均匀。通过各种物理和化学方法，以核孔膜为模板（离子径迹模板），可以把金属、无机盐等填充到其内而形成平行排列的纳米线阵列。Molares 等人利用电化学方法在离子径迹模板中制备了 Cu 单晶

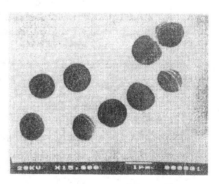

图 8.34 聚合物模板形貌图

和多晶纳米线，Dobrev 等人也在离子径迹模板中制备了 Fe、Au 单晶纳米线，如图 8.35 所示。

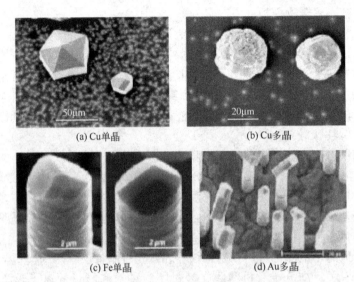

(a) Cu单晶　　　　　　　　　　(b) Cu多晶

(c) Fe单晶　　　　　　　　　　(d) Au多晶

图 8.35　Cu、Fe、Au 单晶和多晶纳米线

2. 模板法制备纳米结构

模板法制备纳米结构是用孔径为纳米级到微米级的多孔材料作为模板，利用电化学沉积、化学沉积、原位聚合、溶胶—凝胶法和化学气相沉积等技术，使物质原子或离子沉积在模板的孔壁上而形成所需的纳米结构体或纳米管。用该方法所制作的纳米材料具有与模板孔腔相似的结构特征，并且如果模板的孔隙均匀性也较好，所合成的纳米材料的均匀性也就好，这是该项技术的一个优势。利用氧化铝模板、聚合物模板及其他模板已成功地合成了金属、合金、氧化物、聚合物等纳米线或纳米管阵列。表 8-3 列出了模板在制备低维纳米结构材料上的研究情况。

表 8-3　模板法制备技术比较

模板类型	制备技术	技术特点	纳米结构材料
AAO 硬模法	电化学沉积	可选择性地调节和控制电位或电流，实施电位或电流阶跃、外加交流微扰信号；可分为直流电沉积、交流电沉积和脉冲电沉积，不同沉积方法对模板的导电性要求不同	Fe、Co、Ni、Ag、Pd、Bi 等单金属及其氧化物纳米线阵列，CdS 等半导体纳米线阵列，$Co_{0.71}Pt_{0.29}$ 等合金纳米线阵列，聚吡咯(PPy)、聚二苯胺(PDPA)等聚合物纳米纤维阵列，Fe/AAO 等金属/AAO 复合膜的纳米结构阵列等
	化学气相沉积	具精确可控性；需要控制气相沉积速度，避免膜孔堵塞导致过沉积或无法在孔内沉积	碳纳米管及其与 FeCo 合金纳米线填充的复合纳米管结构，GaN 纳米线阵列，SnO_2 纳米线、纳米带和纳米针等
	溶胶—凝胶	低温或温和条件下精确合成无机化合物或无机材料的一种软化学方法，通过控制模板在溶胶中的浸渍时间来控制产物形貌	单晶 $LiCo_{0.5}Mn_{0.5}O_2$ 导电纳米线阵列，$CoFe_2O_4$ 铁磁性纳米线阵列，$LaNiO_3$、$SmFeO_3$ 等稀土钙钛矿型氧化物复合纳米线阵列等

(续)

模板类型	制备技术	技 术 特 点	纳米结构材料
AAO硬模法	化学镀	对电镀表面无要求，可用于任何导电或非导电模板材料，而且无需对膜孔壁进行化学修饰；需对模板进行敏化、活化处理，得到模板内化学沉积的活化中心，通过控制沉积时间来控制形貌	Ni、Co、Cu等金属纳米线阵列，Ni-W-P三元或二元合金纳米线阵列，Ni、Co、Cu等纳米管阵列材料，$Co_{90}Fe_3B_7$软磁性合金纳米线阵列等
软模板法	原位聚合	应用原位填充使纳米微粒在单体中均匀分散，然后在一定条件下就地聚合；该方法避免了产物降解的可能，可提高材料稳定性	Ag/PE、AgCl/PMMA等高分子基纳米复合材料
	多元醇液相还原	以多元醇为溶剂和还原剂、有机高分子物质为诱导剂和保护剂，控制产物形貌	纳米银及载银纳米复合材料

　　其中，阳极氧化铝(AAO)模板具高密度的孔洞数，且孔洞大小容易控制，制作工艺设备简单，是模板法制备工艺中最主要的模板材料，得到广泛应用。利用氧化铝模板结合电化学沉积(ECD)、化学气相沉积(CVD)、溶胶—凝胶(sol-gel)和无电沉积(ELD)等纳米制备技术可以合成单质有序纳米阵列(包括金属、半金属和半导体的纳米线或纳米管有序阵列)、二元化合物有序纳米阵列(包括合金、金属氧化物、硫化物、硒化物、碲化物纳米线或纳米管有序阵列)以及三元化合物纳米线有序阵列。

　　氧化铝模板制备纳米结构的工艺流程如图8.36所示，大致分为四个步骤：①氧化铝模板的制备；②模板孔径的调节；③金属或半导体等材料在孔内沉积；④对氧化铝模板及阻挡层的径蚀，释放出有序的纳米阵列，再经后续处理，获得所需纳米结构材料。

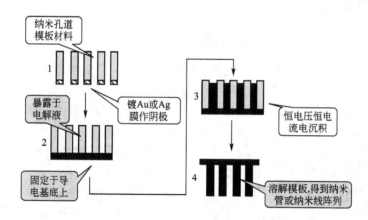

图8.36　氧化铝模板合成纳米结构的工艺流程图

3. 模板合成特点及技术要点

　　把纳米结构基元组装到模板孔洞中常用的方法有电化学沉积、无电镀合成、化学聚合、溶胶—凝胶和化学气相沉积法。在利用模板制备纳米结构，选择合成组装方法时，应根据模板种类的不同，考虑以下三个问题：

　　(1) 化学前驱溶液或者电解液对孔壁是否浸润？亲水或疏水性质是关系到合成组装能否成功的关键。

（2）孔洞内的沉积速度是否合适？沉积速度过快会造成孔洞通道口堵塞，致使组装失败；沉积速度过慢影响工艺效益。

（3）模板在沉积过程中是否具有稳定性？沉积反应中，要避免被组装介质与模板发生化学反应，保持模板的稳定性是十分重要的。

4．模板合成纳米结构的应用

下面结合实例介绍几种基于模板的纳米结构的制备技术。

1）电化学沉积技术

将模板与电化学方法相结合是制备纳米线、纳米管阵列的有效途径。1989 年 Martin 等人在模板法制备纳米线阵列方面做了开拓性工作，他们在阳极氧化铝模板的孔道内合成了金纳米线阵列，为模板法合成纳米结构材料奠定了基础。

电化学沉积（electrodeposition）指金属在阴极还原沉积，适合在模板的纳米孔道内制备金属纳米线。它首先在模板的一面通过溅射或真空镀膜等方法制备一层金属薄膜作为阴极，选择被组装金属的盐溶液作为电解液，在电解条件下进行纳米组装，通过控制电压、电流、温度和时间等条件，使金属等在模板的纳米孔道中沉积，而后移去模板即得相应的纳米材料，通过控制沉积量可调节模板内金属丝的长短，即纵横比。用这种方法也能制备金属纳米管，所不同的是在模板管壁上首先要附着一层物质（分子锚），例如在电解液中加入氰硅烷，它与孔壁上的 OH 基形成分子锚，使金属优先在管壁上形成膜，短时间可以形成薄壁纳米管，随着沉积时间增加，金属沉积量增加，管壁增厚，形成厚壁管，甚至纳米丝。目前又发展出模板脉冲电流沉积技术，成功地制备了 Fe、Co、Ni 等金属纳米线阵列。下面举几个氧化铝模板电化学合成纳米线阵列的例子。

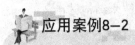 **应用案例8－2**

用 AAO 模板制备 Ni 纳米线阵列

氧化铝模板的制备工艺条件为室温下氧化电压为 40V，电解质为 0.3mol/L 草酸。第二次阳极化工艺完成以后，进行降压，降压速度为 1～1.5V/s，直至降为 1V，冲洗备用。

电沉积电极体系：以所制备的氧化铝模板为阴极，纯镍板为阳极，室温下进行电沉积。

电沉积电解液：硫酸镍 200g/L，氯化镍 50g/L，硼酸 45g/L，pH 值为 4.4～5.2。

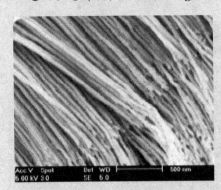

图 8.37　AAO 模板电化学合成 Ni 纳米线的 SEM 图

在室温下采用电沉积电压分别为 1.0V、1.5V、2.0V、3.0V、4.0V 和 5.0V。

得到的 Ni 纳米线阵列如图 8.37 所示，结果表明：镍纳米线的外形决定于氧化铝模板的形貌，其直径和最大长度分别依赖于模板孔洞的直径和深度，当电沉积电压为 1V、1.5V 和 2V 时制备的镍纳米线为多晶结构，随着电沉积电压的升高，镍纳米线为沿 [220] 择优取向的单晶结构（电沉积电压分别为 3V 和 4V），当电沉积电压进一步升高时，择优取向由 [220] 转为 [111] 方向（电沉积电压为 5V）。

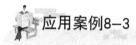

应用案例8-3

AAO 模板制备 Ta₂O₅ 纳米点阵列

Ta₂O₅ 纳米点的制备工艺过程如图 8.38 所示。

首先选择 6 英寸的单晶 p-Si(100)基材（ρ 为 2～100Ω·cm），利用多功能真空溅射系统，以高纯(99.999%)Ta 为靶材，混合气体 Ar/N₂(30∶1.7)为溅射气体，在 Si 基底表面沉积一厚度为 50nm 的 TaN 层，再利用真空蒸发蒸镀系统，在高真空环境（小于 $4×10^{-3}$Pa）下以电阻热蒸发方式在 Si 基片的 TaN 层上蒸镀一层厚度 1.5μm 的纯铝(99.999%)膜，如图 8.38(a)所示。完成上述步骤后，把原基片切割成 20mm×25mm 规格的小样片待用。对小样片进行两步阳极氧化铝处理形成规则 Al₂O₃ 模板结构，如图 8.38(b)所示。当模板底部纳米孔洞铝膜完全氧化后，氧会因电场提供一个驱动力而扩散进入 TaN 薄膜，并将部分 TaN 薄膜氧化，如图 8.38(d)所示，高电场的驱动力也会使 TaN 中的 Ta⁵⁺ 往 AAO 模板底层扩散，此交互扩散的机制形成 Ta₂O₅ 纳米点如图 8.38(e)所示；最后用 1.8% 铬酸加 6.0% 磷酸去离子水溶液，在 60℃下将 AAO 移除，并经过局部阳极氧化处理可得到 Ta₂O₅ 纳米点阵列结构，如图 8.38(f)和图 8.39 所示。

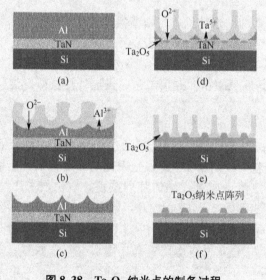

图 8.38　Ta₂O₅ 纳米点的制备过程　　图 8.39　Ta₂O₅ 纳米点阵列的 SEM 图

2）溶胶—凝胶(Sol-Gel)沉积技术

溶胶—凝胶(Sol-gel)是纳米微粒制备的主要方法之一。通常凝胶经过干燥和热处理得到的纳米微粒是无序的聚集体。利用模板有序的孔隙，通过溶胶扩散到纳米孔隙后再转化为凝胶，凝胶的干燥与热处理在模板中完成，不仅能避免纳米微粒的团聚，还可以合成多种材料的纳米管和纳米线。利用溶胶—凝胶法在模板上制备纳米线和纳米管阵列的工艺包括三个步骤：浸渍、提拉和热处理，如图 8.40 所示。

模板在溶胶中浸渍、拉出之后，将孔洞内吸附了溶胶的模板在 100℃左右真空干燥，然后在 400～700℃进行热处理。这一热处理过程的作用是在模板孔和溶胶之间产生化学

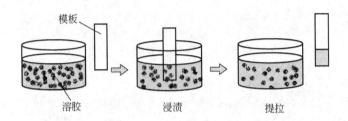

图 8.40　溶胶—凝胶法在模板上制备纳米线和纳米管阵列的工艺过程

键，即—M—O—M′—，其中 M 和 M′分别代表来自模板和溶胶的金属离子。模板和溶胶的接触表面存在许多—MOH 和—M′OH 基团时，高温时—M—O—M′—化学键很容易形成，使溶胶粒子重新分布，形成纳米管。通过增加浸渍时间、浸渍次数可以增加纳米管厚度，直到形成纳米丝、纳米棒。反应原理如下：

$$—MOH + —M'OH \longrightarrow —M—O—M— + H_2O$$

利用 sol - gel 方法，已经制备出 TiO_2、CeO_2、MnO_2、SnO_2、ZnO、ZrO_2、CuO 等氧化物纳米线，$BaTiO_3$、$LiMn_2O_4$、$LiCo_{0.5}Mn_{0.5}O_2$、$LaCoO_3$、$ZnFeO_4$ 等复合无机盐纳米线，碳纳米管，In_2O_3、ITO、PZT、Si 纳米管以及磁性纳米线阵列等。模板溶胶-凝胶工艺制备纳米线和纳米管的优点是：

（1）采用溶胶-凝胶工艺很容易对所制备的纳米结构进行定量掺杂；

（2）溶胶-凝胶工艺过程简单，无需任何真空条件和复杂设备；

（3）采用溶胶-凝胶工艺可以在任意形状的模板上制备纳米结构，并且所制备的纳米结构含有众多的分布均匀的微孔，这使得其比表面积大大增加，并且透气性极好，这一点对于制备气敏材料、催化剂尤为重要。

3）无电沉积法

无电沉积又称化学沉积（chemical deposition）或化学镀，是通过化学还原在模板孔道或表面沉积金属以制备纳米材料的方法。这种方法的两个要素是敏化剂和还原剂，借助它们的帮助才能把金属组装到模板孔内制备纳米金属管、丝的阵列体系。敏化剂采用 Sn^{2+} 离子，主要过程是将模板浸入含有敏化剂的溶液中，孔壁上的胺（H_2N）、羰基和—OH 基团与敏化剂接合，经敏化的模板被放入含有 Ag^+ 离子的溶液中，使壁表面被不连续分布的纳米 Ag 粒子所覆盖，再放入含有还原剂的金属无电镀液中，在孔内形成了金属管，管壁厚度可通过浸泡时间来控制。这种方法只能调节纳米管内径尺寸，而不能调节管的长度。

采用此方法制备纳米材料必须先用敏化剂和还原剂与孔壁上的活性基团键合形成一薄层"分子锚"。

4）化学聚合法

化学聚合法是通过化学或电化学使模板孔洞内的单体聚合成高聚物的管或丝的方法。化学聚合法的操作过程如下：将模板浸入所要求的单体和聚合反应剂（引发剂）的混合溶液中，在一定温度或紫外线照射下，进入模孔内的溶液，经聚合反应形成聚合物的管或丝的阵列体系。电化学法是在模板的一面镀上金属层作为阳极，通电使模板孔洞内的单体发生电化学聚合而形成管或丝的阵列。形成管或丝取决于聚合时间的长短，聚合时间短形成纳米管，随聚合时间的增加，管壁厚度不断增加，最后形成丝。

用这种方法成功地制备了导电高分子聚三甲基噻吩、聚吡咯和聚苯胺的管或丝的阵列体系。该阵列体系呈现出明显的电导增强现象，丝越细，电导越高，聚吡咯丝比块体电导高一个数量级，电导增强来源于纳米丝外层高分子链有序排列。随着丝的直径减小，有序排列的高分子链占的相对比例增大，电导增强效应越来越显著。导电高聚物纳米丝和管的阵列体系可用做微电子元件。

通常的电绝缘塑料也能用化学聚合的方法合成纳米管或丝的阵列。例如，将氧化铝模板浸入丙烯腈的饱和水溶液中，然后加 25mL 的 15mmol/L 过二硫酸铵，25mL 的 20mmol/L NaHSO$_3$ 水溶液，在 40℃下聚合反应 1～2h，在此期间通以 N$_2$ 气净化，结果就形成了聚丙烯腈纳米管的阵列。将此组装体系在 750℃空气中加热 1h，再在 N$_2$ 气中加热 1h，使聚丙烯腈石墨化形成纳米碳管的阵列体系。如果将氧化铝溶去，则可获得碳纳米管。

5）化学气相沉积法（CVD 法）

一般的化学气相沉积法的沉积速度太快，往往将孔洞口堵塞，使得蒸气无法进入整个柱形孔洞，因此无法形成丝和管。Martin 等人用下面的 CVD 法成功地制备出碳纳米管的阵列，具体过程如下：将 Al$_2$O$_3$ 模板放入 700℃左右的高温炉中，并通以乙烯或丙烯气体，这类气体在通过模板孔洞的期间发生热解，结果在孔洞壁上形成碳膜（即形成碳管），碳管壁厚取决于总的反应时间和气体的压力。

以合成 GaN 纳米丝阵列为例说明高温化学气相法的工艺过程。在管式炉中部放置一刚玉坩埚，在坩埚的底部均匀放置摩尔比为 4：1 的金属 Ga 细块体与 Ga$_2$O$_3$ 粉末，在其上平放孔洞贯通的 Al$_2$O$_3$ 有序孔洞模板，在模板底部有一层 In 膜。用机械泵排除炉中的空气，然后通入 NH$_3$ 气体，经几次抽排 NH$_3$ 气，使得炉内保持纯净的 NH$_3$ 气，NH$_3$ 气的流量保持在 300mL/min，炉温升至 1000℃，经 2h 后冷至室温，由此获得 GaN 纳米丝阵列体系。

除了上述五种常见的制备技术外，Van Blaaderen 等人利用高分子模板法也实现了纳米微粒的自组装合成。他们用电子束在高分子薄膜上打出规则排布的且与被组装粒子尺寸相匹配的孔洞，以该高分子薄膜作为模板对分散在溶液中的粒子进行组装，通过调节各种参数，可以在模板上组装形成三维有序的结构。对这种纳米级的三维有序结构利用一般的方法（如物理方法）很难实现，而借助于高分子模板，利用自组装技术能得到较为理想的结果。

8.3.4 介孔材料的制备

介孔材料合成方法主要有水热合成法、微波辐射合成法、溶胶—凝胶法、超声波法和溶剂挥发法。水热合成法是利用一定浓度的有机导向剂和无机材料，在高温水热环境下自组织生成有机/无机六方相液晶组态结构的过程，该法具有操作简单、可控性强的特点，缺点是对原料的纯度要求高，反应时间长。微波辐射合成法是在水热合成的基础上发展起来的，与水热合成法相比，微波合成法能同时大量成核，大幅度缩短了晶化时间，获得的晶粒均匀细小，此外微波合成法还可以提高掺杂组分的分散度。用溶胶—凝胶法合成的硅基介孔材料具有纯度高、均匀性好、颗粒细、粉末活性高等优点，但制得的材料烧结性不好，干燥时收缩较大。溶剂挥发法是利用溶剂的挥发，使溶液中模板剂和无机物的浓度增大，从而导致自组装的过程，此法也可应用到非硅基介孔材料的合成。

在上述合成方法中，无论哪种方法都是围绕着如何去"造孔"这个关键，相应有多种方法和技巧。"造孔"的方法按所用模板剂，可分为"硬"模板法（hardtemplating）和

"软"模板法（softtemplating），如图 8.41 所示，这里"软"和"硬"是相对而言的。所谓"硬"模板法是指所用的"模板剂"结构相对较"硬"，一般指固体材料，如介孔碳材料或无机纳米微粒等，它与构成介孔的无机骨架物质之间相互作用较弱，"模板剂"主要作为"空间"的"填充物"，除去"硬模板"后就可以产生介孔。"软"模板剂一般是指具有"软"结构的分子或分子的聚集体，如表面活性剂及其聚集体。

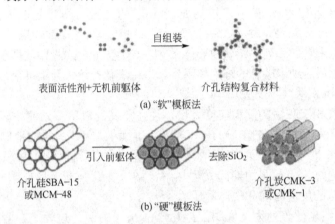

图 8.41　"软"模板和"硬"模板法合成介孔材料的示意图

一般而言，"软"模板剂与构成介孔的无机骨架物质之间要有较强的相互作用。通过这种相互作用，"模板剂"将无机物质拉在"身边"，从而"造出"或"复制"出自己的原形，起到模板的作用。"软"模板剂也可以看作为"空间"的"填充物"，脱出模板剂后就可以产生大孔径的介孔材料。1992 年 Mobil 公司的研究人员首次使用烷基季铵盐阳离子表面活性剂为模板剂，成功地合成出 M41s(MCM‐41、MCM‐48、MCM‐50)系列氧化硅。

下面以 MCM‐41 介孔分子筛为例介绍介孔材料的合成机理及常用方法。

1. 介孔材料合成机理

人们普遍认为表面活性剂模板与无机物之间通过协同自组装是形成介孔材料的主要原因。体积较大的表面活性剂分子通过自组装形成胶团，再经过模板剂胶束作用下的超分子组装过程，是介孔材料形成的必经历程。研究人员经过大量的实验，提出了多种合成机理，其中最具有代表性的是液晶模板机理和协同作用机理。

1) 液晶模板机理

这个机理的核心是认为 MCM‐41 介孔材料的合成有两条可能途径。其一：表面活性剂的浓度较大时，在溶剂中逐渐形成六方有序排列的液晶结构，无机源在液晶胶束聚集体表面沉淀，缩聚固化形成无机孔壁；其二：无机源与表面活性剂相互作用，按照某种自组装方式排列成六方有序的液晶结构，同时在溶液中沉淀下来。这个著名的反应机理是 MCM‐41 材料的发明者最早发现的，为后来介孔材料的合成与发展奠定了坚实的理论基础。

2) 协同作用机理

随着对介孔材料的深入研究，发现液晶模板机理在介孔材料形成的某些方面，如改变反应温度及表面活性剂碳链的长度或添加有机助剂可以得到不同的孔结构等，能够做出令人信服的解释，但对于更多的实验现象的说明却无能为力，甚至会出现自相矛盾的情况。Stucky 小组经过大量实验研究提出协同作用机理。它较为全面地阐述了表面活性剂胶束溶液中有序介孔材料的自组装形成。它认为表面活性剂的液晶相是在加入无机反应物之后形成的。硅源加入后首先在液相中反应形成带电荷的可溶性硅物质，此物质通过与表面活性剂胶束表面的同性离子发生交换而吸附在胶束表面，同时也和液相中表面活性剂分子作用形成新的无机-有机复合物，吸附有硅物质的胶束和复合分子通过复杂的相互作用，经过多种热力学平衡最后形成具有稳定结构的介孔材料。

2. 介孔材料合成方法

到目前为止，报道的介孔材料的合成方法主要有水热合成、微波合成等。由于介孔材料的结晶过程非常复杂，所以即便采用相同方法的情况下，产物仍受诸多因素的影响。表面活性剂、硅源（或非硅源）、反应物浓度、酸碱度、陈化时间、焙烧时间、反应温度等不同，都会得到不同的介孔材料。

1）水热法

水热法又称热液法，属液相化学法的范畴，它是利用高温高压的水溶液使那些在大气条件下不溶或难溶的的物质溶解，或反应生成该物质的溶解产物，通过控制高压釜内溶液的温差使产生对流，以形成过饱和状态而析出生长晶体的方法。水热反应依据反应类型的不同可分为水热氧化、水热还原、水热沉淀、水热合成、水热水解、水热结晶等。其中水热结晶用得最多。水热结晶主要是溶解—再结晶机理。首先营养料在水热介质里溶解，以离子、分子团的形式进入溶液，利用强烈对流（釜内上下部分的温差）将这些离子、分子或离子团输运到生长区（即低温区）形成过饱和溶液，继而结晶。水热法合成 MCM-41 介孔分子筛的步骤如下：

将 10g 十六烷基三甲基溴化铵（CTAB）溶解于 50mL 去离子水中，加入 6mL 偏铝酸钠溶液（$c(Al_2O_3)=1.0mol/L$，$c(Na_2O)=2.0mol/L$），在 250mL 烧杯中搅拌混合均匀，再缓慢加入 50mL 水玻璃液（$c(SiO_2)=3.15mol/L$，$c(Na_2O)=0.99mol/L$），继续搅拌 30min 后，将上述混合物移入高压反应釜中密封，在 120℃ 烘箱内晶化 144h，然后冷却至室温，将产物用去离子水洗至中性，在 120℃ 干燥即得到 MCM-41 介孔分子筛，其形貌如图 8.42 所示。

图 8.42　水热法合成的 MCM-41 介孔分子筛形貌

2）微波辐射合成法

微波是指电磁波谱中位于远红外与无线电波之间的电磁辐射，微波能量对材料有很强的穿透力，能对被照射物质产生深层加热作用。对微波加热促进反应的机理，目前较为普遍的看法是极性分子接受微波辐射的能量后会发生每秒几十亿次的偶极振动产生热效应，使分子间的相互碰撞及能量交换次数增加，因而使反应速度加快。另外，电磁场对反应分子间行为的直接作用而引起的所谓"非热效应"，也是促进反应的重要原因。与传统加热法相比，其反应速度可快几倍至千倍以上。目前微波辐射已迅速发展成为一项新兴的合成技术。

微波条件下分子筛的水热合成是将分子筛的合成体系置于微波辐射范围内，利用微波对水的介电加热作用进行分子筛合成，是一种新型合成方法。自有关微波合成的第一篇专利发表以来，A2 型、X2 型、Y2 型、ZSM25 型、CoAPO‑44 型、CoAPO‑5 型、AlPO4‑5、VPI‑5 和 MCM‑41 等多种分子筛相继被合成出来。与传统的水热合成方法相比，微波合成体系能够同时、大量成核且能大幅度缩短晶化时间，获得均匀细小的晶粒。

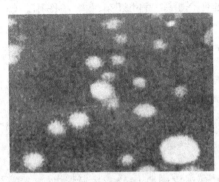

图 8.43　微波法合成的 MCM‑41 介孔分子筛形貌

采用微波辐射合成 MCM‑41 的步骤如下：将 10g 十六烷基三甲基溴化铵（CTAB）溶解于 50mL 去离子水中，加入 6mL 偏铝酸钠溶液（$c(Al_2O_3)=1.0mol/L$，$c(Na_2O)=2.0mol/L$），在 250mL 烧杯中搅拌混合均匀，再缓慢加入 50mL 水玻璃液（$c(SiO_2)=3.15mol/L$，$c(Na_2O)=0.99mol/L$），继续搅拌 30min 至混合均匀。将上述混合物料移入 1000mL 烧瓶中，然后置于带有回流装置的微波炉内，在微波作用下回流加热 2h，取出烧瓶，产物用去离子水洗涤至中性，120℃ 干燥即可得 MCM‑41 介孔分子筛，形貌如图 8.43 所示。

3）超声波化学合成法

超声波化学又称声化学，是一门新兴的交叉学科。超声波的波长远大于分子尺寸，因而不能对分子直接起作用，而是通过周围环境的物理作用转而影响分子。超声波可通过液体介质向四周传播，并在液体介质中产生超声空化现象，液体中的微小泡核在声波作用下被激活，表现为泡核的振荡、生长、收缩乃至崩溃等一系列动力学过程。在空化泡崩溃的极短时间内，会在其周围极小空间内产生 1900～5200K 的高温和超过 50MPa 的高压，瞬时温度变化率高达 $10^9K \cdot s^{-1}$，并伴有强烈的冲击波和瞬时速度高达 $400km \cdot h^{-1}$ 的微射流。这些现象可以增加非均相反应的表面积，改善界面间的传质速率，促进新相的形成。

吴刚等人采用超声波技术合成了 MCM‑41 分子筛，其步骤如下：将锥形瓶置于水温 30℃ 的超声波清洗器中，取 1mol/L 的 HCl 溶液 150mL 加入锥形瓶中，然后加入 2g 十六烷基三甲基溴化铵（CTAB），搅拌和超声波振荡 10min 后，按照固定物质的量配比（TEOS：CTAB：H_2O＝10：1：1700）逐滴加入 11mL TEOS，并继续超声波辐射 20min 生成 SiO_2 溶胶。然后在室温下静止晶化，经沉淀过滤并用去离子水洗涤至无 Cl^-，在烘箱中于 100℃ 下干燥得到白色粉末。采用高温焙烧法，即在空气气氛下自室温以 1℃/min 的速度升温至 850℃，然后保持温度 6h，样品中的模板剂 CTAB 在高温下完全燃烧生成 CO_2 和水等气态物质，最后得到脱去模板剂的无机物粉末。图 8.44 所示为采用超声波技术合成的 MCM‑41 分子筛的形貌。研究表明，超声波作用于混合溶液时，由于超声空化作用，一方面促使各组分达到分子级水平的分散，实现溶液浓度和周围温度的快速均匀化；另一方面超声波作用产生的局部高温能够提供分子排列组装所需的动能，促进晶核的形成。溶液均化后，阳离子表面活性剂 $C_{16}H_{33}(CH_3)_3N^+Cl^-$ 和带正电荷的硅物质 $\equiv Si(OH_2)^+$ 间的接触机会增多，有利于发挥离子间的静电驱动作用而进行有机和无机界面的自组装，形成六方形结构。

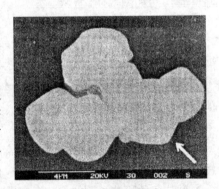

图 8.44　超声波合成的 MCM‑41 分子筛形貌

习——题

（1）常见的纳米结构有哪些？各有什么特点？

（2）介孔结构材料有何特点？能应用于那些领域？

（3）纳米结构的制备方法有哪些？各有什么特点？

（4）何谓分子自组装？其形成应具备什么条件？

（5）阳极氧化铝膜制备过程的关键工艺应注意哪些问题？

（6）分析氧化铝纳米孔阵列结构与氧化铝致密纳米薄膜的光学性质的区别，并分析原因。

（7）根据你所了解的纳米结构材料的特点，请设计出一种具有特殊结构的纳米材料，并给出可能的制备工艺。

第 **9** 章
纳米复合材料

 教学要点

知识要点	掌握程度	相关知识
纳米复合材料的概念	理解纳米复合材料的概念	纳米复合材料的分类
纳米复合材料的性能	掌握纳米结构对材料性能的影响	纳米复合材料的力学性能、热学性能、阻燃性、阻隔性及影响性能的相关因素
纳米复合材料的制备	了解纳米复合材料的制备方法	纳米复合材料的制备方法
纳米复合材料的应用	了解纳米复合材料的应用	纳米复合材料的应用领域

2009年3月5日，麻省理工学院航空航天学系的科学家在该校发布的新闻公报中介绍说，他们研究出一种用碳纳米管"装订"航空材料的技术，可以在略微增加成本的情况下使飞机外壳强度提高到原来的10倍。除了强度高，这种航空用纳米复合材料还具有更好的导电性，利用由这种材料制造的飞机可以更好地抵抗雷电袭击。

麻省理工学院科学家在研究过程中使碳纳米管与碳纤维层垂直排列，然后对碳纤维层之间的聚合物进行加热，液化后的聚合物会将碳纳米管吸收进去，起到"装订"碳纤维层的作用(图9.1)。碳纳米管直径只有几纳米，是碳纤维直径的千分之一，所以不会破坏碳纤维，而是填充纤维之间的空隙，使材料变得更坚固。

科学家说，用于"装订"的碳纳米管质量只占复合材料总质量的1%，复合材料的成本也只增加百分之几，而其强度和抗雷电能力却会大大增强。

为什么仅仅增加了少量的碳纳米管，就令复合材料整体性能有如此大的提高？

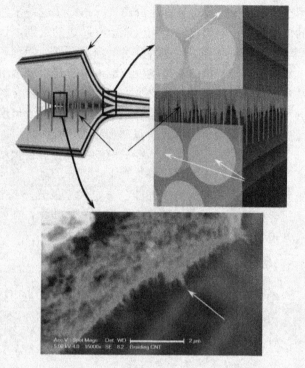

图 9.1　碳纳米管对多层材料的"装订"

9.1　纳米复合材料概述

9.1.1　纳米复合材料的概念

复合材料由于其优良的综合性能，特别是其性能的可设计性而被广泛应用于航空航天、国防、交通、体育等领域。随着纳米科技的快速发展，纳米材料的问世为新型复合材料的合成提供了崭新的契机，也为传统复合材料的改良提供了一种新途径。

复合材料是由两种或者两种以上物理和化学性质不同的物质组合而成的一种非均匀多相材料。任何一种复合材料的制备，其中心思想总在于把两种截然不同的物质的优点结合起来，而避免各自的弱点。复合材料中各个组分虽然保持其相对独立性，但复合材料的性质不是各个组分的简单加和，而是在保持各组分的某些特点基础上，具有组分间协同作用所产生的综合性能。复合材料具有可设计性。可以根据使用条件要求进行设计和制造，以满足各种特殊用途，从而极大地整合材料整体的效能。在复合材料中，通常有一相为连续相，称为基体；另一相为分散相，称为增强材料。

纳米复合材料(nanocomposites)是于20世纪80年代初由Roy提出的，与单一相组成的纳米材料不同，它是由两种或两种以上的固相至少在一个方向以纳米级(1～100nm)复合而成的复合材料，这些固相可以是非晶质、半晶质、晶质或者兼而有之，而且可以是无机、有机或二者都有。纳米相与其他相间通过化学(共价键、离子键等)与物理(氢键等)作用在纳米水平上复合，即相分离尺寸不得超过纳米数量级。因而，它与具有较大微相尺寸的传统的复合材料在结构和性能上有明显的区别，近年来已成为聚合物化学和物理、物理化学、材料科学等多门学科交叉的前沿领域，受到各国科学家和政府的重视。

随着纳米科技的快速发展，纳米复合材料有两个发展方向：一是以实际应用为目标的纳米复合材料的研究，第二个方向是开展纳米复合材料人工超结构的研究。根据纳米结构的特点把异质、异相、不同有序度的材料在纳米尺度下进行合成、组合和剪裁，设计新型元件，发现新现象，以开展基础和应用研究。

根据专利分析结果显示，目前纳米复合材料技术的生命周期仍然处于"萌芽期至成长期"阶段，由技术发展趋势来看，"高分子基"和"陶瓷基"纳米复合材料的研究较多，主要着力改善材料的力学性能、导电性以及光学特性。研制新型纳米复合材料涉及有机、无机、材料、化学、物理、生物等多学科知识，在发展纳米复合材料上对学科交叉的需求非常迫切。

9.1.2 复合材料的分类

纳米复合材料分散相可以是无机化合物，也可以是有机化合物。当基体为金属时，称为金属基纳米复合材料。当基体为陶瓷时，称为陶瓷基纳米复合材料。当基体相为聚合物时，称为聚合物基纳米复合材料。

1. 聚合物基纳米复合材料

聚合物基复合材料就是纳米级分散相与聚合物基体复合所得到的材料。20世纪90年代，丰田公司的研究小组首先利用原位聚合方法，将尼龙6与纳米黏土复合得到了尼龙6/纳米黏土复合材料，黏土在尼龙基体里面处于完全剥离形态，相比于纯尼龙，纳米复合材料的力学性能、热性能都得到了明显的提高，表9-1给出了部分纳米微粒对聚合物基纳米复合材料性能的改善与应用。

表9-1 部分纳米微粒对聚合物基纳米复合材料性能的改善

纳米微粒	性能的增强	应用
纳米黏土	阻燃性、阻隔性、相容性	包装、建筑、电子行业
碳纳米管	导电性、电荷转移	电力、电子行业，光电转换
Ag	抗菌	医药用品
ZnO	紫外吸收	紫外防护
SiO_2	黏度控制	涂料、黏结剂
CdSe，CdTe	电荷转移	光伏电池
石墨	导电性、阻隔性、电荷转移	电力、电子行业
多面齐聚倍半硅氧烷 (POSS)	热稳定性、阻燃性	传感器、LED

2. 陶瓷基纳米复合材料

如果定义纳米尺度仅仅是小于一百纳米，微米尺度为 $100nm\sim100\mu m$，那么在陶瓷材料中早已存在纳米结构，比如很多黏土烧结的陶瓷材料。图 9.2 所示为人们早已熟悉的一种电学陶瓷的扫描电镜图片，大的晶粒是石英，它们之间是包含在玻璃相中的针状多铝红柱石。尽管我们在利用黏土烧制陶瓷的时候，没有采取各种控制手段去特意实现纳米结构，但矿物质根据自然界的法则，自动形成了纳米尺度的微结构。与一般复合陶瓷不同的地方是，纳米复合陶瓷的弥散相晶粒很小，直径一般小于 $100nm$，分布在直径为微米大的母相晶粒内和晶界之间。这种纳米结构对材料的性能有很大的提高，比如 Al_2O_3 - SiC 纳米复合陶瓷的抗弯强度比 Al_2O_3 单体提高近三倍。

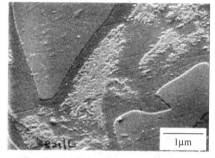

图 9.2 电学陶瓷的扫描电镜图片

3. 金属基纳米复合材料

金属基纳米复合材料以其高比强度、高比韧性、耐高温、耐腐蚀、抗疲劳及电、热等功能特性广泛应用在航天航空、汽车、机械、化工和电子等领域。通常金属基纳米复合材料是采用粉末冶金法、熔铸法、搅拌铸造法、热压法、电沉积法、化学气相沉积法和原位合成法制备。纳米增强体主要有金属间化合物、金属氧化物、碳化物、氮化物等，比如纳米管作为增强相，与一种金属复合，这种金属基纳米复合材料的力学和耐腐蚀性能都可以显著提高。

金属基复合材料的性能可以通过调整增强相的含量来控制，碳纳米管作为增强相在铁基、铝基、铜基、镁基和镍基等复合材料中已经取得了一定的成绩。但是由于碳纳米管之间存在很强的范德瓦尔斯力，容易团聚，导致其很难在复合材料中均匀分散；碳纳米管的尺寸与金属晶格相差较大，在制备金属基纳米复合材料时，碳纳米管无法进入金属中，被排斥在晶界上，碳纳米管很难与金属基体形成有效的界面结合。只有采取适当的方法使碳纳米管在金属基体中均匀分散并且与金属基体形成有效的界面结合，碳纳米管作为增强相才能够显著提高金属基复合材料的性能。

以上是按基体类型分类，而按材料用途可分为结构纳米复合材料、功能纳米复合材料、智能纳米复合材料。结构纳米复合材料主要用作承力结构，主要要求材料质量轻、强度和刚度高，能耐一定的温度。结构纳米复合材料中纳米级增强体是承受载荷的主要组元，基体则是使增强体彼此黏结起来以赋型并具有传递应力和增韧的作用。功能纳米复合材料是指具有一种或多种除了力以外的其他物理性能的纳米复合材料，即具有电学性能（如导电、超导、半导、压电等）、磁学性能（如永磁、软磁、磁致伸缩等）、热学性能（如绝热、导热、低膨胀系数等）、光学性能（如透光、选择吸收、光致变色等）、声学性能（如吸音、消声等）。功能纳米复合材料中的基体不仅起黏结和赋型的作用，同时对复合材料整体的物理性能有影响。智能型纳米复合材料是指具有自检测、自判断、自恢复、自协调和执行功能的纳米复合材料，材料具有智能的关键是它们对环境具有"反应能力"。

9.2　纳米复合材料的性能

9.2.1　纳米复合材料的力学性能

制备复合材料的目的之一就是增大材料的强度。复合材料的最大力值依赖于材料中最脆弱的断裂路径。当基体中加入硬度较大的粒子时，其对材料整体力学性能有两种不同的影响：一种是粒子导致应力集中，从而使材料整体性能下降；另一种是粒子阻碍了裂纹的生长，而使材料整体力学性能增强。当前一种影响方式占主导地位时，复合材料的力学性能低于纯基体材料；反之，则复合材料相对于纯基体材料的力学性能有所提高。

一般来说，在强度相对较弱的基体中添加硬度很大的微米或纳米级的无机填充粒子，都可以令复合材料的硬度有较大的提高。但是，这种力学性能的提高很大程度依赖于基体与添加粒子之间应力的转移。若基体与粒子二者之间"结合紧密"（具有化学键等强烈的界面作用力），那么基体所受到的应力能有效地转移到增强粒子上，从而表现为复合材料整体的强度增大。但是，如果基体与粒子二者之间结合力很弱，（特别是微米级的粒子经常出现这种情况），基体所受到的应力不能转移到粒子上，并且由于这些添加粒子的存在还可能破坏了基体本身的结构，此时，复合材料整体将出现强度减小的情况。

日本仙台东北大学材料研究所用非晶化法制备了高强、高延展性的纳米复合合金材料，其中包括纳米 Al-过渡族金属-镧化物合金、纳米 Al-Ce-过渡族金属合金复合材料，这类合金具有比常规同类材料好得多的延展性和高强度（1340～1560MPa）。这类材料结构上的特点是在非晶基体上分布纳米微粒，例如，Al-过渡族金属-镧化物合金中在非晶基体上分布着 3～10nm 的纳米 Al，而 Al-Ce-过渡族金属合金在非晶体中分布着 30～50nm 的 20 面体粒子，粒子外部包有 10nm 厚的晶态 Al。这种复杂的纳米结构是复合材料有着卓越力学性能的原因。

对于纳米复合材料而言，当纳米微粒在基体材料中合适地分散和排列时，其强度能够明显地增大。图 9.3 所示为以尼龙 6 为基体的纳米复合材料同一般复合材料拉伸模量的对比。图中 E 为实际拉伸模量，E_m 是纯尼龙 6 的拉伸强度。

从这个例子可以看出，若要令尼龙基复合材料的拉伸强度都能达到纯尼龙 6 的两倍，添加玻璃纤维的质量分数是添加蒙脱土纳米微粒的三倍。而增强粒子的密度一般都大于聚合物基体材料。因此，在性能相同的情况下，纳米复合材料相对于传统的玻璃纤维复合材料要轻。而且，纳米复合材料相对于传统玻纤复合材料，其表面更光滑，这是由于纳米微粒尺寸在纳米量级，而玻璃纤维的直径即 10～15μm。

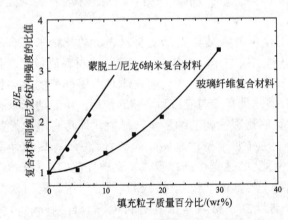

**图 9.3　复合材料拉伸强度同纯尼龙 6 拉伸强度
比值随填充粒子含量的变化**

复合材料的强度主要取决于添加粒子与基体之间的黏结力。对玻璃纤维复合材料而言，由于玻璃纤维在复合之前一般都用硅烷偶联剂处理，因此在基体与玻璃纤维的界面之间，基于硅烷的化学键作用，是影响复合材料强度的因素之一。

实际上，纳米微粒的特点之一就是具有大的比表面积，纳米微粒对材料强度显著增大的作用主要与此相关。比表面积越大，纳米微粒与基体之间的界面越多，越容易产生相互作用力。另外，纳米微粒的表面活性很大，当纳米微粒与基体材料复合的同时，界面可能产生化学键，使二者紧密结合。

1. 微粒的尺寸对力学性能的影响

对于传统无机增强复合材料而言，分散粒子尺寸在微米量级，通常不用考虑这类材料中增强粒子与基体之间的界面作用。但是，当分散粒子的尺寸量级足够小时，这些粒子的比表面就会很大，其界面区域甚至达到同其分散相相当。

在复合材料中，当粒子的尺寸减小到临界值，微粒的大小对复合物的力学性能会有明显的影响。对于球形的微粒，粒径越小，其总表面积越大，应力能更有效地由基体转移到微粒本身。图 9.4 所示为理论计算得到的球形微粒/聚合物复合材料的力学性能同微粒大小的关系。而图 9.5 所示为 21nm 碳酸钙/聚丙烯和 39nm 碳酸钙/聚丙烯两种纳米复合材料的杨氏模量与填充物含量的关系。从图中可以看出，随着纳米微粒尺寸增大，纳米复合材料的杨氏模量减小，特别是在高含量情况下，微粒大小不同的纳米复合材料之间的杨氏模量差距增大。

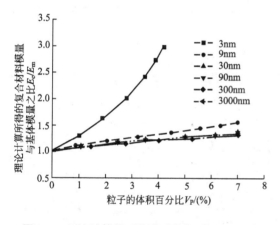

图 9.4　理论计算得到的球形微粒/聚合物复合材料的力学性能同微粒大小的关系(假设填充微粒与基体的模量之比为 40)

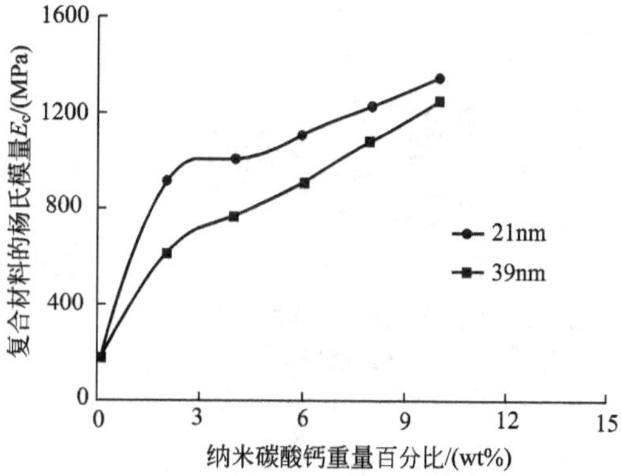

图 9.5　21nm 碳酸钙/聚丙烯和 39nm 碳酸钙/聚丙烯两种纳米复合材料的杨氏模量与填充物含量的关系

2. 界面对力学性能的影响

纳米微粒在制备成纳米复合材料之前，一般都会进行表面处理。对纳米微粒表面处理总的思路是使纳米微粒的表面带有断键残键，从而其表面电荷与基体材料之间形成共价键、离子键、配位键或者亲和作用的基团。这样做有以下目的：一是防止纳米微粒团聚，二是改善纳米微粒与基体材料的相容性。由于纳米微粒的表面能很高，所以它们很容易团聚。若利用一些偶联剂处理纳米微粒，这些微粒在加工过程中能更好地分散，并且能够与基体形成较强界面作用力，从而提高纳米复合材料的性能。

应用案例9-1

以二氧化硅/尼龙6纳米复合材料为例，图9.6和图9.7所示分别为改性SiO_2和未改性SiO_2的纳米复合材料的力学性能的对比，图9.6为拉伸强度，图9.7为冲击强度。钟形曲线为含有氨基酪酸改性SiO_2的纳米复合材料，另一条曲线为含有未改性SiO_2的纳米复合材料。通过比较，可明显发现，纳米微粒改性后，其纳米复合材料的力学性能有很大的提高。这是由于界面作用力增强，而导致材料整体力学性能的提高。

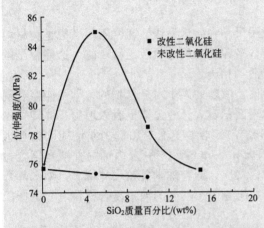

图9.6 尼龙6基纳米复合材料的拉伸强度　　图9.7 尼龙6基纳米复合材料的冲击强度

应用案例9-2

Guo等人研究了聚丙烯和平均粒径为40nm的碳酸钙复合体系。他们发现利用氧化镧作相容剂提高碳酸钙纳米微粒与聚丙烯基体的界面作用力，可显著提高复合体系的总体力学性能。实验证实，若碳酸钙质量分数为15％，La_2O_3的质量分数分别为0、1％、5％时，相应的PP/$CaCO_3$最大冲击强度分别为4.3、6.6、7.9kJ/m^2，如图9.8所示。

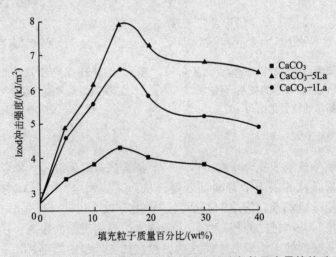

图9.8 $CaCO_3$/PP纳米复合材料的冲击强度与粒子含量的关系

实际上，某些纳米微粒不经过表面处理，也可以与基体形成化学键，从而令界面作用力增强。比如：聚氨酯与层状硅酸盐之间可以形成氢键作用，增加基体与纳米微粒之间的界面作用，如图 9.9 所示。朱玉婵等人根据透射电镜、红外光谱和正电子湮没谱学的结果推断出，当层状硅酸盐片层剥离分散于聚氨酯时，氢键形成最多，界面作用力最强；当层状硅酸盐团聚，片层互相堆砌时，氢键较少，界面作用力较弱。这即是纳米微粒在基体中分散良好时，复合材料力学性能较强的原因。

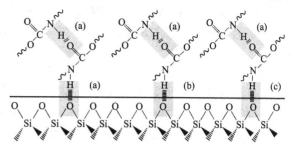

图 9.9 层状硅酸盐/聚氨酯纳米复合材料中的两种氢键的示意图

（a）为聚氨酯本身的羰基与氨基之间的氢键；（b）为聚氨酯的氨基和层状硅酸盐片层之间的氢键

对于聚合物基纳米复合材料而言，由于增强材料的强度比聚合物基体的强度大得多，在此条件下，只要纳米填充材料与基体材料的界面相互作用足够强，那么，聚合物纳米复合材料所受应力的很大部分将作用在纳米填充材料上，从而增强了复合材料整体的力学性能。

应用案例9-3

Hwang 等人对电弧法制备的多壁碳纳米管进行改性后，利用其增强 PMMA。他们发现当纳米管质量分数为 20% 时，复合材料由动态力学分析仪所测得的储存模量达到了 29GPa，而纯 PMMA 的储存模量只有 2.9GPa。其强度提高的原因之一就是纳米管与基体之间的界面结合力很大，作用于复合材料的应力通过界面，有效转移到了碳纳米管上。图 9.10 所示为 arc-MWNT/PMMA 纳米复合材料在拉伸断裂过程中的透射电镜图片。复合材料拉伸断裂的应力很大一部分都集中在碳纳米管上，使多壁碳纳米管以"剑鞘脱离"的方式断裂。

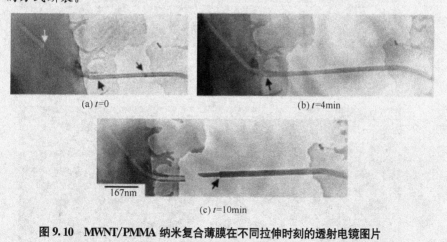

(a) $t=0$

(b) $t=4min$

167nm

(c) $t=10min$

图 9.10 MWNT/PMMA 纳米复合薄膜在不同拉伸时刻的透射电镜图片

可见，只有界面结合力足够强，聚合物纳米复合材料的力学性能才能有比较大的提高。Kim 等人专门研究了不同改性方法得到的碳纳米管对复合材料性能的影响。他们先用混合酸对碳纳米管进行纯化，然后在碳纳米管表面接枝十八烷基胺，最后在 Ar 气氛下，利用等离子体对碳纳米管表面处理(改性)。他们将不同改性程度的碳纳米管与环氧树脂复合，发现纳米复合材料的形貌、力学性能有不同程度的变化。如图 9.11～图 9.14 所示，随着改性程度越来越深，断面处拔出的碳纳米管越来越短。断面处突出的长且光滑的碳纳米管(图 9.11，图 9.12)，在材料受外力断裂的时候，应力沿纳米管与基体的界面将二者撕开。对比改性程度较好的碳纳米管(图 9.13，图 9.14)，断面处突出的碳纳米管很短，且仍然同基体有很多"藕断丝连"之处。这表示改性明显增强了碳纳米管与环氧树脂基体之间的界面结合力。而复合材料的力学性能变化趋势也证实了这一论断。环氧树脂和碳纳米管/环氧树脂复合材料的力学性能对比见表 9-2。

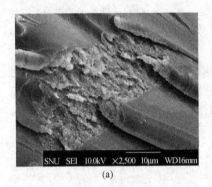
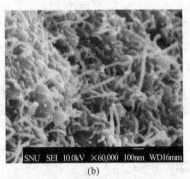

(a)   (b)

图 9.11　1wt%(即质量分数 1%)未改性 CNT/环氧树脂复合材料断面扫描图

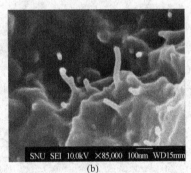

(a)   (b)

图 9.12　1wt%混酸改性 CNT/环氧树脂复合材料断面扫描图

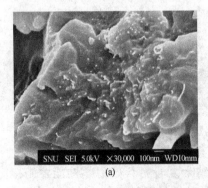
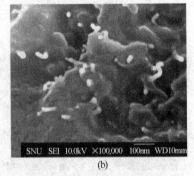

(a)   (b)

图 9.13　1wt%十八烷基铵改性 CNT/环氧树脂复合材料断面扫描图

 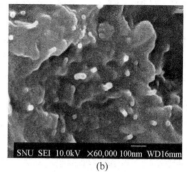

(a)   (b)

图 9.14　1wt%等离子体改性 CNT/环氧树脂复合材料断面扫描图

表 9-2　环氧树脂和碳纳米管/环氧树脂复合材料的力学性能对比

样品	拉伸强度/MPa	杨氏模量/GPa
环氧树脂	26	1.21
环氧树脂/未处理 CNT	42	1.38
环氧树脂/混酸处理 CNT	44	1.22
环氧树脂/烷基铵处理 CNT	47	1.23
环氧树脂/等离子体处理 CNT	58	1.61

9.2.2　纳米复合材料的热学性能

1. 纳米复合材料的导热性能

碳基材料的导热性能主要是由原子振动或者说是由声子决定的。根据报道，纳米管的最高热导系数在 10^3 W/(mK) 量级，而大部分有机材料的热导系数仅仅在 0.1W/(mK) 左右。由于单个的碳纳米管具有优良的导热性能，所以大家期望在一些导热性差的基体中加入碳纳米管，借以提高复合材料整体的导热性能，使之能在印制电路板、热界面材料、取暖器等热控制系统中得到应用。复合材料的导热性与很多因素相关，如纳米管的比表面、分散性、取向等，而对高导热性复合材料研究的重点在于如何降低材料内部纳米管之间的的热阻性。

许多研究人员已取得很大的进展。Biercuk 等人成功制备了环氧树脂/单壁碳纳米管纳米复合材料，他们发现，当碳纳米管含量为 1wt% 时，复合材料在室温下热导系数增加了 125%。Choi 等人也发现类似的结果，当碳纳米管含量为 3wt% 时，环氧树脂/单壁碳纳米管纳米复合材料的热导系数在室温下增加了 300%，若是利用磁场使碳纳米管取向一致，热导系数还可以再增加 10%。

然而，上述结果都比依照共混规律所预言的结果要低。这种差异很可能是由于碳纳米管和高分子基体之间的界面具有较高热阻性。降低这种界面热阻性的方法之一是可以在纳米管与基体之间引进共价键。Shengoin 用经典分子动力学方法模拟，发现如果在界面引入化学键，纳米管和基体之间的边界热阻将有明显的下降。然而，这种化学键同时会导致纳米管本身的热阻升高，因为沿纳米管方向传播的声子会被管壁的化学键所散射。他们对(10，−10)单壁碳纳米管的模拟结果发现：如果纳米管的比表面在 $100\sim1000$ 之间，对纳米管进行功能化可以提高复合材料的热导系数；但对更大比表面的纳米管，未改性的纳米管复合材料的导热性更好。Liu 等人利用 PDMS 材料和 $2wt\%$ 羧酸功能化的多壁碳纳米管复合材料对上述模拟结果进行了验证。他们发现用引进化学键方法对复合材料整体导热性的降低比 Shengoin 预言的更严重。

黄等人研究了硅橡胶与阵列碳纳米管复合材料的导热性能(图 9.15)。他们利用 CVD 方法生长了多壁碳纳米管阵列(约 $0.05\sim0.5mm$ 高，如图 9.15(a)所示)，然后通过注射成形方法将阵列碳纳米管包覆于硅橡胶中。由于多壁碳纳米管两端都达到了复合材料薄膜的表面，其突出的尖端能保证同热源形成更好的热交换，因此具有这种结构的复合材料的热导系数，相比纯高分子材料或是纳米管无规分散于基体的复合材料都要高。

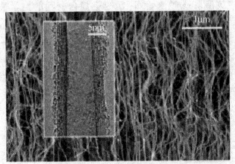

(a) 阵列多壁炭纳米管的SEM照片
(插图为单个多壁炭纳米管的高倍TEM照片)

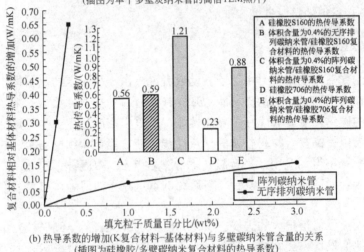

(b) 热导系数的增加(K复合材料−基体材料)与多壁碳纳米管含量的关系
(插图为硅橡胶/多壁碳纳米复合材料的热导系数)

图 9.15 硅橡胶与阵列碳纳米管复合材料的导热性能

Kumari 等人利用等离子烧结的方法，成功制备了 CNT/Al_2O_3 纳米复合材料(图 9.16)，并发现不同的碳纳米管含量以及烧结温度都会导致纳米复合材料的热性能的变化。由于碳纳米管的密度比氧化铝的密度低得多，所以当引入更多的碳纳米管在纳米复合材料中，CNT/Al_2O_3 的整体密度变小，以至于影响了热传导系数(图 9.17)。

(a) 7.39Wt%   (b) 8.25wt%

(c) 18.82wt%   (d) 19.10wt%

1μm

图 9.16　CNT/Al₂O₃ 纳米复合材料的场发射电子扫描
显微照片(FESEM)CNT 的含量分别为

2. 纳米复合材料的热稳定性

复合材料的热稳定性通常利用热重分析仪来检测，随着温度的增加，材料因热降解会分解出易挥发的产物，这种热降解过程可以通过测定固体样品的质量变化而显现出来。当材料在氮气气氛下测试时，在升温过程中样品仅发生非氧化降解；而在空气或氧气气氛下，样品将发生氧化降解。一般来说，将层状硅酸盐同高分子复合，由于层状硅酸盐是优良的热绝缘体，而且它能阻碍高分子热分解产生的小分子逸出，最终增强了材料的热稳定性。

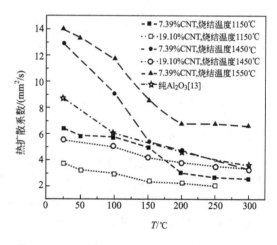

图 9.17　不同烧结温度和不同含量 CNT 制得的
CNT/Al₂O₃ 纳米复合材料的热扩散系数

Blumstein 最早报道了层状硅酸盐纳米复合材料的热稳定性。他利用原位聚合的方法成功制备了 MMT/PMMA 纳米复合材料。实验发现在蒙脱土片层之间的 PMMA 有很强的抗热降解性能，而在相同条件下，纯 PMMA 已经完全降解。热重分析的结果显示，无论是线性还是交联的 PMMA，当它们插入蒙脱土片层之间，相较于对应的纯 PMMA 的热分解温度提高了 40~50℃。片层间的聚合物不发生氧化热降解就是因为它们被蒙脱土晶体结构的两层片夹在中间，并紧紧附着在层片的界面，形成类似三明治结构，而氧分子不能够渗透到蒙脱土片层之间使其降解。Blumstein 认为，PMMA 纳米复合材料的热稳定性能不仅在于其特殊的"夹心层"结构，而且还因为蒙脱土片层限制了层间 PMMA 分子链的运动，这种片层之间的聚合物链段的空间位阻效应使分子链段的热运动受到了极大的限制。

近年来，许多研究小组制备了各种不同的高分子基纳米复合材料，而且发现热稳定性都有所提高。Sur 等人发现，纯 PSF 以及含 1wt％、5wt％纳米黏土的复合材料，其热分解温度分别为 494℃、498℃和 513℃（如图 9.18 所示）。纳米黏土在 PSF 基体中的剥离结构阻止了氧气进入高分子内部，提高了材料的热稳定性。

蒙脱土/PCL 纳米复合材料的热稳定性也较 PCL 高；而且随着蒙脱土含量的增加，纳米复合材料的热稳定性不断提高。当样品质量因热分解损失 50％时，此时纳米复合材料的热重曲线对应的温度较纯 PCL 高 25℃（图 9.19）。纳米复合材料热分解温度的提升，主要是因为蒙脱土与表面降解生成的碳层阻止了氧气和降解产生挥发性气体的渗透和扩散。

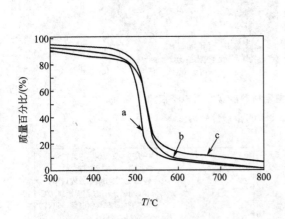

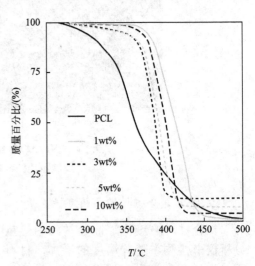

图 9.18　三种样品在空气气氛下的热重曲线
（a 为纯 PSF，b 为 1wt％黏土/PSF，
c 为 5wt％黏土/PSF）

图 9.19　PCL 及 PCL/蒙脱土纳米复合材料
在空气气氛下的热重曲线

纳米黏土不仅因热阻隔性能提高纳米复合材料的热稳定性，还能在热分解之后与反应产物一起形成碳层。在热分解早期阶段，黏土提高了材料热分解的初始温度；但是在下一阶段，纳米黏土之前吸收的热量一直累积，并没有散发，因此它成为材料中的内部热源，和外部热源提供的热流一起加速材料的热分解进程。

9.2.3　纳米复合材料的阻燃性

大多数高分子材料都是易燃物，随着高分子材料的应用已经渗透到国民经济和人们日常生活的各个方面，提高高分子材料的阻燃性一直受到人们的高度重视。随着各种类型阻燃添加剂的相继出现，阻燃材料的研究也越来越深入。研究发现，火灾发生时造成人员伤亡的致命因素是材料燃烧产生的浓厚烟雾和有毒腐蚀性气体。据统计，在美国近年发生的大火中，死亡者 80％都是因有毒烟雾窒息而死。2000 年 12 月 25 日，中国河南洛阳东都商厦的特大火灾，死亡 309 人，几乎都是遭到室内装饰材料燃烧生成的有毒气体和烟雾的伤害而中毒或窒息身亡。可见材料燃烧产生毒烟问题的严重性。

为了测试材料的燃烧性能，人们一般从以下四个方面来分析和描述火灾：

（1）引燃。当材料的温度超过其热裂解温度时，材料降解生成气态物质并释放出来，如果温度合适，气态物质被引燃而发生燃烧。实验条件下，火焰常常用电打火引燃装置或火焰通过引燃可燃气体/空气的混合物来实现。

（2）熔滴。熔滴是提高有机聚合物阻燃性能必须考虑的方面之一，尤其是对聚烯烃类聚合物如聚丙烯、聚乙烯。一般情况下，这些热塑性塑料制品在受热时会发生熔化和流动，产生可燃烧的熔滴。这些燃烧熔滴的出现会加速火势蔓延，对安全疏散及灭火都有影响。

（3）热量释放和火焰传播。热量释放被认为是最重要的火情指数，因为它决定了火焰的规模大小及火焰的能量高低。热释放测试广泛采用的方法是氧消耗锥形量热分析技术。锥形量热计是目前得到普遍应用的小型热释放测定仪器。一般认为，材料的释热率峰值越高，该材料燃烧时火焰蔓延的速度越快。

（4）烟雾生成量和毒性。烟雾是材料燃烧不完全的产物，它是可燃性气体和空气组成的气体载体，其中携带固体或者液体微小颗粒或液滴，前者称为烟，后者称为雾。

传统的阻燃剂有两个系列：卤系阻燃剂和磷系阻燃剂。它们能赋予材料优良的阻燃性能，且性价比高。但是，一旦发生火灾，卤系阻燃材料由于热分解和燃烧，会产生大量的烟雾和有毒的腐蚀性气体(卤化氢)。这类气体不仅会造成火灾场所中被困人员伤亡，而且还可能腐蚀仪器和设备。特别是多溴二苯醚阻燃剂产生的"二恶英问题"，给卤系阻燃剂的应用带来了负面影响。

阅读材料9-1

二恶英被称为"地球上毒性最强的毒物"，它是一种含卤的强毒性有机化学物质，在自然界中几乎不存在，只有通过化学反应才能产生，是目前人类创造的最可怕的化学物质之一。例如：0.1g的二恶英毒量就能致使数十人死亡，致死上千只禽类。该化合物可经皮肤、粘膜、呼吸道、消化道进入体内，能致癌、致畸形，有生殖毒性，可造成免疫力下降、内分泌紊乱，高浓度二恶英可引起人的肝、肾损伤，变应性皮炎及出血，它一般用 pg 或 ng 来计量。越战期间，美国在越南撒下大量除草剂，其中混入了二恶英，受害地区出生了大量的畸形儿，事后被证实为二恶英所致。目前垃圾焚烧处理是产生二恶英的主要来源。

虽然溴系阻燃剂在美国、日本及以色列等国家仍有应用，但是欧洲已要求禁用部分卤系阻燃剂。含磷系阻燃剂的阻燃材料虽然在燃烧时毒性和生烟量都很小，但由于它的阻燃机理的限制，要求基体材料结构中必须含有大量的氢、氧等元素以脱水形成炭化层，而且许多含磷阻燃剂的耐水解性较差，另外材料中的磷元素还会造成环境污染，因此，磷系阻燃剂的应用范围有限。而许多纳米阻燃剂(如蒙脱土、$Al(OH)_3$)在燃烧时不放出有毒气体，这是其应用于阻燃材料的优势之一。

材料的防火安全性可以通过在燃烧过程中的释热速率(HRR)、最大释热速率、烟雾产生量、CO_2产生量等一系列参数来进行评价。使用锥形量热仪则是测试材料阻燃性能的有效方法之一。表9-3所列为三种不同的高分子材料及其与蒙脱土形成纳米复合材料的燃烧性能对比。

从表9-3中可以发现，PA6、PS和PP-g-MA纳米复合材料的HRR峰值相对于纯高分子材料减小了50％～75％。最大释热速率的减小就是当火灾发生时，火势由纳米复合材料向几米范围内的邻近物体蔓延几率的降低。

表9-3 不同高分子及其纳米复合材料通过锥形量热仪所测得的结果

样品 (结构)	残留物 /(%)	HRR峰值 /(kW/m²)	HRR均值 /(kW/m²)	发热总量 /(MJ/kg)	烟雾范围 /(m²/kg)	CO生成量 /(kg/kg)
PA6	1	1010	603	27	197	0.01
PA6/MMT 2% (剥离型)	3	686	390	27	271	0.01
PA6/MMT 5% (剥离型)	6	378(63)	304(50)	27	296	0.02
PS	0	1120	703	29	1460	0.09
PS/MMT 3% (不相容)	3	1080	715	29	1840	0.09
PS/MMT 3% (插层/剥离)	4	567	444	27	1730	0.08
PS/(DBDPO/Sb₂O₃)30%	3	491	318	11	2580	0.14
PP-g-MA	5	1525	536	39	704	0.02
PP-g-MA/MMT 2% (插层/剥离)	6	450	322	44	1028	0.02
PP-g-MA/MMT 4% (插层/剥离)	12	381	275	44	968	0.02

注：所有实验均在外热源的热流量为35kW/m²下测得，质量损失率、HRR、烟雾范围重复实验结果差异在10%以内；CO和发热总量的重复实验结果差异在15%以内。

尽管对某些纳米阻燃材料在燃烧过程中包含一些特别的反应仍在研究，但纳米复合材料的阻燃机理已经有了统一的定性解释。当复合材料点燃后，表面会迅速生成一个碳与纳米微粒的混合层。这种碳层会阻止内部的高分子继续裂解生成可燃性小分子，从而终止燃烧。对应的实验结果就是由锥形量热仪检测的最大释热速率急剧减小。实际上，大部分高分子材料都会在快点燃时生成碳层，但在随后的燃烧过程中，纳米复合材料表面碳层的变化与纯高分子材料完全不同。尼龙6和蒙脱土/尼龙6纳米复合材料在燃烧过程中碳层的形成过程不同。Gilman发现，在点燃之前的几分钟，所有样品由于暴露在热源下，都在表面生成了很薄的碳层。一旦开始燃烧，纯PA6表面的碳层马上分裂为许多小碎片，没有阻燃效果。而PA6/MMT纳米复合材料表面的碳层并未因燃烧而消失，反而随着燃烧与材料中的蒙脱土形成一层坚硬的多孔碳层。纳米结构的存在使得碳层有足够的强度不在燃烧过程中碎裂。图9.20中所示的多层结构即是在燃烧后碳层中的蒙脱土。

图9.20 PA6/MMT纳米复合材料燃烧生成的碳层的透射电镜照片

因此，材料在燃烧过程中表面碳层的变化是极为重要的，纳米微粒在基体中的分散程度对纳米复合材料的阻燃性能影响很大。只有纳米微粒（纳米黏土、碳纳米管）良好的分散才可以使材料在燃烧时表面形成稳定的碳层结构，只有完整的碳层结构才能使材料内部不暴露在火焰中，也令热量难以完全传递，从而达到减缓燃烧速率的目的。

值得注意的是，尽管纳米复合材料最大释热速率减小很多，但是它在燃烧过程中的释热总量与等量的高分子基体材料的释热总量相同(图 9.21)。

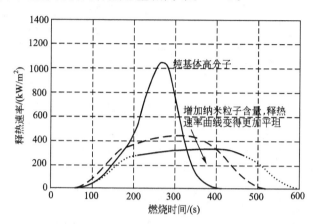

图 9.21　高分子及其纳米复合材料的释热速率随时间的变化

有实验进一步证实，由于纳米微粒可以提高复合材料的熔融黏度，所以在燃烧过程中可以阻止熔滴现象的发生，也使燃烧速率降低，增强了阻燃效果。

9.2.4　纳米复合材料的阻隔性

聚合物的渗透性取决于渗透物质的种类、聚合物的结构与性能以及渗透物质与聚合物的相互作用等因素。在聚合物的结晶结构中，由于其分子链段排列整齐、堆砌密度大，所以小分子较难渗入并透过聚合物基体本身。而聚合物微结构中也存在非晶区、结晶缺陷部分，即所谓的"自由体积"，这就为小分子物质的渗入、透过创造了前提条件。另外，聚合物结构的微裂纹、真空、缺陷等也有助于渗透物的渗入和透过。

小分子物质渗入、透过聚合物的过程主要包括：小分子物质在聚合物表面吸附；小分子渗入聚合物基体；小分子沿着一定路径，按浓度梯度进行扩散，最后穿过聚合物，到达聚合物的另一侧；小分子在这一侧面上因解吸附而扩散、离开聚合物表面，完成一个完整的渗透过程。

小分子物质在聚合物表面的吸附和聚合物的成分、结构以及表面状态有关，表面缺陷有利于小分子吸附。小分子物质在聚合物基体中的扩散与聚合物的自由体积有很大关系：自由体积大，渗透能力就强。升高温度时，自由体积会变大，渗透系数也随之变大。另外，小分子物质与聚合物的键合与非键合作用也会影响到小分子物质在聚合物中的溶解和扩散。

从物理的角度来看，常规填料型聚合物阻隔性能的提高主要有两种原因：一是扩散路径的延长；二是当填料的用量增加时，渗透物质传递有效横截面面积的减小。

在层状硅酸盐/聚合物复合体系中，纳米级的层状硅酸盐以多层、单层的形态分散到聚合物基体中。这些片层由于其极高的长径比($10 < L/D < 1000$)，可导致小分子物质的扩散路径更加曲折(与常规填料和纳米颗粒状填料相比)，小分子在基体中的扩散线进一步延长，扩散时间增多，因此这类纳米复合材料的气体、液体的阻隔性能增强。

通过加入足够大比表面的无机片层来调节扩散路径，可以显著提高复合材料的阻隔性能。图 9.22 为小分子在高分子纳米复合材料中的渗透路径示意图。预言纳米片层对材料渗透性影响的不同模型见表9-4。这些模型都是基于纳米片层在基体中无规排列，或者在垂直于渗透方向平行排列。这些模型都认为大的比表面可以急剧减小复合材料的渗透性。

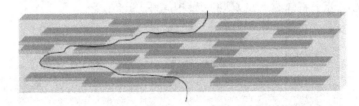

图9.22　小分子在高分子纳米复合材料中的渗透路径

表9-4　纳米复合材料阻隔性预测的各种模型

模型	粒子类型	粒子几何形状	公式
Nielsen	带状	w t	$(P_0/P)(1-\phi)=1+\alpha\phi/2$
Cussler（规则排列）	带状	w t	$(P_0/P)(1-\phi)=1+(\alpha\phi)^2/4$
Cussler（随机排列）	带状	w t	$(P_0/P)(1-\phi)=(1+\alpha\phi/3)^2$
Gusev, Lusti	盘状	d t	$(P_0/P)(1-\phi)=\exp[(\alpha\phi/3.47)^{0.71}]$
Fredrickson, Bicerano	盘状	d t	$(P_0/P)(1-\phi)=4(1+x+1.1245x^2)/(2+x)^2$ 其中 $x=(\alpha\phi/2)\ln(\alpha/2)$
Bharadwaj	盘状	d t	$(P_0/P)(1-\phi)=1+0.667\alpha\phi(S+1/2)$ 其中 S 为取向系数，在 $-1/2$ 到 1 之间取值

　　注：P 为填充之后材料的渗透率，P_0 为填充之前材料的渗透率，ϕ 为纳米微粒的含量。对于带状纳米微粒，长度无限，宽度为 w，厚度为 t，比表面 $\alpha=w/t$；对于盘状纳米微粒，盘面直径为 d，厚度为 t，比表面 $\alpha=w/t$。

　　值得注意的是，当加入少量的纳米微粒后，纳米微粒在聚合物基体中能充分的剥离和分散，达到阻隔气体的效果，当继续加入纳米微粒时，过多的微粒会造成堆积，因此渗透系数的下降程度会趋于平缓。

　　具有阻隔性能的黏土纳米/PET复合材料已经有商业化产品。原位聚合方法制备的剥离型PET/黏土纳米复合材料，当黏土含量仅为1wt%时，其渗透性即是纯PET的1/2。Choi等人也发现，纳米黏土含量为(1~5)wt%，PET纳米复合材料对氧气的渗透性是纯PET材料的1/15至1/10，但是水蒸气的渗透性并没有任何改变。剥离的黏土减小了一些有机溶剂在氯丁烯橡胶中的扩散系数，这种材料用于化学保护手套或防护衣。纳米黏土加入到PA6/PE或PA6/PP系统，都能有效增强对苯乙烯的阻隔性，而且这种高分子共混纳米复合材料的阻隔性优于MMT/PA6纳米复合材料。

　　大部分研究小组都是将少量的纳米黏土加入高分子基体，以形成剥离结构，达到较好的阻隔性能,但是也有研究人员反其道而行之。他们将少量的环氧小分子单体及其固化剂渗入纳米黏土组成的薄膜,然后固化。最后得到一种黏土体积分数为77%的半透明纳米复合材料薄膜,其氧气渗透系数比相应的环氧树脂薄膜渗透系数低2~3个数量级。

9.3 纳米复合材料的制备方法

纳米复合材料的制备通常是首先制备作为增强体的纳米粉体或纳米纤维(其制备技术可参见本书第3章、第5章),然后与基体材料通过球磨或浆体搅拌等方式混合均匀,对于聚合物基体复合材料,通过成形工艺可直接得到工件或材料,而对于陶瓷基、金属基复合材料还需要通过成形、烧结等工艺才能得到复合材料。直接用两种纳米粉体制备纳米复合材料,最终显微结构中晶粒仍要保持在纳米尺度是有困难的。由于纳米微粒的巨大活性,在烧结过程中晶界扩散非常快,极易发生晶粒快速生长,所以要将微结构控制在纳米量级,始终是材料科学研究的主要内容之一。通过添加剂或第二相来抑制晶粒生长和采用快速烧结工艺是目前两大主要解决途径。采用热压烧结、微波烧结的先进烧结技术,可在烧结过程中尽量降低烧结温度,缩短烧结时间,加快冷却速度。例如,以 Si_3N_4 粉和纳米 SiCw 晶须为原料,加入少量添加剂(如 MgO 等),球磨混合均匀后装入石墨模具中,在 1600~1700℃的氩气中热压烧结,烧结压力为 20~30MPa,可得到致密的(理论密度的 95% 的) $SiCw/Si_3N_4$ 纳米复合材料。下面主要以聚合物基复合材料为例介绍纳米复合材料的制备。

9.3.1 共混法

共混法是指首先制备纳米微粒,然后再通过各种方式与无机或有机聚合物基体混合。由于纳米微粒的高表面能,直接混合到聚合物中往往团聚较为严重,因此往往对纳米微粒先进行表面处理。共混法的优点在于纳米微粒制备与材料的混合分步进行,纳米微粒的形态、尺寸易控制;缺点是纳米微粒易团聚,解决均匀分散是关键。

9.3.2 层间插入法

许多无机化合物如硅酸盐类黏土、磷酸盐类、石墨、金属氧化物、二硫化物等,具有典型的层状结构,可以嵌入有机物,通过合适的方法将后者插入其中,便可获得有机纳米复合物。我们以应用最多的层状硅酸盐为例,讲述高分子的层间插入法。要使高分子链进入层间距为1nm左右的硅酸盐片层,并克服片层间作用,得到剥离或插层的聚合物基纳米复合材料是很困难的。为此,必须先通过两种途径对层状硅酸盐改性,以增加聚合物插层的可能性:一、增加片层间距,二、增加片层与聚合物的相互作用。首先,通过离子交换反应,将有机阳离子(一般为烷基季铵盐)引入层状硅酸盐片层之间,使其层间距增大。改性后的层状硅酸盐可直接用于聚合物纳米复合材料的制备。制备方法根据插层形式的不同可分为如下几种。

1. 插层聚合

首先将小分子的单体插入硅酸盐片层中,然后单体在硅酸盐片层之间聚合成高分子。此过程中,单体不断插入聚合使片层之间进一步扩大甚至解离,最终使层状硅酸盐填料在聚合物中达到纳米尺度的分散,从而获得纳米复合材料,图 9.23 所示为开环聚合生成纳米复合材料的机理。刘黎明等人将环氧小分子、引发剂同层状硅酸盐一起混合均匀，并在不同的温度下固化。X 衍射结果显示，改性后的层状硅酸盐的衍射峰对应层间距为 4.1nm；在 70℃和 90℃条件下固化的复合材料呈现出对应片层间距为 4.5nm 的衍射峰；而在 110℃以上温度固化的复合材料未呈现出衍射峰，表明片层发生了剥离。正电子湮没结果显示，随着固化温度的增加，o-Ps 强度减小，表明复合材料中的亚纳米级空隙越来越少，固化越来越完全；当固化温度达到 140℃以上，空隙数接近极限，无法继续减少。该研究证明了，插层聚合中，小分子之间的化学反应是令层状硅酸盐片层剥离的驱动力之一。

插层聚合适用于己内酰胺、甲基丙烯酸甲酯、苯乙烯、丙烯酸、丙烯腈等单体。该方法主要受单体浓度、反应条件、引发剂（自由基聚合）品种和用量等因素的影响。

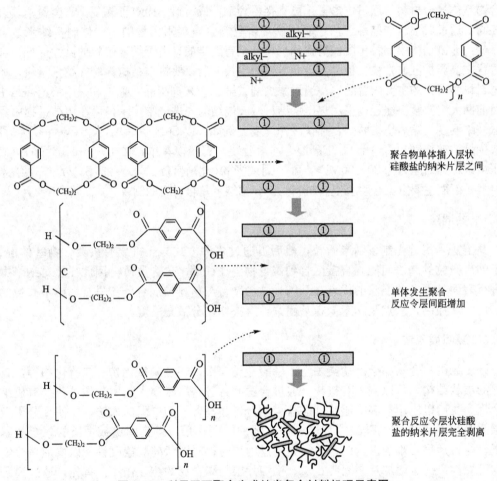

聚合物单体插入层状硅酸盐的纳米片层之间

单体发生聚合反应令层间距增加

聚合反应令层状硅酸盐的纳米片层完全剥离

图 9.23　利用开环聚合生成纳米复合材料机理示意图

2. 溶液插层

溶液插层的过程为：先将聚合物配置成一定浓度的溶液，在一定的温度下，将其与改性后的硅酸盐溶液混合。在溶剂作用下，聚合物插层于硅酸盐片层间。经干燥后，即可得到聚合物基层状硅酸盐纳米复合材料。能较好用于溶液插层的聚合物大多为极性聚合物，这是因为能较方便的得到聚合物溶液，并能与硅酸盐层间的改性剂较好的作用。常用的聚合物有尼龙、聚亚酰胺、环氧树脂、聚氨酯等。而对于如聚丙烯、聚乙烯等不易制备其溶液的聚合物,溶液插层法有一定的局限。需要指出的是,即使聚合物溶液较易得到,但在制备过程中需要大量的溶剂,待插层结束后,又要除去这些溶剂,这就给环境带来极大污染。例如,将己内酰胺聚合物(PLC)溶于氯仿中制得溶液,再将蒙脱土加入,使 PLC 分子嵌入蒙脱土片层中,除去氯仿,即制得蒙脱土/PLC 纳米复合材料。其机理如图 9.24 所示。

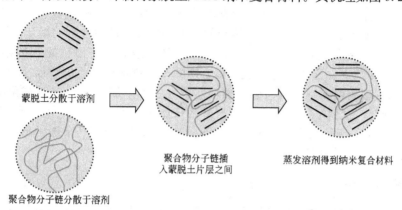

蒙脱土分散于溶剂

聚合物分子链分散于溶剂

聚合物分子链插入蒙脱土片层之间

蒸发溶剂得到纳米复合材料

图 9.24　利用聚合物溶液插层方法制备纳米复合材料的机理示意图

3. 熔体插层

将聚合物熔融,通过剪切、退火等方法,令纳米微粒在聚合物基体中形成良好的分散,从而得到纳米复合材料。这种方法不需要有机溶剂,加工过程中污染较少,另外这种方法很适合利用现有的规模生产工艺(如熔融挤出、注射成形),设备改造成本很低如图 9.25 所示。

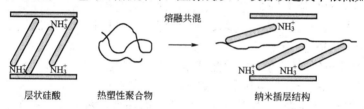

熔融共混

层状硅酸

热塑性聚合物

纳米插层结构

图 9.25　熔融共混方法进行插层复合的机理示意图

熔融插层过程实际上是聚合物分子链向硅酸盐片层扩散的过程。随着扩散程度的不同,可以得到从插层型到剥离型的不同结构的复合物。熔融共混过程中,聚合物熔体流动所产生的作用力,达到可以使纳米粒子团聚体分散的程度时,就可实现纳米粒子在聚合物基体中的分散。熔融插层时,硅酸盐片层剥离的程度,除收到聚合物-硅酸盐片层改性剂相互作用的影响外,还收到熔体粘度、剪切速率以及物料在挤出机中停留时间等熔融混合条件的影响,而复合物的性能则依赖于硅酸盐片层的剥离程度。在静态退火过程中,聚合物扩散主要由聚合物分子与硅酸盐的改性插层剂的相互作用决定。

根据热力学原理,对于插层复合过程,其系统的总自由能变化 ΔG_m 需小于零,即

$$\Delta G_m = \Delta H_m - T \cdot \Delta S_m < 0$$

式中,ΔH_m 为插层过程焓变,ΔS_m 为熵变。

在聚合插层过程中,聚合物与片层间之间的作用,需在外力作用下进行,故 $\Delta H_m < 0$。聚合插层过程中,由于聚合物分子插层进入硅酸盐片层,无序度减小,是一个熵减过程,即 $\Delta S_m < 0$。

在溶液插层方式中,溶剂对聚合物在片层间空隙的顺利插层具有决定性的作用。这是

因为，溶剂分子从硅酸盐片层空隙退出，由有序的聚集态结构转变为无序的混乱结构，产生了熵变增量。这种熵变增量超过了高分子链段由于进入片层从无序混乱状态转化为有序聚集态结构所损失的构象熵。

然而，熔融插层过程的熵变，没有溶剂熵增的补偿，导致过程熵变为负值，即 $-T \cdot \Delta S_m > 0$。因此，若要使熔融插层过程的自由能变化 $\Delta G_m < 0$，则必须令过程的 $\Delta H_m < 0$，且 $|\Delta H_m| > |T \cdot \Delta S_m|$。因此，当聚合物与硅酸盐片层间改性剂的相互作用足够大时，从热力学角度，熔融插层是可行的。Kawasumi 等研究双螺杆挤出制备 PP/蒙脱土复合物时发现，非极性的 PP 由于无法与有机蒙脱土中的改性剂作用，不能插层于蒙脱土片层之间，得不到插层型或剥离型的复合物。然而，若在体系中加入 PP-马来酸酐接枝低聚物后，PP 即可插层。这就是因为 PP-马来酸酐接枝低聚物带有极性基团，可与改性剂发生作用，（即 $\Delta H_m < 0$，且 $|\Delta H_m| > |T \cdot \Delta S_m|$），从而使 PP-马来酸酐低聚物首先插层进入硅酸盐片层间，再使 PP 插层。

9.3.3 反应器就地合成法

该法首先在单体溶液中分散纳米微粒（超声波分散、机械共混等），然后进行聚合，形成粒子分散良好的纳米复合材料；或者在柔性聚合物中先溶解刚性棒状聚合物单体，然后引发单体聚合，形成刚性聚合物纳米微粒在聚合物基体中以纳米级分散的复合材料。这种方法反应条件温和，分散均匀，但应用于规模生产的局限性较大。

9.3.4 溶胶-凝胶法

溶胶-凝胶法是最早用来制备纳米复合材料的方法之一，也是目前应用最多的纳米复合材料制备方法之一，可以制备陶瓷基、聚合物基复合材料。溶胶-凝胶法的基本原理可以用以下三个阶段来描述：

(1) 单体（即前驱体）经水解、缩合生成溶胶粒子（初生粒子，粒径为 2nm 左右）；

(2) 溶胶粒子聚集生长（次生粒子，粒径为 6nm 左右）；

(3) 长大的粒子（次生粒子）相互连接成链，进而在整个液体介质中扩展成三维网络结构，形成凝胶。

当溶胶粒子来自不同的前驱体时，可以很方便的得到不同纳米微粒组成的凝胶，凝胶经过干燥、烧结工艺即可到纳米复合材料。

Sol-Gel 是制备聚合物基有机-无机纳米复合材料最直接的方法。把前驱物溶解在预形成的聚合物溶液中，在酸、碱或某些盐的催化作用下，让前驱化合物水解，形成半互穿网络。在这类复合材料中，线型聚合物贯穿在无机物网络中，因而要求聚合物在共溶剂中有较好的溶解性，与无机组分有较好的相容性。可形成该类型复合材料的可溶性聚合物不少，如 PVA、PVAc、PM-MA 等。此外在聚合物侧基或主链末端引入能与无机组分形成共价键的基团，还可赋予两相共价交联的特点，可明显增加复合材料的杨氏模量和极限强度。在良好溶解的情况下，极性高聚物还与无机物形成较强的物理作用，如氢键。

9.3.5 辐射合成法

辐射合成法适合于制备聚合物基金属纳米复合材料，它是将聚合物单体与金属盐在分子级别混合，即先形成金属盐的单体溶液，再利用钴源或加速器进行辐射，电离辐射产生的初级产物能同时引发聚合物单体聚合以及金属离子的还原，聚合物的形成过程一般要较金属离子的还原、聚集过程快，先生成的聚合物长链使体系的黏度增加，限制了纳米小颗粒的进一步聚集。因而可得到分散粒径小、分散均匀的聚合物基金属纳米复合材料。

9.4 纳米复合材料的应用

近年来，世界发达国家制订的新材料发展战略都把纳米复合材料的发展放到重要位置。由于纳米复合材料具备了优良的综合性能，被广泛应用于航空航天、国防、交通、体育等领域。据 Frost& Sullivan 经济咨询机构的预计，全球纳米复合材料市场将呈现持续快速增长势头。2006 年全球的纳米复合材料市场成交额为 3370 万美元，而到 2013 年的市场交易额将增长 4 倍，达到 1.45 亿美元。

9.4.1 纳米复合材料的应用领域

1. 纳米复合材料在结构材料中的应用

聚合物基纳米复合材料由于在力学性能方面表现优异，被广泛用于航空、汽车、家电等领域。日本丰田公司成功地将尼龙/层状硅酸盐复合材料用于汽车塑料。金属基复合材料由于其密度、强度远远优于单一组分，因而成为应用的热点，如铝合金是制造超音速飞机或飞行器蒙皮的合金材料之一，人们将某一组分加工成纳米尺寸，那么纳米增韧补强的新型复合材料能大幅度提高材料的强度，降低材料的用量。

2. 纳米复合材料在电子器件方面的应用

巨磁阻材料：所谓巨磁阻就是在一定的磁场下材料的电阻急剧减小。人们在 Fe/Cu、Fe/Ag、Fe/Al、Fe/Au、Co/Cu、Co/Ag 等纳米复合材料中观察到了显著的巨磁阻现象，所以它可用于磁存储元件。

微晶软磁材料：如 Fe-M-O(M 为 Zr、Hf、Nb、Ta、V 等元素)软磁薄膜是由小于 10nm 的磁性微晶嵌于非晶态 Fe-M-O 的膜中形成的纳米复合材料，它具有较高的电阻率，相对低的矫顽力，较高的饱和磁化强度，从而可用于高频微型开关电源。

磁性液体：如用油酸为表面活性剂包敷在纳米级的 Fe_2O_3 所形成的纳米复合材料弥散在基液中可形成磁性液体。它能用于转动部件的密封、精密仪器的润滑、增加扬声器功率、作阻尼器件、用于矿物分离等。纳米复合材料在光学领域也有广泛的应用，例如共轭聚合物-纳米晶结构的光伏器件具有很多优点。

3. 纳米复合材料在化学化工领域中的应用

在纳米催化复合材料中，起主要作用的仍然是以纳米微粒形式存在的、高度分散的纳米催化剂。尤其是将无机和有机材料复合制作的催化剂。有研究者用溶胶-凝胶组装方法，制备得到 Nafion/SiO$_2$ 复合材料，Nafion 分散于多孔 SiO$_2$ 中，粒子只有 20~60nm，大大增加了 Nafion 的比表面积，酸性中心的暴露百分数比普通 Nafion 提高数千倍，其在丁烯的异构化、配位反应、α-甲基苯乙烯的双聚反应中催化活性提高数十至数百倍。对塑料进行纳米改性后，复合材料比单一塑料在力学、透气透水、耐热方面都有很大提高，并且产生很多的塑料以前没有的性能。如有人用纳米碳酸钙对高密度聚乙烯改性，其冲击强度、弯曲强度都有很大的提高。复合材料在表面防腐及功能化中也有很多应用，如通过在塑料或高分子材料中添加复合纳米粉，可形成塑料或高分子基纳米涂料，又如在高分子基体中添加纳米二氧化硅可大大增加涂层的抗腐蚀能力。复合材料在环保领域也有很多应用，如石油脱硫处理用纳米钛酸钴，以半径为 55～70nm 的钛酸钴合成的催化活体多孔硅胶或以 Al_2O_3 陶瓷作为载体的催化剂，其催化效率极高，经它催化的油品中硫的含量小于 0.01％，达到国际标准。在尾气治理方面，复合稀土化合物的纳米级粉体是一种新型汽车尾气净化催化剂，纳米粉体有极强的氧化还原性能，它可以彻底解决汽车尾气中的 CO 和 NOx 的污染问题。又如纳米 TiO_2 对绿脓杆菌、大肠杆菌、金黄色葡萄球菌等有强大的杀伤力，可用于抗菌陶瓷洁具表面层。

4. 纳米复合材料在生物医药和健康卫生等领域的应用

将水溶性不佳或难溶药物的分子制成囊状物或包在聚合物基质中加工成纳米复合材料，可大大提高药物的利用率。有人采用葡萄糖包覆的氧化铁纳米微粒作为基因载体，发现其与 DNA 的结合力和抵抗 DNA 的能力大大提高。把抗肿瘤药物包覆到聚乳酸（PLA）纳米微粒上能减少内皮系统的吸收，使肿瘤组织对药物的吸收增加。

5. 纳米复合材料在纺织品中的应用

可制作抗紫外型化纤，如用纳米 TiO_2 添加至涤纶、维纶等化纤中纺成纳米复合材料可抗紫外。此外还可制成反射红外的化纤，如用纳米氧化锆和化纤复合可制成反射红外的复合材料。又如用纳米氧化锌和化纤复合可制成抗菌的材料。

6. 纳米复合材料在其他领域的应用

在能源领域，利用纳米技术对已有的含能材料进行加工处理，可使其获得更高的能量，如纳米铁粉、纳米铝粉等；还可利用纳米技术对新能源进行转化、利用。纳米微粒本身因其表面能高而储存大量的能量；纳米微粒表面活性大而吸附大量的其他含能物质（如氢气）。纳米微粒作为催化剂对原有能源释放形式和释放过程可进行一定改变和加速，使被催化的原含能材料的能量释放更完全、更充分，从而达到提高能量的目的。纳米新能源材料一般以复合材料出现，如作为储能的碳纳米管复合材料既可以通过储氢来提高其能量含量，又可以作为固体推进剂的燃烧催化剂，还可以作为电极材料和制作氢燃料电池。

9.4.2 规模生产的纳米复合材料商品

纳米复合材料已应用于各种产业，从 20 世纪 90 年代开始，美国开始将尼龙/碳纳米管纳米复合材料应用于汽车燃料系统，以防止静电；并使用可保护磁盘读写头的纳米管 ESD 聚合物。

近年来，许多产业对纳米复合材料都显示出高度兴趣，根据美国 BRG Town-send 公司针对纳米级复合材料的市场调查报告指出，纳米复合材料已经成为包装市场的利器，全球应用纳米复合材料的包装需求量呈现大幅增长，预计 2011 年需求量将增为 4.4 万吨，年平均增长率将达到 80％。随着纳米复合材料技术的发展逐渐受到瞩目，产业界对复合材料性能的要求也越来越高，将不同材料进行纳米级复合而形成的纳米复合材料，具有超越传统材料的特性，将提供未来材料相关产业发展的新商机，在相关应用领域具有非常大的发展潜力。

尽管研究时间不长，但是纳米复合材料已经在工业上产生了巨大的影响。当利用熔融共混或者原位聚合方法，在聚合物中添加 2％～5％ 的纳米微粒后，复合材料的热学性能、力学性能、阻隔性能、阻燃性能都会有很大的提高。为提高竞争力，许多公司相继研发纳米复合材料，并向市场推出了纳米黏土和纳米管的复合材料。纳米材料以其独特的性能广泛应用于不同种类的产品，如眼镜涂层、创可贴、包装薄膜等，并且随着研究的发展应用范围不断扩大。目前，聚合物纳米复合材料主要应用于包装材料和汽车行业。表 9-5 所列为部分已商品化的纳米复合材料。

表 9-5　纳米复合材料的部分商用产品

供应商	基体树脂	纳米微粒	材料性能	应用领域
Basell USA	TPO	纳米黏土	高模量、高强度，耐磨	汽车
Lanxess	尼龙	纳米黏土	高阻隔性	包装薄膜
GE Plastics	PPO/尼龙	纳米管	高导电性	汽车涂料
Honeywell Polymer	尼龙 6 阻隔型尼龙	纳米黏土	高阻隔性	啤酒瓶，薄膜
Hybrid Plastics	POSS Masternbatches	POSS	高热阻性、阻燃性	一次性消耗品，航天器，生物药物，农业，运输系统，建筑工业
Hyperion Catalysis	PETG，PBT，PPS，PC，PP，Fluoroelastomers（FKM）	纳米管	高导电性	汽车，电子工业
Kabelwerk Eupen AG	EVA	纳米黏土纳米管	阻燃性	绝缘材料
Mitsubishi Gas Chemical Company	尼龙 MDX6	纳米黏土	高阻隔性	果汁瓶，啤酒瓶，薄膜，容器
Nanooor	尼龙 6 聚丙烯 尼龙 MDX6	纳米黏土	高阻隔性	多用途模具，PET 啤酒瓶
Noble Polymer	聚丙烯	纳米黏土	耐高温，高硬度，高强度	汽车，家具
Polymeric Supply	不饱和聚酯 环氧树脂	纳米黏土	耐热、阻燃	航海，交通，建设，工业
PolyOne	聚烯烃，TPO	纳米黏土	高阻隔性、耐热，高强度，高硬度	包装，汽车
Putsch Kunststoffe GmbH	聚丙烯/聚苯乙烯	纳米黏土	耐磨	汽车
RTP Company	PA6，PC，HIPS，Acetal，PBT，PPS，PEI，PEEK，PC/ABS，PC/PBT	纳米管	高导电性	电子工业，汽车
Ube	尼龙 12	纳米黏土	高强度，热阻隔	汽车燃料系统
Unitka	尼龙 6	纳米黏土	高硬度，热阻隔	多种用途
Curad	未知	纳米银	抗菌	绷带
Pirelli	SBR 橡胶	保密	耐低温	冬季用轮胎
Hyperion	多种材料	多壁碳纳米管	导电性	除静电材料
中国烟台海利公司	超高分子量聚乙烯	纳米黏土	—	抗地震管材

 习 — 题

（1）什么是纳米复合材料？

（2）纳米复合材料有哪些用途？

（3）纳米复合材料的阻燃性机理是什么？

（4）纳米复合材料的阻隔性机理是什么？

（5）图9.26所示为纳米复合材料处于不同状态时的结构示意图，请据此解释纳米复合材料相对于纯基体材料力学性能增加的原理。

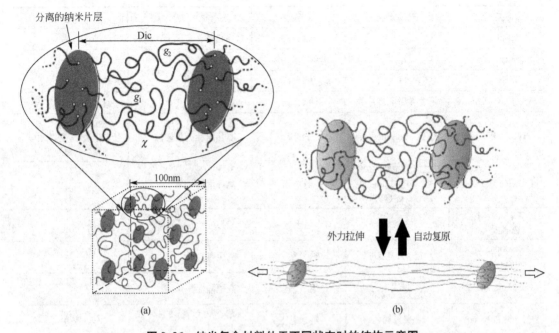

图9.26　纳米复合材料处于不同状态时的结构示意图

（a）纳米复合材料的结构示意图；（b）复合材料处于拉伸状态时的结构示意图

（6）图9.27所示为聚硅醚与不同大小的二氧化硅复合所得到的材料的杨氏模量随填充物含量的变化，请分析纳米微粒尺寸对纳米复合材料整体力学性能的影响，以及产生的原因。

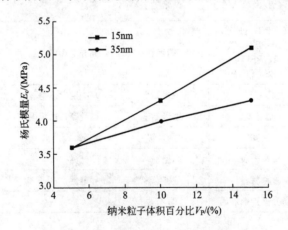

图9.27　聚硅醚与不同大小的二氧化硅复合所得到的材料的杨氏模量随填充物含量的变化

参 考 文 献

[1] 曹茂盛. 纳米材料导论 [M]. 哈尔滨：哈尔滨工业大学出版社，2007.

[2] 徐云龙，等. 纳米材料学概论 [M]. 上海：华东理工大学出版社，2008.

[3] 张立德，牟季美. 纳米材料和纳米结构 [M]. 北京：科学出版社，2002.

[4] 倪星元，姚兰芳，沈军. 纳米材料制备技术 [M]. 北京：化学工业出版社，2007.

[5] 丁秉钧. 纳米材料 [M]. 北京：机械工业出版社，2004.

[6] [美] K. J. 克莱邦德. 纳米材料化学 [M]. 陈建峰译. 北京：化学工业出版社，2004.

[7] 陈翌庆，石瑛. 纳米材料学基础 [M]. 长沙：中南大学出版社，2009.

[8] 刘焕彬，陈小泉. 纳米科学与技术导论 [M]. 北京：化学工业出版社，2006.

[9] 王世敏，许祖勋，傅晶. 纳米材料制备技术 [M]. 北京：化学工业出版社，2002.

[10] 梁文平. 乳状液科学与技术基础 [M]. 北京：科学出版社，2001.

[11] 徐滨士. 纳米表面工程 [M]. 北京：化学工业出版社，2003.

[12] 陈光华，邓金祥. 纳米薄膜技术与应用 [M]. 北京：化学工业出版社，2005.

[13] 欧阳健明. LB膜的原理及应用 [M]. 广州：暨南大学出版社，1999.

[14] 周均铭. 晶体生长科学与技术 [M]. 北京：科学出版社，1997.

[15] [美] 王中林，等. 纳米材料表征 [M]. 李金刚译. 北京：化学工业出版社，2006.

[16] 李群. 纳米材料的制备与应用技术 [M]. 北京：化学工业出版社，2008.

[17] 蓝闽波，等. 纳米材料测试技术 [M]. 上海：华东理工大学出版社，2009.

[18] 朱永法. 纳米材料的表征与测试技术 [M]. 北京：化学工业出版社，2006.

[19] 徐祖仁，庞文琴. 分子筛与多孔材料化学 [M]. 北京：科学出版社，2004.

[20] 贾修伟. 纳米阻燃材料 [M]. 北京：化学工业出版社，2005.

[21] 黄德欢. 纳米技术与应用 [M]. 上海：中国纺织大学出版社，2001.

[22] 李民乾，艾小白. 改变人类生活的纳米科技 [M]. 上海：复旦大学出版社，2006.

[23] 肖义明，陈志凌. 激光合成陶瓷 [M]. 武汉：华中理工大学出版社，1992.

[24] Ashby M. et al. *Nanomaterials, Nanotechnologies and Design: An Introduction for Engineers and Architects* [M]. *Oxford: Elsevier Inc.*，2009.

[25] Ramsden J. R. *Applied Nanotechnology* [M]. *Oxford: Elsevier Inc.*，2009.

[26] 白春礼. 全面理解纳米科技内涵，促进纳米科技在我国的健康发展 [J]. 微纳电子技术，2003，40(1)：1-3.

[27] 张立德. 纳米材料技术应用新趋势和传统产品升级机遇 [J]. 新材料产业，2007(6)：21-24.

[28] 汪冰等. 纳米材料生物效应及其毒理学研究进展 [J]. 中国科学 B辑，2005，35(1)：1-10.

[29] 杨明等. 纳米材料环境安全性研究进展 [J]. 化学世界，2008，49(9)：570-572.

[30] 姜桂兴. 世界纳米科技发展态势分析 [J]. 世界科技研究与发展，2008，30(2)：237-240.

[31] 吴秀华，赵斌，古宏晨. 超细合金粉末材料的研究进展 [J]. 金属矿山，2002(1)：29.

[32] 严东生. 纳米材料的制备 [J]. 无机材料学报，1995，10(1)：1.

[33] 孙志刚，胡黎明. 气相法合成纳米颗粒的制备技术进展 [J]. 化工进展，1997 (2)：21.

[34] 王秀峰，王永兰. 水热法制备纳米陶瓷粉体 [J]. 稀有金属材料与工程，1995，24(4)：1.

[35] 施尔畏，夏长泰. 水热法的应用与发展 [J]. 无机材料学报，1996，11(2)：193.

[36] 王李波，张明. 润滑纳米添加剂表面化学修饰研究进展 [J]. 润滑与密封，2008，33(9)：95.

[37] 陈春霞，王宗簾. 用高能球磨制备氧化铁/聚氯乙烯纳米复合材料 [J]. 材料研究学报，2000，14(3)：334.

[38] 丘成军，曹茂盛. 纳米薄膜材料的研究进展 [J]. 材料科学与工程，2001，19(4)：132.

[39] 翟怡，张金利，李韦华. 自组装单层膜的制备和应用 [J]. 化学进展，2004，16(4)：477.

[40] 黄艳，李慧勤，安百江. 电化学法制备薄膜材料的研究进展 [J]. 陶瓷，2007(10)：54.

[41] 徐斌，王英，张亚非. LB技术在制备纳米薄膜方面的应用及进展 [J]. 微纳电子技术，2007，44(10)：933.

[42] 沈海军，穆先才. 纳米薄膜的分类、特性、制备方法与应用 [J]. 微纳电子技术，2005(11)：506.

[43] 杨柏，金满，郝恩才. 半导体纳米颗粒在聚合物基体中的复合与组装 [J]. 高等学校化学学报，1997，18(7)：1219.

[44] 曹立新，万海保，袁迅倒，等. SnO₂ 纳米粒子膜的性质和结构研究 [J]. 化学物理学报，1999，12(2)：191.

[45] 潘峰，范旗殿. 纳米磁性多层膜研究进展 [J]. 物理，1991，22(9).

[46] 刘娟. 纳米陶瓷的制备方法 [J]. 河南科技，2008(5)：37.

[47] 张修庆，朱心昆. 反应球磨技术制备纳米材料 [J]. 材料科学与工程，2001，19(2)：95.

[48] 李建明，周旭光，王会东. 纳米润滑添加剂 [J]. 润滑油与燃料，2003(4)：1.

[49] 朱红，王滨，申靓梅，等. 油酸修饰 CuS 纳米颗粒的原位合成及其摩擦学性能 [J]，物理化学学报，2006，22(5)：552.

[50] 许海军，富笑男，孙新瑞，李新建. 硅纳米孔柱阵列的结构和光学特性研究 [J]. 物理学报，2005，54(5)：2352.

[51] 王美英，余庆彦，刘国栋，瞿雄伟. 硅烷偶联剂表面接枝包覆纳米 SiO₂ 的研究 [J]. 高分子材料科学与工程，2005，21(6)：228.

[52] 欧忠文. 基于原位合成方法的超分散稳定纳米润滑材料的制备及其摩擦学特性 [D]. 重庆：重庆大学，2003.

[53] Lu L，Sui M L，Lu K. *Superplastic Extensibility of Nanocrystalline Copper at Room Temperature* [J]. *Science*，2000(287)：1463.

[54] Yang S G. *Preparation and magnetic property of Fe nanowire array* [J]. *J. Magn. Mater*，2000(222)：97.

[55] Tran H D，Wang Y，Arcy J M，Kaner R B. *Toward an Understanding of the Formation of Conducting Polymer Nanofibers* [J]. *ACS Nano*，2008(2)：1841.

[56] Stup S. I，*Super-amolecular materials：self-organized nanostructures* [J]. *Science*，1997(276)：384.

[57] Li Yadong，Qian Yitai et al. *Solvothermal co-reduction route to the nanocrystalline III-V semiconductor InAs* [J]. *J. Am. Chem. Soc*，1997(119)：7869.

[58] Jingyi Chen，Fusayo Saeki，Benjamin J. et al. *Gold Nanocages：Bioconjugation and Their Potential Use as Optical Imaging Contrast Agents* [J]. *Nano Lett*，2005，5(3)：473.

[59] M. Corso et al. *Boron Nitride Nanomesh* [J]. *Science*，2004(303)：217.

[60] Kong X Y，Ding Y，Yang R，Wang Z L. *Single-crystal nanorings formed by epitaxial self-coiling of polar nanobelts* [J]. *Science*，2004，303(5662)：1348.

[61] M. Cain，R. Morrell，*Nanostructured ceramics：a review of their potential* [J]. *Appl. Organometal. Chem*，2001，15(5)：321.

[62] X. L. Ji，J. K. Jing，W. Jiang，B. Z. Jiang、*Tensile modulus of polymer nanocomposites* [J]. *Polym. Eng. Sci*，2002，42(5)：983.

[63] M. J. Biercuk，M. C. Llaguno，M. Radosavljevic，J. K. Hyun，A. T. Johnson，J. E. Fischer. *Carbon nanotube composites for thermal management* [J]. *Appl. Phys. Lett*，2002，80(15)：2767.

〔64〕 D. R. Paul，L. M. Robeson. *Polymer nanotechnology：Nanocomposites* 〔J〕. *Polymer*，2008，49(15)：3187.

〔65〕 K. D. Kim，H. T. Kim. *New process for the preparation of monodispersed，spherical silica particles* 〔J〕. *J. Am. Ceram. Soc*，2002(85)：1107.

〔66〕 H. Y. Bai，J. L. Luo，D. Jin,，J. R. Sun. *Particle size and interfacial effect on the specific heat of nanocrystalline Fe* 〔J〕. *J. Appl. Phys*，1996，79(1)：361.

〔67〕 Xie Yi，Qian Yitai，Wang Wenzhong，Zhang Shuyuan，Zhang，Yuheng. *A Benzene-thermal Synthetic Route to Nanocrystalline GaN* 〔J〕. *Science*，1996，272(5270)：1926.

〔68〕 Schiotz J，Tolla F D，Jacobsen K W. *Softening of nanocrystalline metals at very small grain sizes* 〔J〕. *Nature*，1998(391)：561.

〔69〕 Wang J F，Gudiksen M S，Duan X F，Cui Y，Lieber CM. *Highly polarized photoluminescence and photodetection from single indium phosphide nanowires* 〔J〕. *Science*，2001(293)：1455.

〔70〕 Kind H，Yan H，Law M，Messer B，Yang P. *Nanowire ultraviolet photodetectors and optical switches* 〔J〕. *Adv. Mater*，2002(14)：158.

〔71〕 Cui Y，Wei Q，Park H，Lieber CM. *Nanowire nanosensors for highly sensitive and selective detection of biological and chemical species* 〔J〕. *Science*，2001(293)：1289.

〔72〕 Xia Y，Yang P. *One-dimensional nanostructures：synthesis，characterization，and applications* 〔J〕. *Adv Mater*，2003(15)：353.

〔73〕 Pan Z W，Dai Z R，Wang Z L. *Nanobelts of semiconducting oxides* 〔J〕. *Science*，2001(291)：1947.

〔74〕 Wang Z L. *Nanobelts，nanowires，and nanodiskettes of semiconducting oxides -From materials to nanodevices* 〔J〕. *Adv. Mater*，2003(15)：432.

〔75〕 Bharadwaj R K，*Modeling the barrier properties of polymer - layered silicate nanocomposites* 〔J〕. *Macromolecules*，2001，34(26)：9189-9192.

〔76〕 Sridhar V，Tripathy D K. *Barrier properties of chlorobutyl nanoclay composites* 〔J〕. *J. Appl. Polym. Sci*，2006，101(6)：3630.

〔77〕 Wang Y，Duan X，Cui Y，Lieber CM. *Gallium nitride nanowire nanodevices* 〔J〕. *Nano Lett*，2002(2)：101.

纳米科技热门网站

1. 国家纳米科学中心 http：//www. nanoctr. cn/index. html
2. 纳米科技论坛 http：//www. nanost. net/bbs/index. php
3. 纳米科技基础数据库 http：//www. nano. csdb. cn/
4. 美国纳米科技计划官方网站 http：//www. nano. gov/
5. 纳米科技网 http：//www. nanowerk. com/
6. 纳米科技虚拟杂志 http：//www. vjnano. org
7. 纳米科技前沿预测 http：//www. foresight. org
8. 纳米科技维基百科 http：//en. wikipedia. org/wiki/Nanotechnology